초경량비행장치 조종자격

응시에서부터 합격으로 가는 길

■ 초경량비행장치 무인멀티 조종자격증명 ... 2

1. 자격증 ... 2
2. 응시자격 신청과 서류 제출 ... 4
3. 시험 신청 ... 7
4. 접수부터 자격증 수령 절차 ... 8
5. 필기(학과) 시험은 이렇게 ... 9
6. 실기시험은 이렇게 ... 11
7. 합격 자격증을 받으려면(자격증 발급) ... 18

■ 무인멀티콥터 지도조종자 ...19

■ 무인멀티콥터 실기평가 조종자 ...21

초경량비행장치 무인멀티콥터 조종자격증명

1. 자격증 (항공안전법시행규칙 제306조, 2021.3.1.일부터 시행)

가. 종별 자격증 기준

종별	기 준	비 고
1종	25kg 초과 자체중량 150kg 이하	* 무게 기준은 최대이륙중량 * 사업용 또는 비사업용 모두 해당 * 무인비행기, 헬리콥터도 동일함.
2종	7kg 초과 25kg 이하	
3종	2kg 초과 7kg 이하	
4종	250g 초과 2kg 이하	

※ 2021.3.1.일 이전 : 자체중량 12kg초과 150kg이하 사업용 자격증

나. 조종 자격별 증명 업무 범위

1종 무인동력비행장치	해당 종류의 1종 기체를 조종하는 행위 (2종 업무범위 포함)
2종 무인동력비행장치	해당 종류의 2종 기체를 조종하는 행위 (3종 업무범위 포함)
3종 무인동력비행장치	해당 종류의 3종 기체를 조종하는 행위 (4종 업무범위 포함)
4종 무인동력비행장치	해당 종류의 4종 기체를 조종하는 행위

다. 조종 자격 차등화 주요 내용 (자격증명 취득 기준)

구분	온라인 교육	비행 경력	학과시험	실기 평가
1종	X	1종 기체를 조종한 시간 **20시간**(2종 자격 취득자 5시간, 3종 자격 취득자 3시간 이내에서 인정)	○ (과목, 범위, 난이도 동일)	○
2종	X	1종 또는 2종 기체를 조종한 시간 **10시간** (3종 자격 취득자 3시간 이내에서 인정)		○
3종		1종 또는 2종 또는 3종 기체를 조종한 시간 **6시간**		X
4종	○	X	○ (온라인 수료 시험)	X

라. 조종 자격별 훈련범위 및 실기시험 채점 항목(무인 멀티콥터)

1종	2종	3종
1. 기체에 관련한 사항 2. 조종자에 관련한 사항 3. 공역 및 비행장에 관련한 사항 4. 일반지식 및 비상절차 5. 이륙 중 엔진고장 및 이륙포기 6. 비행 전 점검 7. 기체의 시동 8. 이륙 전 점검 9. 이륙비행 **10. 공중 정지비행(호버링)** 11. 직진 및 후진 수평비행 12. 삼각비행 13. 원주비행(러더턴) **14. 비상조작** **15. 정상접근 및 착륙(자세모드)** 16. 측풍접근 및 착륙 17. 비행 후 점검 18. 비행기록 19. 안전거리유지 20. 계획성 21. 판단력 22. 규칙의 준수 23. 조작의 원활성	1. 기체에 관련한 사항 2. 조종자에 관련한 사항 3. 공역 및 비행장에 관련한 사항 4. 일반지식 및 비상절차 5. 이륙 중 엔진고장 및 이륙포기 6. 비행 전 점검 7. 기체의 시동 8. 이륙 전 점검 9. 이륙비행 10. 직진 및 후진 수평비행 11. 삼각비행 **12. 마름모 비행** 13. 측풍접근 및 착륙 14. 비행 후 점검 15. 비행기록 16. 안전거리유지 17. 계획성 18. 판단력 19. 규칙의 준수 20. 조작의 원활성 * 1종 대비 공중정지비행, 비상조작, 정상접근 및 착륙: 없음.	1. 비행전 점검 2. 기체의 시동 3. 이륙전 점검 4. 이륙비행 5. 직진 및 후진 수평비행 6. 삼각비행 7. 비행 후 점검 8. 비행기록 9. 계획성 10. 판단력 11. 규칙의 준수 12. 조작의 원활성 13. 안전거리 유지 * 상기 내용은 경과조치 3종 시험과목이므로 각 교육원에서 훈련 시 참고 바랍니다.

마. 전문교육기관의 교육훈련 시간

구분	학과교육	모의비행	실기교육		
			계	교관동반	단독
1종	20시간 항공법규 2H 항공기상 2H 항공역학 5H 비행운용 11H	20H	20H	3H	12H
2종		10H	10H	4H	6H
3종		6H	6H	2H	4H

※ 사설 교육기관(사용사업체)의 경우 학과 시험을 반드시 응시하여야 함.

2. 응시자격 신청과 서류제출

가 응시자격(항공안전법 시행규칙 제306조)

구분	나이 제한	비행경력	전문교육기관이수
1종	14세 이상	1종 기체를 조종한 시간 20시간 (2종 자격 취득자 5시간, 3종 자격 취득자 3시간 이내에서 인정)	전문교육기관의 해당과정 이수
2종		1종 또는 2종 기체를 조종한 시간 10시간 (3종 자격 취득자 3시간 이내에서 인정)	
3종		학과 교육 후 1종 또는 2종 또는 3종 기체를 조종한 6시간의 비행경력증명서	

* 참고 : 4종 자격 취득은 만 10세 이상

나 응시자격 제출서류 (항공안전법 시행규칙 제76, 77조 제2항 및 별표4)

- 비행경력증명서 1부 [필수]
- 2종 보통 이상 운전면허 사본 1부 [필수]
  * 2종 보통 이상 운전면허 신체검사 증명서 또는 항공신체검사 증명서도 가능
- [추가] 전문교육기관 이수 증명서 1부(전문교육기관 이수자에 한함)

다 응시자격 신청방법

- **정의** : 항공안전법령에 의한 응시자격 조건이 충족되었는지를 확인하는 절차
- **시기** : 언제든지 신청 가능(시작일 없음)
- **기간** : 신청일 기준 최대 7일 소요
- **장소** : 홈페이지 [응시자격신청] 메뉴 이용
- **대상** : 자격 종류/기체 종류가 다를 때마다 신청

※ 대상이 같은 경우 한번만 신청 가능하며 한번 신청된 것은 취소 불가

- **효력** : 최종합격 전까지 한번만 신청하면 유효

※ 학과시험 유효기간 2년이 지난 경우 제출서류가 미비하면 다시 제출
※ 제출서류에 문제가 있는 경우 합격했더라도 취소 및 민·형사상 처벌 가능

- **절차**

응시자	제출서류 스캔파일 등록
응시자	해당 자격 신청
공 단	응시조건/면제조건 확인·검토
공 단	응시자격처리(부여·기각)
공 단	처리결과 통보(SMS)
응시자	처리결과 홈페이지 확인

라 응시자격 검토기간

- 응시자격 검토는 최대 7일 소요될 수 있음(근무일 기준)
- 응시자격은 언제든지 신청 가능(시작일 없음)
※ 응시자격 신청 중 증명서 추가 등록 가능하며, 기각 시 응시자격 재신청
   (재신청된 응시자격은 신규와 동일하게 순서대로 검토 진행됨)

1) 응시자격 신청기간 예

2) 응시자격이 자주 기각되는 사유

비행경력증명서	- 초경량비행장치 조종자 증명 운영세칙 별지 서식과 양식이 다른 경우
	  (발급번호, 지도조종자와 발급책임자 누락 등)
	- 기각 후 또는 새로 발급한 증명서의 발급일을 갱신하지 않은 경우
	- 증명서에 개인정보(응시자 및 지도조종자)에 오류 있는 경우
	  (응시자의 이름, 생년월일 및 지도조종자 자격번호 등)
	- 비행시간 합계 오류(기장, 훈련, 소계)
	- 전문교육기관 수료기준(기장 12H, 훈련8H)에 맞지 않는 경우 학과 면제 불가

신체검사증명서	- 신체검사증명서에 응시자 본인의 이름과 서명누락 - 운전면허증의 적성검사 기간이 지난 경우(유효하지 않는 증명서 등재)
기타	- 증명서가 육안으로 식별 불가능 경우(빛 번짐, 저화질 등)

INFORMATION

마 응시자격 서류작성 방법

1) 비행경력증명서

3) 신체검사 증명서 제출방법 1/2(운전면허증)

자격시험을 위한 응시자격 신청 간 2종 보통이상의 운전면허증 또는 운전면허 시험장에서 이루어지는 2종 보통 이상의 신체검사 증명서를 항공종사자 자격시험 상시 원격 시스템에 첨부 등록해야 한다.

4) 신체검사 증명서 제출방법 2/2(신체검사 증명서)

신체검사 증명서 제출 시 사진이 부착된 앞면과 판정관 의견 및 의사 면허번호 및 응시자의 성명과 서명이 명기된 뒷면을 식별 가능토록 선명하게 스캔하여 제출.(자동차운전면허시험 응시원서 또는 운전면허 정기 적성검사 신청서)

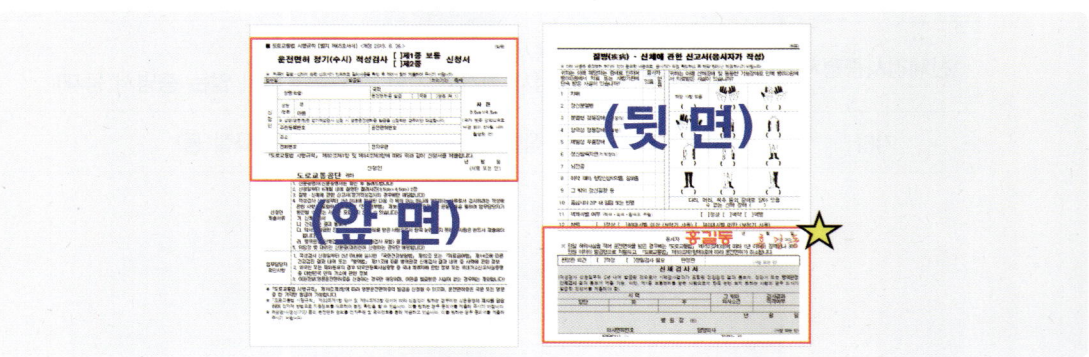

Pilot of an ultra light vehicle

3. 시험 신청

가 신청 시 한국교통안전공단 홈페이지 사용방법(www.kotsa.or.kr)

나 홈페이지 로그인 및 항공/초경량 자격시험

다 실기 시험장 접수요령

실기 시험장은 상시 실기시험장과 전문교육기관 구분 없이 협의된 장소 접수

1 기존 실기시험장 접수와 동일하게 접수 가능
(전문교육기관 수료자 → 전문교육기관 시험접수) / 비전문교육기관 → 상시실기시험장 시험접수)

2 전문교육기관 수료자 중 상시실기시험장 접수 희망자
→ 전문교육기관 담당자를 통해 상시실기시험장 접수(일자는 상시실기시험장 일자에 접수하여야 함)

3 비전문교육기관 수료자 중 타 전문교육기관 실기시험장 접수 희망자
→ 해당 전문교육기관과 협의하여 해당 전문교육기관으로 실기시험 접수
(일자는 해당 전문교육기관 시험일자에 접수하여야 함)

• 전문교육기관 담당자 시험장 권한 : 해당 전문교육기관, 상시실기시험장
• 비전문교육기관 담당자 시험장 권한 : 상시실기시험장

INFORMATION

4. 접수부터 자격증 수령 절차

※ 응시자격 요건 충족 시 신청은 언제든지 가능

응시자격 신청
- 홈페이지 신청
- 증빙서류 스캔 업로드

학과시험 접수
- 홈페이지 접수, 수수료 결제
- 시험장소/일자/시간 선택

응시자격 심사
- 법적 조건 충족 여부 심사
- 응시자격 검토는 최대 7일 소요

학과시험 응시
- CBT컴퓨터 시험 시행
- 전국 시험장 동시 실시[서울, 부산, 광주, 대전, 화성 및 지방 화물시험장(부산, 광주, 대전, 춘천, 대구, 전주, 제주)]

응시자격 부여
- 서류 확인 후 자격 부여

합격자 발표
- 시험 종료 즉시 결과 발표 (공식 결과는 홈페이지 18:00 이후)
- 과목 합격제 (유효기간 2년)

실기시험 접수
- 홈페이지 접수, 수수료 결제
- 시험 일자 선택

실기시험 응시
초경량 : 전문교육기관 등
(응시자가 사용할 비행 장치 준비와 비행 허가 등 관련 사항 준비)

합격자 발표
- 시험 당일 18:00 결과 발표
- 실기 채점표 결과 홈페이지 확인 가능

자격 발급 신청
- 방문 및 홈페이지 신청, 수수료 결제
- 사진(필수), 신체검사증명서 등록

자격 발급 수령
- 방문 : 직접 수령
- 홈페이지 : 등기우편 발송 수령(2일 이상 소요)

※ 초경량비행장치조종 자격시험(031-645-2104) 및 조종자 증명(031-645-2103~4)
※ 조종교육교관 과정(031-489-5209~10) 및 실기평가조종자 과정(031-645-2101)

5. 필기(학과) 시험은 이렇게

가. 기준 및 면제 기준 (항공안전법 시행규칙 제86조 및 별표6, 제88조, 제306조)

기 준	- 교통안전공단의 필기시험은 종별 구분없이 통합된 시험으로 각 종별에 관계없이 응시하여 합격한 후 실기는 종별로 선택 - 필기시험 합격 후 유예기간은 2년
면제기준	- 전문교육기관의 학과시험은 해당 전문교육기관에 위임 - 무인헬리콥터와 무인멀티콥터는 상호 자격 보유 시 학과 면제

나. 학과시험 접수기간 (항공안전법 시행규칙 제306조)

※ 시험일자와 접수기간은 제반환경에 따라 변경될 수 있습니다.
- 접수담당 : 031-645-2103
- 접수일자 : '20년 12월 14일부터 최초 접수 시작
- 접수마감일자 : 시험일자 2일 전
- 접수시작시간 : 시험일로부터 3개월 이전 일자의 20:00부터
- 접수마감시간 : 접수 마감일자 23:59
- 접수변경 : 시험일자/장소를 변경하고자 하는 경우 환불 후 재접수
- 접수제한 : 정원제 접수에 따른 접수인원 제한 (시험장별 좌석 수 제한)
- 응시제한 : 공정한 응시기회 제공을 위해 기 접수 시험이 있는 경우 중복 접수 불가
  ※ 이미 접수한 시험의 홈페이지 결과 발표(18:00) 이후에 다음 시험 접수 가능

다. 필기(학과)시험 접수방법

- 인터넷 : 공단 홈페이지 항공종사자 자격시험 페이지
- 결제수단 : 인터넷(신용카드, 계좌이체)

라. 시험 응시수수료 : 48,400원 (항공안전법 시행규칙 제321조 및 별표 47)

마. 학과시험 과목과 세목현황 (항공안전법 시행규칙 제82조 제1항 및 별표5, 제306조)

1) 필기시험 과목 및 범위

자격종류	과 목	범 위
초경량비행장치 조종자 (통합 1과목 40문제)	항공 법규	해당 업무에 필요한 항공 법규
	항공 기상	① 항공기상의 기초 지식 ② 항공에 활용되는 일반 기상의 이해 등 (무인비행장치에 한함)
	비행이론 및 운용	① 해당 비행장치의 비행 기초 원리 ② 해당 비행장치의 구조와 기능에 관한 지식 등 ③ 해당 비행장치 지상 활주(지상활동) 등 ④ 해당 비행장치 이·착륙 ⑤ 해당 비행장치 공중 조작 등 ⑥ 해당 비행장치 비상 절차 등 ⑦ 해당 비행장치 안전관리에 관한 지식 등

INFORMATION

2) 필기시험 과목별 세목현황

과목명	세목명
법규 분야	목적 및 용어의 정의 / 공역 및 비행제한 / 초경량 비행장치 범위 및 종류 / 신고를 요하지 아니하는 초경량 비행장치 / 초경량 비행장치의 신고 및 안전성 인증 / 초경량비행장치 변경·이전·말소 / 초경량비행장치의 비행자격 등 / 비행계획 승인 / 초경량비행장치 조종자 준수 사항 / 초경량비행장치 사고·조사 및 벌칙
이론 분야	비행준비 및 비행 전 점검 / 비행절차 / 비행 후 점검 / 기체의 각 부분과 조종면의 명칭 및 이해 / 추력부분의 명칭 및 이해 / 기초비행이론 및 특성 / 측풍이착륙 / 엔진고장 등 비정상 상황시 절차/ 비행장치의 안정과 조종 / 송수신 장비 관리 및 점검 / 배터리의 관리 및 점검 / 엔진의 종류 및 특성 / 조종자 및 역할 / 비행장치에 미치는 힘 / 공기흐름의 성질 / 날개 특성 및 형태 / 지면효과, 후류 등 / 무게중심 및 weight & balance / 사용가능기체(GAS) / 비행안전 관련 / 조종자 및 인적요소 / 비행관련 정보(AIP, NOTAM) 등
기상 분야	대기의 구조 및 특성 / 착빙 / 기온과 기압 / 바람과 지형 / 구름 / 시정 및 시정장애현상 / 고기압과 저기압 / 기단과 전선 / 뇌우 및 난기류 등

사 **학과시험 장소** (항공안전법 시행규칙 제84조, 제306조)

- **서울시험장** : 항공시험처 (서울 마포구 구룡길 15)
- **부산시험장** : 부산본부 (부산 사상구 학장로 256)
- **광주시험장** : 광주전남본부 (광주 남구 송암로 96)
- **대전시험장** : 대전충남본부 (대전 대덕구 대덕대로 1417번길 31)
- **화성시험장** : 드론자격시험센터(경기도 화성시 송산면 삼존로 200)
    ※ 지방 화물시험장(부산, 광주, 대전, 춘천, 대구, 전주, 제주)

아 **학과시험 시행방법** (항공안전법 제43조 및 시행규칙 제82조, 제84조, 제306조)

- **시험담당** : 031)645-2103, 2104(초경량비행장치 실비행시험)
- **시행방법** : 컴퓨터에 의한 시험 시행
- **문제 수** : 초경량비행장치조종자 통합 40문제 / **시험시간** : 50분
- **시작시간** : 평일(10 : 00, 14 : 00, 17 : 00), 주말(10 : 00, 11 : 00, 14 : 00)
    * 시작시간은 여러 종류의 시험시행으로 시험 일자에 따라 달라질 수 있음
- **응시제한 및 부정행위 처리**
    - 시험 시작시간 이후에 시험장에 도착한 사람은 응시 불가
    - 시험 도중 무단으로 퇴장한 사람은 재입장 할 수 없으며 해당 시험 종료처리
    - 부정행위 또는 주의사항이나 시험감독의 지시에 따르지 아니하는 사람은 즉각 퇴장조치 및 무효처리하며, 향후 2년간 공단에서 시행하는 자격시험의 응시자격 정지

자 **학과시험 합격발표** (항공안전법 시행규칙 제83조, 제85조, 제306조)

- **발표방법** : 시험종료 즉시 시험 컴퓨터에서 확인
- **발표시간** : 시험종료 즉시 결과확인(공식적인 결과발표는 홈페이지로 18:00 발표)
- **합격기준** : 70% 이상 합격(과목당 합격 유효)
- **합격취소** : 응시자격 미달 또는 부정한 방법으로 시험에 합격한 경우 합격 취소
- **유효기간** : 해당 과목 합격일로부터 2년간 유효
    - 학과합격 유효기간 : 최종과목 합격일로부터 2년간 합격 유효
    - 실기접수 유효기간 : 최종과목 합격일로부터 2년간 접수 가능

6. 실기시험은 이렇게

가 **실기시험 면제 기준** : 해당사항 없음

나 **실기시험 접수기간** (항공안전법 시행규칙 제84조, 제306조)
- **접수담당** : 031)645-2103, 2104(초경량비행장치 실 비행시험)
- **접수일자** : 실 비행시험 – 시험일 2주전(前) 수요일 ~ 시험시행일 전(前) 주 월요일
- **접수시작시간** : 접수 시작일 20:00 / **접수마감시간** : 접수 마감일 23:59
- **접수변경** : 시험 일자를 변경하고자 하는 경우 환불 후 재 접수
- **접수제한** : 정원제 접수에 따른 접수인원 제한
- **응시제한** : 이미 접수한 시험의 결과가 발표된 이후 다음시험 접수 가능
  - 목적 : 응시자 누구에게나 공정한 응시기회 제공
  ※ 실기시험 접수 시 반드시 사전에 교육기관과 비행장치 및 장소 제공 일자는 협의된 날짜로 접수할 것.

다 **실기시험 접수방법**
- **인터넷** : 공단 홈페이지 항공종사자 자격시험 페이지 / **결제수단** : 인터넷(신용카드, 계좌이체)

라 **실기시험 환불기준** (항공안전법 시행규칙 제321조)
- **환불기준** : 수수료를 과오납한 경우, 공단의 귀책사유 등으로 시험을 시행하지 못한 경우, 실기시험 시행일자 기준 8일전날 23:59까지 또는 접수가능 기간까지 취소하는 경우
  * 예시 : 시험일(1월 10일), 환불마감일(1월 2일 23:59까지) ※ 근거 : 민법 제6장 기간(제155조부터 제161조)
- **환불금액** : 100% 전액 / **환불시기** : 신청즉시 (실제 환불확인은 카드사나 은행에 따라 5~6일 소요)

마 **실기시험 환불방법**
- **환불담당** : 031)645-2102 / **환불장소** : 공단 홈페이지 항공종사자 자격시험 페이지
- **환불종료** : 환불마감일의 23:59까지 / **환불방법** : 홈페이지 [시험원서 접수] – [접수취소/환불] 메뉴 이용

바 **응시 수수료** : 72,600원

사 **실기 시험 일자** : 연간 계획 참조(각 지역별, 각 전문교육기관별 계획) * 한국교통안전공단 홈페이지 확인요망

아 **실기시험 시행방법** (항공안전법 제43조 및 시행규칙 제82조, 제84조, 제306조)
- **시험담당** : 031)645-2103, 2104(초경량비행장치 실 비행시험) / **시행방법** : 구술 및 실 비행시험
- **시작시간** : 공단에서 확정 통보된 시작시간(시험접수 후 별도 SMS 통보)
- **응시제한 및 부정행위 처리**
  - 사전 허락없이 시험 시작시간 이후에 시험장에 도착한 사람은 응시 불가
  - 시험위원 허락없이 시험 도중 무단으로 퇴장한 사람은 해당 시험 종료처리
  - 부정행위 또는 주의사항이나 시험감독의 지시에 따르지 아니하는 사람은 즉각 퇴장조치 및 무효처리하며, 향후 2년간 공단에서 시행하는 자격시험의 응시자격 정지

자 **실기시험 합격발표** (항공안전법 시행규칙 제83조, 제85조, 제306조)
- **발표방법** : 시험종료 후 인터넷 홈페이지에서 확인
- **발표시간** : 시험당일 18:00 (단, 기상 등의 이유로 시험이 늦어진 경우에는 채점이 완료된 시각)
- **합격기준** : 채점항목의 모든 항목에서 "S" 등급 이상 합격
- **합격취소** : 응시자격 미달 또는 부정한 방법으로 시험에 합격한 경우 합격 취소

INFORMATION

차 1종 실기(실 비행 및 구술)시험

1) 실 비행 시험
- 공통사항(별도 수치를 제시하지 않은 기동 전체 공통 적용)

항목	항목해설	평가 기준	비교 기준점	허용 범위	비 고
평가 요소	실기 기동 시 기체의 위치, 고도, 기수방향, 기동흐름 4요소 평가	–	–	–	평가 4대 요소
기체 위치	기체 중심의 위치가 규정 위치와 얼마나 벗어났는지를 평가	규정 위치	기체 중심	±1m	이동 경로의 경우 좌우 또는 전후 각각 1m(폭 2m) 이내 허용
기준 고도	전체 실비행 기동에서 기준이 되는 고도	선택 고도	스키드	3~5m	최초 이륙 비행 상승 후 정지 호버링 시 기준 고도 결정
기체 고도	기체 스키드(지면에 닿는 부속)의 높이가 기준 고도보다 얼마나 낮거나 높은지를 평가	기준 고도	스키드	±0.5m	고도 허용범위 : 2.5m~5.5m (기동별 제시된 고도에 허용범위 ±0.5m 적용)
기수 방향	기동 중 기체의 기수방향이 규정 방향보다 얼마나 편향되었는지를 평가	규정 방향	기수	±15°	비상 조작에서만 ±45° 허용
기동 흐름	현재 시행하고 있는 기동 중에 얼마나 멈춤이 발행하였는지를 평가	기동 상태	기동유지	멈춤 3초미만	3초 미만 멈춤 2회 이상 또는 3초 이상 멈춤 1회 이상 이면 과도한 시간 소모로 'U'(불만족)
			정지 (호버링)	5초 이상	5초 미만 정지 후 다음 기동을 진행하면 'U'(불만족)
			일시정지 (비상조작)	3초 미만	일시 정지(3초 이상)이면 'U'(불만족)

- 평가 기동(※는 평가 제외 항목)

영역	항목	평가 기준
비행 전 절차	비행 전 점검	비행 전 점검(볼트/너트 조임 상태, 파손상태 등)을 수행하고 그 상태의 좋고 나쁨을 판정할 수 있을 것
	기체의 시동	정상적으로 비행장치의 시동을 걸 수 있을 것
	이륙 전 점검	이륙 전 점검을 정상적으로 수행할 수 있을 것 – 비행장치의 시동 및 이륙을 5분 이내에 수행할 수 있을 것
이륙 및 공중 조작	이륙비행	가. 세부 기동 순서 ① 이착륙장(H지점)에서 이륙 상승 ② 정지 호버링(정지 시 3~5m 이내 기준고도 설정, 허용범위 포함) – 모든 기동은 설정한 기준 고도의 허용범위를 유지 ③ 이륙 후 점검(호버링 중 에일러론, 엘리베이터, 러더 이상 유무 점검) ④ 정지 호버링 ※ 기동 후 호버링(A지점) 지점으로 전진 이동 나. 주요 평가 기준 ① 세부 기동 순서대로 진행할 것 ② 지정된 고도(기준고도, 허용범위 포함)까지 상승할 것 ③ 이륙 시 이착륙장(H지점) 기준 수직 상승할 것 ④ 상승 속도가 너무 느리거나 빠르지 않고 상승 중 멈춤 없이 흐름이 유지될 것 ⑤ 기수방향이 전방을 유지할 것 ⑥ 기체의 자세 및 위치를 유지할 수 있을 것 ⑦ 정지 호버링 기준시간을 준수할 것
	공중 정지비행 (호버링)	가. 세부 기동 순서 ① A 지점(호버링 위치)에서 기준 고도 높이, 기수방향 전방 상태로 정지 호버링 ② 좌(우)로 90° 회전 ③ 정지 호버링 ④ 우(좌)로 180° 회전 ⑤ 정지 호버링 ⑥ 좌(우)로 90° 회전하여 기수 전방으로 정렬 ⑦ 정지 호버링 나. 주요 평가 기준 ① 세부 기동 순서대로 진행할 것 ② 기동 중 고도 변화 없을 것 ③ 기동 중 위치 이탈 없을 것 ④ 회전 중 멈춤 없을 것 ⑤ 회전 전, 후 적절한 기수방향을 유지할 것 ⑥ 정지 호버링 기준시간을 준수할 것 ⑦ 회전 방향은 좌→우 또는 우→좌로 할 것(대면비행 금지)

영역	항목	평가 기준
이륙 및 공중 조작	직진 및 후진 수평비행	가. 세부 기동 순서 ① A 지점에서 E 지점까지 40m 수평 전진　② 정지 호버링 (3초 이상) ③ E 지점에서 A 지점까지 40m 수평 후진　④ 정지 호버링 나. 주요 평가 기준 ① 세부 기동 순서대로 진행할 것　② 기수방향이 전방을 유지할 것 ③ 기동 중 고도 변화 없을 것　④ 경로 이탈 없을 것 ⑤ 기동 중 속도의 변화가 없이 일정하게 유지할 것(멈춤 등이 없을 것) ⑥ E 지점을 못 미치거나 초과하지 않을 것(E 지점에서는 전후 5m 까지 인정) ⑦ 정지 호버링 기준시간을 준수할 것
	삼각비행	가. 세부 기동 순서 ① 기준고도 높이의 A 지점에서 B(D) 지점까지 수평 직선 이동　② 정지 호버링 ③ A 지점 상공의 최고 상승지점(기준고도+수직 7.5m)까지 45° 방향(대각선)으로 상승 이동 ④ 정지 호버링　⑤ 기준 고도 높이의 D(B) 지점까지 45° 방향(대각선)으로 하강 이동 ⑥ 정지 호버링　⑦ A 지점으로 수평 직선 이동 ⑧ 정지 호버링 ※ 기동 후 이착륙장(H지점) 지점으로 후진 이동 나. 주요 평가 기준 ① 세부 기동 순서대로 진행할 것 ② 기수방향이 전방을 유지할 것 ③ 기동 중 적절한 위치, 고도 및 경로 유지 ④ 기동 중 속도의 변화가 없이 일정하게 유지할 것(멈춤 등이 없을 것) ⑤ 정지 호버링 기준시간을 준수할 것
	원주비행 (러더턴)	가. 세부 기동 순서 ① 이착륙장(H지점) 상공에서 기준고도 높이, 기수방향 전방 상태로 정지 호버링 ② 기수를 좌(우)로 90° 회전　③ 정지 호버링 ④ A 지점을 중심축으로 반경 7.5m인 원주 기동 실시 　- 이착륙장(H 지점) → B(D) 지점 → C 지점 → D(B) 지점 → 이착륙장(H 지점) ⑤ 이착륙장(H지점) 상공으로 복귀 후 정지 호버링 ⑥ 우(좌)로 90° 회전하여 기수방향을 전방으로 정렬 ⑦ 정지 호버링 나. 주요 평가 기준 ① 세부 기동 순서대로 진행할 것　② 각 지점을 허용범위 내 반드시 통과해야 함 ③ 진행 방향과 기수방향 일치 및 유지(원주 접선 방향 유지, 원주 시작 방향을 기준으로 B(D) 지점 90°, C 지점 180°, D(B) 지점 270°) ④ 기동 중 적절한 위치, 고도 및 경로 유지　⑤ 회전 중 멈춤 없을 것 ⑥ 기동 중 속도의 변화가 없이 일정하게 유지할 것(멈춤 등이 없을 것) ⑦ 정지 호버링 기준시간을 준수할 것
	비상조작	가. 세부 기동 순서 ① 이착륙장(H지점) 상공, 기준 고도에서 2m 이상 고도 상승 ② 정지 호버링 ③ "비상" 구호(응시자) 후 즉시 하강 및 횡으로 비상 착륙장(F지점)까지 빠르게 비상 강하 ④ 비상 착륙장(F지점)에 접근 후 즉시 안전하게 착지하거나, 1m 이내의 고도에서 일시 정지 후 신속하게 위치, 자세를 보정하며 강하 ⑤ 착륙 및 시동종료 나. 주요 평가 기준 ① 세부 기동 순서대로 진행할 것 ② 기수방향이 전방을 유지할 것(기수방향은 좌우 각 45°까지 허용) ③ 비상 강하 속도는 일반 기동의 속도보다 1.5배 이상 빠를 것 ④ 비상 강하할 때 스로틀을 조작하여 강하를 지연시키거나, 고도를 상승시키지 말고 적정 경로로 이동할 것 ⑤ 비상 강하 시 일시 정지한 경우(3초미만)의 고도는 비상 착륙장 지표면 기준 1m까지만 인정 　(일시 정지 없이 즉시 착륙 가능) ⑥ 착지 및 착륙 지점이 스키드(착륙 시 지면에 닿는 부속) 기준으로 일부라도 비상착륙장 내에 있거나 접해 있을 것 ⑦ 정지 호버링 기준시간을 준수할 것

INFORMATION

영역	항목	평가 기준
착륙 조작	정상접근 및 착륙 (자세모드)	가. 세부 기동 순서 ① 비행모드를 자세제어 또는 수동조작 모드로 전환 ② 비상착륙장(F지점)에서 이륙하여 기수 전방 향하고, 기준 고도까지 상승 ③ 정지 호버링 ④ 이착륙장(H지점) 상공까지 수평 횡이동 ⑤ 정지 호버링 ⑥ 착륙장 내 착륙지점을 향해 강하 ⑦ 착륙 및 시동종료 ※ 기동 후 GPS 모드로 전환하고 시동, 이륙 후 기수를 전방으로 향한 채 B(D) 지점으로 이동 나. 주요 평가 기준 ① 세부 기동 순서대로 진행할 것 ② 기수방향이 전방을 유지할 것 ③ 수평 횡 이동 시 고도 변화 없을 것 ④ 경로 이탈이 없을 것 ⑤ 기동 중 속도의 변화가 없이 일정하게 유지할 것(멈춤 등이 없을 것) ⑥ 착지 지점과 착륙 지점은 무인멀티콥터 중심축을 기준으로 착륙장 내에 있거나 접해 있을 것 ⑦ 모든 세부 기동은 자세제어 또는 수동조작 모드로 시행할 것 ⑧ 정지 호버링 기준시간을 준수할 것
	측풍접근 및 착륙	가. 세부 기동 순서 ① B(D) 지점에서 기준고도 높이, 기수방향 전방 상태로 정지 호버링 ② 기수를 바람 방향(B 지점은 좌측, D 지점은 우측을 가정)으로 90° 회전(B 지점은 좌회전, D 지점은 우회전) ③ 정지 호버링 ④ 이착륙장(H지점) 상공까지 측면 상태로 직선경로(최단 경로)로 수평 이동 ⑤ 정지 호버링 ⑥ 착륙장 내 착륙지점을 향해 강하 ⑦ 착륙 및 시동 종료
	측풍접근 및 착륙	나. 주요 평가 기준 ① 세부 기동 순서대로 진행할 것 ② 회전 중 멈춤 없을 것 ③ 적절한 기수방향을 유지할 것 ④ 수평 비행 시 고도 변화 없을 것 ⑤ 경로 이탈이 없을 것 ⑥ 기동 중 속도의 변화가 없이 일정하게 유지할 것(멈춤 등이 없을 것) ⑦ 착지 지점과 착륙 지점은 무인멀티콥터 중심축을 기준으로 착륙장 내에 있거나 접해 있을 것 ⑧ 정지 호버링 기준시간을 준수할 것
비행후 점검	비행 후 점검	착륙 후 점검 절차 및 항목(볼트/너트 조임 상태, 파손상태 등)에 따라 점검 실시
	비행기록	로그북 등에 비행 기록을 정확하게 기재 할 수 있을 것
종합 능력	안전거리 유지	실기시험 중 실기 기동에 따라 권고된 안전거리(조종자 중심 반경 14m) 및 안전라인(조종자 어깨와 평행한 기준선 전방 기준) 이상을 유지할 수 있을 것
	계획성	비행을 시작하기 전에 상황을 정확하게 판단하고 비행계획을 수립 했는지 여부에 대하여 평가할 것
	판단력	수립한 비행계획을 적용 시 적절성 여부에 대하여 평가할 것
	규칙의 준수	관련되는 규칙을 이해하고 그 규칙의 준수여부에 대하여 평가할 것
	조작의 원활성	기체 취급이 신속정확하며 원활한 조작을 하고 있는지 여부에 대하여 평가할 것

2) 구술 시험

- 조종자의 지식 및 실기 수행 능력 확인을 위해 각 항목은 빠짐없이 평가되어야 함
  (응시자 1인 항목별 1문제, 전체 5문제 출제)

항목	세부내용	평가기준
기체에 관련한 사항	가. 기체형식(무인멀티콥터 형식) 나. 기체제원(자체중량, 최대이륙중량, 배터리 규격) 다. 기체규격(프로펠러 직경 및 피치) 라. 비행원리(전후진, 좌우횡진, 기수전환의 원리) 마. 각부품의 명칭과 기능(비행제어기, 자이로센서, 기압센서, 지자기센서, GPS수신기) 바. 안전성인증검사, 비행계획승인 사. 배터리 취급시 주의사항	각 세부 항목별로 충분히 이해하고 설명할 수 있을 것
조종자에 관련한 사항	가. 초경량비행장치 조종자 요건 및 준수사항 나. 안전관리 및 비행운용에 관한 사항	
공역 및 비행장에 관련한 사항	가. 비행금지구역　　나. 비행제한공역 다. 관제공역　　　　라. 허용고도 마. 기상조건 (강수, 번개, 안개, 강풍, 주간)	
일반지식 및 비상절차	가. 비행계획　　　　나. 비상절차 다. 충돌예방(우선권)　라. NOTAM(항공고시보)	
이륙 중 엔진 고장 및 이륙 포기	이륙 중 비정상 상황 시 대응 방법	

카 2종 실기(실 비행 및 구술) 시험

1) 실 비행 시험

- 공동사항(별도 수치를 제시하지 않은 기동 전체 공통 적용)

항목	항목해설	평가기준	비교기준점	허용범위	비 고
평가 요소	실기 기동 시 기체의 위치, 고도, 기수방향, 기동흐름 4요소 평가	–	–	–	평가 4대 요소
기체 위치	기체 중심의 위치가 규정 위치와 얼마나 벗어났는지를 평가	규정 위치	기체 중심	±1m	이동 경로의 경우 좌우 또는 전후 각각 1m(폭2m) 이내 허용
기준 고도	전체 실비행 기동에서 기준이 되는 고도	선택 고도	스키드	3~5m	최초 이륙 비행 상승 후 정지 호버링시 기준 고도 결정
기체 고도	기체 스키드(지면에 닿는 부속)의 높이가 기준 고도보다 얼마나 낮거나 높은지를 평가	기준 고도	스키드	±0.5m	고도 허용범위 : 2.5m~5.5m (기동별 제시된 고도에 허용범위 ±0.5m 적용)
기수 방향	기동 중 기체의 기수방향이 규정 방향보다 얼마나 편향되었는지를 평가	규정 방향	기수	±15°	비상 조작에서만 ±45° 허용
기동 흐름	현재 시행하고 있는 기동 중에 얼마나 멈춤이 발행하였는지를 평가	기동 상태	기동유지	멈춤 3초미만	3초 미만 멈춤 2회 이상 또는 3초 이상 멈춤 1회 이상이면 과도한 시간 소모로 'U'(불만족)
			정지 (호버링)	5초 이상	5초 미만 정지 후 다음 기동을 진행하면 'U'(불만족)
			일시정지 (비상조작)	3초 미만	일시 정지(3초 이상)이면 'U'(불만족)

INFORMATION

- 평가 기동(※는 평가 제외 항목)

영역	항목	평가 기준
비행 전 절차	비행 전 점검	비행 전 점검(볼트/너트 조임 상태, 파손상태 등)을 수행하고 그 상태의 좋고 나쁨을 판정할 수 있을 것
	기체의 시동	정상적으로 비행장치의 시동을 걸 수 있을 것
	이륙 전 점검	이륙 전 점검을 정상적으로 수행할 수 있을 것 – 비행장치의 시동 및 이륙을 5분 이내에 수행할 수 있을 것
이륙 및 공중 조작	이륙비행	가. 세부 기동 순서 ① 이착륙장(H지점)에서 이륙 상승 ② 정지 호버링(정지 시 3~5m 이내 기준고도 설정, 허용범위 포함) – 모든 기동은 설정한 기준 고도의 허용범위를 유지 ③ 이륙 후 점검(호버링 중 에일러론, 엘리베이터, 러더 이상 유무 점검) ④ 정지 호버링 ※ 기동 후 호버링(A지점) 지점으로 전진 이동 나. 주요 평가 기준 ① 세부 기동 순서대로 진행할 것 ② 지정된 고도(기준고도, 허용범위 포함)까지 상승할 것 ③ 이륙 시 이착륙장(H지점) 기준 수직 상승할 것 ④ 상승 속도가 너무 느리거나 빠르지 않고 상승 중 멈춤 없이 흐름이 유지될 것 ⑤ 기수방향이 전방을 유지할 것 ⑥ 기체의 자세 및 위치를 유지할 수 있을 것 ⑦ 정지 호버링 기준시간을 준수할 것
	직진 및 후진 수평비행	가. 세부 기동 순서 ① H 지점에서 C 지점까지 15m 수평 전진 ② 정지 호버링 (3초 이상) ③ C 지점에서 A 지점까지 7.5m 수평 후진 ④ 정지 호버링 나. 주요 평가 기준 ① 세부 기동 순서대로 진행할 것 ② 기수방향이 전방을 유지할 것 ③ 기동 중 고도 변화 없을 것 ④ 경로 이탈 없을 것 ⑤ 기동 중 속도의 변화가 없이 일정하게 유지할 것(멈춤 등이 없을 것) ⑥ C 지점을 못 미치거나 초과하지 않을 것 ⑦ 정지 호버링 기준시간을 준수할 것
	삼각비행	가. 세부 기동 순서 ① 기준고도 높이의 A 지점에서 B(D) 지점까지 수평 직선 이동 ② 정지 호버링 ③ A 지점 상공의 최고 상승지점(기준고도+수직 7.5m)까지 45° 방향(대각선)으로 상승 이동 ④ 정지 호버링 ⑤ 기준 고도 높이의 D(B) 지점까지 45° 방향(대각선)으로 하강 이동 ⑥ 정지 호버링 ⑦ A 지점으로 수평 직선 이동 ⑧ 정지 호버링 ※ 기동 후 이착륙장(H지점) 지점으로 후진 이동 나. 주요 평가 기준 ① 세부 기동 순서대로 진행할 것 ② 기수방향이 전방을 유지할 것 ③ 기동 중 적절한 위치, 고도 및 경로 유지 ④ 기동 중 속도의 변화가 없이 일정하게 유지할 것(멈춤 등이 없을 것) ⑤ 정지 호버링 기준시간을 준수할 것
	마름모비행	가. 세부 기동 순서 ① 이착륙장(H지점) 상공에서 기준고도 높이, 기수방향 전방 상태로 정지 호버링 ② 기수를 전방으로 유지한 채 B → C → D → 이착륙장(H지점) 또는 D → C → B → 이착륙장(H지점) 순서로 진행 ③ 정지 호버링 ※ 기동 후 기수를 전방으로 향한 채 B(D) 지점으로 이동 나. 주요 평가 기준 ① 세부 기동 순서대로 진행할 것 ② 각 지점을 허용범위 내 반드시 통과해야 함 ② 기수방향이 전방을 유지할 것 ③ 기동 중 적절한 위치, 고도 및 경로 유지 ④ 기동 중 속도의 변화가 없이 일정하게 유지할 것(멈춤 등이 없을 것) ⑤ 정지 호버링 기준시간을 준수할 것

영역	항목	평가 기 준
착륙조작	측풍접근 및 착륙	가. 세부 기동 순서 ① B(D) 지점에서 기준고도 높이, 기수방향 전방 상태로 정지 호버링 ② 기수를 바람 방향(B 지점은 좌측, D 지점은 우측을 가정)으로 90° 회전(B 지점은 좌회전, D 지점은 우회전) ③ 정지 호버링 ④ 이착륙장(H지점) 상공까지 측면 상태로 직선경로(최단 경로)로 수평 이동 ⑤ 정지 호버링 ⑥ 착륙장 내 착륙지점을 향해 강하 ⑦ 착륙 및 시동 종료 나. 주요 평가 기준 ① 세부 기동 순서대로 진행할 것 ② 회전 중 멈춤 없을 것 ③ 적절한 기수방향을 유지할 것 ④ 수평 비행 시 고도 변화 없을 것 ⑤ 경로 이탈이 없을 것 ⑥ 기동 중 속도의 변화가 없이 일정하게 유지할 것(멈춤 등이 없을 것) ⑦ 착지 지점과 착륙 지점은 무인멀티콥터 중심축을 기준으로 착륙장 내에 있거나 접해 있을 것 ⑧ 정지 호버링 기준시간을 준수할 것
비행후 점검	비행 후 점검	착륙 후 점검 절차 및 항목에 따라 점검 실시
	비행기록	로그북 등에 비행 기록을 정확하게 기재 할 수 있을 것
종합능력	안전거리 유지	실기시험 중 실기 기동에 따라 권고된 안전거리(조종자 중심 반경 14m) 및 안전라인(조종자 어깨와 평행한 기준선 전방 기준) 이상을 유지할 수 있을 것
	계획성	비행을 시작하기 전에 상황을 정확하게 판단하고 비행계획을 수립 했는지 여부에 대하여 평가할 것
	판단력	수립한 비행계획을 적용 시 적절성 여부에 대하여 평가할 것
	규칙의 준수	관련되는 규칙을 이해하고 그 규칙의 준수여부에 대하여 평가할 것
	조작의 원활성	기체 취급이 신속·정확하며 원활한 조작을 하고 있는지 여부에 대하여 평가할 것

2) 구술 시험

- 조종자의 지식 및 실기 수행 능력 확인을 위해 각 항목은 빠짐없이 평가되어야 함

(응시자 1인 항목별 1문제, 전체 5문제 출제)

항목	세 부 내 용	평가기준
기체에 관련한 사항	가. 기체형식(무인멀티콥터 형식) 나. 기체제원(자체중량, 최대이륙중량, 배터리 규격) 다. 기체규격(프로펠러 직경 및 피치) 라. 비행원리(전후진, 좌우횡진, 기수전환의 원리) 마. 각부품의 명칭과 기능(비행제어기, 자이로센서, 기압센서, 지자기센서, GPS수신기) 바. 안전성인증검사, 비행계획승인 사. 배터리 취급시 주의사항	각 세부 항목별로 충분히 이해하고 설명할 수 있을 것
조종자에 관련한 사항	가. 초경량비행장치 조종자 요건 및 준수사항 나. 안전관리 및 비행운용에 관한 사항	
공역 및 비행장에 관련한 사항	가. 비행금지구역 나. 비행제한공역 다. 관제공역 라. 허용고도 마. 기상조건 (강수, 번개, 안개, 강풍, 주간)	
일반지식 및 비상절차	가. 비행계획 나. 비상절차 다. 충돌예방(우선권) 라. NOTAM(항공고시보)	
이륙 중 엔진 고장 및 이륙 포기	이륙 중 비정상 상황 시 대응 방법	

타 실기시험 합격발표 (항공안전법 시행규칙 제83조, 제85조, 제306조)

- **발표방법** : 시험종료 후 인터넷 홈페이지에서 확인
- **발표시간** : 시험당일 18 : 00 (단, 기상 등의 이유로 시험이 늦어진 경우에는 채점이 완료된 시각)
- **합격기준** : 채점항목의 모든 항목에서 "S"등급 이상 합격
- **합격취소** : 응시자격 미달 또는 부정한 방법으로 시험에 합격한 경우 합격 취소

INFORMATION

7. 합격 자격증을 받으려면(자격증 발급)

가 **자격증 신청 제출서류** (항공안전법 시행규칙 제87조)

- (필수) 명함사진 1부
- (필수) 2종 보통 이상 운전면허 사본 1부
- ※ 2종 보통 이상 운전면허 신체검사 증명서 또는 항공신체검사증명서도 가능

나 **자격증 신청 방법** (항공안전법 시행규칙 제87조, 제306조, 제321조)

- **발급담당** : 031)645-2102(초경량비행장치조종자)
- **수 수 료** : 초경량비행장치조종자(11,000원)
- **신청기간** : 최종합격발표 이후 (인터넷 : 24시간, 방문 : 근무시간)
- **신청장소**
  - 인터넷 : 공단 홈페이지 항공종사자 자격시험 페이지
  - 방 문 : 드론자격시험센터 사무실(평일 09:00 ~ 18:00)
  - ※ 주소 : 경기도 화성시 송산면 삼존로 200 드론자격시험센터   * 초경량비행장치 조종자 증명만 발급 가능
- **결제수단** : 인터넷(신용카드, 계좌이체), 방문(신용카드, 현금)
- **처리기간** : 인터넷(2~3일 소요), 방문(10~20분)
- **신청취소** : 인터넷 취소 불가(위 발급담당자에게 전화로 취소 요청)
- **책임여부** : 발급책임(공단), 발급신청 / 우편배송 / 대리수령 / 수령확인(신청자)

무인멀티콥터 지도조종자

1. 개 요

- 지도 조종자는 1종 기준으로 비행경력을 준비하고 기준으로 운영한다.
  (비행경력 증명은 1종 해당 비행장치 경력만 인정)
- 지도 조종자는 1, 2, 3, 4종 비행장치의 모든 교육이 가능하다.
- 초경량비행장치(멀티콥터) 조종교육교관과정 [담당] 031-489-5209, 5210

2. 경력 준비 및 등록절차

100시간 비행경력준비	비행경력 증명	교관과정이수 (공단 드론관리처)	지도조종자 등록 (공단 드론관리처)
교육원 교관 반 과정 이수 (추가 80시간 비행)	교육원에서 발급	- 교육 신청 : 교통안전공단 - 매월 수시 - 교육 일정 : 2박 3일	- 과정 이수 시 시험에 합격하면 등록 - 등록 후 등록공문을 개별 발송

3. 조종교육 교관과정 소개(한국교통안전공단)

가 교육 대상 : 만 18세 이상 조종자로 단일비행장치(멀티콥터) 100시간 이상인 자

나 교육 장소 : 한국교통안전공단 지정교육장

INFORMATION

다 교육 과목

교육과목	교육내용	교육시간
교육안내	지도조종자 등록신청서 작성, 교육과정 안내 등	1시간
항공안전법	기체신고, 조종자 준수사항 등 안전관리 기준	2시간
항공사업법	초경량 사용사업 등록 등 관련법령	2시간
비행교수법	과정 모델링 및 비행기동별 교수법	2시간
사고사례	기체 운용사례 및 사고사례별 안전검토 사항 등	2시간
인적요인	조종자 인적요인(Human Factor) 관리	2시간
기술동향	국내외 무인비행장치 기술개발 동향	2시간
기체운용	기체 기동별 원리 및 배터리 안전관리 등	2시간
비행공역	공역개념, 비행금지·관제구역 준수사항 등	2시간
과정평가	최종시험(지식테스트)	1시간
총 18시간		

라 교육 강사 : 정부, 공공기관, 학계 및 연구계 등 분야별 전문가

마 교육 방법 : 강의/이론시험
　※ 타 기종(ex 멀티 → 헬리) 교관 추가 등록시 차이과목에 한해 수강·평가

바 교육 수수료 : 교통안전공단 내부 규정(현행 150,000원)

사 수료 기준 : 출석 90%이상, 최종 시험(25문항) 70점 이상

4. 조종교육교관 재입과과정 소개(한국교통안전공단)

가 교육 대상 : 출석 90% 이상, 이론평가 미 수료자
　* 이론평가 미수료 일로부터 1개월 경과 후 응시 가능(응시횟수 제한 없음)

나 교육 장소 : 한국교통안전공단 지정교육장

다 교육 과목

교육과목	교육내용	교육시간
과정평가	최종시험(지식테스트)	1시간
총 1시간		

라 교육 방법 : 이론시험

마 교육수수료 : 교통안전공단 내부 규정(현행 30,000원)

바 수료 기준 : 최종 시험(25문항) 70점 이상

무인멀티콥터 실기평가 조종자

1. 개 요

- 실기평가 조종자는 1종 기준으로 비행경력을 준비하고 기준으로 운영한다.
  (비행경력 증명은 1종 해당 비행장치 경력만 인정)
- 실기평가 조종자는 1, 2, 3, 4종 비행장치의 모든 교육이 가능하다.
- 초경량비행장치(멀티콥터) 실기평가과정 담당 : 031-645-2101

2. 경력 준비 및 등록절차

150시간 비행경력준비	비행경력 증명	실기평가과정이수 (공단 드론관리처)	실기평가조종자 등록 (공단 드론관리처)
교육원 실기평가과정 이수 (추가 50시간 비행)	교육원에서 발급	- 교육 신청 : 교통안전공단 - 매월 / 수시 - 교육 일정 : 1일	- 과정 이수 및 실기시험에 합격하면 등록 - 등록 후 등록공문을 개별 발송

3. 실기평가과정 소개(한국교통안전공단)

가 교육대상 : 만 18세 이상 지도조종자로 단일비행장치 150시간 이상인 자

나 교육장소 : 한국교통안전공단 지정교육장

다 교육과목

교육과목	교육내용	교육시간
항공안전법	전문교육기관 인가기준 및 정책동향	1시간
평가기준	실기시험 평가기준 및 요령	3시간
평가실습	교육생별 평가기준 모의평가 실습	2시간
실기평가	교육생 조종능력 평가	2시간
총 교육시간 8시간		

INFORMATION

- **라** 교육 강사 : 기체별 비행운용 전문가(공단 실기위원 등)
- **마** 교육방법 : 강의 / 평가기준 실습 / 조종능력평가
- **바** 교육수수료 : 교통안전공단 내부 규정(현행 300,000원)
- **사** 수료 기준 : 출석 90%이상, 실기평가 기동 "만족(S)" 취득
- **아** 실기평가 기준
  - 평가기동 : ATTI 모드*기준
    1) 이륙비행, 2) 공중정지(호버링), 3) 직진 및 후진 수평비행, 4) 삼각비행,
    5) 원주비행, 6) 비상착륙 "총 6개 기동"
    (※ 평가기동은 기본 조종자격 시험(20h) 내 운용하는 기동 중에서 선정)
  - 평가산정 : 실기위원(교관) 3인이 평가(정면 1명, 측면 1명, 후면 1명)
  - 운용기체 : 교육생 섭외기체 기준(섭외가 어려울 시 공단에서 제공)
  * ATTI(Attitude)모드 : GPS를 사용하지 않고, 수동모드 조종(위험상황 발생 시 사용)

4. 실기평가 재입과 과정 소개(한국교통안전공단)

- **가** 교육대상 : 실기평가과정 출석 90% 이상, 실기평가 미수료자
  * 실기평가 미수료 일로부터 1개월 경과 후 응시 가능(응시횟수 제한 없음)
- **나** 교육장소 : 한국교통안전공단 지정교육장
- **다** 교육과목

교육과목	교육내용	교육시간
실기평가	교육생 조종능력 평가	2시간
총 교육시간 2시간		

- **라** 교육방법 : 실기평가(조종능력 평가)
- **마** 교육수수료 : 교통안전공단 내부 규정(현행 110,000원)
- **바** 수료 기준 : 실기평가 기동 "만족(S)" 취득
- **사** 실기평가 기준 : 실기평가과정과 동일

새로운 제도변경에 따른 초혁신판

드론조종 자격시험

무인멀티콥터 필기 실기

불법복사는 지적재산을 훔치는 범죄행위입니다.
저작권법 제97조의 5(권리의 침해죄)에 따라 위반자는 5년 이하의 징역 또는 5천만원 이하의 벌금에 처하거나 이를 병과할 수 있습니다.

저자의 글

제4차 산업혁명의 주역 중 하나가 『드론』임에는 틀림없나 보다. 약 6년 전 드론 열풍을 최근까지 Hot하게 발전시켜 왔다. 정부에서는 드론산업발전 기본계획을 발표한 이후 2021년 1월 1일부터 "**보다 더 효율적이고 안전하게**" 드론을 운용하기 위해 2kg초과하는 드론은 모두 신고(등록)하고, 3월 1일부터는 250g 초과하는 모든 드론은 조종자격증명을 취득토록 하였으며, 조종자격을 1, 2, 3, 4종으로 세분화하는 법규를 정비하였다. 즉 다시 말해 "**이제부터 우리나라에서의 드론 조종자격증명은 필수 자격증**"이라는 것이다. 모든 국민이 드론 자격증을 취득하여야 하는 시대가 도래 된 것이다.

이전의 「드론 무인비행장치」, 「무인 멀티콥터」, 「무인 멀티헬리콥터 운용」 문제집은 과목별 풍부한 교재형식과 관련 문제를 총망라했다면 이번 개정 교재는 전 국민 1인 1드론시대에 걸맞게 "개정된 법규의 반영"과 누구나 쉽게 접근하여 이해할 수 있도록 개정하여 드론 무인비행장치 멀티콥터 자격증명을 취득하려는 모든 지원자에게 꼭 추천하고 싶다.

> - 시험과목인 **무인항공기(드론) 운용, 항공역학(비행원리), 항공 기상, 항공 법규** 등의 방대한 내용을 알집처럼 압축 요점화시켰다.
> - 여기에 핵심 요점정리 끝부분에는 **섹션별 OX문제**, 섹션별 **적중문제**와 족집게 같은 **해설**, 그리고 **핵심 요점 노트**(Secret Note)로 마무리 정리할 수 있도록 하였다.
> - 출제될 예측문제를 엄선하여 DIY테스트를 할 수 있도록 **실전 모의고사**를 수록하였다.
> - 학과 필기시험으로 그치지 않고 **실기시험**을 위한 **비행방법**과 **구술시험**에 대해서도 상세히 설명하고 제시하여 이 책 한권으로 드론 조종자격증명 취득을 한방에 해결할 수 있도록 하였다.

끝으로 이 책이 초경량 무인비행장치 무인멀티콥터 자격증을 취득하려는 수험생과 교육기관에서 효과적으로 활용되길 기대하면서 출간되기까지 적극적으로 협조해 주신 (주)골든벨의 김길현 대표이사님과 편집부 모든 분들께 깊이 감사를 드린다.

류영기 · 박장환

CONTENTS

PART 1 무인항공기 운용

Section 1 무인항공기 시스템 개요 ― 10
1. 무인항공기(드론)란 무엇인가? ― 10
2. 무인항공기 체계의 분류와 구성 요소 ― 12
- section OX문제 / 출제예상문제 ― 17 / 18

Section 2 드론의 기종별 구조와 구성품 ― 20
1. 무인항공기(드론) 기종별 비행체 구조 ― 20
- section OX문제 / 출제예상문제 ― 27 / 28

Section 3 드론 조종기와 비행제어시스템 운용 ― 32
1. 드론 조종기와 조종모드 ― 32
2. 원격통제시스템의 종류와 구성 ― 33
3. 비행제어시스템의 구조와 원리 ― 38
- section OX문제 / 출제예상문제 ― 40 / 41

Section 4 드론의 동력시스템 ― 46
1. 엔진의 종류와 구조 ― 46
2. 모터와 배터리 종류와 구조 ― 48
- section OX문제 / 출제예상문제 ― 53 / 54

Section 5 다양한 민수용 드론의 활용 ― 60
1. 민수용 무인기의 등장과 다양한 활용 ― 60
- section OX문제 / 출제예상문제 ― 69 / 70

Section 6 무인항공 방제작업 요령 ― 75
1. 무인항공 방제작업 전 준비사항 ― 75
2. 무인항공 방제 작업자의 구성과 역할 ― 79
3. 무인항공 방제 살포 비행 ― 81
- section OX문제 / 출제예상문제 ― 85 / 86

Section 7 무인항공 안전관리 ― 88
1. 무인비행장치 비행안전 ― 88
2. 사고와 보험 ― 92
- section OX문제 / 출제예상문제 ― 94 / 95

Section 8 **무인항공 비행교수법** ———————————————— 97
    1. 무인비행장치 비행교수법 ———————————————— 97
        ■ section OX문제 / 출제예상문제 ———————— 104 / 105

핵심 요점 노트[Top Secret Note] ———————————————— 108

PART 2   항공역학(비행원리)

Section 1 **항공의 역사** ———————————————————— 110

Section 2 **비행 원리** ———————————————————— 114
    1. 날개 이론 ———————————————————— 114
        ■ section OX문제 / 출제예상문제 ———————— 123 / 124
    2. 뉴턴의 운동법칙과 양력발생원리 ———————————— 127
        ■ section OX문제 / 출제예상문제 ———————— 132 / 133
    3. 회전익항공기(멀티콥터 등)의 비행특성 ———————————— 135
        ■ section OX문제 / 출제예상문제 ———————— 148 / 149
    4. 멀티콥터의 비행특성 ———————————————— 156
        ■ section OX문제 / 출제예상문제 ———————— 161 / 162
    5. 항공기 조종특성 ———————————————————— 165
        ■ section OX문제 / 출제예상문제 ———————— 170 / 171

핵심 요점 노트[Top Secret Note] ———————————————— 174

PART 3   항공기상

Section 1 **지구과학과 대기** ———————————————— 178
    1. 태양계와 지구의 운동 ———————————————— 178
    2. 해수면과 방위 ———————————————————— 181
    3. 태양과 열에너지 전달 방법 ———————————————— 182
    4. 대기와 대기권 ———————————————————— 183
    5. 물 ———————————————————————————— 185
        ■ section OX문제 / 출제예상문제 ———————— 186 / 187

| Section | 2 | 기온과 습도 | 189 |

■ section OX문제 / 출제예상문제 ———— 193 / 194

| Section | 3 | 대기압과 일기도 | 196 |

■ section OX문제 / 출제예상문제 ———— 205 / 206

| Section | 4 | 바람 | 210 |

   1. 바람과 바람의 측정 ———————————————— 210
   2. 바람을 일으키는 힘 ———————————————— 212
   3. 항공 및 드론 운용에서의 바람 운용 ———————— 214
   4. 바람의 종류 ——————————————————— 215

■ section OX문제 / 출제예상문제 ———— 220 / 221

| Section | 5 | 구름과 강수 | 225 |

■ section OX문제 / 출제예상문제 ———— 234 / 235

| Section | 6 | 안개와 시정 | 238 |

■ section OX문제 / 출제예상문제 ———— 242 / 244

| Section | 7 | 기단과 전선 | 247 |

■ section OX문제 / 출제예상문제 ———— 250 / 251

| Section | 8 | 뇌우와 착빙 | 253 |

   1. 뇌우 ——————————————————————— 253
   2. 천둥과 번개 ——————————————————— 254
   3. 착빙 ——————————————————————— 254

■ section OX문제 / 출제예상문제 ———— 256 / 257

| Section | 9 | 태풍과 난류 | 259 |

   1. 태풍 ——————————————————————— 259
   2. 난류 ——————————————————————— 262
   3. 기타 ——————————————————————— 266

■ section OX문제 / 출제예상문제 ———— 267 / 268

| Section | 10 | 비행안전과 관련된 기타 악 기상 | 270 |

   1. 다운 버스트 ——————————————————— 270
   2. 우박 ——————————————————————— 270
   3. 마이크로버스트 ————————————————— 271
   4. 해무 ——————————————————————— 271

핵심 요점 노트[Top Secret Note] ———————————— 273

PART 4 항공법규

Section 1 초경량비행장치의 개념 — 278
1. 초경량비행장치의 개념과 기준 — 278
2. 초경량비행장치의 범위와 종류 — 280
- section OX문제 / 출제예상문제 — 284 / 285

Section 2 항공안전법 — 288
1. 초경량비행장치 관련 항공안전법 용어의 정의 — 288
2. 항공안전법 체계 — 291
3. 비행장치 신고 및 관리 — 293
4. 안전성 인증 — 298
5. 조종자 증명 — 300
6. 전문교육기관 — 304
7. 공역 — 306
8. 비행 — 315
9. 항공사진촬영(국방부 항공사진 촬영 지침서) — 321
10. 조종자 준수사항 — 325
11. 비행 시 유의사항 — 327
12. 조종자 안전수칙 — 328
13. 통신 안전수칙 — 329
14. 안전개선명령과 준용규정 — 330
15. 초경량비행장치 사고와 보험 — 331
16. 초경량비행장치의 벌칙 — 333
- section OX문제 / 출제예상문제 — 334 / 336

Section 3 항공사업법 — 353
1. 초경량비행장치 관련 항공사업법 — 353
2. 비행장치 사업등록 — 354
3. 벌칙 — 357
- section OX문제 — 357

Section 4 공항시설법 — 358
1. 초경량비행장치 관련 공항시설법 — 358
- section OX문제 / 출제예상문제 — 360 / 361

Section 5 Q&A를 통해 알아보는 무인비행장치의 모든 것 ─── 364
　　1. 질의 응답식 관련 법규 ─── 364
　　2. 비행 정보 ─── 371
　　　■ section OX문제 / 출제예상문제 ─── 372 / 373

Section 6 기타 관련 법규 ─── 374
　　1. 전파법 ─── 374
　　2. 사생활 침해죄 ─── 376
　　3. 정보통신망법 ─── 377
　　4. 성폭력범죄의 처벌 등에 관한 특례법 제14조 ─── 378

핵심 요점 노트[Top Secret Note] ─── 379

PART 5　실전대비 - 초경량비행장치조종자자격시험

　　제1회 초경량비행장치 조종자자격시험 ─── 384
　　제2회 초경량비행장치 조종자자격시험 ─── 389
　　제3회 초경량비행장치 조종자자격시험 ─── 394
　　제4회 초경량비행장치 조종자자격시험 ─── 399
　　제5회 초경량비행장치 조종자자격시험 ─── 404
　　제6회 초경량비행장치 조종자자격시험 ─── 409
　　제7회 초경량비행장치 조종자자격시험 ─── 414
　　제8회 초경량비행장치 조종자자격시험 ─── 419
　　제9회 초경량비행장치 조종자자격시험 ─── 424
　　제10회 초경량비행장치 조종자자격시험 ─── 429
　　※ 정답 및 해설 ─── 434

Addendum　부 록

　　1. 실기 표준 훈련장 ─── 448
　　2. 실기시험 영역과 평가 기준 ─── 449
　　3. 세부 실기 훈련방법 ─── 454
　　4. 구술평가 예상문제 ─── 516

무인항공기 운용

Section 1. 무인항공기 시스템 개요
Section 2. 드론의 기종별 구조와 구성품
Section 3. 조종기와 비행제어시스템
Section 4. 드론의 동력시스템
Section 5. 다양한 민수용 드론의 활용
Section 6. 무인항공 방제작업 요령
Section 7. 무인항공 안전관리
Section 8. 무인항공 비행교수법

Section 01

무인항공기 시스템 개요

▍주요 내용
- 무인항공기란
- 무인항공기 체계의 분류와 구성요소

01 무인항공기(드론)란 무엇인가?

가. 무인항공기(드론)의 정의

1) "**무인항공기**"는 조종사가 비행체에 직접 탑승하지 않고 지상에서 원격조종(Remote piloted) 즉, 조종석이 지상으로 내려와 있는 비행체 시스템으로서 자동(auto-piloted) 또는 반자동(Semi-auto-piloted) 방식으로 자율 비행하는 시스템을 말한다.
2) **비행체**(RPA: Remotely Piloted Aircraft)와 **원격통제장비**(RPS : Remote Piloting Station / System),[1] **통신장비**(Data link), **탑재임무장비**(Payload), **지원장비**(Support Equipment) 등 **종합군수지원**과 운용인력 6가지 구성 요소
3) 우리나라 항공법규에서는 150kg 이하의 무인항공기를 무인비행장치로 분류
4) 무인비행기, 무인헬리콥터, 무인멀티콥터, 무인비행선으로 분류하여 자격제도가 시행
5) 드론이란 용어는 영문 무인항공기를 통칭하는 일종의 속어임.

나. 무인항공기 영문 용어의 변화와 기술적 발전

1) Drone (1970년대 이전)
   ① **원격통제 기술이 부족한 상황**에서 이륙 또는 발사시킨 후 사전 입력된 경로에 따라 정찰 지역까지 비행한 후 복귀된 비행체에서 촬영된 필름 등을 회수하는 방식
   ② 주로 대공표적기(Target Drones) 등이 많았으며, 최근의 북한 무인기들이 이에 해당할 수 있음.

---

[1] 지상통제장비(GCS: Ground Control Station/System), 함상통제장비(SCS: Shipboard Control System) 등으로 칭하기도 한다. 최근 관제장비란 용어를 사용하기도 하는데, 항공분야에서 관제는 조종/통제가 아니라 관제사 및 조종사의 상호 교신에 따른 운항하는 절차를 주로 칭하는 용어로서 이미 오랜기간 정착되어 있으므로 원격통제장비를 관제장비 또는 관제시스템으로 칭하는 것은 부적절한 용어의 사용이다.

2) RPV(Remote Piloted Vehicle, 1980년대)

① 원격통신 제어 장비의 발전으로 조종사가 비행체를 원격조종하여 **실시간 조종이 가능**

② 즉, 무인기 조종사가 비행체를 디지털 지도상으로 모니터링하면서 비행체를 목표지역에 보냈다가 다시 더 자세히 비행체를 조종할 수 있음

3) UAV(Unmanned/Uninhabited/Unhumanized Aerial Vehicle System, 1990년대)

① 데이터링크 기술의 발달로 영상까지 실시간에 **전송**받을 수 있게 됨.

② 즉, 무인기 조종사 실시간 비행경로를 변경 조종과 동시에 탑재카메라 운용관이 실시간에 표적을 찾는 **팀워크 운용이 중요**하게 됨

③ 이것은 실시간 전장상황을 지휘관이 직접 보면서 지휘함으로 **걸프전, 코소보전 등에서 전승에 지대한 기여**를 함으로 무인항공기 중요성 대두됨.

4) UAS (Unmanned Aircraft System, 2000년대)

① 무인항공기가 **민간 항공 공역에 진입하여 유인항공기와 동시 운용**될 필요성

② 무인항공기도 **유인항공기(Aircraft) 수준의 안정성과 신뢰성을 확보 필요성 강조**

③ 같은 시기 유럽에선 RPAV(Remote Piloted Air/Aerial Vehicle)란 용어를 사용함.

5) RPAS (Remotely Piloted Aircraft System, 2010년대)

① 2013년 이후 **국제민간항공기구(ICAO)에서 공식 용어로 채택**하여 무인항공기 매뉴얼에 사용

② 비행체만을 칭할 때는 RPA(Remotely Piloted Aircraft/Aerial vehicle)

③ 통제시스템을 지칭할 때는 RPS(Remote Pilot Station(s))

6) UAS (Uncrewed Aircraft System, 2020년대)

승객 탑승용 또는 자가용 드론 시대의 도래에 따라 기존의 사람이 탑승하지 않는 시스템이란 개념에서 사람은 탑승이 가능하나 승무원이 탑승하지 않는 다는 개념으로 발전시킨 새로운 용어

02 무인항공기 체계의 분류와 구성요소

가. 무인기 체계의 분류

1) 무인항공기(UAV)

① 앞의 무인항공기 정의 참고

그림 Aerosonde UAV, Aerosonde, 호주, 박장환(2001)

2) 무인지상차량(UGV)

① 운전자가 직접 탑승하지 않고 **데이터링크**를 통해 원격 운용되는 모든 차량체
② 우주 행성 탐사, 화생방 오염지역 탐지 / 제독, 화재 지역 진화 / 구조, 지뢰 지대 통로 개척 등에 사용

그림 무인지상차량

3) 무인함정(UMV / USV / UUV)

① 항해사가 직접 탑승하지 않고 데이터링크를 통해 원격 운용되는 모든 함정 또는 잠수정
② 심해 수중 탐사, 적 잠수함 색출 / 파괴, 수중 지형 / 장애물 파악 등에 사용

그림 UMV, 중국

출처 : www.conmilit.com

나. 무인항공기 체계의 분류

1) 무인항공기(UAV) 형태에 따른 분류

① **고정익(Fixed Wing) 무인항공기** : 고정 날개 형태인 무인항공기 시스템. 연료 소모가 상대적으로 평지 지형에서 장거리 장시간 임무 수행에 적합

그림 Shadow-200 UAV, AAI

② **회전익(Rotary Wing) 무인항공기, 무인헬리콥터**

헬리콥터 형인 무인항공기 시스템. 수직이착륙이 가능하여 산악지형이나 함상에서 운용하기 유리

그림 Camcopter S-100 UAV, Schiebel, 오스트리아

③ **가변로터형(Tilt-Rotor) 무인항공기** : 로터/프로펠러 시스템이 가변형으로서 이착륙 시에는 로터로 수직 양력을 발생시켜 수직 이륙을 하고, 천이비행 단계를 거쳐 고정익 비행. 단시간에 고속으로 가서 단시간에 완료해야하는 임무에 적합할 수 있음

그림 스마트 무인기, 한국항공우주연구원

④ **동축반전형(Co-axial) 무인항공기** : 한 축에 상부, 하부 두 개의 로터를 반대 방향으로 회전하게 하여 반토크 현상을 상쇄시키는 형태. 안정적이면서 동력 효율을 높이는 반면 상부/하부 로터 간의 간섭에 의한 양력 감소가 발생

그림 KA-37/ARCH-50 농업용 무인헬기, KAMOV/대우중공업
출처 : http://www.aviastar.org/helicopters_eng/ka-37.php

⑤ **멀티콥터형(Multi-Copter) 무인항공기, 무인멀티콥터** : 3개 이상의 다중의 로터를 탑재한 비행체 형태. 조종이 용이하고 운용비가 적음

그림 신개념 전전후 방제용 방수 멀티콥터, 마징가드론, 드론안전기술(TTA), 한국/중국

2) 다양한 무인항공기 분류 체계

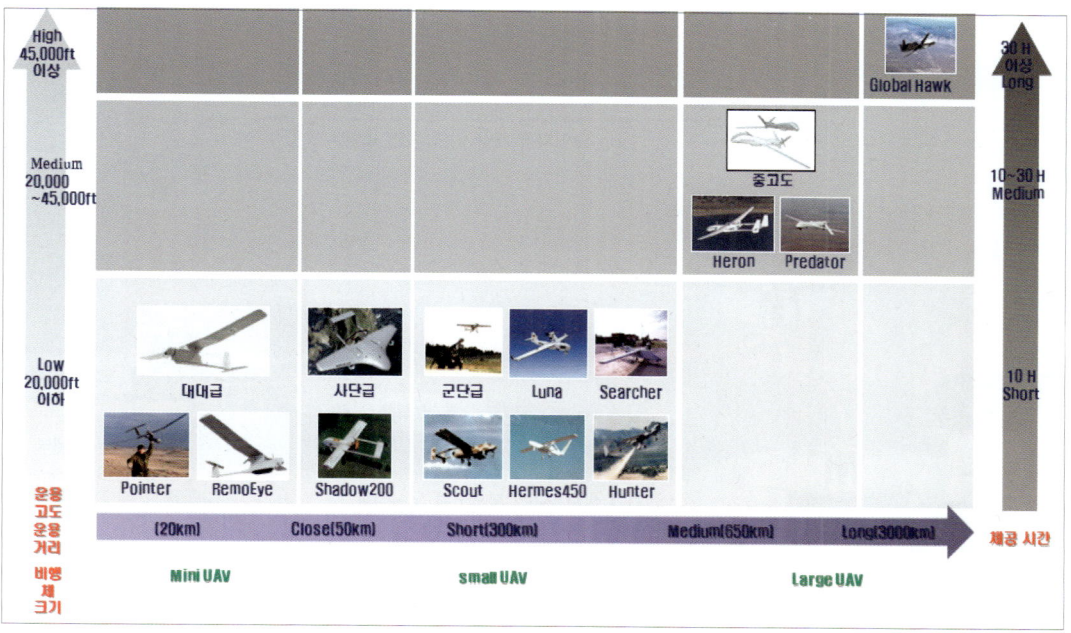

다. 무인기 체계의 구성

① **비행체** : 통상 24시간 운용을 고려해서 3~6대로 편성하는데, 비행중, 비행대기, 정비대기 등을 고려해서 대수를 편성
② **지상통제 시스템** : 백업을 고려하여 2대 이상으로 편성
③ **통신 데이터 링크** : 주·보조 링크로 백업 구성하며, 비행데이터와 명령값, 영상감지기 등에서 수집된 데이터를 전송하기에 충분한 대역폭을 확보
④ **탑재 임무장비** : EO/IR, GMTI, SAR, LRF 등
  - GMTI : SAR의 성능이 좋아짐에 따라 SAR 장비에 기능이 추가되는 형태로 SAR 장비에 포함됨.

> * **EO** : Electro-Optic, IR: Infra-Red, 주야간 영상감지기
> * **GMTI** : Ground Movind Target Indicator, 지상이동표적지시기
> * **SAR** : Synthetic Aperture Radar, 합성개구경레이더
> * **LiDAR** : Light Detection and Ranging. 레이저 빛을 사용하여 물체까지의 거리를 측정하는 기술

⑤ **지원장비 및 시스템 요소** : 운용 개념, 운용 시나리오 및 절차, 장비편성, 운용인력 편제, 부수장비 구성 등 교육훈련, 정비체계/장비, 지원 장비, 교범류, 기타 선택장비 (이·착륙 보조 장비, 원격 영상 수신 장비)

그림 무인항공기 운용개념 예시

※출처: 무인항공 제작·정비 특론, 박장환

그림 무인항공기 시스템 구성 약도

section OX

1. 드론 즉, 무인항공기 시스템은 드론 비행체만을 의미한다.   X

2. 드론이란 용어는 <u>무인멀티콥터</u>를 지칭하는 용어이다.   X
   모든 무인항공기를 통칭하는 속어이다.

3. 무인기 시스템은 <u>무인항공기</u>만 있다.   X
   무인항공기, 무인지상차량, 무인함정

4. 무인헬리콥터를 개발하기 어려운 이유는 비행원리가 복잡해서고 성능의 자동비행제어시스템 개발이 어렵기 때문이다.   O

출제예상문제

01 다음 중 무인항공기(드론)의 용어의 정의 포함 내용으로 적절하지 않은 것은?

① 조종사가 지상에서 원격으로 자동 반자동형태로 통제하는 항공기
② 자동비행장치가 탑재되어 자동비행이 가능한 항공기
③ 비행체, 지상통제장비, 통신장비, 탑재임무장비, 지원장비로 구성된 시스템 항공기
④ 자동항법장치가 없이 원격통제되는 모형항공기

> **해설** 무인항공기는 기본적으로 자동비행장치가 탑재되어 자동비행이 가능한 비행체, 통제시스템 및 통신시스템이 포함된 시스템을 말한다.

02 다음 중 무인비행장치 기본 구성 요소라 볼 수 없는 것은?

① 조종자와 지원 인력
② 비행체와 조종기
③ 관제소 교신용 무전기
④ 임무 탑재 카메라

> **해설** 무인항공기의 구성요소
> • 비행체   • 지상통제 시스템
> • 통신 데이터 링크   • 탑재 임무장비
> • 후속 군수지원 : 교육훈련, 정비체계/장비, 지원장비, 교범 류, 기타 선택장비(이·착륙 보조 장비, 원격 영상 수신 장비)

03 드론에 대한 설명으로 틀린 것은?

① 드론은 대형 무인항공기와 소형 무인항공기를 모두 포함하는 개념이다.
② 일반적으로 우리나라에서는 소형 멀티콥터를 지칭하는 용어로 많이 쓰이기도 한다.
③ 우리나라 항공안전법은 150kg 이하 무인항공기를 무인비행장치로 분류하고 있다.
④ 우리나라 항공안전법에 무인멀티콥터는 동력비행장치로 분류하고 있다.

> **해설** 무인멀티콥터는 무인동력비행장치로 분류하고 있음, 용어 등에 대해 정확한 정의를 숙지할 필요가 있음

04 다음 중 무인기 탑재 임무장비 중에서 원거리 위치한 적의 표적들의 이동을 탐지하여 표시해 주는 것은?

① EO/IR 카메라
② GMTI 시스템
③ SAR 시스템
④ LRF

> **해설**
> • EO : Electro-Optic,
> • IR : Infra-Red, 주야간 영상감지기
> • GMTI : Ground Moving Target Indicator, 지상이동표적지시기
> • SAR : Synthetic Aperture Radar, 합성개구경레이더
> • LRF : Laser Range Finder 레이저 거리 지시기

05 다음 중 무인항공기 구성 요소 중 ADT의 역할은 무엇인가?

① 지상에서 원격통제하는 장치
② 지상에서 원격통제 명령 데이터를 송신하는 장치
③ 비행체에서 임무장비 영상과 비행데이터를 송수신하는 장치
④ 임무 탑재 카메라 조종장치

> **해설** ADT: Airborne Data Terminal 비행체에 탑재되어 영상 및 비행데이터를 송신하거나 지상의 GDT에서 전달되는 명령 데이터를 수신하는 장치

정답 01.④   02.③   03.④   04.②   05.③

06 3개 이상의 로터/프로펠러가 장착되어 상대적으로 비행이 안정적이어서 조종이 쉬운 비행체 형태는?

① 다중 로터형(Muli-Rotor) 비행체
② 고정익 비행체
③ 동축반전형 비행체
④ 틸트로터형 비행체

07 다음 중 국제민간항공기구(ICAO)에서 공식 용어로 선정한 무인항공기의 명칭은?

① UAV(Unmanned Aerial Vehicle)
② Drone
③ RPAS(Remotely Piloted Aircraft System)
④ UAS(Unmanned Aircraft System)

> 해설 ADT: Airborne Data Terminal 비행체에 탑재되어 영상 및 비행데이터를 송신하거나 지상의 GDT에서 전달되는 명령 데이터를 수신하는 장치 ICAO Doc 1009 RPAS Manual(2015)에서 공식용어로 RPAS(Remoted Piloted Aircraft System)를 사용하기 시작했다. UAV는 90년대 주로 사용된 용어, UAS는 신뢰성을 강조한 2000년대 주로 사용된 용어. Drone은 1970년대 이전에 사용하다가 2010년대 다시 사용되기 시작한 무인항공기를 통칭하는 용어로서 일종의 속어이다.

08 다음 중 산악지형 등 이착륙 공간이 좁은 지형에서 사용되는 이착륙 방식에 적합한 비행체 형태와 거리가 가장 먼 것은?

① 고정익 비행기
② 헬리콥터
③ 다중로터형 수직이착륙기
④ 틸트로터형 수직이착륙기

> 해설 고정익 비행기 형태는 일반적으로 긴 활주 이착륙 및 접근 공간이 필요하여 좁은 지형에서는 상대적으로 운용상 불리하다.

09 무인항공기를 지칭하는 용어로 볼 수 없는 것은?

① UAV　　② UGV
③ RPAS　　④ Drone

> 해설 UGV는 Unmanned Ground Vehicle로서 무인차량을 의미한다.

10 다음 설명에 해당하는 무인항공 비행체는 무엇인가?

> 단시간에 고속으로 임무지역까지 비행하여 단시간에 완료해야 하는 임무에 적합하다. 회전익의 수직 이륙성능과 고정익의 고속비행이 가능한 장점이 있으나 단점으로는 비행체가 크고 구조적으로 복잡하여 시스템 안정성/신뢰성 확보가 어려우며, 양쪽의 이중 프로펠러/로터 형태로 이착륙시 돌풍 등의 바람의 변화에 취약하고, 탑재용량이 적어 상대적으로 체공시간이 짧다. 또한 조종/제어가 상대적으로 어려워 운용자 양성에 많은 시간이 필요하다.

① 다중 로터형(Muli-Rotor) 비행체
② 고정익 비행체
③ 동축반전형 비행체
④ 틸트로터형 비행체

정답　06.①　07.③　08.①　09.②　10.④

Section 02 드론의 기종별 구조와 구성품

■ 주요 내용
- 무인항공기 기종별 비행체 구조

01 무인항공기(드론) 기종별 비행체 구조

가. 무인항공기 시스템 세부 구성

1) 비행체 구성

동체, 엔진/냉각/윤활계통, 동력전달계통, 조종계통, 전기계통, 비행제어시스템 등으로 구성

2) 지상/함상통제장비(GCS) 구성

① 주통제컴퓨터, 비행체조종부, 탑재장비운용부, 임무영상처리부, 전원분배장치, 함상이착륙용 IMU/GPS 시스템 등으로 구성

그림 지상통제시스템(GCS) 내부

그림 이착륙통제시스템(LRS) 내부

그림 무인정찰기 지상통제시스템

3) 데이터 통신 장비 구성

① **탑재통신장비(ADT: Airborne Data Terminal)** : 주통신장비, 주통신안테나, 보조통신장비, 보조통신안테나, 피아식별장비 등으로 구성
② **지상통신장비(GDT: Ground Data Terminal)** : 통신장비, 주통신안테나, 보조통신장비, 보조통신안테나 등으로 구성

그림 무인항공기 데이터링크 구성

무인항공기에 이용되는 주요 주파수 및 출력허용기준

구분	주파수대역 또는 중심주파수	대역폭	출력 안테나 공급전력	출력 안테나 이득	특이사항	비고
1	40.715MHz, 40.735MHz, 40.755MHz, 40.775MHz, 40.795MHz, 40.815MHz, 40.835MHz, 40.855MHz, 40.875MHz, 40.895MHz, 40.915MHz, 40.935MHz, 40.955MHz, 40.975MHz, 40.995MHz, 72.630MHz, 72.650MHz, 72.670MHz, 72.690MHz, 72.710MHz, 72.730MHz, 72.750MHz, 72.770MHz, 72.790MHz, 72.890MHz, 72.910MHz, 72.930MHz, 72.950MHz, 72.970MHz, 72.990MHz	20 MHz 이내	10 mV/m 이하 @ 10m ≒ −46.92dBm erp ≒ 0.02 mW erp		무선조종용 (상공용)	비면허[**]
2	13.552~13.568 MHz 26.958~27.282 MHz 40.656~40.704 MHz	지정주파수 범위 내			무선조정용(완구 조정기, 원격조정장치)	비면허[**]
3	2400~2483.5 MHz	무선설비규칙 참조	10mW/MHz, 6 dBi (최대 1 W[***])		무선데이터 통신시스템용	비면허[**]
4	5030~5091 MHz	1.1 MHz 이내	10W		지상제어	허가용[*] (실험국)
5	5091~5150 MHz	20 MHz 이내			임무용	허가용[*] (실험국)
6	5650~5850 MHz	80 MHz 이내	10mW/MHz (최대 1 W[***])	6 dBi	무선데이터 통신시스템용	비면허[**]
7	10.95~11.2 GHz, 11.45~11.7 GHz, 12.2~12.75 GHz, 19.7~20.2 GHz, 14~14.47 GHz, 29.5~30.0 GHz				위성제어	허가용[*] (실험국)

※ 출처 : 미래창조과학부, ICT 융합 신산업 활성화를 위한 무인항공기 주파수 공급, 2016.

구 분	FDMA (Frequency Division Multiple Access)	TDMA (Time Division Multiple Access)	CDMA (Code Division Multiple Access)
적용 트래픽	전용회선 등 CBR	Burst data 등 VBR	전화(이동) 등 CBR
고속시 채널폭	수 MHz-수십 MHz	수 MHz - 수십 MHz	수백 MHz 이상 (High Spreading Code)
Timing Control	불필요	필요	필요
Variable Trans, Rate	어려움	용이	용이
Carrier Frequency Stability	High Stability	Low Stability	Low Stability (High Chip Rate)
Near-Far Problem	없음	없음	Power Control로 해결
System Complexity	단순	높다	매우 높다
적용 시스템	일부적용(Bosch 등)	대부분(Nortel 등)	-

그림 통신 링크 다중화 방법

※출처 : 박장환 「무인항공(드론)제작/정비학」 특론

4) 탑재임무장비 구성

① **탑재임무장비(Payload)** : 주/야간(EO/IR) 감시카메라, 대구경합성레이더(SAR), 거리측정기(LRF: Laser Ranger Finder), 라이다, 지상이동표적지시기(GMTI) 등 활용도에 따라 임무장비들도 더욱 다양해지고 있음

		MOST 3000	POP 300	MX-10	MX-15	STAR SAFIRE II
성능 (탐지/인지)	주간	35km/30km	20km/8km	/15km	58km/31km	58km/31km
	야간	50km/25km	25km/10km	/12km	60km/30km	60km/30km
표적 크기(가로/세로)		350mm/555mm	260mm/380mm	260mm/360mm	400mm/480mm	380mm/450mm
무게		28kg	16.3kg	16.8kg	45kg	43kg
해상도(Pixels)		640×480	640×480	640×480 1280×720	1280×1024	640×480
제조사		IAI	IAI	L3-WESCAM	L3-WESCAM	FLIR
대략 가격		6억원	2억원	4억원	9억원	4억원
장착기종			RQ-2 파이오니어 RQ-7 섀도	Camcopter S-100		
비고(Option)		LRF/LP 등	LRF/LP 등	Auto Tracker 등		
사진						

그림 다양한 무인항공기 임무장비

광시계(Wide FOV)	중시계(Medium FOV)	협시계(Narrow FOV)
30° × 24.2°	7.04° × 5.64°	1.83° × 1.47°
광시계(Wide FOV)	중시계(Medium FOV)	협시계(Narrow FOV)
20.9° × 15.7°		1.18° × 0.88°

그림 EO/IR 시스템 기능 구성

※ 출처: 박장환의 무인항공기센터, www.uavcenter.com

5) 지원장비 구성

① 장비운반 차량, 발전기, UPS, 시험장비, 훈련장비, 정비장비, 교범류 등

무인항공기 시스템 지원장비 구성 비교

구 분		지상지원 장비 일반 구성						비 고
고정익	내용	지휘통제차량	UAV 운반차량 : 3	연료보급차량	정비차량	회수장비 및 인원	발사장비	• 비행체계 • 탑재능력 감소
	설명	• 임무수행을 지원하기 위한 다양한 지상장비와 인원이 소요된다.						
회전익	내용	통합형 지휘통제차량 : 2		UAV 운반 및 이동정비 : 2		지상중계차량		• 획득비 절감 • 운영유지비 절감
	설명	• 지상지원장비 및 운용요원 감소 • 획득비 절감 • 교육훈련감소 ※ 통합형 지휘 통제 및 UAV 운반 차량 운용						

운영/정비 교범　(휴대형)전자 교범　전자 ILS교범 프로그램 소프트웨어　전자정비/ILS지원 장비 프로그램 소프트웨어　훈련

그림 ILS 구성

6) 운용 인력 구성

① 운용인력은 외부조종사, 내부조종사, 탑재장비 운용자, 정비·지원요원, 지휘·통제관 등으로 구성된다. 통상 부수장비가 적은 회전익에서 인력소요가 적으며, 멀티콥터의 경우 더 적은 인력으로 운용이 가능하다.

고정익 / 회전익 UAV 운용요원 비교(단거리 이하 무인정찰기)

구분		인원수/교육기간	기종		증감	비고
			고정익 UAV	회전익 UAV		
인력 소요	운용 인원	외부조종사(EP)	2	3	−3	내(외)부 조종사 통합
		내부조종사(IP)	2			
		탑재장비 운용	2			
	정비요원(MT/ET)		3	2	−1	이착륙 장비 요원 불필요
	소　계		9	5	−4	
교육 훈련	운용요원		16~20주	10주		−
	정비요원		16~20주	10주	6~10주	−

나. 무인비행기 비행체 구성

① 동체 → 주 날개(에일러론, 플랩 기능과 작동) → 미부 수평안정판(엘리베이터 기능과 작동 원리) → 수직안정판(러더 기능과 작동 원리)

② 무인비행기 조종장치는 에일러론, 엘리베이터, 스로틀, 러더, 플랩으로 구성된다.

다. 무인헬리콥터 비행체 구성

① 주날개(Main rotor) → 허브 → 마스트 → 미션 → 엔진과 드라이브 샤프트, 클러치 → 테일 붐과 꼬리날개(Tail rotor) → 착륙장치부
② 헬리콥터 로터의 회전에 따른 작동원리(Torque 현상), 꼬리날개의 역할(Anti – torque)과 원리
③ 무인헬리콥터 조종장치는 **사이클릭, 컬렉티브, 페달(러더)**로 구성된다.

라. 무인멀티콥터의 비행체 구성

① 동체와 암 → 로터 → 모터 → 변속기(ESC) → 비행조종장치 → 배터리
② 헬리콥터 로터의 회전에 따른 작동원리, 꼬리날개의 역할과 원리

section OX

1. 드론 비행체는 동체, 엔진/냉각/윤활계통, 동력전달계통, 조종계통, 전기계통, 비행제어시스템, 농약살포장치 등으로 구성된다.	X 약제살포장치는 임무탑재장비에 속한다.
2. 지상통제장비는 비행체조종부, 임무장비 운용부, 비행체조종부, 탑재장비운용부, 임무영상처리부, 전원분배장치, 함상이착륙용 IMU/GPS 시스템 등으로 구성된다.	O
3. 현재 허가없이 사용이 가능하여 멀티콥터용으로 많이 사용되는 주파수는 2.4Ghz / 5.8Ghz 대역이다.	O
4. 2.4Ghz / 5.8Ghz 대역은 출력제한없이 사용이 가능하다.	X 10mW/MHz, 6dBi
5. 임무탑재장비로 영상카메라는 주로 EO/IR 카메라가 많이 사용된다.	O
6. 무인멀티콥터와 무인헬리콥터의 주요 차이점은 로터 피치를 조절해서 조종하는 것과 로터 회전수를 조절해서 조종하는 것의 차이라 볼 수 있다.	O
7. ESC는 각 모터의 속도를 조절해 줌으로써 기체의 방향과 속도를 제어할 수 있도록 해주는 장치이다.	O

출제예상문제

01 무인멀티콥터의 주요 구성요소가 아닌 것은?
① 프로펠러(로터) ② 모터
③ 변속기 ④ 캬브레터

> 해설) 캬브레터는 엔진이 장착된 비행장치의 구성품이다.

02 전동식 멀티콥터의 기체 구성품과 거리가 먼 것은?
① 프로펠러 ② 모터와 변속기
③ 자동비행장치 ④ 클러치

> 해설) 클러치는 주로 엔진이 장착된 비행체에 사용된다.

03 비행체의 계통과 연결이 옳지 않은 것은?
① 동력전달계통(구동계통) - 모터, 변속기
② 전기계통 - 배터리, 발전기
③ 조종계통 - 서보, 변속기,
④ 연료계통 - 카브레터, 라디에이터

> 해설) 라디에이터는 냉각계통에 속한다.

04 프로펠러의 Balance가 맞지 않을 때 가장 우선적으로 나타나는 현상은?
① 진동이 나타난다.
② 모터가 비 정상적으로 회전한다.
③ 회전이 되지 않는다.
④ LED 경고등이 점등된다.

05 무인멀티콥터의 프로펠러 재질로 가장 거리가 먼 것은?
① 카본 ② 강화플라스틱
③ 금속 ④ 나무

> 해설) 무게가 중요한 멀티콥터에서는 금속재질의 로터는 잘 사용하지 않는다.

06 멀티콥터의 CG는 어디인가?
① 동체 중앙부분
② 배터리 장착부분
③ 로터 장착부분
④ GPS안테나 부분

07 무인 멀티콥터의 구성품이 아닌 것은?
① 모터와 변속기
② 속도제어장치
③ 주 로터 블레이드
④ 로터(프로펠러)

> 해설) 멀티콥터는 주 로터 블레이드와 보조 로터 블레이드 개념이 아니라 모두가 동일한 개념이다.

08 Blade Pitch란 무엇인가?
① 블레이드의 직경
② 블레이드의 피치 각
③ 로터를 1회전할 때 전진한 거리
④ 블레이드의 회전면

정답 01.④ 02.④ 03.④ 04.① 05.③ 06.① 07.③ 08.③

09 메인 블레이드의 밸런스 측정 방법 중 옳지 않은 것은?

① 메인 블레이드 각각의 무게가 일치 하는지 측정한다.
② 메인 블레이드 각각의 중심(C.G)이 일치 하는지 측정한다.
③ 양손에 들어보아 가벼운 쪽에 밸런싱 테이프를 감아 준다.
④ 양쪽 블레이드의 드레그 홀에 축을 끼워 앞전이 일치하는지 측정한다.

해설 손으로만 들어봐서는 테이프 감을 정도의 무게 차이를 알 수 없다.

10 한정된 주파수 자원을 많은 사용자가 동시에 사용할 수 있도록 하는 다중접속방식에 해당하지 않는 것은?

① FDMA   ② ODMA
③ TDMA   ④ CDMA

해설 멀티콥터의 구성은 크게 기체 프레임, 로터부, 센서류, 착륙장치, 임무장비 등으로 나누어진다. 링크부는 없다.
① FDMA : Frequency Division Multiple Access (주파수 분할 다중화 접속)
② ODMA : 해당사항 없음.
③ TDMA : Time Division Multiple Access (시간 분할 다중화 접속)
④ CDMA : Code Division Multiple Access (코드 분할 다중화 접속)

11 멀티콥터의 로터(프로펠러) 피치가 1회전 시 측정할 수 있는 것은 무엇인가?

① 속도   ② 거리
③ 압력   ④ 온도

12 무인 멀티콥터의 명칭과 설명으로 틀린 것은 어느 것인가?

① 로터는 양력을 높이기 위해 금속으로 만든다.
② 지자계센서와 자이로 센스는 흔들리지 않게 고정을 한다.
③ 모터는 BLDC모터를 사용한다.
④ 비행시 배터리는 완전 충전해서 사용을 한다.

13 비행제어 시스템의 내부 구성품으로 볼 수 없는 것은?

① ESC   ② IMU
③ PMU   ④ GPS

14 무인 멀티콥터의 구조를 분류할 때 해당되지 않는 부분은?

① 기체 프레임   ② 로터부
③ 센서부   ④ 링크부

해설 멀티콥터의 구성은 크게 기체 프레임, 로터부, 센서류, 착륙장치, 임무장비 등으로 나누어진다. 링크부는 없다.

15 멀티콥터가 쓰는 엔진으로 맞는 것은?

① 전기모터   ② 가솔린
③ 로터리엔진   ④ 터보엔진

16 무인멀티콥터의 기수를 제어하는 부품은?

① 지자계센서   ② 온도
③ 레이저   ④ GPS

정답 09.③ 10.② 11.② 12.① 13.① 14.④ 15.① 16.①

17 다음 중 무인멀티콥터의 고도를 제어하는 센서는 무엇인가?

① 기압계 센서　② 지자계 센서
③ 가속도 센서　④ 자이로 센서

18 다음 중 멀티콥터의 특징이 아닌 것은?

① 구조가 간단하다.
② 로터들이 독립적으로 통제되지 않는다.
③ 구조적으로 안정적이다.
④ 초보자들도 쉽게 조종할 수 있다.

> 해설 멀티콥터의 로터는 각 로터들이 독립적으로 통제된다.

19 다음 중 무인멀티콥터의 기체 구성 품으로 맞지 않는 것은?

① 클러치　② 로터(프로펠러)
③ ESC와 IMU　④ FC

20 무인 멀티콥터의 무게중심은 어느 부분인가?

① 배터리 장착 부분
② 기체 중앙
③ 로터 중심
④ GPS 안테나 장착부분

21 멀티콥터의 내부 구성품 중 모터의 회전수를 조절하는 기능을 하는 것은?

① 자이로센서　② IMU
③ ESC　④ GPS

22 로터에 이상이 있을 시 가장 먼저 발생하는 현상은 무엇인가?

① 진동발생
② 기체가 추락한다.
③ 경고등이 들어온다.
④ 경고음이 들어온다.

23 기체의 고도를 측정하는 센서는?

① 가속도 센서　② 자이로 센서
③ 기압계　④ 지자계 센서

24 모터 발열의 원인이 되지 않는 것은?

① 조종사가 조종기의 트림선을 맞추지 못한 경우
② 탑재 중량이 무거운 경우
③ 높은 고도에서 장시간 비행한 경우
④ 착륙 직후

25 시동 시 기체가 심하게 진동할 때 생각할 수 있는 트러블로서 가장 가능성이 높은 것은 어느 것인가?

① 배터리가 과 충전되었다.
② GPS 신호를 수신하지 않고 있다.
③ 수신기와 송신기가 올바르게 접속되어 있지 않다.
④ 블레이드에 파손이 있다.

정답 17.①　18.②　19.①　20.②　21.③　22.①　23.③　24.①　25.④

26. 멀티콥터의 조종방법으로 가장 위험한 조작법은 무엇인가?

① 수직으로 상승하는 조작
② 요잉을 반복하는 조작
③ 후퇴하는 조작
④ 급강하하는 조작

27. 프로펠러에 대한 설명으로 옳지 않는 것은?

① 단면이 에어포일 형태인 회전날개의 원리로 추력을 발생
② 프로펠러의 규격은 D×P로 나타나며 D는 피치, P는 직경을 의미
③ 회전방향에 따라 정 피치 또는 역 피치 프로펠러를 구분해서 사용 및 장착 필요
④ 프로펠러의 무게중심과 회전중심을 일치시키는 밸런싱을 통한 진동 최소화 필요

해설 D(diameter)는 직경이고 P(pitch)는 피치 값이다.

28. 프로펠러 회전방향에 대한 설명으로 옳은 것은?

① 프로펠러의 회전 방향은 항상 시계방향이다.
② 시계방향 회전을 cw, 반시계방향 회전을 ccw라고 칭한다.
③ 정피치 프로펠러를 뒤집어서 장착하면 역 피치 프로펠러가 된다.
④ 프로펠러의 회전 방향을 변경하기 위해 직경을 변경하면 된다.

29. 프로펠러 진동에 대한 설명으로 옳지 않은 것은?

① 프로펠러 회전중심과 무게중심이 일치하지 않을 경우 진동발생
② 프로펠러 진동은 모터의 수명에 악영향
③ 프로펠러 직경을 키울수록 진동 최소화 가능
④ 프로펠러 진동을 줄이기 위해 밸런싱 필요

30. 프로펠러 피치에 대한 설명으로 옳은 것은?

① 프로펠러의 두께를 의미
② 프로펠러가 한 바퀴 회전했을 때 앞으로 나아가는 기하학적 거리
③ 프로펠러 직경이 클수록 피치가 작아짐
④ 고속 비행체일수록 저 피치 프로펠러가 유리

31. 프로펠러 직경에 대한 설명으로 옳지 않은 것은?

① 프로펠러가 회전하면서 만드는 회전면의 지름
② 프로펠러 직경에 따라 추력변화
③ 프로펠러 직경과 피치는 프로펠러의 규격
④ 프로펠러 직경이 짧을수록 대형 기체에 유리

해설 대형기체일수록 직경이 긴 프로펠러를 장착해야 회전수를 적게하여 모터의 문제발생을 줄일 수 있다.

정답 26.④ 27.② 28.② 29.③ 30.② 31.④

Section 03 드론 조종기와 비행제어시스템 운용

주요 내용
- 드론 조종기와 조종모드
- 원격통제시스템의 종류와 구성
- 비행제어시스템의 구조와 원리

01 드론 조종기와 조종모드

가. 드론 조종기의 구성

그림 R/C 조종기 형대, 후타바 14SG

1) **조종간(Stick)** : 비행의 전진, 후진, 좌이동, 우이동 및 고도 상승하강, 좌선회, 우선회를 실제 조종한다. 이 조종간의 배치에 따라서 모드 1, 2, 3, 4를 달리할 수 있다.

2) **트림(Trim)** : 조종면의 미세한 조종을 통해 비행체를 안정화시킬 수 있도록 한다. 1, 2, 3, 4번 트림으로 조종스틱 4방향에 대해 미세 조종 설정한다.

3) **안테나** : 조종기의 주파수 신호를 비행체에 보낼 수 있는 매개체. 2.4Ghz를 주로 사용하고 있는데, 안테나 방향에 따라 전달되는 영향권의 폭이 변할 수 있다.

4) **비행모드 전환 스위치** : GPS모드, 자세모드, 수동모드, AB모드, 자동귀환모드 등의 전환 스위치는 그림에서 좌(SA) 또는 우측(SD) 검지손가락 위치 등에 통상 설정한다.

나. 조종 모드

비행조종 모드는 크게 4가지가 있다. 모드 1, 모드 2는 주로 서방국가에서 사용해 온 형태이고, 모드 3, 모드 4는 동구권 국가에서 사용해온 형태이다.

그림 비행조종 모드 4가지

02 원격통제시스템의 종류와 구성

가. 원격통제장비의 종류

1) 지상통제시스템(GCS: Ground Control Station 또는 RPS: Remote Pilot station)

대형무인기의 경우 주로 비행임무를 통제하기 위한 통제소로서 이륙 후 LRS로부터 무인기를 인수받아 실제 임무지역까지 통제하여 임무를 수행하고, 다시 무인기를 착륙지역까지 유도하여 LRS로 인계한다. 지상통제소로 직접 이착륙 통제도 가능하다.

2) 이·착륙통제소(LRS : Launch & Recovery Station/System, LCS : Launch & Control Station/System)

주로 이륙과 착륙을 통제하기 위해 설계되었으며, 전파로 무인기를 통제할 수 있는 거리가 지상통제소에 비해 짧은 것이 일반적이다. 형태 및 내부구조는 지상통제소와 대부분 같으며 단거리 임무비행 통제도 가능하다. 한편으로 주통제장비의 고장 시 백업 역할을 수행하는 것도 주요 기능 중에 하나다.

그림 이스라엘 무인정찰기 통제시스템(2000)

그림 국산 지상통제시스템(2014)

3) 이동형 지상통제소(PGCS: Potable Ground Control Station)

소형 무인항공기의 경우 이동형 원격통제장비를 사용하게 된다.

그림 이동형 원격통제장비

4) 멀티콥터용 원격통제장비

무인멀티콥터용 원격통제장비들은 소형의 휴대용으로서 주로 스마트폰이나 태블릿 PC, 노트북 등이 주로 사용된다.

그림 멀티콥터 원격통제장비

나. 무인기 지상통제소 비행 자료 표시 및 디지털 지도

무인기 내부조종은 지상통제소에 표시되는 비행 자료들과 디지털지도를 활용하여 원격조종을 실시하게 된다.

1) 비행 자료 표시부

비행 자료 표시부는 크게 비행체의 비행 상태 표시, 비행체 각종 시스템 상태 그리고 이상상태 경고 표시부 등으로 나눌 수 있다.

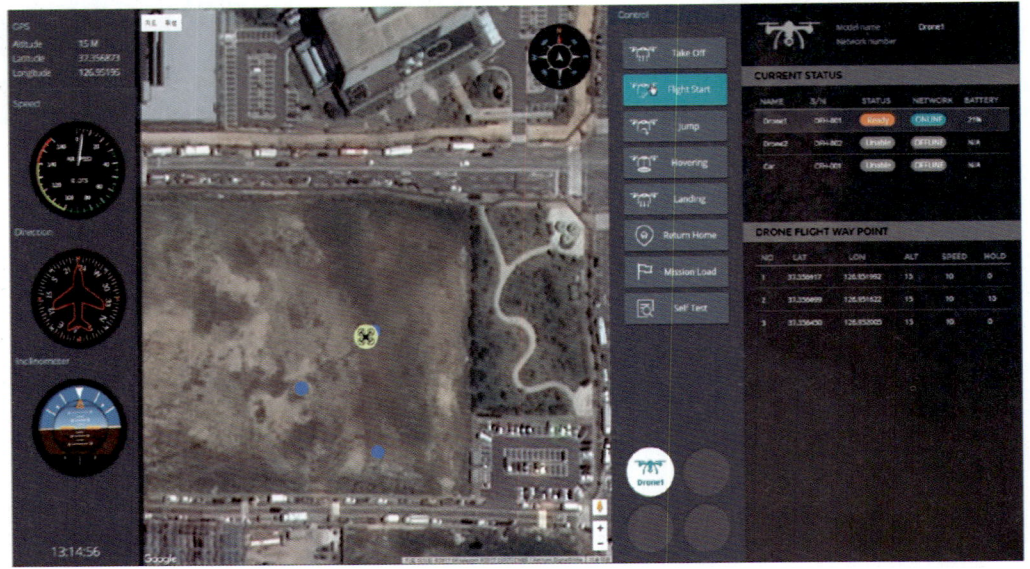

그림 무인멀티콥터 원격통제장비 화면 구성

① 비행 상태 표시

비행 상태 표시는 디지털화된 비행계기들로서 자세계, 고도계, 속도계, 방향계 등이 있다.
- **자세계** : 기본적으로 소형무인기의 전향 기체 기울기를 볼 형태 및 수치로 표시한다.
- **속도계** : 소형무인기의 비행 속도를 계기와 수치로 표시한다.
- **고도계** : 소형무인기의 비행 고도를 계기와 수치로 표시한다.
- **방향계** : 소형무인기의 비행 방향을 계기와 수치로 표시한다.

② 비행체 시스템 상태 표시

통신장비 운용 상태, 예비 배터리 포함 전원 현황, 추력장치 상태 등 소형무인기 시스템의 전반적인 현황을 보기 쉽게 표시한다.
- **통신장비 운용 상태** : 데이터링크의 통신 송/수신 출력 세기 및 안정된 상태 여부를 그림 바 및 수치로 표시한다.

- **전원 상황** : 엔진이 포함된 경우 엔진에 장착된 발전기의 상태와 출력 전원 상태, 주 및 예비배터리 상태를 표시한다.
- **출력장치 상태** : 소형무인기의 경우에 주로 사용하는 모터 및 변속기들의 상태를 표시한다.

③ **소형무인기 시스템 이상 상태 표시**

소형무인기 시스템의 각 종 고장 및 비상상황에 대한 경고등 형태로 표시한다.
- **경고등** : 심각하고 긴급 조치를 요하는 부분에 대해서 적색 경고등 및 필요시 알람 형태로 표시한다.
- **주의 표시** : 주의를 요하는 수준으로서 비행이 계속될 경우 문제가 될 수 있는 상황들에 대해서 황색등의 경고등 형태로 수치와 함께 표시한다.

2) 비행통제부

비행통제부는 고도, 속도, 방위각, 비행 자세 등을 조절하여 비행하거나 경로비행 등의 자동비행을 할 수 있도록 되어 있는데, 다음의 조종 모드들 중에서 시스템의 규모에 따라서 필요한 모드를 설정하여 조종을 실제 진행하는 부분이다.

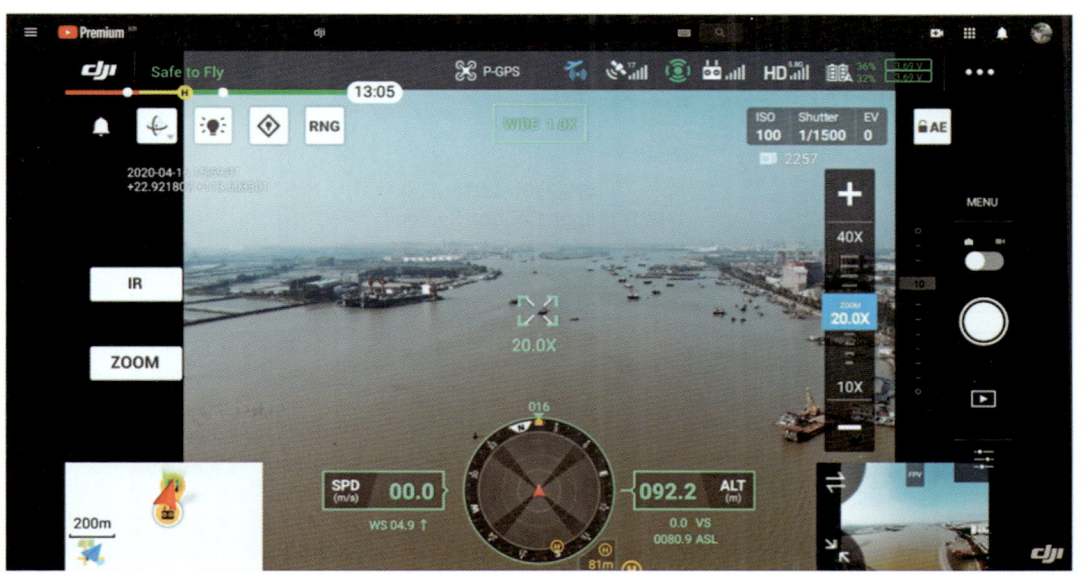

[그림] 무인멀티콥터 원격통제 장비화면 구성, DJI 메트릭스200

3) 디지털 지도부

소형무인기의 내부 조종에 있어서 디지털지도는 비행체의 현재 위치를 확인함과 동시에 비행경로 등 다양한 위치정보를 입력하고 확인하는 필수 화면이다. 최근에는 위성 영상을 활용한 3차원 지도까지도 활용되고 있다.

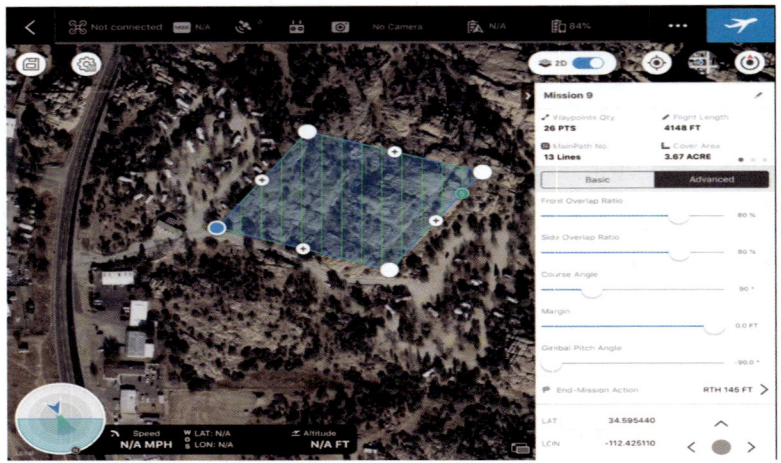

그림 지상통제시스템 디지털 지도

03 비행제어시스템의 구조와 원리

그림 자동비행제어시스템의 기본 구성

그림 DJI A2 Controller 연결과 방향

그림 어시스트 프로그램 상의 다양한 멀티콥터 형태 설정

그림 무인항공기 항공전자시스템 구성

section OX

1. 지자계센서인 MC(Magnetic Compass)는 지구의 자북방향을 감지하여 이를 기준으로 기체의 물리적 방향(전/후)을 설정하게끔 한다.   O

2. GPS모드에서는 FC가 기체의 위치를 인지하여 이를 유지하려 하나, Atti모드에서는 GPS 수신안테나를 끄기(Off) 때문에 기체의 위치를 유지하지 못한다.   O

3. ESC는 각 모터의 속도를 조절해줌으로써 기체의 방향과 속도를 제어할 수 있도록 해주는 장치이다.   O

4. IMU에는 자이로스코프와 가속도센서 두 가지가 3축으로 구성되어 있어서, 기체의 자세와 각속도를 측정하는 역할만 수행한다.   O

5. 비행체의 고도 데이터를 측정하는 센서는 기압센서만 있다.   X
   대부분 GPS에서 산출된 고도값을 사용함.

6. IMU는 자이로스코프와 가속도센서 두 가지가 3축으로 구성되어 있어서, 기체의 자세와 각속도를 측정하는 역할만 수행한다.   O

7. 비행체의 속도를 측정하는 센서는 가속도 센서이다.   X
   대부분 GPS에서 산출된 속도값을 사용함.

8. 모드 2조종기에서 전/후진을 위한 pitch 조종스틱은 왼쪽에 있다.   X
   오른쪽에 있음

출제예상문제

01 무인회전익비행장치 비상절차로서 적절하지 않는 것은?

① 항상 비행 상태 경고등을 모니터하면서 조종해야한다.
② GPS 경고등이 점등되면 즉시 자세모드로 전환하여 비행을 실시한다.
③ 제어시스템 고장 경고가 점등될 경우, 즉시 착륙시켜 주변 피해가 발생하지 않도록 한다.
④ 기체이상을 발생하면 안전한 장소를 찾아 비스듬히 하강 착륙 시킨다.

> 해설 무인비행장치는 이상이 발생하면, 이상이 있는 상태에서 안전지대로 이동시키기 보다는, 크게 파손될 상황이 아니면 바로 직하방으로 하강 착륙 시키는 것이 항전장비들의 2차 고장에 따른 이상 비행으로 인한 추가적인 주변 피해를 최소화하는 방안이다.

02 무인멀티콥터 이륙 절차로서 적절하지 않은 것은?

① 비행 전 각 조종부의 작동점검을 실시한다.
② 시동 후 고도를 급상승시켜 불필요한 배터리 낭비를 줄인다.
③ 이륙은 수직으로 천천히 상승시킨다.
④ 제자리비행 상태에서 전/후/좌/우 작동 점검을 실시한다.

> 해설 시동 후 자이로/GPS 등 센서들 설정과 엔진 등 구동부의 충분한 작동 준비상태가 될 때까지 아이들 작동을 한 후에 이륙을 실시한다.

03 무인멀티콥터 이륙 절차로서 적절한 것은?

① 숙달된 조종자의 경우 비행체와 안전거리를 적당히 줄여서 적용한다.
② 시동 후 준비상태가 될 때까지 아이들 작동을 한 후에 이륙을 실시한다.
③ 장애물들을 피해 측면비행으로 이륙과 착륙을 실시한다.
④ 비행상태 등은 필요할 때만 모니터하면 된다.

> 해설 안전거리는 누구나 반드시 지켜야하며, 회전익 비행장치는 수직으로 이륙과 착륙을 실시하는 것이 안전하며, 비행경고장치는 항상 모니터링 하면서 비행을 실시해야 한다.

04 자동비행장치(FCS)에 탑재된 센서와 역할의 연결이 부적절한 것은?

① 자이로 – 비행체 자세
② 지자기센서 – 비행체 방향
③ GPS 수신기 – 속도와 자세
④ 가속도계 – 자세변화 속도

> 해설 GPS 시스템으로 측정 가능한 정보는 위치, 속도, 고도이며, 이중 안테나를 사용하면 위각도 측정가능하다.

정답 01.④ 02.② 03.② 04.③

05 지자기 방위 센서 Calibration 시 주의사항으로 틀린 것은?

① 10초간 기체를 움직이지 않은 상태에서 배터리를 연결하여 초기화 시킨다.
② Calibration을 실시하는 동안에는 주변에 전자기석의 간섭이 없는 장소에서 실시한다.
③ 근거리에 자동차나 철재 펜스 등이 있는 주차장은 적합하지 않으며 철재물로 부터 약 15m이상 이격장소에서 하는 것이 좋다.
④ 전자식 자동차 열쇠, 휴대폰 등은 크게 영향을 받지 않는다.

해설 전자식 자동차 열쇠, 휴대폰 등은 주머니에서 제거하고 주변에 위치시키지 않는다.

06 위성항법시스템의 무인멀티콥터 활용시의 설명 중 가장 맞는 것은?

① 멀티콥터의 대부분은 GPS 시스템을 탑재하고 스스로 위치를 산출하여 자동적으로 공중의 같은 위치에서 정지비행을 할 수 있다.
② GPS 신호는 곡선성이 높고, 반사에 의한 신호는 오차가 거의 발생하지 않게 수신된다.
③ GPS 신호는 높은 건물이 많은 장소, 실내, 구름 층 등 지역에서도 잘 수신된다.
④ 최근 멀티콥터에 탑재되는 위성항법시스템은 고성능이므로 1개만의 위성신호 수신만으로도 충분하다.

해설 GPS신호는 1.~2Ghz 대역의 주파수로서 직진성이 강하여 건물 등 가시선이 미치지 않는 곳에서는 수신이 불량하고, 신호의 오차가 발생한다. 기본적으로 GPS는 최소 3개 이상의 위성신호로 평면상의 위치를 계산할 수 있고, 4개 이상의 위성신호로 3차원의 고도위치까지 산출할 수 있다. 정밀도를 높이기 위해서 멀티콥터는 통상 6개 이상의 위성신호를 이용한다.

07 자동비행장치(FCS)를 구성하는 기본 시스템으로 볼 수 없는 것은?

① 자이로와 마그네틱콤파스
② 레이저 및 초음파 센서
③ GPS 수신기와 안테나
④ 전원관리 장치(PMU)

해설 자동비행을 위해서는 기본적으로 자동비행제어를 위한 FCC와 자세 측정하는 자이로 센서, 방위각을 측정하는 마그네틱 센서 그리고 위치와 고도를 정보를 알 수 있는 GPS 장치가 필요하다. 추가적으로 고도와 속도를 위한 기압 센서들을 장착하기도 하지만, 레이저 및 초음파 등은 자동비행을 위해서 필수적인 장치라 볼 수는 없다.

08 무인비행장치에 탑재되는 비행 센서로서 적절하지 않은 것은?

① MEMS 자이로센서
② 가속도센서
③ 기압센서
④ 유량 센서

해설 무인비행장체에 탑재되는 센서는 자이로센서, 가속도센서, 지자기센서, 기압센서, GPS수신기 등이다. 유량센서는 탑재된 약재량 등을 측정하거나 연료량을 측정할 수 있는데, 비행데이터 측정과는 관련이 없다.

정답 05.④ 06.① 07.② 08.④

09 IMU 장치로 측정되는 비행데이터에 해당되는 것은?

① 속도와 고도 ② 고도와 비행자세
③ 가속도와 방위각 ④ 비행자세와 각속도

> **해설** IMU(Inertial Mesurment Unit, 관성측정장치) 내부에는 자이로스코프, 가속도계, 지자계가 통합된 센서다. IMU중에서 자이로와 가속도를 가지고 자세를 측정하는 것을 ARS(Attitude Reference System)라고 하고, 자이로와 가속도계에 지자계까지 이용해서 자세를 측정하는 것을 AHRS(Attitude Heading Reference System)라고 한다. 자이로는 비행자세를 측정하며, 가속도계는 각속도를 측정하고, 지자계는 방위각을 측정한다. IMU를 이용한 항법시스템을 INS(Inertial Navigation System, 관성항법장치)라고 한다.

10 다음 중 무인멀티콥터에 탑재된 센서와 연관성이 옳지 않은 것은?

① MEMS 자이로센서 - 비행자세
② 가속도센서 - 비행 속도
③ 기압센서 - 비행 속도와 고도
④ AHRS - 방위각

> **해설** 가속도센서는 각속도를 측정하는 센서로서 IMU에 3축의 자이로와 같이 장착되어 3차원상의 자세 각속도를 측정한다.

11 자동제어기술의 발달에 따른 항공사고 원인이 될 수 없는 것이 아닌 것은?

① 불충분한 사전 학습
② 기술의 진보에 따른 빠른 즉각적 반응
③ 새로운 자동화 장치의 새로운 오류
④ 자동화의 발달과 인간의 숙달 시간차

> **해설** 기술진보에 따라 상황에 대한 더 빠른 반응은 시스템의 성능을 향상시키는 요인이다.

12 비행장치의 위치를 확인하는 시스템은 무엇인가?

① 위성측위 시스템(GPS)
② 자이로 센서
③ 가속도 센서
④ 지자기 방위센서

13 무인멀티콥터의 위치를 제어하는 부품?

① GPS ② 온도감지계
③ 레이저센서 ④ 자이로

14 멀티콥터 제어장치가 아닌 것은 어느 것인가?

① GPS ② FC
③ 제어컨트롤로 ④ 로터

15 조종기를 장기간 사용하지 않을시 보관 방법으로 옳은 것은 어느 것인가?

① 케이스에 보관을 한다.
② 장기간 보관시 배터리 커넥터를 분리한다.
③ 방전 후에 사용할 수 있다.
④ 온도에 상관없이 보관한다.

16 무인 멀티콥터가 비행 가능한 지역은 어느 것인가?

① 인파가 많고 차량이 많은 곳
② 전파수신이 많은 지역
③ 전기줄 및 장애물이 많은 곳
④ 장애물이 없고 한적한 곳

정답 09.④ 10.② 11.② 12.① 13.① 14.④ 15.② 16.④

17 멀티콥터(고정피치)의 조종방법 중 가장 위험을 동반하는 것은?

① 수직으로 상승하는 조작
② 요잉을 반복하는 조작
③ 후진하는 조작
④ 급강하는 조작

> **해설** 멀티콥터는 고정피치의 특징을 가진다. 고정피치란 고정된 날개의 피치각에 모터의 회전수에 의해 양력 크기를 조절한다. 따라서 모터의 회전수를 급 조절하는 것은 위험한 것이다.

18 무인 멀티콥터에 장착된 자이로 센서에 대한 설명으로 알맞은 것은?

① 각속도를 측정한다.
② 중력가속도를 측정한다.
③ 회전을 감지하지는 못한다.
④ 기체의 기울기 측정은 하지 못한다.

> **해설** 자이로 센서는 회전의 속도인 각속도를 측정하여 어느 정도 회전하고 있는지를 알 수 있다.

19 멀티콥터 조종기의 조종방법 중 Mode-2에 대한 설명으로 틀린 것은?

① 왼쪽의 스틱이 상승/하강을 제어한다.
② 전진/후진은 오른쪽 스틱에 의해 조종된다.
③ 왼쪽의 스틱은 Throttle로 설정된다.
④ 기체의 좌/우 회전은 오른쪽 스틱에 의해서 조종된다.

> **해설** 기체의 좌/우 회전은 왼쪽 스틱에 의해서 조종된다.

20 가속도 센서 설명으로 가장 적절한 것을 고르시오.

① 기압을 측정하는 센서
② 온도를 측정하는 센서
③ 기울기와 가속을 측정하는 센서
④ 각속도를 측정하는 센서

21 자세 제어장치의 역할로 거리가 먼 것을 고르시오.

① 기체의 기울기를 탐지하여 안정시킨다.
② 기체의 회전을 탐지하여 안정시킨다.
③ GPS 신호를 수신하여 기체를 호버링시킨다.
④ GPS 위성에 위치 정보를 송신한다.

22 기체의 기울기를 감지하고 비행을 안정화하는 장치는 무엇인가?

① 강착장치
② 추력장치
③ 자세제어장치
④ 전압안정화장치

23 조종기 및 지상통제장치에 대한 설명으로 옳지 않은 것은?

① 지상통제장치를 통해 비행체로부터 데이터를 받으며 비행상태 파악 가능
② 기체 전원을 먼저 인가하고 조종기 및 지상통제장치 전원을 이후에 인가하는 것이 적절하다.
③ 전원을 차단할 때는 조종기 및 지상통제장치 전원을 마지막에 차단하는 것이 적절하다.
④ 안전을 위해 조종기 및 지상통제장치와 통신이 두절되었을 경우 자동귀환 설정이 필요하다.

정답 17.④ 18.① 19.④ 20.③ 21.④ 22.③ 23.②

24 비행제어 컴퓨터(FC)에 대한 설명으로 옳지 않은 것은?

① 경로점 비행, 자동이착륙, 자동귀환 등을 수행하기 위해 비행제어컴퓨터 필요
② 자세모드/GPS모드 비행을 하기 위해 비행제어 컴퓨터 필요
③ 비행제어 컴퓨터를 통해 통신 두절 시 자동귀환 비행 가능
④ 탑재 센서와 무관하게 비행제어 컴퓨터를 통해 자동비행 수행가능

25 관성측정장치(IMU)에 대한 설명으로 옳지 않는 것은?

① 무인비행장치의 자세각, 자세각속도, 가속도를 측정 및 추정
② 일반적으로 가속도계, 자이로스코프, 지자기센서를 포함
③ 무인비행장치의 자세를 안정화하기 위해 활용
④ 진동에 매우 강인하여 진동에 큰 영향을 받지 않음.

26 전자변속기(ESC)에 대한 설명으로 옳지 않은 것은?

① 브러쉬리스 모터의 회전수를 제어하기 위해 사용
② 전자변속기 허용 전압에 맞는 배터리 연결 필요
③ 가급적 허용 전류가 작은 전자변속기 장착이 안전
④ 발열이 생길 경우 냉각이 필요.

27 지자계 센서에 대한 설명으로 옳지 않는 것은?

① 자기장을 측정하여 기체 기수방향 측정
② 센서 및 기체 주위의 금속 또는 자성 물체로 인해 센서 오차 발생 가능
③ 기체의 고도를 측정하기 위해 활용 가능
④ 기체의 기수방향 제어를 위해 활용

해설 기체의 고도를 제어하는 것은 기압계 센서임.

28 위성항법 시스템(GNSS)에 대한 설명으로 옳지 않은 것은?

① 3개 이상의 위성신호가 수신되면 무인비행장치의 위치 측정 가능
② 무인비행장치의 위치와 속도를 제어하기 위해 활용
③ 위성신호 교란, 다중경로 오차 등 측정값에 오차를 발생시키는 다양한 용인 존재
④ 수평위치보다 수직위치의 오차가 상대적으로 큼

해설 3개의 위성신호 수신되면 평면상의 위치, 4개 이상의 신호 수신되면 3차원 공간상의 위치 추정이 가능하다. 하지만 오차가 커서 정밀도를 높이기 위해서는 통상 6개 이상의 위성을 수신해야 정상적인 3차원 공간 위치 측정이 가능하다.

정답 24.② 25.④ 26.③ 27.③ 28.①

Section 04 드론의 동력시스템

주요 내용
- 엔진의 종류와 구조
- 회전익항공기의 비행특성
- 항공기 조종특성
- 모터와 배터리 종류와 구조
- 멀티콥터의 비행특성

01 엔진의 종류와 구조

현재 국내에서 사용되고 있는 농업용 무인헬리콥터에는 왕복 2행정 및 4행정 엔진이 사용되는 RMAX가 있고 로터리엔진이 사용되고 Remo-H가 있다.

가. 왕복엔진

1) 왕복엔진의 구조

왕복 엔진은 내연기관의 행정에 따라 2행정기관(2 Stroke)과 4행정기관(4 Stroke)으로 나눈다. 연소실내의 연소 과정을 피스톤의 왕복운동으로 변환하면서 축을 회전시켜서 동력을 비행체 제공하고 발전기를 장착하여 필요한 전기를 생산하여 비행체의 전원을 공급할 수 있다.

흡입(Intake)

압축(Compression)

폭발(Combustion)

배기(Exhaust)

2) 왕복엔진의 장단점

장 점	단 점
• 왕복엔진은 연료 소모율이 적다. • 4행정 엔진의 경우 엔진 내구성이 좋다.	• 엔진의 크기가 크고 중량이 무겁다. • 진동이 많이 발생한다.

나. 로터리 엔진

1) 로터리엔진의 구조

Wankel 엔진이라고도 하는 **로터리(Rotary)** 엔진은 삼각형태의 로터리가 회전축을 중심으로 회전하면서 흡입, 압축, 폭발, 배기의 과정을 수행하여 동력을 얻는 내연기관이다.

① CARBURETOR ⑩ ELECTRIC CHOCK
② VACUUM VALVE ⑪ AIR FILTER
③ START MOTOR ⑫ IDLE VALVE
④ COOLING FAN ⑬ NEEDLE
⑤ GENERATOR ⑭ IGNITER PLUG
⑥ ROTARY ENGINE ⑮ IGNITER DEVICE
⑦ 데콤프 장치 ⑯ THROTTLE SERVO
⑧ FUEL PUMP LINE
⑨ COOLING WATER LINE

그림 로터리 엔진의 구성

2) 로터리엔진의 장단점

장 점	단 점
• 엔진의 크기가 적고 상대적으로 중량이 적다. • 진동이 상대적으로 적다.	• 엔진 내구성이 약하다. • 연료 소모율이 많다.

02 모터와 배터리 종류와 구조

가. 전동 모터의 구조와 원리

1) 모터의 개요

① 모터는 고속회전, 회전방향의 변경, 즉각적인 회전수 조절 등이 가능한 모터로 전기구동 추진식 무인기에 최적화 된 모터는 드론에 사용하기 적합하다.
② 드론에 사용되는 모터는 브러시 모터와 브러시 리스(BLDC)로 구분되며, 산업용 드론에는 주로 BLDC 모터가 사용된다.
③ 안쪽의 스타터(전지코일)단이 회전하는 방식과 외부의 드럼이 회전하는 방식으로 분류된다.

2) BLDC 모터의 구조

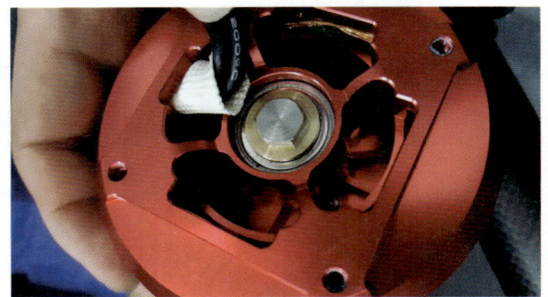

그림 BLDC 모터

나. 배터리 종류와 관리방법

화학전지는 화학 반응을 발생시켜 전기를 얻는 장치를 말한다. 건전지, 배터리 등은 이러한 화학전지를 일컫는 용어들이다.

1 배터리 종류

배터리의 종류는 특성에 따라 크게 **1차전지, 2차전지, 연료전지**로 분류할 수 있다.

1) 1차 전지 : 일회용 전지

한번 사용하고 버리는 일회용 전지로서 알카라인(Alkaline), 망간(MN – ZN, Mangan Zine), 탄소아연(C – ZN, Carbon Zine) 전지 등이 있다. 일차전지는 기전력이 크고 일정한 전압이 오랫동안 유지되는 특성과 함께 자기 방전이 적어서 가만히 오래 두어도 용량이 줄지 않는다. 한편, 가볍고 저렴하며 용량이 적고, 내부 저항이 작다.

2) 2차 전지 : 충전용 전지

여러 번 충전하여 사용할 수 있는 전지로서 납(Pb), 니켈카드뮴(Ni – Ca), 나트륨유황 (Na – S), 니켈수소(Ni-H), 리튬이온(Li – Ion), 리튬폴리머(Li – Po) 전지 등이 있다. 이차전지는 여러 번 충전해서 사용할 수 있고, 다양한 모양 및 크기로 만들어 질 수 있으며, 용량이 크다.

1/2차 전지 특성 비교표

분류	전지 (재료극성)	기전압	용량크기 (순위)	메모리효과	가격	수명 (충전)	비고
1차전지	탄소아연 [아연(-)/탄소(+)]	1.5V	소용량	없음	1	일회용	충전 시 쇼트 발생
	망간아연 [아연(-)/망간(+)]				1		
	알카라인				2		
2차전지	납축전지	2V	12V	거의 없음. 완전방전 시 수명 대폭 감소		길다. 완전방전 시 수명 대폭 떨어짐.	차량용
	니켈카드뮴	1.2V	0.6Ah, 10Ah 등	있음	3	300~500회	항공기 등
	니켈수소		1Ah, 1.6Ah 등	많이 사라짐	4		항공기 등
	리튬이온 (리튬산화물(-)/ 탄소(+))	3.7V	액체 다양	거의 없음. 완전방전시 수명 대폭 감소	5	500회 이상	폭발성
	리튬이온 폴리머 (리튬산화물(-)/ 폴리머(+))		고체 다양				드론 등

3) 연료전지(Fuel Cell)

차세대 전지로 많은 연구가 진행되고 있는 전지로서 연료와 산화제를 촉매층을 통과시켜 촉매에 의해 전기화학적으로 반응시켜 전기를 발생시키는 장치이다. 연료전지는 용융탄산염 연료전지(Molten Carbonate Fuel Cell, MCFC), 고분자전해질 연료전지(Polymer Electrolyte Membrane Fuel Cell, PEMFC), 고체산화물 연료전지(Solid Oxide Fuel Cell, SOFC), 직접메탄올 연료전지(Direct Methanol Fuel Cell, DMFC), 직접에탄올 연료전지(Direct Ethanol Fuel Cell, DEFC), 인산형 연료전지(Phosphoric Acid Fuel Cell, PAFC), 직접탄소 연료전지(Direct Carbon Fuel Cells, DCFC) 등이 있다.

2 무인멀티콥터의 배터리

멀티콥터에 주로 사용되는 것은 **리튬이온폴리머(Li-Po)**이다. 그것이 이 배터리가 무게 대비 전압과 방전율이 뛰어나기 때문이다.

Li-Po 배터리 표기는 다음과 같이 되어 있다.
배터리는 각각의 중요한 정보들(셀 수, 전압, 용량, 방전율)을 표면에 표기하고 있는데, 이들 표기를 확인하고 서로 다른 배터리들을 직결 또는 병렬로 연결해서 사용하면 안 된다.

① **Cell 연결 개수 표기** : 리튬폴리머 배터리의 Cell의 직렬 연결 수를 S(Serial, 직렬)자로 표기하는데, 6S라는 6개의 Cell을 직렬로 연결했다는 것이다. 1P(Parallel, 병렬)자는 병렬로 연결되어 있다는 것이다. 즉, 3.7V 셀 6개가 직렬로 연결된 것이 1개로 되어 있다는 것이다.

② **Cell의 수와 전압** : 리튬폴리머 배터리의 Cell 당 전압은 3.7V(볼트)이다. Cell의 직렬 연결 수를 S자로 표기하는데, 6S라는 6개의 Cell을 직렬로 연결했다는 것이다. 이 경우 전압은 다음과 같이 계산된다.

$$3.7V \times 6 = 22.2V$$

③ **배터리 용량** : 배터리는 사용할 수 있는 용량이 있는데, 이 용량은 Ah(암페어) 또는 mAh(미리암페어)로 표시된다. 예를 들어 10,000mAh(=10Ah)는 10A로 사용할 때 1시간(hour)을 사용할 수 있는 양을 말한다. (1000mAh = 1Ah)

$$10Ah = I(전류, 10A) \times T(전류가 흐르는 시간, 1hour)$$

☞ 즉, 10A의 전류를 1시간동안 흐르게 할 수 있다. 한편 1A의 전류는 10시간동안 흐르게 할 수 있다.

④ **배터리 방전율** : 배터리 표면에 보면 15C, 20C, 25C, 30C, 35C, 40C, 50C 등의 표기를 볼 수 있는데, 방전율을 표시한다. **방전율**이란 배터리의 출력과 관련이 있는데, 순간적으로 얼마나 많은 에너지를 뽑아 쓸 수 있는 가를 말한다. 사진에서 25C는 순간적으로 배터리 용량의 20배를 방출할 수 있다는 것을 의미한다.

⑤ **배터리 출력** : 방전율 값(C)과 전류량(배터리 용량)을 곱하면 배터리 출력을 계산해 낼 수 있다. 6C × 10Ah = 60 이렇게 구한 배터리 출력이 모터가 낼 수 있는 힘의 크기가 된다.

☞ 일부 배터리에는 Cont 25C / Burst 50C 등으로 표시된 것이 있는데, 이것은 Cont는 Continuous 약자로서 '연속방전율'을 뜻하며, Burst는 순간 최대방전율을 의미한다. C가 하나만 표시된 것은 통상 순간 최대 방전율을 의미한다.

☞ **방전율과 배터리 수명** : 방전율이 무조건 높은 것이 좋은 것은 아니다. 하지만, 방전율이 높으면 출력은 좋지만 배터리 수명이 짧을 수 있다.

3 효율적인 배터리 사용 요령

배터리는 전동시스템 중에서 비용이 가장 많이 들어가는 소모품이다. 잘 사용하면 2년 이상 안전하게 사용할 수 있지만, 잘못 관리하면 하루아침에 못쓰게 된다. 크게 다음 다섯 가지 항목들만 유의하면 최소 2년 이상 무난하게 사용할 수 있다.

그림 Li-Po Battery 시간-용량 도표

※출처 : 박장환, '무인항공(드론)제작/정비학 특론'

① 충격에 주의한다.

리튬폴리머 배터리는 이동 중 실수로 낙하되는 등의 충격을 받게 되면 적층된 셀이 찌그러지면서 합선 등이 발생할 수 있다. 이럴 경우 급격한 불꽃이 발생하거나 심할 경우 폭발이 발생할 수 있다. 이는 플라스틱 외장이 된 스마트배터리보다, 단순 비닐수축 형태로 포장된 배터리가 더 위험하다. 따라서 가급적 이런 배터리 운반 시는 바구니 등의 용기를 사용하는 것이 좋다.

② 고온과 저온에 주의한다.

리튬폴리머 배터리는 10도 이하 또는 40도 이상 등 일정 이하의 낮은 온도에서 방치할 경우 배터리 성능이 현격히 저하되거나 장기 방치할 경우 완전히 방전되어 못쓰게 된다. 한편, 지나치게 고온에서 방치될 경우 배부름 현상이 발생하거나 폭발의 위험도 있다. 이는 쉽게 여름이나 겨울에 차 안에 방치하지 않는다고 생각하면 쉽게 기억할 수 있다.

③ 장기 저장 시 주의한다.

10일 이상 사용하지 않고 보관할 경우 60~70% 정도까지 방전시킨 후 보관해야 한다. 그렇게 하면 배터리 수명이 상당히 길어진다. 한편 비행체를 장기 보관할 경우에는 배터리를 비행체에서 분리하여 저장한다.

④ 발란싱 성능이 좋은 충전기를 사용한다.

배터리를 발란싱 기능이 없는 충전기로 충전할 경우 전체 셀에서 한두 개의 셀이 기준 이하의 용량으로 충전될 수 있고, 이를 드론에 사용할 경우 비행시간이 짧아지게 된다. 심할 경우 배터리 저전압 경고가 되면서 사용이 불가하게 된다. 하지만, 대부분 이런 경우 발란싱 성능이 좋은 충전기로 발란싱 충전을 할 경우 회복되는 경우가 많다.

따라서, 충전기는 가급적 발란싱 성능이 좋은 충전기를 사용하는 것이 불필요한 배터리 비용을 줄일 수 있다.

⑤ 정비 및 폐기에 주의한다.

배터리는 전문지식 없이 수리할 경우 위험하므로 임의로 분해/조립하면 안 된다.
사용이 완료된 배터리의 경우 소금물에 담가서 완전 방전 시킨 후 폐기한다.

4 충전기

무인멀티콥터용 배터리들을 충전하기 위해서는 멀티용 충전기가 필요하다.

그림 EV-PEAK, U5 스마트충전기

그림 다간 2구용 충전기

section OX

1. 모터의 kV값은 1Volt의 전압을 공급했을 때 1분당 회전수(RPM)를 표시한 것입니다. — O

2. 리튬폴리머 배터리의 셀당 기준전압은 3.7v이다. — O

3. 리튬폴리머 배터리의 100% 완충된 셀당전압은 4.5V이다. — X
완충전압은 4.2V

4. 리튬폴리머 배터리 장기 저장시는 50% 정도로 방전된 상태로 서늘한 곳에 보관한다. — X
70% 정도로 방전된 상태에서 보관

5. 초경량비행장치 자체중량에는 배터리가 포함되지 않는다. — X
배터리가 포함된다.

6. 산업용 무인멀티콥터에서 주로 사용되는 모터는 Brushed Motor이다. — X
산업용 드론에는 주로 Brushless motor가 사용됨.

7. 배터리 표기에서 6S는 이 배터리가 6개의 셀로 이루어져졌단 의미입니다. — O

출제예상문제

01 배터리를 오래 효율적으로 사용하는 방법으로 적절한 것은?

① 충전기는 정격 용량이 맞으면 여러 종류 모델 장비를 혼용해서 사용한다.
② 10일 이상 장기간 보관할 경우 100% 만충시켜서 보관한다.
③ 매 비행시마다 배터리를 만충시켜 사용한다.
④ 충전이 다 됐어도 배터리를 계속 충전기에 걸어 놓아 자연 방전을 방지한다.

> 해설 ① 충전기는 가급적 전용 충전기를 사용한다.
> ② 10일 이상 장기간 보관할 경우 60%~70%까지 방전시켜 보관한다.
> ④ 충전이 다 된 경우 충전기에서 분리해서 보관한다. 긍정적인 면을 강조해야한다.

02 리튬폴리머 배터리 보관 시 주의사항이 아닌 것은?

① 더운 날씨에 차량에 배터리를 보관하지 마시오. 적합한 보관 장소의 온도는 22℃~28℃이다.
② 배터리를 낙하, 충격, 쑤심, 또는 인위적으로 합선시키지 마시오.
③ 손상된 배터리나 전력 수준이 50% 이상인 상태에서 배송하지 마시오.
④ 화로나 전열기 등 열원 주변처럼 따뜻한 장소에 보관하시오.

> 해설 열원 주변에 보관하면 위험하다.

03 리튬폴리머(LI-Po) 배터리 취급/보관 방법으로 부적절한 설명은?

① 배터리가 부풀거나, 누유 또는 손상된 상태일 경우에는 수리하여 사용한다.
② 빗속이나 습기가 많은 장소에 보관하지 말아야 한다.
③ 정격 용량 및 장비별 지정된 정품 배터리를 사용해야한다.
④ 배터리는 -10℃~40℃의 온도 범위에서 사용한다.

> 해설 부풀거나 누유 된 배터리는 사용해서는 안 되며, 폐기 절차에 따라 폐기해야 한다.

04 리튬폴리머 배터리 적절한 보관방법은?

① 4.2V의 전압에서 보관한다.
② 비행직전에는 상온(15~25도)에서 보관
③ 상온 온도에서 밀폐된 용기에 보관
④ 저장은 60~70% 충전된 상태로 한다.

05 초경량무인비행장치 배터리의 종류가 아닌 것은?

① 니켈 카드늄(Ni-Cd)
② 니켈(메탈)수소 (Ni-MH)
③ 니켈아연(Ni-Zi)
④ 니켈폴리머(Ni-Po)

> 해설 니켈폴리머가 아니고 리튬폴리머(Li-Po)

정답 01.③ 02.④ 03.① 04.④ 05.④

06 다음 중 멀티콥터용 모터와 관련된 설명 중 옳지 않은 것은?

① DC 모터는 영구적으로 사용할 수 없다는 단점이 있다.
② BLDC 모터는 ESC(속도제어장치)가 필요 없다.
③ 2300KV는 모터의 회전수로서 1V로 분당 2300번 회전한다는 의미이다.
④ Brushless 모터는 비교적 큰 멀티콥터에 적당하다.

07 멀티콥터에 사용되는 브러시리스 모터의 설명 중 틀린 것은?

① 모터의 수명에 영향을 미치는 브러시를 없애므로 수명을 반영구적으로 만든 모터이다.
② DC전압을 조절하면서 회전수를 조절할 수 있어 변속기가 불필요하다.
③ 수명이 반 영구적이다.
④ 전자석에 순차적으로 자성을 발생시키는 변속기(ECS)가 필수적이다.

해설 브러시 직류모터 : DC전압을 조절하면서 회전수를 조절할 수 있어 변속기가 불필요 하다. 브러시리스 모터는 변속기가 필요하다.

08 다음 중 전자변속기(ESC)의 설명이 틀린 것은?

① BLDC 모터의 방향과 속도를 제어할 수 있도록 해주는 장치이다.
② Brushed 모터의 방향과 속도를 제어할 수 있도록 해주는 장치이다.
③ 비행제어시스템의 명령값에 따라 적정 전압과 전류를 조절하여 실제 비행체를 제어할 수 있도록 해 준다.
④ 모터를 한 방향으로 회전하도록 만들어지는데 삼상의 전원선을 교차시킴으로서 모터의 회전방향이 반대가 되도록 한다.

09 다음 중 초경량비행장치에 사용하는 배터리가 아닌 것은?

① LiPo(리튬폴리더)
② NiCd(니켈카드늄)
③ NiZi(니켈아연)
④ NiCH

해설 NiCH가 아니고 NiMH(니켈수소)로서 니켈 금속 수소화물 전지(Nickel Metal Hydride Battery)의 약칭

10 다음 중 초경량비행장치의 비상착륙 시 적절하지 않은 지역은?

① 해안선   ② 논
③ 웅덩이   ④ 간헐지

11 엔진오일의 역할이 아닌 것은?

① 윤활작용   ② 온도상승방지
③ 기밀유지   ④ 방빙

12 윤활유의 역할이 아닌 것은?

① 마찰 저감작용   ② 냉각작용
③ 응력분산작용   ④ 방빙작용

해설 마찰 저감작용, 냉각작용, 응력분산작용, 밀봉작용, 방청작용, 세정작용, 응착방지 작용 등의 역할을 한다.

정답   06.②   07.②   08.②   09.④   10.③   11.④   12.④

13 다음 중 멀티콥터 배터리 관리 및 운용방법으로 가장 거리가 먼 것은?

① 매 비행 시마다 완충하여 사용하는 것이 좋다.
② 전원이 켜진 상태에서 배터리 탈착이 가능하다.
③ 정격 용량 및 장비별 지정된 정품 배터리를 사용해야 한다.
④ 전압 경고가 점등 될 경우 가급적 빨리 복귀 및 착륙시키는 것이 좋다.

14 1마력을 표현한 것이 아닌 것은?

① 한 마리의 말이 1초 동안에 75kg의 중량을 1m 움직일 수 있는 일의 크기
② 0.75kw
③ 75kg.m/sec
④ 0.75kg.m/sec

15 1마력이란?

① 10kg.m/s ② 25kg.m/s
③ 50kg.m/s ④ 75kg.m/s

16 리튬폴리머 배터리에 대한 설명 중 옳지 않은 것은?

① 충전 시 셀당 4.2V가 초과되지 않도록 한다.
② 한 셀만 3.2V이고 나머지는 4.0V 이상일 경우에는 정상이므로 비행에 지장이 없다.
③ 20C, 25C 등은 방전율을 의미한다.
④ 6S, 12S 등은 배터리 팩의 셀 수를 표시하는 것이다.

> **해설** 여러 셀 중 한 개의 셀 전압이 비정상적으로 낮을 경우, 밸런스를 이용한 재 충전을 시도하고, 그래도 같은 현상이 지속될 경우 배터리를 교체한다. 한편, 충전을 했는데 같은 현상이 다른 배터리에서도 나타날 경우 충전기의 문제일 수 있으니 충전을 중지하고 점검한다.

17 무인멀티콥터의 조종기를 장기간 사용하지 않을 경우 일반적인 관리요령이 아닌 것은?

① 보관온도에 상관없이 보관한다.
② 서늘한 곳에 장소 보관한다.
③ 배터리를 분리해서 보관한다.
④ 케이스에 보관한다.

> **해설** 조종기는 장기간 사용하지 않을 경우 배터리를 분리해서 보관하여 배터리 등의 손상으로 인한 조종기 회로 등의 영향을 방지한다. 한편, 배터리와 같이 보고나하게 되므로 배터리 보관 요령과 같이 보관관리를 실시한다.

18 큰 규모의 무인멀티콥터 엔진으로 가장 적절한 것은?

① 전기 모터(브러쉬 리스 직류)
② 전기 모터(브러쉬 직류)
③ 제트엔진
④ 로터리 엔진

19 배터리 보관방법 중 틀린 것은?

① 장기간 보관 시 만충하여 보관한다.
② 10일 이상 장기간 사용하지 않을 경우 60~70% 정도까지 방전시켜 보관한다.
③ 비행체에서 분리하여 보관한다.
④ 겨울철에는 춥지 않은 따뜻한 장소에 보관한다.

> **해설** 장기간 보관 시 만충하여 보관하지 않는다.

정답 13.② 14.④ 15.④ 16.② 17.① 18.① 19.①

20 브러시 직류 모터와 브러시리스 직류 모터의 특징으로 맞는 것은?

① 브러시 직류 모터는 반영구적이다.
② 브러시 모터는 안전이 중요한 만큼 대형 멀티콥터에 적합하다.
③ 브러시 리스 모터는 전자변속기(ESC)가 필요 없다.
④ 브러시 모터는 영구적으로 사용할 수 없다는 단점이 있다.

21 초경량비행장치의 배터리 종류가 아닌 것은?

① NC   ② LP
③ Nmh   ④ Nich

해설 • NC(니켈카드뮴) • LP(리튬폴리머)
• Nmh(니켈(메탈)수소) • NZ(니켈아연)

22 배터리를 장기 보관할 때 적절하지 않은 것은 무언인가?

① 4.2V로 완전 충전해서 보관한다.
② 상온 15~28도로 보관한다.
③ 밀폐된 가방에 보관한다.
④ 화로나 전열기 등 뜨거운 곳에 보관하지 않는다.

23 리튬 폴리머 배터리의 Cell 당 전압은 3.7V이다 6S/1P인 경우 전압은 얼마인가?

① 22.0V   ② 22.2V
③ 22.4V   ④ 22.6V

해설 3.7V × 6 = 22.2V

24 브러쉬리스 DC 모터의 특징으로 올바른 것은?

① 모터에 흐르는 전류를 제어하는 컨트롤러가 불필요하다.
② 브러시나 정류자와 같은 부품을 가진다.
③ 기계적 접촉부가 적어 유지보수가 용이함
④ 정기적으로 브러시를 교체해야 한다.

25 다음 중 배터리 사용법으로 틀린 것은?

① 수명이 끝난 배터리는 쓰레기통에 버리면 된다.
② 배터리 연결 시는 같은 색끼리 일치하게 연결하면 된다.
③ 매 사용 시 마다 배터리 상태를 체크한다.
④ 배터리는 완전 방전되면 다시 충전하여 사용할 수 없다.

26 비행 중 저 배터리 경고 혼이 울릴 경우 조치로 가장 올바른 것은?

① 즉시 그 자리에 착륙한다.
② 비행 시작한 위치로 돌아오게 하고 돌아올 때까지 기다린다.
③ 빠르고 신속하게 안전한 장소를 찾아서 착륙한다.
④ 남아 있는 배터리 잔량이 있으므로 그냥 비행을 한다.

정답 20.④ 21.④ 22.① 23.② 24.③ 25.① 26.③

27 브러쉬리스 모터에 대한 설명으로 옳지 않는 것은?

① 모터권선의 전지기력을 이용해 회전력을 발행한다.
② 회전수 제어를 위해 전자변속기(ESC)가 필요하다.
③ 모터의 규격에 kV(속도상수)가 존재하며, 10V인가했을 때 무부하 상태에서의 회전수를 의미한다.
④ kV가 작을수록 회전수는 줄어드나 상대적으로 토크가 커진다.

해설 1V를 인가했을 때

28 브러쉬리스 모터에 사용되는 전자변속기(ESC)에 대한 설명으로 옳은 것은?

① 모터의 회전수를 제어하기 위해서 사용
② 모터의 온도를 제어하기 위해 사용
③ 모터의 무게를 제어하기 위해 사용
④ 모터를 냉각하기 위해 사용

29 다음 중 브러쉬 모터에 대한 설명으로 옳지 않는 것은?

① 모터 권선의 전지기력을 이용해 회전력 발생
② 브러쉬와 정류자를 이용해 전자석의 극성 변경
③ 브러쉬에 의한 발열과 마모 발생 가능
④ 반영구적인 모터 수명

해설 브러쉬 리스 모터의 특징 : 브러쉬가 없기 때문에 수명제한 없음. 다만 베어링은 주기적으로 점검하여 교체해 주어야 함.

30 리튬폴리머(LiPo) 배터리에 대한 설명으로 옳지 않는 것은?

① 충전 시 셀 밸런싱을 통한 셀 간 전압 관리 필요.
② 강한 충격에 노출되거나 외형이 손상되었을 경우 안전을 위해 완전방전 후 폐기
③ 배터리 수명을 늘리기 위해 급속충전과 급속방전 필요
④ 장기간 보관 시 완전충전 상태가 아닌 50~70% 충전상태로 보관

해설 급속충전은 배터리 수명을 단축시킨다.

31 무인 멀티콥터에서 사용되는 배터리에 대한 설명으로 옳지 않는 것은?

① 리튬폴리머 배터리는 에너지 밀도가 가장 낮은 안전한 배터리다.
② 1차 전지, 2차 전지, 연료전지가 사용된다.
③ 배터리 파손으로 화재가 발생할 수 있다.
④ 모터 회전을 위해 리튬폴리머 배터리가 주로 사용된다.

해설 1차 전지는 1회 소모성 배터리, 2차 전지는 충전용 재사용 배터리, 연료전지는 연료와 산화재를 촉매층으로 통과시켜 촉매에 의해 전기화학적으로 반응시켜 전기를 발생시키는 장치로 용융탄산염 연료전지 등이 있음.

정답 27.③ 28.① 29.④ 30.③ 31.②

32 리튬폴리머 배터리에 대한 설명으로 옳지 않은 것은?

① 배터리 1셀의 정격전압은 3.7V이다.
② 배터리 용량은 mAh 단위로 표기한다.
③ 방전률이 클수록 전압이 높다.
④ 4셀 배터리 정격전압은 14.8V이다.

해설 방전율과 전압은 무관하다.

33 리튬폴리머 배터리 관리방법에 대한 설명으로 옳지 않은 것은?

① 장기간 배터리를 보관하기 위해서는 완전히 충전 후 보관한다.
② 부풀어 오른(스웰링) 배터리는 사용을 금지한다.
③ 배터리를 폐기할 때는 완전히 방전 후 폐기한다.
④ 소금물을 통해 배터리를 방전할 경우 환기가 잘 되는 곳에서 방전한다.

해설 장기간 보관 시 60~70% 방전 후 보관한다.

정답 32.③ 33.①

Section 05 | 다양한 민수용 드론의 활용

주요 내용
- 민수용 무인기의 등장과 다양한 활용

01 민수용 무인기의 등장과 다양한 활용

가. 농업 분야 활용 – 민수용 무인기의 효시

① 무인항공기가 민수용으로 사용되기 시작한 것은 1990년대 일본의 농업용 무인헬리콥터이다.
② 농업용 무인헬리콥터의 시작은 농약 중독이 심각한 사회 문제가 되면서 일본 정부의 요청에 따라 야마하모토에서 시작되었다.
③ 이는 위험하고(Danger) 지루하고(Dull), 지저분한(Dirty) 3D 업무 분야 대체하는 것이라 할 수 있다.
④ 국내에서는 2002년 본 저자가 야마하 RMAX가사업권 확보함으로 2003년 무성항공을 설립. 공급 및 무인항공방제 사업을 개시하여 사용되기 시작했다.

그림 국내 최초 무인헬기 교육 이수자, 2003년

⑤ 2006년 아베 관방장관의 야마하 중국 부정수출 건으로 고발함에 따라 수출이 전면 중단되었다. 이에 따라 국내 자체 수요를 위한 성우엔지니어링 – 유콘시스템 등 컨소시엄, 원신스카이텍, 한성티앤아이, 한국헬리콥터 등에서 국내 자체 개발 시작함.

⑥ 국내 개발은 여의치 않아 모두 실패하고, 성우엔지니어링 - 유콘시스템에서 Remo - H 기종 생산 공급 개시, 현재까지 Remo - H2가 생산 중이다.
⑦ 2015년부터 사용되기 시작한 방제용 무인멀티콥터가 급속도로 확산되면서 무인헬기를 대체하고 있다.

그림 성우엔지니어링

그림 원신스카이텍 X-Copter

그림 한국헬리콥터 KIMUH-2000

나. 농업 분야 활용 - 방제용 무인멀티콥터의 등장

① 방제용 무인멀티콥터는 중국에서 본격적으로 활용되기 시작했는데, 2010년 초반부터 방제용 무인멀티콥터의 개발 및 활용이 개시되어 2015년에는 이미 약 5,000여대가 현장에서 사용된다.

그림 대규모 팜농장 자동비행 방제

ZoomLion, ZLion-10

TA, M6E

XAircraft, XPLANET™ P20 V2

DJI MG-1S

그림 자동방제 비행용 무인멀티콥터

② 국내에서는 항공대학교와 카스텀 등에서 2014년 개발을 진행되어 선보이면서 2015년에 시험적인 방제가 실시되었고, 2016년도에 본격적인 방제가 진행되면서 여러 업체들이 중국의 장비들을 가져와 국산 장비로 출시하는 등, 다양한 무인 멀티콥터가 활용되기 시작했다.

③ 2017년에는 자격제도와 맞물려서 약 20여개 업체가 중국산 완제기 또는 부분품을 가져와 국산 및 중국산으로 공급하면서 활발히 국산화를 진행하고 있다.

④ 급속도로 농업 방제용 무인멀티콥터가 확산되는 이유는 상대적으로 저렴한 운용비용과 손쉬운 교육 및 조종 방식 때문이다.

리모팜, 유콘시스템

마징가K 10L, 드론안전기술

MG-1/s, DJI/오토월드

제트라이온10L,
지엘코리아/한성티앤아이

마징가K 20L, 드론안전기술

스마트항공 / 휴인스

천풍, 대한무인항공서비스

JJ-d150, 진항공시스템

반디, 메타로보틱스

AFox-1/s, 카스컴

빔아티잔, 한화테크윈

카드1200, 한국헬리콥터

다. 항공촬영 분야 활용

① 기존의 유인항공기를 이용한 항공촬영은 무인헬리콥터의 등장으로 무인헬리콥터로 대체되기 시작했다.

② 간단한 사진촬영은 일부 대형 모형헬기에 카메라를 장착하여 활용하기도 했지만, 시스템의 불안정 및 카메라 탑재의 한계로 동영상 촬영은 하지 못한다.

③ 자동제어시스템이 탑재되고 신뢰성이 증대된 무인헬리콥터의 출연으로 동영상 촬영이 본격적으로 개시됨. 이 무인항공촬영의 선두주자는 국제적으로 벨기에의 FlyingCam 사였으며, 007시리즈, 해리포터 등의 주요 영화의 대부분을 촬영하고, 2014년 아카데미상까지 수상하였다.

그림 SARAH 영화촬영용 무인헬기,
Flying-Cam, 벨기에

그림 2014년 17회 아카데미 시상식

④ 국내에서도 헬리캠社, 스카이포커스 등에서 모형헬기를 이용한 사진 및 일부 동영상 촬영 등을 하였으나, 본격적인 영화촬영 등이 시작된 것은 본 저자가 항공촬영용 RMAX 무인헬기를 이용한 '웰컴투동막골' 등의 촬영작업을 개시하면서 시작됨. 이 후 이 무인헬기는 헬리캠 社에서 인수하여 항공촬영을 진행하였다.

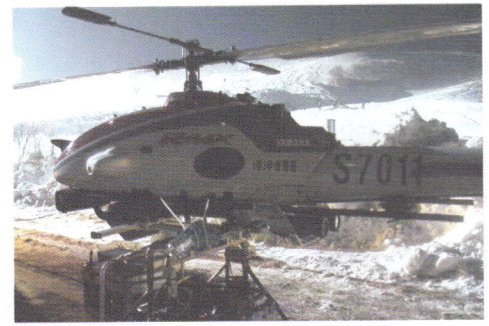

그림 영화 웰컴투 동막골 촬영 작업(삼양목장)

그림 현대상선 광고촬영 작업
(거제도 앞바다 현대LNG선상)

그림 영화 촬영용 자체 제작한 촬영용 3축 짐벌 장착한 RMAX L-17 무인헬기

⑤ 항공촬영분야에서도 고성능 소형카메라와 짐벌을 탑재한 DJI의 무인멀티콥터가 등장하면서 저렴하고 손쉽게 촬영작업을 할 수 있게 되면서 급속도로 확산되고 있다.
⑥ 중국의 DJI에서 WooKong 등 소형이면서 상대적으로 고성능, 저가 제어시스템들을 출시하면서, 본격적으로 멀티콥터가 촬영작업의 주류로 자리 잡기 시작하였다.
⑦ 이후 DJI에서 Phantom이란 촬영용 멀티콥터 시스템으로 출시를 하고, 거기에 GoPro 등 소형 고해상도 카메라가 나오면서 전 세계가 멀티콥터 열풍에 빠지고 있다.
⑧ 단순히 개인적인 촬영작업뿐만 아니라 전문적인 방송 및 영화 작업까지 이제 소형 멀티콥터로 촬영이 가능하게 되었다.
⑨ 이렇게 DJI사가 세계시장의 70%를 차지하게 되는 반면에 이 장비보다 저가로서 경쟁력 있는 비행성능을 가진 장비들이 다양하게 개발 및 생산되어 시장에 선보이고 있으나 DJI의 독점적인 지위 유지에 많은 도전이 있을 전망이다.

그림 DJI Phantom 3 (중국)

그림 독일 Mikrokopter사의 멀티콥터

그림 DJI Inspire (중국)

그림 기타 멀티콥터 제품

라. 공간정보/재난안전 분야 무인헬기 활용 개시

① 민수용으로 사용되기 시작한 분야는 재난안전 및 공간정보 분야의 활용연구에서 시작된다.
② 2004년부터 국립방재연구소에서 '무인헬기를 이용한 풍수해피해조사 시스템 개발사업'을 개시하였다.
③ 2006년부터는 국토교통부의 스마트국토정보시스템 구축사업의 일환으로 서울시립대 교수의 공간정보연구실을 주축으로 **'무인헬기를 이용한 실시간공중모니터링 시스템 개발'** 사업이 진행된다.
④ 2010년대 멀티콥터가 등장하면서 소형 무인멀티콥터를 이용한 공간정보 데이터 취득 시스템들이 본격적으로 개발 및 활용되고 있다.

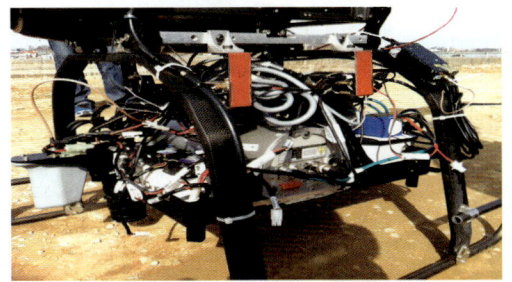

그림 실시간 공중모니터링 시스템 개발사업, 서울시립대 외

마. 생육상태 모니터링 활용

① 정밀 농업을 위한 생육상태 모니터링 시스템들이 개발 활용되고 있다.
② 공간정보 맵핑 기술과 융합한 시스템으로서 스마트 농업이 현실화되고 있다.

그림 Slantview drone, 농업 작황 분석, Slantrange, 미국
※ 출처 : http://www.slantrange.com, 2017.03.01.

바. 방역용 드론 활용

① 코로나 19의 상황이 발생하면서 드론을 방역작업에 본격적으로 사용을 검토하고 장비들이 개발되었다.

그림 마징가드론 방역 분부시스템

그림 산림 방역살포작업

② 한편 조류독감, 구제역 등의 가축 질병의 창궐이 빈번함에 따라 다양한 방역작업들이 실시되고 있다.

그림 하천 조류독감 방역 작업

section OX

1. 방제/방역분야에서 짧은 비행시간으로 인해 효율이 떨어져서 무인멀티콥터의 사용은 점차 줄고 있는 추세이다.

   X
   대부분의 방제/방역작업이 드론을 활용한 방법으로 대체되고 있음

2. 급속도로 농업방제용 무인멀티콥터가 확산되는 이유는 상대적으로 저렴한 운용비용과 손쉬운 조종방식 때문이다.

   O

3. 드론의 항공촬영분야 활용은 방송과 사진촬영에 국한된다.

   X
   영화, 광고, 예술, 측량 등 다양한 분야에서 항공촬영 기법이 사용됨.

4. 드론을 활용한 공간정보는 공간정보 구축작업에서 대부분의 작업을 수행한다.

   X
   공간정보에서 3D 모델링 등의 일부 국한된 작업을 수행하는 것임

5. 드론의 공간정보 활용은 3D모델링을 통한 항공측량에만 사용된다.

   X
   시설물검사, 조경, 설계, 산림방제 등 다양한 분야의 기본기술로 공간정보 기술이 활용된다.

출제예상문제

01 회전익 무인비행장치의 탑재량에 영향을 미치는 것으로 가장 거리가 먼 것은?

① 주변 장애물과 비행 장소
② 기온과 바람
③ 습도와 강우량
④ 해발고도와 공기밀도

해설 ② 기온에 따라 양력이 차이가 나고, 바람이 많으면 급조작으로 인한 과부하를 초래할 수 있다.
③ 습도와 강우량은 탑재량에 영향이 미미하다.
④ 해발고도와 공기밀도는 양력에 영향을 미친다.

02 무인비행장치 비행모드 중에서 자동복귀(RH)에 대한 설명으로 맞는 것은?

① 자동으로 자세를 잡아주면서 수평을 유지시켜주는 비행모드
② 자세제어에 GPS를 이용한 위치제어가 포함되어 위치와 자세를 잡아준다.
③ 설정된 경로에 따라 자동으로 비행하는 비행 모드
④ 비행 중 통신두절 상태가 발생했을 때 이륙 위치나 이륙 전 설정한 위치로 자동 복귀한다.

해설 ① 자세제어모드
② GPS모드
③ 자동경로비행모드

03 무인비행장치들이 가지고 있는 일반적인 비행 모드가 아닌 것은?

① 완전 수동 모드(Manual Mode)
② 고도제어 모드(Altitude Mode)
③ 자세제어 모드(Attitude Mode)
④ GPS 모드(GPS Mode)

해설 고도제어 모드는 구성되지 않는다. 최근에는 수동모드 또한 운용자 과실을 방지하기 위해 기본 모드에서 제외하는 경우도 많다. 고도제어모드는 레이더나 초음파 센서 등을 설치하고 지형에 따른 고도 추적하도록 설치하여 활용하기도 한다. 한편, 자세모드를 기본 수동모드라고 하기도 한다.

04 무인비행장치 비행모드 중에서 자동복귀 모드에 해당하는 설명이 아닌 것은?

① 이륙 전 임의의 장소를 설정할 수 있다.
② 이륙장소로 자동으로 되돌아 올 수 있다.
③ 수신되는 GPS 위성 수에 상관없이 설정할 수 있다.
④ Auto-land(자동 착륙)과 Auto-hover(자동 제자리비행)을 설정할 수 있다.

해설 GPS 위성 숫자가 최소 4개 이상이면 설정이 가능하지만, 일반적으로 6개 이상인 상태에서 설정이 되도록 프로그램되어 있다.

05 비행 중 GPS 에러 경고등이 점등되었을 때의 원인과 조치로 가장 적절한 것은?

① 건물 근처에서는 발생하지 않는다.
② 자세제어모드로 전환하여 자세제어 상태에서 수동으로 조종하여 복귀시킨다.
③ 마그네틱 센서의 문제로 발생한다.
④ GPS 신호는 전파 세기가 강하여 재밍의 위험이 낮다.

해설 ① 건물 근처에서는 GPS 신호 전파가 쉽게 차단되어 에러가 발생한다.
③ GSP 수신기의 이상이나 신호 전파의 차단 상태에서 발생한다.
④ GPS 신호는 전파 세기가 미약해서 재밍에 취약하다.

정답 01.① 02.④ 03.② 04.③ 05.②

06 무선주파수 사용에 대해서 무선국허가가 필요치 않은 경우는?

① 가시권 내의 산업용 무인비행장치가 미약주파수 대역을 사용할 경우
② 가시권 밖에 고출력 무선장비 사용 시
③ 항공촬영 영상수신을 위해 5.8GHz의 3W 고출력 장비를 사용할 경우
④ 원활한 운용자 간 연락을 위해 고출력 산업용 무전기를 사용하는 경우

해설 2.4GHz 및 5.8GHz 대역은 허가없이 사용가능한 주파수대역이지만 대역폭 1MHz 당 10mW의 출력의 세기가 정해져 있다. 따라서 그 이상의 고출력을 사용하는 것은 허가를 득하여야 한다.

07 무인비행장치 운용간 통신장비 사용으로 적절한 것은?

① 송수신 거리를 늘리기 위한 임의의 출력 증폭 장비를 사용
② 2.4GHz 주파수 대역에서는 미 인증된 장비를 마음대로 쓸 수 있다.
③ 영상송수신용은 5.8GHz 대역의 장비는 미 인증된 장비를 쓸 수밖에 없다.
④ 무인기 제어용으로 국제적으로 할당된 주파수는 5030~5091 MHz 이다.

해설 WRC에서 국제적으로 할당되었고, 국내에서도 할당되어 사용가능한 주파수 대역이다.

08 다음 중 무인멀티콥터 비행 후 점검사항이 아닌 것은?

① 송신기와 수신기를 끈다.
② 비행체 각 부분을 세부적으로 점검한다.
③ 모터와 변속기의 발열 상태를 점검한다.
④ 프롭의 파손 여부를 점검한다.

해설 비행 후에는 비행체를 세부적으로 점검하기보다는 비행간 문제가 발생될 수 있는 주요 부분과 항목 위주로 간단히 점검한다.

09 조종사(PIC, Pilot in Command)의 역할과 책임으로 적절한 것은?

① 공역통제에 대한 사항은 사전에 확인하고 관제기관과의 연락은 불필요하다.
② 멀티콥터는 조종이 쉬우므로 원리적인 이해는 불필요하다.
③ 조종사는 비행에 대한 최종적인 판단을 직접 한다.
④ 조종사는 부여된 임무를 수행하므로 사고 발생 시 책임은 없다.

해설 조종사(자)는 비행에 관련된 모든 최종 권한을 가지며, 병행하여 책임도 진다.

10 다음 중 멀티콥터의 비행 모터 중 한 두개가 정지하여 비행이 불가 시 가장 올바른 대처방법은?

① 신속히 최기 안전지역에 수직 하강하여 착륙시킨다.
② 상태를 기다려 본다.
③ 조종기술을 이용하여 최대한 호버링한다.
④ 최초 이륙지점으로 이동시켜 착륙한다.

11 비행 전 점검사항이 아닌 것은?

① 모터 및 기체의 전선 등 점검
② 조종기 배터리 부식 등 점검
③ 호버링을 한다.
④ 기체 배터리 및 전선 상태 점검

정답 06.① 07.④ 08.② 09.③ 10.① 11.③

12 멀티콥터 조종기 테스트 방법 중 가장 올바른 것은?

① 기체 가까이에서 한다.
② 기체에서 30m정도 떨어진 곳에서 한다.
③ 기체에서 100m정도 떨어진 곳에서 한다.
④ 기체의 먼 곳에서 한다.

13 다음 중 비행 후 점검사항이 아닌 것은?

① 기체 점검
② 조종기
③ 이륙 후 시험비행
④ 배터리

14 초경량 비행장치 비행 중 조작불능 상태 시 가장 먼저 할 일은?

① 소리를 질러 주변 사람들에게 경고한다.
② 안전하게 착륙하도록 조종하고 불가능시 불시착 시킨다.
③ 원인을 파악한 후 착륙시킨다.
④ 안전한 지역으로 이동하여 착륙시킨다.

15 정상적으로 비행 중 기체에 진동을 느꼈을 때 비행 후 조치사항으로 틀린 것은?

① 로터에 균열이 있는지 정확히 확인한다.
② 조종기와 FC간의 전파에 문제가 있는지 확인한다.
③ 기체의 이음새나 부품의 틈이 헐거워졌는지 확인 후 볼트, 너트 등을 조인다.
④ 짐벌이나 방제용기의 장착상태를 정확히 확인한다.

> 해설 제작이 잘 된 기체로서 진동이 없었던 기체가 진동이 생겼다면, 다양한 기계적인 부분을 예상해 볼 수 있으나 조종기와 비행체 사이의 전파문제일 가능성은 희박하다.

16 회전익무인비행장치의 기체 및 조종기의 배터리 점검사항 중 틀린 것은?

① 조종기에 있는 배터리 연결단자의 헐거워지거나 접촉불량 여부를 점검한다.
② 기체의 배선과 배터리와의 고정 볼트의 고정 상태를 점검한다.
③ 배터리가 부풀어 오른 것을 사용하여도 문제없다.
④ 기체 배터리와 배선의 연결부위의 부식을 점검한다.

> 해설 부풀어 오른 배터리는 사용해서는 안 된다.

17 비행 중 조종기의 배터리 경고음이 울렸을 때 취해야 할 행동은?

① 즉시 기체를 착륙시키고 엔진 시동을 정지 시킨다.
② 경고음이 꺼질 때까지 기다려본다.
③ 재빨리 송신기의 배터리를 예비 배터리로 교환한다.
④ 기체를 원거리로 이동시켜 제자리 비행으로 대기한다.

> 해설 조종기 배터리 경고음이 울리면 가급적 빨리 복귀시켜 엔진을 정지 후 조종기 배터리를 교체한다.

정답 12.② 13.③ 14.① 15.② 16.③ 17.①

18 회전익무인비행장치의 비행 준비사항으로 적절하지 않은 것은?

① 기체 크기와 상관없는 이착륙장
② 기체 배터리 상태
③ 조종기 배터리 상태
④ 조종사의 건강 상태

해설 비행 전에 비행체, 조종기를 점검하고, 조종자의 건강이나 심리적인 상태도 확인해야한다. 이착륙장은 비행체로부터 주변의 인원이 안전하게 이착륙 시킬 수 있는 장소를 선택한다.

19 회전익 무인비행장치의 조종자가 비행 중 주의해야 하는 사항이 아닌 것은?

① 휴식장소
② 착륙장의 부유물
③ 비행지역의 장애물
④ 조종사주변의 차량 접근

해설 비상착륙장소를 항상 염두에 두고 비행을 실시해야한다.

20 비행 후 기체 점검 사항 중 옳지 않은 것은?

① 동력계통 부위의 볼트 조임상태 등을 점검하고 조치한다.
② 메인 블레이드, 테일 블레이드의 결합 상태, 파손 등을 점검한다.
③ 남은 연료가 있을 경우 호버링 비행하여 모두 소모시킨다.
④ 송 수신기의 배터리 잔량을 확인하여 부족 시 충전한다.

해설 장기 보관일 경우에는 연료를 비워둘 필요가 있으나, 그럴 경우라도 비행으로 소모시킬 필요는 없다.

21 다음 중 무인비행장치의 비상램프 점등 시 조치로서 옳지 않은 것은?

① GPS 에러 경고 - 비행자세 모드로 전환하여 즉시 비상착륙을 실시한다.
② 통신 두절 경고 - 사전 설정된 RH 내용을 확인하고 그에 따라 대비한다.
③ 배터리 저전압 경고 - 비행을 중지하고 착륙하여 배터리를 교체한다.
④ IMU 센서 경고 - 자세모드로 전환하여 비상착륙을 실시한다.

해설 GPS가 에러가 생겼다고 즉각적인 비상착륙을 실시할 필요는 없다. 자세모드로 정상비행이 가능하므로 자세모드로 전환하여 정상적인 비행을 실시하고, GPS 모드로 비행을 해야할 임무인 경우, 비행을 중지하고 착륙하여 정비를 실시한다.

22 비행 전 조종기 점검 사항으로 부적절한 것은?

① 각 버튼과 스틱들이 off 위치에 있는지 확인한다.
② 조종 스틱이 부드럽게 전 방향으로 움직이는 지 확인한다.
③ 조종기를 켠 후 자체 점검 이상 유무와 전원 상태를 확인한다.
④ 조종기 트림은 자동으로 중립 위치에 설정되므로 확인이 필요는 없다.

해설 조종기의 트림 위치가 잘 못되어 있으면, 이륙 후 비 정상적인 방향으로 비행체가 흐르거나 급 기동할 수 있다.

정답 18.① 19.① 20.③ 21.① 22.④

23 배터리 소모율이 가장 많은 경우는?
① 이륙 시
② 비행 중
③ 착륙 시
④ 조종기 TRIM의 관한 조작 시

24 로터 점검 시 내용으로 틀린 것은?
① 로터의 고정상태를 확인한다.
② 로터의 회전방향을 확인한다.
③ 로터의 균열이나 손상여부를 확인한다.
④ 로터의 냄새를 맡아본다.

25 멀티콥터의 비행모드가 아닌 것은 어느 것인가?
① GPS모드
② 에티모드(ATTI)
③ 수동모드(M)
④ 고도제한모드

26 비행 전 점검사항에 해당 되지 않는 것은 어느 것인가?
① 조종기 외부 깨짐을 확인
② 보조 조종기의 점검
③ 배터리 충전상태 확인
④ 기체 각부품의 상태 및 파손 확인

27 다음 중 비행제어 모드에 해당되지 않는 것은?
① 자동복귀 모드
② 자세제어 모드
③ GPS 자동비행모드
④ 통신제어 모드

> **해설** 멀티콥터의 비행제어모드에는 수동 모드, 자세제어 모드, GPS 자동비행 모드, 자동복귀모드가 있다.

28 'GPS'의 설명으로 맞는 것은?
① 지구상의 위치 측정을 위한 시스템
② GPS 수신기가 GPS 위성에 자신의 위치 정보를 송신하는 시스템
③ 최소 2개의 GPS 신호로 지구상의 위치를 측정할 수 있다.
④ 위성으로부터 신호를 받기 때문에 날씨의 영향을 받지 않는다.

정답 23.① 24.④ 25.④ 26.② 27.④ 28.①

Section 06 무인항공 방제작업 요령

주요 내용
- 무인항공 방제작업 전 준비사항
- 무인항공방제 작업자의 구성과 역할
- 무인항공방제 살포 비행

01 무인항공 방제작업 전 준비사항

가. 작업 전 점검사항

방제작업에 있어서 아무리 비행 및 방제작업에 익숙해져 있어도, 작업 전 점검을 충분히 실시해야 안전하게 작업을 진행할 수 있다. 작업의 시작 전에, 다음 항목에 관해서는 반드시 점검을 해야 한다.

1) 살포지역의 점검항목

① 가축, 양잠, 양봉, 양어장 등에 대한 배려는 충분한가?
② 주차장, 자동차 정비소등 약제에 의한 도장 오염의 위험은 없는지?
③ 통학로와 교통량이 많은 도로 옆 등의 작업시간대에 대해서의 배려는 충분한가?
④ 전작 작물, 기타 대상 외 작물에 약해 등의 염려는 없는가?
⑤ 작업의 순서, 안전작업을 위한 지시등, 살포 관계자와의 협의와 확인을 마쳤는가?

2) 조종자가 해야 할 점검항목

① 위험장소, 장해물의 위치 살포 제외 구역에 대해서 확인
② 풍향, 풍속의 확인
③ 지형, 건물 등의 확인
④ 작업 계획면적과 약제배분, 작업 순서 등의 확인

3) 정비에 관한 점검항목

① 살포장치의 조정에 실수는 없는가?
  - 비행제원과 분당 분사량과의 관계
  - 고르지 못한 분사
  - 흘러서 뚝뚝 떨어짐

② 살포약제의 제형, 제재의 물성, 혼용 등으로 생기는 문제들과 그 방지 대책에 대해서 준비되어 있는가?

③ 약제의 조정, 적재 등의 작업에 불안한 사항은 없는가?

4) 방제작업 준비물

① 운반용 자동차에 적재할 물건

- 무인비행장치 세트
- 공구(정비용)
- 풍속계
- 물
- 예비 배터리
- 배터리 측정기
- 마스크
- 살포탱크(예비 탱크) 등
- 연료·펌프 등
- 소화기
- 장갑
- 헬멧
- 구급상자
- 약제

② **깃발** : 사전에 살포할 지형의 살포 경계에 꽂아 둔다.
③ **무전기** : 살포작업을 할 때 조종자와 신호자가 연락을 취하기 위해서 사용한다.
④ **전파모니터** : 비행 전에 강력한 전파나 동일 주파수의 전파의 발생 여부를 조사한다.

나. 살포작업의 비행계획과 지도

1) 살포작업의 계획

살포작업을 원활하고 안전하게 실시하기 위해서는, 작업 시작 전에 현장의 지형이나 작업구역을 충분히 확인하고, 계획면적, 살포 제외지역, 장해물의 위치 등을 정확하게 파악할 필요가 있다. 이를 위해 현장의 상태를 잘 알 수 있는 축척지도를 준비해야 한다. 작업지도는 작업의 정밀도나 효율, 살포비행의 안전에 직접 연관되므로 작업 전에 도상으로 작업 구역 및 장애물, 진/출입로 등을 확인표시하고, 이전에 사용한 작업지도를 사용하는 경우에는 지형/장애물의 변화 여부를 재확인한다.

그림 축척비율이 작은지도 활용

그림 민가 밀집지역 상공 비행 금지

2) 부적합 지역과 살포 제외 지역

① 부적합지역이란?

산업용 무인비행장치를 이용하여 적정한 항공방제를 실시하기 위해서는 비행 장애물이 없어야 하고, 조종자의 접근로 등이 확보되어야 한다. 이것은 유사시에 비행장치 및 조종자의 안전을 확보하기 위한 것으로써, 살포 비행하는 것이 심각하게 불안하다고 예상되거나 안전한 살포작업이 불가한 지역은 작업을 진행해서는 안 되는 곳이라 할 수 있다.

3) 방제 제외 지역

산업용 무인비행장치는 유인헬리콥터로는 살포할 수 없는 협소한 지역도 살포 가능하지만, 사전에 충분한 피해 예방조치를 강구할 수 없는 곳이라고 생각되는 곳은 방제 제외 지역으로 간주해야 한다. 특히, 다음 사항들을 고려하여 피해 발생 우려가 없는지 확인해야 한다.

① 공중위생 관련(가옥, 학교, 수로, 수원 등), 축잠수산 관련(가축, 가옥, 꿀벌, 누에, 어패류 등 수산동식물 등), 타 작물 관련(살포대상 이외의 농작물 등) 및 야생동식물 관련(천연기념물 등의 귀중한 야생 동식물)
② 산업용 무인비행장치의 조종자, 기타 작업자의 안전이 충분히 확보되어 있을 것

다. 이착륙 지점에서의 작업 간 안전사항

1) 이착륙지점에서 작업을 할 경우, 주의 사항

착륙지점에서 작업을 할 경우, 무인헬리콥터의 경우 로터가 회전하고, 있는 동안은 무의식중에 접근하지 않도록 통제해야 한다. 로터가 작은 멀티콥터형의 경우라도 로터가 회전할 때 접근할 경우 심각한 인명의 손상을 초래할 수 있다.

또한 살포 관계자 이외의 사람이 무인비행장치나 약제에 접근하지 못하도록 주의해야 한다. 무인비행장치의 수직 이착륙 시 발생하는 모래먼지가, 약제혼합용기, 물탱크 등에 들어가면 살포장치의 고장원인이 되므로 주의가 필요하다.

2) 자재의 배치 방법

약재 등의 자재를 모아두는 장소는 아래의 사항을 반드시 준수해야 한다.
① 적재는 너무 높지 않게 한다. (0.5m 정도)
② 약제혼합용기, 보조원의 대기위치 등은 이착륙 지점에서 15m 이상 떨어진 거리를 유지해야 한다.
③ 로터의 풍압으로 떠오를 것 같은 물건(비닐, 빈봉지 등)은 미리 제거하거나 무거운 돌을 올려놓는 등의 조치를 해야 한다.

3) 이착륙지점 선정

① 이착륙지점은 평탄하고 모래먼지가 일어나지 않는 농로 등이 안전하다.
② 설치장소에 경사가 있는 장소는 가능한 수평인 지점을 고른다.
③ 이착륙지점 주변은 로터의 풍압으로 작물이 손상될 우려가 있다. 이러한 점을 고려하여 이착륙지점을 선정한다.

4) 무인비행장치 탑재 용량

① 작물 현장의 해발고도
② 기온, 습도
③ 장애물의 많은 곳 등 적재중량을 제한하는 요인이 있으므로, 항상 그 최대 성능을 발휘한다고는 할 수 없다. (작업을 하기 전에 적재능력의 1/2정도로 확인 비행을 실시하는 것이 좋다.)
④ 약제를 만재한 상태에서 이륙하는 경우, 최대의 마력을 필요로 하므로, 부드럽고 신중한 조작이 요구된다. 따라서, 과적은 장비의 비행 제어 장애를 유발할 수 있으므로 피해야 한다.

5) 조종자/작업자 안전 준비 사항

무인항공 방제작업은 좁은 농로에 약제 살포 작업 작업이 요구된다. 이러한 작업 현장 상황에서는 안전을 위해 조종자의 복장, 행동 등에 관해서 다음 사항을 지켜야 한다.
① 헬멧의 착용
② 보안경, 마스크 착용
③ 옷은 긴소매를 입고, 단추를 확실히 잠근다.
④ 메인로터가 완전히 정지하기까지는, 무의적인 접근을 하지 않을 것

약제봉지의 절단조각, 실밥, 모래, 진흙 등의 이물질이 약제에 들어가면, 살포장치의 고장원인이 된다. 이물질이 혼입되지 않도록 특별히 주의를 기울여야 한다.

02 무인항공 방제 작업자의 구성과 역할

가. 작업자들의 구성

살포작업은 반드시 팀으로 운용되어야 한다. 유자격 조종자 2명 이상으로서 조종자와 신호수의 역할을 교대로 진행하며, 약재를 준비해 주는 보조자 1명으로서 1팀에 최소 3명으로 구성되어 작업을 진행한다. 특히, 조종자와 신호수는 필수로 편성해서 작업을 진행한다. 대부분의 방제 작업 간 사고는 이 신호수의 미 편성과 적절한 상호 훈련이 되지 않아서 발생한다. 모든 작업자들은 무인비행장치 이착륙할 때 15m 이상 떨어져야 한다.

1) 조종자

장비 종류에 적합한 조종자 자격을 취득하여, 무인비행장치를 조종하는 사람으로 비행에 관한 최종 판단을 한다. 대규모 살포의 경우, 2명이 서로 교대 작업하며 피로를 줄여야 한다. 조종자는 비행장치가 전방으로 전진 및 후진할 경우 속도를 인지하기 힘들므로 신호자의 지시에 따라 전/후진 비행 속도를 조절한다.

2) 신호자

무전기로 전/후진간 속도와 함께, 조종자에게 비행장치가 논/밭의 끝선을 통과했는지 알리고, 필요할 경우 살포장치의 ON, OFF 스위치를 누를 수도 있다. 오버런 상황이나 엔드라인 부근의 장해물(전선이나 표식 등)의 유무를 명확하게 알려준다. 신호자에게는 잘 보이는 장해물도, 조종자에겐 보이진 않는 경우도 있다.

3) 보조자

운반차량을 운전하고, 무인헬리콥터의 연료나 살포하는 농업용 약재를 준비하여 보급한다. 또한 대규모 살포 등의 경우, 살포작업 할 포장을 안내할 수 있는 지리에 익숙한 사람으로 정하는 것이 좋다.

03 무인항공 방제 살포 비행

가. 살포비행 기준

① 적용 작물의 종류에 따라 달라질 수 있다.
② 비행고도는 작물위로부터의 높이
③ 비행속도는 표준 살포량이 확보 가능한 범위 내에서 조종해야 한다.

적용작물	작업명	살포방법	비행속도(Km/h)	비행고도(m)	비행간격(m)
수도	병행충방제	액제소량살포	10~20	3~5	5~10
		입제살포	10~20	3~5	5~10
	파종	산판	10~20	3~5	5~10
	제초	살포 포장 끝에서 5m 이상의 포장 내의 방제	10~20	3~5	5~10
밀류	병해충 방제	액제소량 살포	10~20	3~5	5~10
대두	벼행충 방제	액제소량 살포	10~20	3~5	5~10
무	병해충 방제	액제소량 살포	10~20	3~5	5~10
		액제 살포	10~20	3~5	5~10
연근	병해충 방제	입제 살포	10~20	3~5	5~10
양파	병해충 방제	액제 살포	10~20	3~5	5~10
밤	병해충 방제	액제 살포	10~20	3~5	5~10
감귤	병해충 방제	액제 살포	20이후	3~5	5~10

나. 기본 살포 비행 방법

① 공중살포는 바람을 고려해서 비행을 실시하는데, 측풍 살포비행을 기본으로 하며, 조종자 및 주변 환경 등에 영향을 충분히 고려하여 작업 효과를 확보하도록 한다.
② 비행 속도 및 비행 간격은 균일성이 확보되도록 조종한다.
③ 비행 고도는 살포 약제의 물성, 기상조건, 살포 장소 및 주변 지역의 지형 등을 고려하여 가감하여 조종한다.
④ 공중 살포는 가급적 기류의 안정성이 확보된 시간대에 실시하며, 계획하지 않는 범위로 약재가 확산되지 않는 범위의 풍속 조건에서 작업을 진행한다.

다. 지형별 살포 비행 방법

1) 평지

아래의 그림처럼 바람 방향에 대하여 직각방향으로 옆바람을 받도록 비행한다. 바람 부는 아래쪽으로부터 살포를 시작해 항상 바람 부는 위 방향으로 살포해가는 것을 원칙으로 한다. 단, 약제를 계속 살포하면서 헬기를 이동시키는 것은 과잉살포, 비산 등의 직접적인 원인이 되므로, 절대로 해서는 안 된다.

2) 경사지

경사지에서는 원칙적으로 등고선에 따라 상승하면서 살포 비행을 실시한다.

3) 평행 장애물 지역

살포구역 내를 지나가는 전선, 교통량이 많은 도로 등 살포지에 평행한 장해물의 주변은, 이와 직각 방향으로 비행하는 것은 반드시 피하고, 장해물에 평행하여 2~3회의 살포비행을 먼저 실시한다.

4) 협소한 지형

좁은 지형, 깊숙이 들어간 복잡한 지형, 혹은 장해물이 있는 장소 등, 살포비행에 제약이 있는 곳은 적재량을 제한하여 여유 있는 상태로 작업을 할 수 있도록 배려한다.

라. 항공방제 시의 약제 관련 주의사항

1) 약제 살포 주의사항

① 살포 장치의 살포 기준에 따라 실시한다.
② 약재가 새는 것을 방지하기 위해 살포용 배관과 살포장치를 점검한다.
③ 특정 농약(혼합 가능여부가 확인된 것) 이외의 혼용을 금지한다.
④ 살포지역의 선정에 충분히 주의를 기울이고, 경계구역 내의 모든 물체들에 유의한다.
⑤ 맹독성 약제 취급 시 마스크, 장갑 등을 착용하여 직접 약액에 닿지 않도록 조심한다.

2) 살포 작업 종료 후

① 빈 용기는 안전한 장소에 폐기한다.
② 약제잔량은 안전한 장소에 책임자를 정해 보관한다.
③ 기체 살포장치는 충분히 세척하고, 세정액은 안전한 장소에 처리한다.
④ 얼굴, 손, 발 등을 세제로 잘 씻고, 반드시 가글한다.

section OX

1. 방제작업은 사전 준비 필요없이 바로 작업에 투입해서 효율적으로 작업을 실행할 수 있다.	X	사전 준비작업들이 필요
2. 방제작업 시 고압선 등은 비행체에 전혀 영향이 없다.	X	지자기센서에 영향을 줄 수 있음.
3. 방제작업간에는 안전장구는 착용할 필요가 없다.	X	필수착용 필요
4. 방제작업자들 구성은 조종자와 약제준비하는 보조자가 필수이다.	X	전방에서 장애물 상황 등을 알려주는 신호수도 필수임.
5. 방제작업시에는 바람은 맞바람을 맞으면서 작업하는 것이 유리하다.	X	맞바람을 상태에서 살포를 실시하면 약제가 조종자에게 올 가능성 커짐
6. 방제작업 후 비행체는 반드시 충분히 세척작업을 해두어야 한다.	O	
7. 드론을 이용한 방제작업은 조종자 혼자서 하는 것이 안전하다.	X	작업능률도 안 오르고 사고발생확률이 높아짐
8. 약제살포작업은 반드시 3미터 이하 고도에서 수행해야 한다.	X	바람, 작물, 기체 등의 상황에 따라 고도를 달리해야 함.)

출제예상문제

01 농업용 무인멀티콥터 비행 전 점검할 내용으로 맞지 않은 것은?

① 기체이력부에서 이전 비행기록과 이상 발생 여부는 확인할 필요가 없다.
② 연료 또는 배터리의 만충 여부를 확인한다.
③ 비행체 외부의 손상 여부를 육안 및 촉수 점검한다.
④ 전원 인가상태에서 각 조종부위의 작동 점검을 실시한다.

> **해설** 비행 시작 전에는 반드시 이전의 기체이력부에서 비행 이상 유무와 결함 해소 상태를 확인해야 한다.

02 조종자가 방제작업 비행 전에 점검할 항목과 거리가 먼 것은?

① 살포구역, 위험장소, 장해물의 위치 확인
② 풍향, 풍속 확인
③ 지형, 건물 등의 확인
④ 주차장 위치 및 주변 고속도로 교통량의 확인

> **해설** 주차장 및 고속도로 교통량은 연관이 없다. 방제작업 시작 전에 반드시 방제 지역을 사전 답사하여 점검할 필요가 있다. 즉 방제작업이 새벽에 이루어지므로, 전날 주간이나 그 전에 사전 확인이 이루어져야 한다. 주차장 및 고속도로 교통량은 연관이 없다.

03 안전하고 효율적인 무인항공 방제작업을 위한 필수 요원이 아닌 사람은?

① 조종자 ② 신호자
③ 보조자 ④ 운전자

> **해설** 안전하고 효율적인 무인항공 방제작업을 위해서는 조종자와 장애물 및 작업 끝 부분을 육안 확인해서 신호해 주는 신호자, 그리고 약제 준비 및 운등을 지원해 주는 보조자가 한 작업팀으로 구성하는 것이 필수적이다. 이 때 보조자는 작업을 의뢰한 농민 등이 될 수 있고, 신호자는 조종자와 마찬가지로 조종이 가능한 조종자로서 서로 교대 작업을 수행할 수 있어야 한다.

04 농업 방제지역으로 부적합한 장소라 볼 수 없는 곳은?

① 학교 주변 지역
② 축사 및 잠사 지역
③ 상수원 보호구역
④ 농업진흥 구역

05 무인비행장치 조종자로서 갖추어야할 소양이라 할 수 없는 것은?

① 정신적 안정성과 성숙도
② 정보처리 능력
③ 급함과 다혈질적 성격
④ 빠른 상황판단 능력

> **해설** 모든 항공기의 조종자들은 심리적인 안정성과 사회적으로 원만한 대인관계를 형성하는 성숙도를 갖추어서 불법적인 용도 및 방법으로 비행하지 않아야 하며, 주변 상황과 비행상태를 판단하고, 이러한 파악된 정보들을 처리할 수 있는 능력이 필요하다. 급하고 다혈질적인 성격이 되지 않도록 하는 것이 좋다.

정답 01.① 02.④ 03.④ 04.④ 05.③

06 무인항공 방제작업 시 약제 관련 주의사항이 아닌 것은?

① 혼합 가능한 약제 외에 혼용을 금지한다.
② 살포지역 선정 시 경계구역 내의 물체들에 주의한다.
③ 빈 용기는 쓰레기장에 폐기한다.
④ 살포 장치의 살포 기존에 따라 실시한다.

해설 빈 용기는 지정된 안전한 장소에 수집 폐기한다.

07 무인항공방제작업 보조준비물이 아닌 것은?

① 예비 연료 및 배터리
② 깃발 또는 표지 수단
③ 무전기 및 전파모니터기
④ 카메라 탑재용 짐벌 장치

08 항공방제 작업 종료 후 점검 및 조치사항으로 적절하지 않은 것은?

① 빈 용기는 안전한 장소에 폐기한다.
② 약제 잔량은 안전한 장소에 책임자를 정해 보관한다.
③ 기체 살포장치는 다시 재사용을 위해 세척하지 않고 보관한다.
④ 얼굴, 손, 발 등을 세제로 잘 씻고, 반드시 가글한다.

09 직원들의 스트레스 해소 방안으로 옳지 않은 것은?

① 정기적인 신체검사 실시
② 난이도 높은 업무에 대한 직무교육 실시
③ 직무평가 및 적성에 따른 직무 재배치
④ 주기적인 상호평가 실시

해설 과도한 평가시스템은 스트레스를 가중시킬 수 있다.

10 항공방제 작업 시 조종자의 복장과 행동으로 적절하지 못한 것은?

① 머리 보호를 위해 헬멧을 착용한다.
② 마스크와 보안경을 착용한다.
③ 무더운 여름에는 가벼운 반팔 티셔츠를 착용한다.
④ 로터가 완전히 정지하기까지는 기체에 접근하지 않는다.

해설 무더운 여름에도 얇은 긴팔의 옷을 권장한다.

11 항공방제의 약제 살포 작업 종료 후 주의사항으로 적절하지 않는 것은?

① 약제 빈 용기는 분리수거하여 재활용한다.
② 기체의 살포장치는 충분히 세척하여 보관한다.
③ 사용하고 남은 약제는 안전한 장소에 보관한다.
④ 기체 살포장치의 세정액은 안전한 장소에 보관한다.

해설 약제 빈 용기는 안전한 장소에 폐기한다.

정답 06.③ 07.④ 08.③ 09.④ 10.③ 11.①

Section 07 무인항공 안전관리

주요 내용
- 무인비행장치 비행안전

01 무인비행장치 비행안전

가. 조종자의 책임

① 점조종자는 자격증을 취득했을 때부터, 자신의 행동에 책임을 지는 것
② 적절한 "**판단**"에 의한 의사결정을 행하고
③ 그 결과로서 올바른 행동이 기대됨

자격증은 본인뿐만 아니라, 주위 사람들의 안전도 배려하는 조종자로서의 증명이다.

나. 비행장치 조종자의 기본 소양과 적성

조종자는 기본적으로 적성 즉, 타고난 성질, 혹은 생활환경이나 교육, 훈련에 따라 그 사람이 갖게 된 정신적, 신체적 능력으로 어떠한 직무의 수행에 적합한지를 판단하여 선발되고 교육되어야 한다.

1) 지적 능력

- 조종자는 비행체를 3차원의 공간에서 운용하기 때문에 높은 지적 능력을 필요로 한다.
- 지적능력이라는 기초에서 나타나는 행동의 효율, 즉 높은 **지적효율***이 중요시 된다.

* **지적효율** : 제한된 시간 안에 결과적으로 바람직한 행동을 이끌어내는 의사결정의 비율이다.

2) 정보처리 능력

필요한 정보처리 능력의 훈련을 평소에 반복함 필요한 정보처리 능력을 높일 수 있다.

* 9회말 0 : 0 무사 만루의 핀치!
당신이 투수라면, 이 상황을 어떻게 분석하여
다음 행동을 하겠습니까?
타자는 스퀴즈일까? 히팅일까?
그렇지 않으면.
다시 한 번 냉정을 찾고, 상대의 사인을 잡아볼까?

3) 동기

무인비행장치의 비행에 관하여 건전한 동기를 갖는 것은 훈련효과를 높이는 것은 물론, 훈련 이후에도 안전한 비행으로 이어질 가능성이 높다.

무인비행장치를 날린다는 건전한 의욕은 조종자가 되기 위한 첫 번째 단계이며, 행동의 원동력이다.
목적이 없는 상태에서는,
훈련 효과를 높일 수 없다.

4) 정신적 안정성

놀라거나, 당황하거나, 과도하게 긴장하는 등의 반응은, 인간이 갖고 있는 정상적인 반응이지만, 조종자로서는 과잉반응을 하지 않는 안정성이 요구된다. 항상 안정성을 유지하기 위해, 이러한 반응을 컨트롤 할 수 있는 방법을 습득하는 것이 중요하다.

"혹시 차가 나타날지도 모른다"라고
위험을 예측하며 어떠한 사태에도 대처할 수 있도록 하자.
또한, 항상 기분을 안정시켜 주는 것이
조종자로서는 필요하다.

5) 정신적 성숙도

정신적으로 성숙하다는 것은, 인간관계를 양호하게 하고, 사회에 적응하기 위해서도 중요한 것이다. 그 성숙도가 사회적인 악용방지로 이어지고, 무인비행장치의 안전한 비행으로도 이어진다.

조종자의 정서가 불안하면,
비행장치의 조종에도 영향을 끼친다.
정신적으로 성숙하다는 것은,
안전한 비행과 사회적 악용방지에도
이어지는 것이다.

다. 비행에 있어서 의사결정

1) 의사결정의 개념

비행 상황에 관련된 온갖 정보 중에서 활용하는 것을 선택하여, 허용된 시간 내에 판단한다. 또한, 그에 대응하는 스스로의 행동을 특정하고, 그 행동에 기초한 결과를 예상하며, 더욱이 그 타당성을 검토·확인하여 자신을 갖고 실행하는 능력을 의사결정이라 한다. 따라서 의사결정의 행동은 **"실행하는 것"** 뿐만 아니라 **"실행하지 않는 것"**도 포함된다.

"적절하게 판단할 것"
조정자로서의 판단에 따른
의사결정 포인트는
그 행위의 결과를 좌우한다.

2) 의사결정 요소

조종자의 의사결정 과정에는, 여러 가지 요소가 영향을 끼친다. 그 사람의 자세(생활태도)나 인격이라는 타고난 정서적 측면은 지식이나, 표현능력 및 본인의 기술 등의 의사결정에 있어서 중요한 요소가 된다. 올바른 의사결정은, 훈련 및 교육에 의한 경험에 따라 배양되는 것이다.
① **자세(생활태도)** : 교육에 의한 경험이 비행에 관한 안전정인 자세를 배양한다.
② **지적 처리 능력** : 양호한 "**지적 처리**"를 위해서는 바른 지식, 위험도의 식별과 평가, 경계심, 정보처리의 능력, 선택성을 갖는 주의, 문제해결 능력이 필요하다.
③ **자동 조종기능** : 조종에 있어서 조작이 자동적인 반응이 되기까지 훈련한다.

지식 ▶ 위험도의 식별 ▶ 판단 ▶ 바른 의사결정

조종조작
⇩
자동조작

④ **위험관리** : 비행장치 조종에 있어서 관리되어야 할 위험 요소들은 크게 다음과 같은 사항이 있다.

- **비행장치**
  (본체의 상태와 연료 등)
- **조종자**
  (정신적·신체적 건강상태나 음주 피로 등)
- **환경** (기상상태, 주위 장해물 등)
- **비행**
  (비행 목적, 비행계획, 비행의 긴급도와 위험도 등)
- **상황** (상기의 각 요소의 정확한 상황 확인)

위험요소의 80% 이상이 조종자의 실수로 인한 것이다. 조종자 자신이 최대의 위험요소이므로 정신적, 신체적 건강 상태에 유의해야 한다.

⑤ **상황판단 능력** : 빠른 상황판단 능력은 모든 조종사 및 조종자에게 필수 요소이다. 전반적인 주변 상황과 비행상태를 판단하고, 이러한 파악된 정보들을 처리할 수 있는 능력이 필요하다. 그 피해를 최소화시켜 2차 피해를 방지하기 위해 반드시 착지지점으로 갖고 오는 것이 아니라, 포장(논)안의 안전한 장소에 내리는 경우도 있다.

조종자 또는 계약자가 감수하기 어려운 손해 금액이 될 수도 있으므로 이에 대한 대책 마련이 필요하다.

02 사고와 보험

가. 초경량 비행장치 사고

1) 사고발생 시 조치사항

① 인명구호를 위해 신속히 필요한 조치를 취할 것
② 사고 조사를 위해 기체, 현장을 보존할 것
  - 사고 현장 유지
  - 현장 및 장비 사진 및 동영상 촬영
③ 사고 조사의 보상 처리
  - 사고 발생 시 지체 없이 가입 보험사의 보험대리점 담당자에게 연락하여 보상/수리 절차를 진행한다. 이때 사고 현장에 대한 영상자료들이 정확히 제시되어야 한다.

2) 사고의 보고

초경량 비행장치 조종자 및 소유자는 초경량 비행장치 사고 발생 시 지체 없이 그 사실을 보고하여야 한다. 통상 사람의 부상 이상의 중사고가 발생시 반드시 관할 항공청에 보고하여야 한다.

3) 보고사항
- 조종자 및 그 초경량 비행장치 소유자의 성명 또는 명칭
- 사고가 발생한 일시 및 장소
- 초경량 비행장치의 종류 및 신고번호
- 사고의 경위
- 사람의 사상(死傷) 또는 물건의 파손 개요
- 사상자의 성명 등 사상자의 인적사항 파악을 위하여 참고가 될 사항

나. 보험

1) 보험의 종류

① **대인/대물(배상책임보험)** : 모든 사용사업자 필수
- 사고 시 배상 대상 : 대인, 대물
- 보상금액 한도 : 사용사업을 위한 기본 요구사항으로서 1인/건 당 1.5억원 배상 가액
- 보험료 : 30만원/대

② **자차보험(항공보험 등)** : 교육기관 권유, 기타 사용사업자 선택
- 사고 시 배상 대상 : 자가 장비
- 보상금액 한도 : 수리비용 보상 한도에서 설계
- 보험료: 무인헬리콥터(약 2천만원/대), 무인멀티콥터(약 350만원/대)

③ **자손보험(개인배상책임 등)** : 교육기관 필수, 기타 사용사업자 선택
- 사고 시 배상 대상 : 자기 신체
- 보상금액 한도 : 조종사 자신의 손상에 대한 치료비 등 보상
- 보험료 : 인원별/기관별 수만원 ~ 수십만원

2) 취급 보험사 종류

① **현대해상화재보험**
- 취급보험 : 무인항공 통합보험(대인/대물/비행체/조종자), 대인대물 배상책임보험
- 보험취급 대리점 : 드론안전기술 대리점

② **KB손해보험**
- 취급보험 : 대인대물 배상책임보험
- 보험취급 대리점 : 매직드론 대리점

3) 보험 배상 처리를 위한 사전 조건 및 준비사항

① **조종사** : 유자격자 조종 필수
② **방제 비행 시** : 신호수 편성운용 필수
③ 교육원 교관 입회 조종 필수
④ 개인비행시간기록부 / 기체비행시간기록부 / 정비이력부 작성 필수
⑤ 조종기 비행로그 제공 / 기체 비행로그 제공
⑥ 사고 발생 시 현장 사진 / 동영상 촬영 유지
⑦ **정기점검** : 부품별 정비 및 비행기록 유지. 조종자 비행기록 유지
⑧ 항공안전법 등 법 규정을 위반한 사고일 경우 심각성에 따라 보상 규모를 제한 받을 수 있다.
⑨ **할인할증제도 실시** : 조종자 개인 및 소속 기관별 할인/할증제도가 있으니, 안전한 운항을 통해서 보험료 감면받을 수 있다.

section OX

#	문항	정답
1.	비행은 기관장의 지시에 따라 진행되어야 하고, <u>최종 책임</u>도 기관장에게 있다.	X 모든 비행의 최종판단은 조종자가 하고, 조종자가 책임을 지는 것임.
2.	드론의 조종자는 특별한 능력조건이 없이 <u>아무나 할 수 있다</u>.	X 기본적인 지적능력과 판단력을 구비된 사람이 조종자가 되어야 무리가 없음
3.	드론사고 발생하면 우선 사람들의 활동에 지장을 주지 않도록 신속하게 비행체 수거 및 주변정리를 실시한다.	X
4.	사고발생시 가장 먼저 해야 할 것은 인명구호조치이다.	O
5.	사고현장은 사진 <u>한 두장 정도면 충분하다</u>.	X 다양한 각도 및 장면에 대한 가급적 많은 사진과 영상을 촬영해두는 것이 필요함.
6.	<u>모든 드론 추락사고</u>는 해당 관공서에 사고 보고해야 한다.	X 경미한 자가 기체 파손 정도의 사고는 보고할 필요 없음
7.	보험은 <u>반드시 자가기체 파손담보까지 가입해야 한다</u>.	X 의무사항은 대인/대물까지임.
8.	무자격 비행의 경우에도 <u>보험으로 배상을 받을 수 있다</u>.	X 위규비행의 경우 보험처리 안 될 가능성이 높음

출제예상문제

01 항공안전법상에 무인비행장치 사용사업을 위해 가입해야하는 필수 보험은?

① 기체보험(동산종합보험)
② 자손 종합 보험
③ 대인/대물 배상 책임보험
④ 살포보험(약제살포 배상책임보험)

> 해설 항공법규상 필수 초경량비행장치의 필수 보험은 대인/대물 배상책임보험이다.

02 회전익 무인비행장치 이착륙 지점으로 적합한 지역에 해당하지 않은 곳은?

① 모래먼지가 나지 않는 평탄한 농로
② 경사가 있으나 가급적 수평인 지점
③ 풍압으로 작물이나 시설물이 손상되지 않는 지역
④ 사람들이 접근하기 쉬운 지역

03 무인항공 방제작업 간 사고발생 요인으로 거리가 먼 것은?

① 부적절한 조종교육 및 숙달 훈련
② 비행체의 고장과 이상
③ 과신에 의한 나 홀로 비행
④ 조종자와 신호수 간의 교대비행 실시

> 해설 조종자와 신호수는 주기적으로 조종자가 과로가 되지 않도록 교대로 비행을 실시해야 한다.

04 무인비행장치 조종자가 갖추어야할 지적 처리 능력이 아닌 것은?

① 바른 경험
② 위험도의 식별과 평가 능력
③ 경계심
④ 문제해결 능력

> 해설 조종가가 갖추어야할 양호한 지적 처리 능력 구성요소
> - 바른 지식
> - 위험도의 식별과 평가
> - 경계심
> - 정보처리의 능력
> - 선택성을 갖는 주의
> - 문제해결의 능력

05 무인비행장치 조종자에 의해 관리되어야 할 위험관리 요소로서 거리가 먼 것은?

① 비행장치(본체의 상태와 연료 등)
② 상황(상기의 각 요소의 정확한 상황 확인)
③ 조종자(정신적·신체적 건강 상태나 음주, 피로 등)
④ 환경(교통상황, 수질오염 등)

> 해설 위험 관리 요소
> ① 비행장치(본체의 상태와 연료 등)
> ② 조종자(정신적·신체적 건강상태나 음주, 피로 등)
> ③ 환경(기상상태, 주위의 장해물 등)
> ④ 비행(비행 목적, 비행 계획, 비행의 긴급도와 위험도 등)
> ⑤ 상황(상기의 각 요소의 정확한 상황 확인)

정답 01.③ 02.④ 03.④ 04.① 05.④

06 무인멀티콥터를 이용한 항공촬영 작업간 인원 구성으로 거리가 먼 인원은?

① 비행 교관
② 비행체 조종자
③ 카메라 운용자
④ 주변 안전관리자

> 해설 항공촬영 작업 진행할 경우 조종자, 카메라운용자, 주변 안전관리자 등이 필요하다.

07 광수용기에 대한 설명 중 옳은 것은?

① 주상체는 야간에 흑백을 보는 것과 관련이 있다.
② 간상체는 낮 시간동안의 높은 해상도와 관련이 있다.
③ 추상체는 주로 망막의 주변부에 위치하기 때문에 야간 시 암점과 관련이 있다.
④ 추상체와 비교할 때 간상체의 개수가 더 많다.

08 푸르키네 현상에 따르면 다음의 보기 중에서 어두운 밤에 가장 잘 보이는 색은?

① 노랑
② 파랑
③ 초록
④ 빨강

> 해설 푸르키네 효과은 시감도가 어긋나는 현상으로 밝은 장소에서는 빨강이 선명하게 보이고, 어두운 장소에서는 파랑이 선명하게 먼 곳까지 잘 보임.

09 무인기의 인적 에러에 의한 사고비율은 유인기와 비교할 때 상대적으로 낮은 것으로 나타났다. 그 이유로 적절한 것은?

① 유인기와 비교할 때 무인기는 자동화율이 낮기 때문이다.
② 유인기에 비해 무인기는 인간 개입의 필요성이 적기 때문이다
③ 무인기는 아직까지 기계적 신뢰성이 낮기 때문이다.
④ 설계개념상 File-Safe 개념의 시스템 이중설계 적용이 미흡하기 때문이다.

10 인적요인의 대표적 모델인 쉘 모델의 구성요소가 아닌 것은 무엇인가?

① Liveware
② Software
③ Human
④ Environment

11 긴급 상황에서 인간의 반응 차이와 무관한 것은?

① 자신감
② 보수
③ 경험과 기량
④ 사고 피해정도

12 지도조종자가 교육생의 조종을 논평하는 이유로 올바른 것은?

① 교육생의 의견에 반론하기 위해서
② 자신의 비행경험을 이야기하며 공유하기 위하여
③ 교육생의 조종 실수를 지적하기 위하여
④ 서로 대화하며 문제점을 찾기 위하여

정답 06.① 07.④ 08.② 09.① 10.③ 11.② 12.④

Section 08 무인항공 비행교수법

주요 내용
- 무인비행장치 비행교수법

01 무인비행장치 비행교수법

　기본적으로 비행은 주의력을 분배시켜 3차원의 공간에서 외부 환경, 내부의 수많은 계기가 지시하는 내용 등 다양한 정보들을 동시에 파악하고, 이를 바탕으로 신속히 판단하여 조종을 실시하는 것이다. 따라서, 일반적인 지식을 함양시키는 학과 교육의 교수방법과는 다르며, 조종교관은 교육생이 단시간 내에 비행 조종 능력을 확보되도록 하기 위한 비행교수법의 숙지와 적용이 필수이다.

가. 비행 교관의 자질

1) 교관의 기본 자질

① **성의** : 솔직하고 정직한 교관이 되어야 한다.
② **교육생에 대한 수용 자세** : 교육생의 잘못된 습관이나 조작, 문제점을 지적하기 전에 그 교육생의 특성을 먼저 파악한다.
③ **외모 및 습관** : 교관으로서 청결하고 단정한 외모와 침착하고 정상적인 비행 조작
④ **태도** : 교관은 언제나 일관된 태도로 교육생을 대한다.
⑤ **알맞은 언어** : 교관다운 언어를 사용하여 교육생들이 믿고 따를 수 있는 교관이 되도록 노력한다.
⑥ **화술 능력 구비** : 교관으로서 학과과목이나 조종을 교육시킬 때 적절하고 융통성 있는 화술 능력을 구비한다.
⑦ **안전의식** : 교관은 안전관리에 솔선수범하여 교육생이 안전에 벗어나는 잘못된 행동을 따라하지 않도록 주의한다.
⑧ **폭넓은 전문지식** : 교관은 무엇보다도 해당 분야에 대한 충분한 이론적인 배경과 전문지식을 가지고 있으면서 교육생들에게 논리적으로 설명 가능해야 한다.

2) 비행 교관이 범하기 쉬운 과오

① **과시욕** : 교관이 자기가 가지고 있는 기술에 대해 남들에게 전수해 주지 않으려 하고, 자기만의 것으로 소유하고 잘난 체 하려는 태도는 배제
② **비인격적인 대우** : 교관이라고 해서 교육생을 비인격적으로 대우
③ **과격한 언어 및 욕설** : 교관의 그 때 그 때의 감정에 의해서 표출되는 언어 표현은 교관이 경계. 교관이 당황하거나 화난 목소리나 어조로 이야기 하면 교육생은 더 큰 불안을 느끼게 된다.
④ **구타** : 교관으로서의 품위를 버리는 행위이며, 학습 의욕도 저하 발생
⑤ **비정상적인 수정 조작** : 교육생이 잘못된 조작을 한다고 해서 교관이 위험할 정도의 과격한 조작을 하면 학생에게 공포감 유발
⑥ **자기감정의 표출** : 교관이 교육생의 과오에 대해서 필요 이상의 자기감정을 표출하면 교육생은 신뢰감을 상실하여 학습 의욕이 저하

3) 교관 언어표현 기술 향상 방법

① **접촉 유지** : 교관이 강의를 하는 동안 교육생들이 다른 생각을 하지 않고 교관과 같이 이해하고 학습하도록 해야 한다.
② **감정 조절** : 누구나 처음으로 대중 앞에 서게 되면 대중을 의식하기 때문에 신경과민 증상에 걸리기 쉽다. 따라서 교관은 철저한 과목 연구와 긴장감을 완화시킬 수 있는 방법 터득 등으로 이러한 증상이 발생되지 않도록 노력해야 한다.
③ **쉽게 이해시켜야 한다.** : 어려운 것도 쉽게, 쉬운 것도 어렵게 설명할 수 있다. 교관은 간단명료한 문장 사용, 적절한 언어 및 말의 속도, 목소리의 강약 조절 등을 통하여 교관이 생각한 바를 정확하게 전달할 수 있도록 노력해야 한다.
④ **적절한 유머의 활용** : 유머는 수업의 흥미를 유지해 주는 방법 중의 하나라고 할 수 있다. 하지만, 어설픈 유머는 수업을 더욱 더 어렵게 만들 수 있으므로, 상황에 맞는 적절한 유머를 사용하여 효과적인 교육이 될 수 있도록 유도해야 한다.
⑤ **바른 교육 태도 유지** : 교육생은 교관의 교육 내용뿐만 아니라 외모와 교수 태도에도 신경을 쓰게 된다. 따라서 교관은 교관으로서의 품의를 손상시키는 태도나 언행을 해서는 안 된다.

나. 지도 방식

1) 비행교육 요령

① **동기 유발** : 교관은 교육생의 동기 유발을 통하여 훨씬 용이하게 학습 효과를 얻을 수 있으며, 강요당하는 것보다 스스로 원할 때 교육 효과가 더 높게 나타난다.

② **계속적인 교시** : 교육생이 달성해야 할 교육 단계를 미리 알려주고, 다음 조작은 무엇을 해야 하는지를 계속적으로 지시해야 한다.

③ **교육생 개별적 접근** : 비행 교육의 특성은 일대일 교육이므로 교육생과 교관이 인간관계가 원활할 때 보다 더 효과적인 교육이 될 수 있다.

④ **적절한 칭찬** : 그날의 조작 중 잘못한 것에 대해서만 지적을 하고 잘한 것에 대해서 묵인 한다면 교육생은 점점 자신감을 잃게 되고 학생 자신이 가지고 있는 잠재 능력의 발휘도 못할 것이다.

⑤ **건설적인 강평** : 교육생이 잘못된 조작을 한다고 해서 교관이 위험할 정도의 과격한 조작을 하면 학생은 공포감을 느낄 수 있다.

⑥ **인내** : 교육생의 발전도가 때로는 더디게 나타날 수도 있는데, 이럴 때는 교관의 눈으로 바라보지 말고, 인내심을 가지고 교육생을 지도해 나갈 필요가 있다.

⑦ **비행 교시 과오 인정** : 교관은 자칫 잘못하면 권위주의적 경향으로 빠지기 쉽다. 따라서 자신이 시범이나 교시 내용이 틀렸다고 인정될 때에는 과감히 시인하는 결단이 필요하다.

2) 심리 지도 기법

① **노련한 심리학자로서의 비행 교관** : 교관은 노련한 심리학자가 되어 학생의 근심, 불안, 긴장 등을 해소해 줄 수 있어야 하며, 비정상적인 조작을 하는 교육생은 세심히 관찰하여 조종사로서의 자질을 평가하면서 교육을 진행해야 한다.

② **설득 유도** : 교육생의 문제를 교육생의 입장에서 인간적으로 접근하여 대화를 통해 해결책을 강구한다.

③ **분발 격려** : 경쟁 심리를 자극하여 인간의 잠재적 장점을 표출시킬 수 있도록 노력해야 한다.

④ **질책** : 때로는 잘못에 대한 질책이 필요한데, 이때 단 한 번으로 끝내야 한다.

⑤ **성취 욕구의 자극** : 공명심과 명예심을 자극하여 성취 욕구를 갖도록 유도해야 한다.

3) 학습 지원 방법

① **학생에 맞는 교수방법 적용** : 조종 교육생들은 그들의 능력이나 사고, 인격 등이 모두 다르므로 동일한 방법으로 교육시키는 것이 모든 교육생에게 효과적일 수 없다. 따라서 교관은 교육생들의 특성을 파악하여 그에 맞는 교수 방법을 적용해야 한다. 교육생의 능력을 너무 못 믿거나 과신하지 말고, 적절한 판단으로 그에 맞게 지도해야 한다.

② **정확한 표준 조작 요구** : 교관은 교육생들 앞에서 정확한 표준 조작을 하고, 교육생들도 그렇게 하도록 요구해야 한다. 해서는 안 될 것과 해야 할 조작을 명확히 반복 주지시켜야 한다.

③ **긍정적인 면의 강조** : 예를 들거나 설명을 할 때 부정적인 것으로 설명하기 보다는 긍정적인 것을 예로 들고 설명하는 것이 효과적이다.

④ **교관이 먼저 비행 원리에 정통하고 적용하라** : 특히 바람의 영향 등에 대해 잘 설명해 주어야 한다.

4) 비행 교육 중 학습 장애 요인

① **불공평한 대우의 느낌** : 여러 교육생을 대상으로 교육 시에는 모든 교육생에게 공평하게 가르치고 관심을 가져야 한다.

② **흥미로운 것을 배우려는 조바심** : 지금 배우고 있는 것을 제대로 소화하지 않은 상태에서 다른 기술을 배우려는데 관심을 더 가지게 되면 그것이 사고로 이어질 수 있다.

③ **흥미의 결핍** : 어떤 과목에 있어서 다른 교육생보다 성과에 먼저 도달한 교육생은 늦은 교육생과 동일한 교육을 하다 보면 그 교육생은 과목에 대한 흥미를 잃어버릴 것이다.

④ **신체적 불편, 피로** : 강의실이건 비행 훈련이건 학생의 학습의 진도를 현저하게 저하시키는 요인이다.

⑤ **무관심과 무계획적 교육에 대한 불만** : 교육생은 자기에게 무관심 한다든지 계획이 없는 상태에서 교육에 임하는 교관에게 불만을 가질 수 있다. 보다 인간적으로 접근하고 철저한 교육 준비를 한다.

⑥ **근심, 불안** : 교육생들의 학습 능력을 제한하고 시야를 좁게 하는 가장 큰 요인이 된다. 교육생이 편안하고 자신감을 견지할 수 있도록 배려해야 하며, 사고의 영역을 넓힐 수 있도록 교육생이 지니고 있는 근심, 불안의 원인을 파악, 이를 제거하는 노력을 해야 한다.

다. 비행단계별 교육 요령

1) 준비/학과 교육 단계

① **교관이 먼저 비행 원리에 정통하고 적용하라** : 특히 바람의 영향 등에 대해 잘 설명해 주어야 한다.

② **시뮬레이션 교육을 철저히 시켜라** : 계속적인 시뮬레이션 숙달이 필요하다. 결국 시뮬레이션 수준이 비행 교육 수준으로 나타난다. 각 개인별로 하나씩 갖게 하기 보다는 돌아가면서 하도록 하는 것이 경쟁심을 유발하여 더 열중하게 된다.

③ **철저한 안전 교육** : 비행 기술은 시간이 지나면 해결되지만, 안전의식은 처음 바로잡아야 계속 간다. 기술이 좋은 조종사가 훌륭한 것이 아니고, 정확하고 안전하게 조종하는 조종사가 가장 우수한 조종사다. 특히, 15m 이내로 항공기가 접근되지 않도록 반복 주지 시켜라.

④ **교육 기록부 기록 철저**

2) 기본 비행 단계

① **기본 조작 교육** : 초기 제자리 비행 교육 시 끌려 다니지 않도록 기본 조작 교육을 철저히 한다. 조종은 비행기를 내가 조종하는 것이지 끌려 다니는 것이 아니다.

② **주의력 분배 교육** : 헬기에 집중하지 말고 시야를 점차 넓혀가면서 주의력을 분배하도록 훈련을 한다.

③ **삼타일치 조작** : 파워, 피치, 러더가 일치된 조작이 되어야 안정된 조종을 할 수가 있다. 눈으로 보면서 조종해 가기는 어렵지만 기본적인 원리를 설명해 주라

④ **교육생보다 한 걸음 뒤에 서라** : 가급적 교육생이 혼자 스스로 조종한다는 느낌이 들도록 하라

⑤ **교관의 설명을 점차 줄여가라** : 처음엔 교시의 말을 많이 하다가 점차 줄여가면서 교육생 스스로 판단하여 조작을 할 수 있도록 하라.

⑥ **통제권 전환 시 확실한 확인 후 전환 실시**

: 준비됐는가? → Three. two. one. You have control. → I have control

3) 응용 비행 단계

① **단독 비행** : 점차 비행 시간을 늘려 가고, 마지막 날에는 처음부터 끝까지 스스로 하도록 하라. 자기 장비를 실제 운용하는 것처럼 스스로 하도록 하고, 교관은 멀리서 지켜보라. 단독 비행은 패턴 비행을 하면서 기복이 없이 불안한 조작이 계속 없을 경우 실시한다.

② **철저한 안전 교육** : 비행 기술은 시간이 지나면 해결되지만, 안전의식은 처음 바로잡아야 계속 간다. 기술이 좋은 조종사가 훌륭한 것이 아니고, 정확하고 안전하게 조종하는 조종사가 가장 우수한 조종사다.

③ **비행 기준** : 비행기준은 평가표의 우수의 수준을 목표로 교육 실시한다. 교육 기간 중에는 달성하지 못하더라도 교육 종료 후에도 그 수준을 목표로 계속 자체 숙달 훈련이 될 수 있도록 한다. 특히, 농업용 속도는 15km/h를 준수해야 한다.

④ **GPS 교육** : GPS 교육 시 반드시 경고등을 주시해야 한다. GPS가 안 켜져 있는데, 켜진 것으로 착각하고 비행할 경우 근접하여 조종사가 다칠 수 있다.

⑤ **약제 살포 시 응용** : 매 비행 훈련을 실제 현장에서의 살포과정을 연상하도록 하면서 조종하도록 한다.

4) 비상 절차 단계

① 각 경고등 점등 시 의미 및 조치사항
- 교범을 통한 숙지
- 구두/학과 평가 시 반드시 포함하여 평가 실시

② GPS 수신 불량
- 프로그램을 이용한 실습 교육 실시

③ 통신 두절로 인한 Return To Home 기능
- 지상에서 통신 두절 시 나타나는 경고등 및 현상 시범
- 필요시 시범식 교육 실시

④ 제어 시스템 에러 사항
- 급조작, 과적 등의 현상을 교육 중 반복하여 설명하면서, 부드러운 조작이 될 수 있도록 교육한다.

라. 비행 평가

1) 비행 평가(매일/최종)의 원칙

① **평가자의 자격** : 평가자는 적법한 자격이 있어야 한다. 기술적으로 자격이 있어야 할 뿐만 아니라 시범동작, 객관적인 자세와 관찰능력을 가지며 건설적인 조언을 할 수 있어야 한다.

② **평가 방법의 표준화** : 평가 방법은 표준화, 객관화 그리고 통일이 되어야 한다.

③ **평가 목적의 이해** : 평가 목적은 평가에 관계되는 모든 사람에게 확실히 이해되어야 하며, 평가 목적에 부합되는 방식으로 행해져야 한다.

④ **평가자들 간 협조** : 평가에 참가하는 사람들 간의 협조는 평가를 원활하게 실시하는데 꼭 필요한 요소이다. 단 한 명의 조종사를 평가한다고 해도 여러 사람의 협조 없이는 제대로 이루어 질 수 없다.

⑤ **구체적인 평가결과 산출** : 현재 과목의 평가를 토대로 다음의 훈련에서 필요한 점을 찾아내기 위해 구체적이고 체계적인 평가 결과를 산출해야 한다.

2) 강평 시 고려사항

① **교육의 일부분으로 매일 실시** : 강평은 교육 단계로서 그리고 학과의 일부분으로서 실시되어야 한다. 강평을 효과적으로 실시하면 이미 교육한 내용을 통해 얻은 지식을 더욱 확실하게 이해토록 하며, 교육성과를 증대시킬 수 있을 것이다.

② **상대방 존중** : 교육생의 자존심을 상하게 하는 말을 하거나, 비인격적 대우를 해서는 안 된다.

③ **과정 수업 관련** : 지금까지의 학습 내용을 상기시키거나 앞에 했던 과제 또는 앞으로 할 과제와 연관시켜 지금 학습의 필요성을 강조하는 것이 필요하다.

④ **특별한 점을 망라** : 사용된 절차, 교육생이 가지고 있는 장/단점 또는 항공기의 특성, 바람의 영향에 따른 조작 등 교육에 필요한 모든 것을 망라하여 실시해야 한다.

⑤ **기본 원칙 강조** : 강평이나 평가 시는 기본을 강조하는 것이라 할 수 있다. 조종사로서 반드시 알아야 할 조작이나 점검 기본 원칙들을 강조하고, 이를 위해 교관은 사전에 적용하는 절차 및 방법, 용도 등을 요약 설명토록 준비를 해야 한다.

⑥ **교육생의 참여 장려** : 교관의 일관된 강평보다는 과목의 성격이나 내용에 따라서 교육생 스스로 발표하든지 경험담을 얘기하는 등의 방법으로 교육생 참여를 유도하는 방법을 고려한다.

section OX

1. 비행훈련은 고도의 집중력을 요하는 훈련으로 비행체에 시선을 집중하도록 교육한다.

   X
   주의력을 분배시키는 훈련을 해야 함.

2. 비행교육의 주목적은 자격시험에 합격시키는 것이다.

   X
   목적은 조종자 스스로 비행할 수 있는 능력을 함양시키는 것임.

3. 교관은 교육생이 실수하면 안 되므로 가급적 비행간 지속적으로 교시를 하는 것이 좋다.

   X
   가급적 교관의 교시는 적게 하는 것이 교육생의 능력향상에는 도움이 됨

4. 최신 드론 기종들은 자동방제기능 등이 있어 조종교육은 거의 필요가 없다.

   X
   자동비행기능은 보조적인 것으로 봐야 하고 비행교육은 유사시를 대비해서 조종능력을 키우는 교육이 필요함.

5. 드론의 비행훈련은 비행원리 등 이론적인 것들을 같이 교육할 필요가 없다.

   X
   사고 중 조종자 과실의 상당부분은 이론을 몰라서 발생시키는 것임

출제예상문제

01 비행교관이 범하기 쉬운 과오가 아닌 것은?

① 자기 고유의 기술은, 자기만의 것으로 소유하고 잘난 체 하려는 태도
② 교관이라고 해서 교육생을 비인격적으로 대우
③ 교관이 당황하거나 화난 목소리나 어조로 교육 진행
④ 교육생의 과오에 대해서 필요 이상의 자기감정을 자재

해설 비행 교관이 범하기 쉬운 과오
- 과시욕
- 비인격적인 대우
- 과격한 언어 및 욕설
- 구타
- 비정상적인 수정 조작
- 자기감정의 표출

02 비행교육 요령으로 적합하지 않은 것은?

① 동기 유발
② 계속적인 교시
③ 교육생 개별적 접근
④ 비행교육 상의 과오 불인정

03 비행 교관이 학생에게 적합한 교수 방법 적용이 잘못된 것은?

① 학생에 맞은 교수 방법 적용
② 정확한 표준 조작 요구
③ 부정적인 면의 강조
④ 교관이 먼저 비행 원리에 정통하고 적용

해설 긍정적인 면을 강조해야한다.

04 회전익 무인비행장치 기본 비행 단계에서의 교육 지도 요령으로 부적절한 것은?

① 초기 제자리 비행 교육 시 끌려 다니지 않도록 기본 조작 교육 철저
② 기체에 집중하여 시야를 좁혀가면서 주의력을 비행체에 집중하도록 훈련한다.
③ 파워, 피치, 러더의 삼타일치 조작에 대한 기본적인 원리를 설명해 주라.
④ 가급적 교육생이 혼자 스스로 조종한다는 느낌이 들도록 하라.

해설
- 초기 제자리 비행 교육 시 끌려 다니지 않도록 기본 조작 교육 철저
- 주의력 분배 교육
- 삼타일치 조작
- 교육생보다 한 걸음 뒤에 서라
- 교관의 설명을 점차 줄여가라
- 통제권 전환 시 확실한 확인 후 전환 실시

05 회전익 무인비행장치 기본비행 단계에서의 교육 지도 요령으로 부적절한 것은?

① 교육생보다 앞쪽이나 옆에 서서 교관의 조작을 잘 볼 수 있게 서라.
② 헬기에 집중하지 말고 시야를 점차 넓혀가면서 주의력을 분배하도록 훈련을 한다.
③ 파워, 피치, 러더의 삼타일치 조작에 대한기본적인 원리를 설명해 주라.
④ 통제권 전환 시 확실한 확인 후 전환 실시

해설
- 초기 제자리 비행 교육 시 끌려 다니지 않도록 기본 조작 교육 철저
- 주의력 분배 교육   • 삼타일치 조작
- 교육생보다 한 걸음 뒤에 서라
- 교관의 설명을 점차 줄여가라
- 통제권 전환 시 확실한 확인 후 전환 실시

정답   01.④   02.④   03.③   04.②   05.①

06 비행교수법의 특성으로 거리가 먼 것은?

① 비행교수법은 타 교수법과 유사하여 동일하게 적용한다.
② 교관은 독창적인 비행기술보다 표준화된 비행기술을 전수해야 한다.
③ 교육생의 창의성 함양보다 규정과 기준을 준수하도록 해야 한다.
④ 필요한 비행기술은 반드시 숙달시키고 다음 단계 교육을 진행해야 한다.

> 해설 비행교수법은 일반 학교 교과과목 교수법과 달라서 별도의 비행교수법으로서 숙지 및 적용이 필요하다.

07 비행 교육간 교관의 교수방법으로 가장 적절한 것은?

① 교관의 자기감정 표출은 신뢰감을 상실하여 교육생의 의욕을 저하시킨다.
② 비상상황을 대비시키기 위해 비인격적인 과격한 용어를 사용한다.
③ 잘못된 조작을 할 경우에는 즉각적으로 수정 조작을 요구한다.
④ 교관의 개인적인 능력은 고유의 노하우로서 전수할 필요가 없다.

08 비행 교육의 특성과 교육요령으로 부적절한 것은?

① 동기 유발 : 스스로 하고자 하는 동기 부여
② 개별적 접근 : 일대일 교육으로 교관과의 인간관계 원활할 때 효과 증대
③ 건설적인 강평 : 잘못된 조작을 과도하고 충분한 시범으로 예시 제공
④ 비행 교시 과오 인정 : 교관의 잘못된 교시는 과감하게 시인

> 해설 교육생이 잘못하는 부분에 대해 교관이 과도한 조작으로 시범을 보이면 교육생은 자신감을 상실하거나 공포감을 느끼게 되어 교육 효과를 저감시킨다.

09 비행 교수법의 특성으로 가장 적절한 설명은?

① 비행교수법은 일반 타 교육과 유사하여 동일한 교수법을 적용한다.
② 교관은 자신만의 비행방식을 전수하여 비행기량을 향상시킨다.
③ 멀티콥터는 원리가 간단하여 교육 중 원리적인 부분을 설명할 필요는 없다.
④ 비행교육은 1:1 교육으로 필요한 기량을 반드시 숙달하도록 해야 한다.

> 해설 ① 비행교육의 목적은 단순 지식함양이 아니라 3차원 공간에서 비행체를 안전하게 운용할 수 있는 능력을 키우는 것으로 일반 지식을 전달하는 과목의 교수법과는 다르다.
> ② 교관은 표준화된 비행방식을 전수하여 비행기량을 향상시켜야하며, 조종방식을 표준화하기 위해 꾸준히 노력해야 한다.
> ③ 원리적인 부분을 충분히 이해해야 환경변화에 적절한 대응조종을 할 수 있다. 교관은 이러한 내용을 비행교육간 적용하여 지도할 필요는 없다.
> ④ 비행교육은 여러 명에게 학습 내용을 교육하여 지식을 갖도록 설명 및 토의하는 교육과는 완전히 다른 교수법을 적용해야한다. 즉, 필요한 비행 기술을 반드시 숙달하도록 교수해야 한다.

정답 06.① 07.① 08.③ 09.④

10 조종자 교육 시 논평(Criticize)을 실시하는 목적은?

① 잘못을 직접적으로 질책하기 위함
② 지도조종자의 품위 유지를 위함
③ 주변의 타 학생들에게 경각심을 주기 위함
④ 문제점을 발굴하여 발전을 도모하기 위함

11 인간이 기계와 다른 점은?

① 새로운 대처방법
② 반복적인 행동
③ 속도가 빠르다.
④ 한꺼번에 많은 것을 처리한다.

12 조종자가 서로 논평을 하는 것은 어느 것인가?

① 서로 비행경험을 이야기하며 서로 공유를 한다.
② 서로대화 하며 문제점을 찾는다.
③ 문제점을 지적해서 시정한다.
④ 상대방의 의견에 발론을 제기한다.

13 다음 중 교육지도방식의 요소에 해당하지 않는 것은 무엇인가?

① 절제된 칭찬
② 동기유발
③ 교육생의 개별적 접근
④ 계속적인 교시

해설 잘못된 것에 대해서마 지적을 하고 잘한 것에 대해서 묵인한다면 교육생은 점점 자신감을 잃게 되고 교육생 자신이 가지고 있는 잠재능력을 발휘하지 못할 것임.

14 비행교육 중 학습 장애요인에 해당되지 않는 것은?

① 적절한 칭찬
② 불공평한 대우를 받는 느낌
③ 흥미의 결핍
④ 근심 결핍

해설 적절한 칭찬은 학습 능률에 도움을 준다.

정답 10.④ 11.① 12.② 13.① 14.①

Top Secret Note

1. 무인항공기(드론) 시스템

- 모든 무인항공기는 공통적으로 6가지 구성요소를 가지고 있다.
  비행체, 지상통제장비, 통신데이터링크, 탑재임무장비, 지상지원장비, 운용인력
- 비행체는 고정익, 회전익, 다중날개, 가변익 등 다양한 형태로 만들어질 수 있으며, 기본 구조와 용어를 이해해야 한다.
- 지상통제장비는 항공기의 조종석이 지상에 내려와 있는 것과 같으며, 이에 따라 비행체의 조종과 탑재임무 장비운용에 필요한 모든 기능과 함께 이상발생 시 경고 및 조치할 수 있는 기능이 포함되어 구성된다.
- 통신 데이터 링크는 업링크와 다운링크로 구성되고, 이것을 담당하는 탑재통신장비와 지상통신장비로 구성된다.
- 탑재 임무장비는 EO/IR 카메라 등 영상장비와 다양한 임무를 수행하기 위한 탑재장비들이 장착된다.
- 지상지원장비는 전력 공급, 수송, 정비, 관리 등에 필요한 장비들로 필수적으로 구성되어야 한다.
- 운용인력은 조종사와 탑재장비운용자, 관리자 등과 보조자들이 필요하다.

2. 드론의 활용

- 드론의 활용 분야는 방제, 촬영, 측량 등은 기본이고 창의적인 생각으로 다양하고 폭넓은 활용 방법들을 개발할 수 있다.
- 드론 교육의 목적은 조종자가 안전하게 단독 비행할 수 있는 능력을 배양시키는 것이다. 따라서, 가급적 조종자 스스로 비행한다는 느낌을 갖도록 하는 것이 유리하다.
- 비행 교육은 단순 조종 기능 교시보다는 이론을 바탕으로 한 설명을 병행해서 진행되어야 한다.

항공역학
(비행 원리)

Section 1. 항공의 역사
Section 2. 비행 원리

Section 01 항공의 역사

주요 내용
- 몽상시대 및 비행기의 발명
- 헬리콥터의 개발
- 세계대전을 통한 항공기 발달사
- 우리나라의 항공기 발달사

01 항공의 역사

가. 몽상시대 및 비행기의 발명

1 몽상시대
① 새가 날아가는 모습을 보면서 "나도 새처럼 날아가면 얼마나 좋을까? 하면서 동경, 새의 날개처럼 생긴 것을 몸에 붙이고 날았다
② 그리스 신화 **"이카루스와 데달루스"** 이야기

그림 그리스 신화 이카루스와 데달루스

2 열기구의 발명
① 지혜로운 인간은 뜨거운 공기가 하늘을 날아 올라간다는 사실을 알고 제작
② 하늘을 처음 날게 된 것.
③ **최초의 열기구 발명** : 1783년 몽골피에 형제

그림 열기구(1783년)

3 비행기 발명
① 1899년부터 1902년까지 1,000회의 **활공실험**
② 1901년부터 1902. 8월까지 최초의 **풍동실험**
③ 1903년 12월 17일 최초의 **유인동력 항공기 발명** : 라이트 형제 엔진 동력이 장착된 비행기를 만들어서 엔진에 의한 동력시대를 열었다.
④ **1회 비행** : 오빌 라이트 12초, 36미터 비행

⑤ **이후 4회 비행** : 윌버 라이트 59초, 260미터 비행, 항공기 발달의 가속화 계기

그림 라이트 형제의 "플라이어 1호" 최초의 유인 동력비행

나. 세계대전을 통한 항공기 발달사

1) 제1차 세계대전

전쟁을 통한 무기체계의 발전으로 왕복엔진을 통한 프로펠러기의 완성

2) 제2차 세계대전

제트엔진 및 제트기 출현 : 일본의 가미가제 전투기 등장

3) 제1·2차 세계대전 이후

① 가스 터빈 엔진을 장착하여 획기적인 발전
② 군용, 관측, 연락, 운송 등 다양한 분야에서 폭 넓게 활용하면서 획기적인 발전

다. 헬리콥터의 개발

1 연구

① 1493년 레오나르도 다빈치의 나사모양 날개의 헬리콥터 설계
② 사용용도 및 목적의 필요에 의해 18~19세기에 걸쳐 모형헬리콥터 제작/실험.
③ 1907년 프랑스에서 꼬르뉘의 헬리콥터가 6 feet 정도 이륙하여 비행가능성 증명

그림 레오나르도 다빈치의 나사모양 헬리콥터   그림 꼬르뉘의 비행가능성 증명 헬리콥터

④ 1909년 구소련의 시콜스키에서 실험하였으나 조종성과 안정성은 실패
⑤ 1923년 스페인에서 시에르바의 오토자이로가 연구
⑥ 1937년 독일의 포커사가 실용화에 근접

2 개발

1941년 미국 시콜스키사가 VS-300이라는 Torque 상쇄장치를 한 헬리콥터를 통하여 상용화 시작

라. 우리나라의 항공기 발달사

1 조선 시대

① 현종 때 비차 변증설(정평구 선생의 비차 상상도) : 따오기(새) 모양의 날개

2 1900년대 초 ~ 1950년 6.25전쟁

① 안창남 선생이 일본으로 가서 조종훈련을 받고 우리나라에 와 여의도 비행장을 이륙하여 서울 및 인천상공에서 비행 함. 이후 비행기 사고로 운명.
② 항공 산업의 발전이 거의 없이 일제강점기를 보낸 결과 6.25 전쟁 시 L-19 몇 대를 보유한 수준의 나라.

3 이후 현재

① 항공기 제조의 시초는 1953년 설계 및 제작된 **"부활"**이라는 경비행기 제조
② 1976년 대한항공이 미국 휴즈사의 500MD 헬리콥터의 조립생산으로 기술축적
③ 1989년 대한항공, 삼성, 한국 화이버 등 3사가 한국항공우주연구조합을 구성하여 본격적인 헬리콥터 연구에 들어감.
④ 현재 초음속 고등훈련기 KT-1 성공, 이후 A-50을 개발/수출하는 수준으로 발돋움.
⑤ 헬리콥터 기술은 **"수리온"**을 개발하여 양산

그림 우리기술로 제작한 수리온 헬리콥터(좌)와 A-50공격기

마. 무인 헬리콥터와 무인 멀티콥터의 등장

1 **무인 헬리콥터** : 2003년 일본의 Yamaha-Motor로부터 농업용을 도입(무성항공)

※ 일본은 1986년 첫번째 농업용 모델인 RCASS개발(동축 반전형 무인헬리콥터)

그림 동축 반전형 무인헬리콥터(좌)와 무인헬리콥터

① 2004년 무인비행장치 자격제도 도입 (초경량무인비행장치 : 한국교통안전공단 발행)

2 **무인 멀티콥터** : 2013년 개발 착수, 2014년 이후 본격적으로 생산, 조종훈련 시작

※ 멀티콥터 비행성공 : 2011년 독일에서 16개의 로터장착 비행성공

① 현재 : 국내 생산과 중국 등에서 수입한 다양한 멀티콥터 등장(방제, 촬영, 특수목적 등) 하여 활용.

그림 다양한 멀티콥터

Section

02 비행 원리

■ 주요 내용
- 날개이론
- 뉴턴의 운동법칙과 양력발생원리
- 회전익항공기의 비행특성
- 멀티콥터의 비행특성
- 항공기 조종특성

01 날개 이론

가. 공기의 작용

1 항공기 용어의 정의
① **항공기**란 공기의 작용에 의해 대기 중에 떠 있을 수 있는 기계(ICAO)
② **항공기**란 공기의 반작용으로 뜰 수 있는 기기(우리나라 항공 안전법 제2조 1)
③ **초경량비행장치**란 항공기와 경량항공기 외에 공기의 반작용으로 뜰 수 있는 장치
   (우리나라 항공안전법 제2조 3)

2 날개의 공기 속 작용
① 날개 상하부 공기의 흐름
② 베르누이 정리와 연계한 양력발생원리
③ 새가 날개 짓을 하여 날아가는 원리와 유사

나. 날개

1 정의 : 날개(Airfoil, 風板)란 공기 속을 통과할 때 공기흐름에 의해 반작용을 일으킬 수 있도록 고안된 것.
① 양력, 추진력, 안정성 및 조종력 발생에 이용되는 구조물
② 공기흐름에 반작용을 일으키는 구조물
③ **역할** : 항공기를 부양시키는 양력발생, 수평/수직 안정판과 같이 안정성을 제공하며 항공기의 조종과 추진력을 발생하게 한다.
④ **명칭** : 익현선, 전연, 후연, 평균곡률선(중심선)

그림 날개의 명칭

2 회전익 항공기 날개의 특징

① 마스트(중앙)를 기준으로 로터의 중앙(익근)으로부터 끝단(익단)까지의 꼬임각은 다르다. (양력불균형 해소)
② 날개의 길이에 따라 익근의 속도가 느리고 익단의 속도가 빠르다.
③ 회전익 항공기의 날개 1개는 Blade, 2개 이상 조합을 Rotor라 칭한다.

> * 참고로 헬리콥터 및 멀티콥터의 날개를 "프로펠러, 프롭"이라는 용어를 사용하는 것은 적절하지 못한 용어의 사용.(로터가 정확한 용어)
> * **프로펠러**(Propeller) : 회전력을 추력으로 바꾸어 비행기를 추진시키는 장치로 비행기 앞부분에 장착되어 공기 흐름의 반작용을 일으킴.

다. 영각과 취부각

1 영각 (받음각, Angle of attack)

① 비행방향의 반대방향인 공기흐름의 속도방향과 날개의 시위선이 만드는 사이 각
② 양력, 항력 및 피칭 모멘트에 가장 큰 영향력을 주는 인자

그림 날개의 일반적인 받음각(영각)

③ 회전익 항공기의 영각은 날개의 익현선과 합력 상대풍의 사이 각, 공기역학적인 각이므로 취부 각의 변화 없이 영각은 변화함.

그림 영각

④ 영각은 날개에 의해서 발생되는 양력과 항력의 크기를 결정하는 중요한 요소
⑤ 영각이 커지면 양력이 커지고 그 만큼 항력은 감소하는 상관관계를 형성.

2 취부 각(붙임 각)

① 날개의 익현선과 로터 회전면(익단 경로면)이 이루는 각, 공기 역학적인 반응에 의해 형성되는 각이 아니라 기계적인 각으로 통상 **Blade pitch각**이라 함.
② 유도기류와 항공기 속도가 없는 상태에서는 영각과 취부 각은 동일
③ 페더링 → 취부각 변화 → 영각변화 → 날개의 양력계수 변화 : 양력 증감

그림 취부각(붙임각)

라. 날개의 형태와 분류

1 날개의 형태

① 대칭형
- 상부와 하부 표면이 대칭으로 평균 캠버선과 익현선 일치
- 압력 중심 이동이 대체로 일정하게 유지, 회전익항공기에 적합
- 가격 저렴 / 제작 용이
- 영각(받음각)에 비해 양력 발생이 적음, 실속발생 가능 경우 많음.

그림 대칭형

② 비대칭형
- 상하부 표면 비대칭(만곡형), 상부표면이 하부표면보다 더 구부러짐.
- 대칭형에 비해 공기 이동거리 차이가 많아 압력차이 증가, 양력발생 효율 향상
- 주로 고정익 항공기, 대형 헬리콥터에 사용
- 높은 가격과 제작이 어려움.

그림 비대칭형

2 날개의 두께

① 얇은 날개
- 영각이 작을 때 항력도 적다. 그러나 영각을 크게 취하면 기류박리로 항력이 크게 증가 (얇은 두께로 강도가 낮아짐)

② 두꺼운 날개
- 영각이 작을 때 날개의 두께로 인한 항력은 비교적 크게 나타나지만 영각을 크게 취하더라도 기류박리가 쉽게 발생하지 않아 항력이 다소 커져도 큰 양력을 얻음(두꺼운 날개로 강도가 높다.)

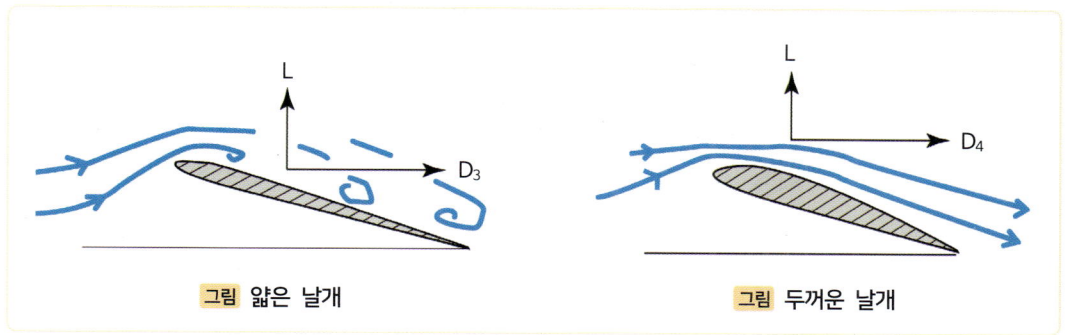

그림 얇은 날개   그림 두꺼운 날개

3 날개의 두께와 전연반경

같은 두께의 날개라 할지라도 전연반경에 의해 공력은 달라진다.

① 전연반경이 큰 경우

전연에서 기류가 상부와 하부로 나뉘어 후연에 다 다름.

② **전연반경이 작은 경우**

기류박리가 쉽게 발생하고, 이에 따라 항력은 급격히 증가.

그림 날개 두께와 전연반경의 영향

4 날개 길이의 영향

같은 종류의 날개라 할지라도 날개의 길이(익현선)에 따라 공력의 차이가 발생.

① **짧은 익현선** : 날개 위에 정체된 기류와 날개를 지나는 기류와의 경계가 짧아 쉽게 박리 발생

② **긴 익현선** : 날개 표면의 영향으로 날개 윗면을 흐르는 공기가 난류가 형성되어 큰 영각까지 박리현상이 일어나지 않아 박리 점은 후방으로 이동.

그림 짧은 익현선　　　그림 긴 익현선

5 캠버의 영향

익현선과 평균 캠버선 사이를 캠버

① **대칭형**
- 익현선과 캠버가 동일하여 영각 = 0 이면 양력 = 0

② 비대칭형
- 캠버가 익현선 위쪽에 위치하여 영각 = 0 이면 양력 > 0으로 큼
- 즉, 영각이 0 인 상태에서도 기류가 이동하는 거리의 차이에 의해 속도차이가 발생하고 이 속도차이에 의해 양력이 발생함.
- 동일 영각에서 캠버가 큰 날개일수록 큰 양력을 발생시킴.

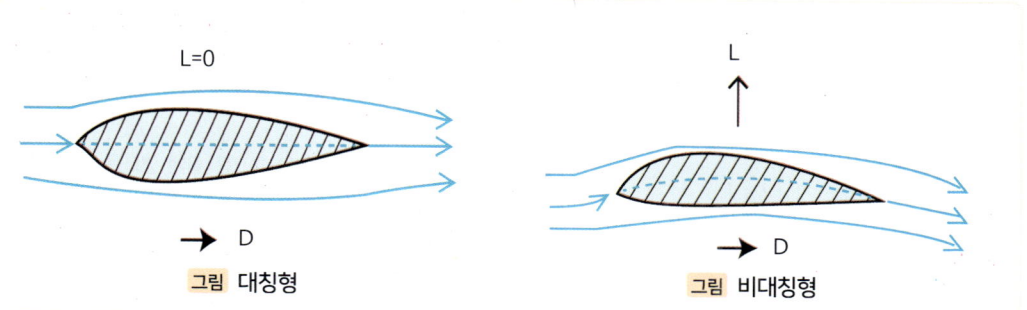

그림 대칭형   그림 비대칭형

6 멀티콥터의 날개

① 항공기 날개와 기본 형태는 유사하나 대부분 피치(Pitch)가 꼬인 상태임(날개의 중앙으로부터 끝단까지 발생하는 양력을 균등하게 발생하기 위함. 중앙에서 크게 꼬였으며 끝단으로 갈수록 적게 꼬여 있음).

② 재질은 플라스틱, 티타늄, 카본 등 여러 가지 가벼운 재질로 구성.

그림 멀티콥터의 날개 형태

마. 날개의 공력특성

1 레이놀즈 수

① 오스본 레이놀즈 교수에 의해 발견된 수
② 유리관 속을 흐르는 물속에 염료를 분사하여 층류와 난류의 흐름 발견
③ 유체의 속도와 유체가 흐르는 직경을 곱한 값을 점성계수로 나눈 값
④ 2,100보다 낮으면 층류, 2,100~4,000이면 천이구역, 4,000이상이면 난류로 표현

- 유리관을 흐르는 물에 염료를 분사하여 층류와 난류의 흐름 발견
- 레이놀즈수 : $Re = Vx / y$
  (V : 속도, x : 직경, y : 점성계수)
- Re 2100 이하 : 층류
  Re 2100~4000 : 천이구역
  Re 4000 이상 : 난류
  ※ 레이놀즈수는 점성력에 대한 관성의 비
- 레이놀즈수가 낮은 층류 : 점성력이 큼
- 레이놀즈수가 높은 난류 : 관성력이 큼

그림 레이놀즈 수 (Reynolds Number)

* **점성** : 유체의 흐름에 대한 저항, 운동하는 액체나 기체 내부에 나타나는 마찰력으로 내부 마찰이라고 하며 액체의 끈끈한 성질
* **관성** : 물체가 외부로부터 힘을 받지 않을 때 처음의 운동 상태를 계속 유지하려는 성질

2 경계층 이론

① 날개의 표면으로부터 측정 가능한 공기 속도가 없는 곳까지의 공기 층
② **층류** : 날개의 전연으로부터 시작되는 매우 얇고 부드러우며, 점성이 지배적, 평탄하면서도 일정한 유선의 형태
③ **난류** : 관성력이 지배적인 흐름으로 층류가 뒤로 이동하면서 경계층이 두꺼워지고, 작은 요란이 생기면서 기류흐름의 변동이 커서 공기입자의 혼합이 일어나는 기류 층

그림 경계층 이론

3 기류 박리

① 표면에 흐르는 기류가 날개의 표면과 공기입자 간의 마찰력으로 인해 표면으로부터 떨어져 나가는 현상
② 날개의 표면과 공기입자간의 마찰력으로 공기속도 감소로 정체구역 발생
③ 경계층 밖의 기류는 정체 점을 넘어서게 되고 경계층이 표면에 박리되어 양력은 파괴되고, 항력이 급격히 증가.

그림 기류 박리 속도 프로파일

4 기타 공력특성관련 용어

① **압력중심** : 날개표면에 작용하는 분포된 압력의 힘으로 한 점에 작용한다고 가정할 때 이 힘의 작용점을 말하며, 모든 항공역학적인 힘들이 집중되는 날개의 익현선 상의 점으로 풍압이 중심이 되는 곳.
② **공력중심** : 날개의 피칭 모멘트 값이 영각으로 변화하더라도 그 점에 관한 **모멘트** 값이 거의 변화하지 않는 가상의 점으로 공기력의 중심이 되는 곳.

* 모멘트 : 물체를 회전시키려고 하는 힘의 작용.

③ **무게중심** : 중력에 의해 알짜 토크가 0인 점.
④ **평균공력시위** : 실제 날개 꼴과 같은 동일한 항공역학적인 특성을 갖는 가상 날개 끝으로 날개 공기력 분포를 대표할 수 있는 시위.

바. 상대 풍과 유도기류

1 상대 풍

① 날개에 상대적인 공기의 흐름, 즉 공기 속으로 움직이는 것에 의해 발생
② 날개가 평행하게 이동하면 상대풍도 평행하게 이동
③ 날개가 아래로 작용하면 상대 풍은 상대적으로 위로 작용
④ 날개가 위로 작용하면 상대 풍은 상대적으로 아래로 작용

그림 상대풍

2 회전 상대 풍

① 로터 블레이드가 마스트를 중심으로 회전하는 것에 의해 발생하는 상대 풍
② 블레이드 익단에서 가장 빠르고 회전축에서 '0'이 되도록 일률적으로 변화

그림 회전상대풍

3 유도기류

① 공기가 로터(블레이드)의 움직임에 의해 변화된 하강기류
② 취부 각이 '0'일 때는 수평, 취부 각 증가로 영각이 증가하면 하강으로 가속되며 이러한 하강기류를 유도기류
③ 유도기류에 의해 회전상대풍의 방향과 크기가 변화 → 합력 상대 풍

그림 유도기류

section OX

1. 항공기나 선박에 추력(추진력, 전방으로 이동하는 힘)을 부여하는 장치를 프로펠러 (propeller)라 한다. ○

2. 멀티콥터 날개는 중심부로부터 끝단으로 꼬임각이 다르게 꼬여 있다. 이것은 날개에서 발생하는 양력의 불균형을 해소하기 위함이다. ○

3. Airfoil의 익현선과 합력 상대풍의 사이 각을 붙임각 취부각이라고 한다. X
영각, 받음각

4. 영각이 커지면 양력이 커지고 항력은 감소하는 상관관계를 형성한다. ○

5. 날개의 익현선과 로터 회전면(익단 경로면)이 이루는 각, 공기 역학적인 반응에 의해 형성되는 각이 아니라 기계적인 각으로 통상 Blade pitch각이라 하는 것은 취부각(붙임각)이다. ○

6. 날개의 피칭 모멘트 값이 영각으로 변화하더라도 그 점에 관한 모멘트 값이 거의 변화하지 않는 가상의 점으로 공기력의 중심이 되는 곳을 압력중심이라 한다. X
공력중심

7. 로터 블레이드가 마스트를 중심으로 회전하는 것에 의해 발생하는 상대 풍을 회전 상대풍이라 한다. ○

출제예상문제

01 프로펠러(propeller)의 정확한 의미로 가장 적절한 것은?

① 항공기나 선박에 추력(추진력, 전방으로 이동하는 힘)을 부여하는 장치
② 항공기나 선박에 양력(공중으로 부양시키는 힘)을 부여하는 장치
③ 항공기나 선박에 항력(공기 중에 저항 받는 힘)을 부여하는 장치
④ 항공기나 선박에 중력(중량, 무게)을 부여하는 장치

해설 항공기나 선박에서 엔진의 회전력을 추진력으로 전환하는 장치로서 드론의 날개를 프로펠러 또는 프롭이라고 표현하는 것은 신중히 고려하여야 하며, 드론 등 회전익에서는 로터(Rotor)라고 표현하는 것이 올바른 표현이라고 할 수 있다.

02 로터(Rotor) 또는 블레이드(Blade)의 정확한 의미로 가장 적절한 것은?

① 항공기나 드론에 추력(추진력, 전방으로 이동하는 힘)을 부여하는 장치
② 항공기나 드론에 양력(공중으로 부양시키는 힘)을 부여하는 장치
③ 항공기나 드론에 항력(공기 중에 저항 받는 힘)을 부여하는 장치
④ 항공기나 드론에 중력(중량, 무게)을 부여하는 장치

해설 헬리콥터나 드론과 같이 수직으로 상승하는데 필요한 양력을 발생시키는 회전날개. 따라서 로터는 항공기와 선박에 고정되어 추진력을 부여하는 장치인 프로펠러처럼 회전축이 고정되어 있지 않고 기울일 수 있게 되어 있음. Blade는 한 개를 의미하고 Rotor는 2개 이상 통합된 것을 의미한다.

03 비행방향의 반대방향인 공기흐름의 속도방향과 Airfoil의 시위선이 만드는 사이각을 말하며, 양력, 항력 및 피치 모멘트에 가장 큰 영향을 주는 것은?

① 상반각
② 받음각
③ 붙임각
④ 후퇴각

04 영각(받음각)에 대한 설명 중 틀린 것은?

① Airfoil의 익현선과 합력 상대풍의 사이 각
② 취부각(붙임각)의 변화 없이도 변화될 수 있다.
③ 양력과 항력의 크기를 결정하는 중요한 요소
④ 영각(받음각)이 커지면 양력이 작아지고 영각이 작아지면 양력이 커진다.

해설 영각(받음각)이란 Airfoil의 익현선과 합력 상대풍의 사이 각, 영각은 공기역학적인 각이므로 취부각(붙임각)의 변화 없이도 변화될 수 있다. 또한 영각은 Airfoil에 의해서 발생되는 양력과 항력의 크기를 결정하는 중요한 요소. 영각이 커지면 양력이 커지고, 그만큼 항력은 감소하는 상관관계가 형성된다.

05 다음 중 날개의 받음각에 대한 설명이다. 틀린 것은?

① 기체의 중심선과 날개의 시위선이 이루는 각이다.
② 공기흐름의 속도방향과 날개꼴의 시위선이 이루는 각이다.
③ 받음각이 증가하면 일정한 각까지 양력과 항력이 증가한다.
④ 비행 중 받음각은 변할 수 있다.

정답 01.① 02.② 03.② 04.④ 05.①

06 취부각(붙임각)의 설명이 아닌 것은?

① Airfoil의 익현선과 로터 회전면이 이루는 각
② 취부각(붙임각)에 따라서 양력은 증가만 한다.
③ 블레이드 피치각
④ 유도기류와 항공기 속도가 없는 상태에서는 영각(받음각)과 동일하다.

해설 취부각(붙임각)이란 Airfoil의 익현선과 로터 회전면이 이루는 각을 말하며, 취부각(붙임각)은 공기역학적인 반응에 의해 형성되는 각이 아니라 기계적인 각이다.

07 다음 중 받음각에 대한 설명으로 올바른 것은?

① 익현선과 동체 기준선이 이루는 각
② 익현선과 미익의 익현선이 이루는 각
③ 익현선과 추력선이 이루는 각
④ 익현선과 상대풍의 진행 방향이 이루는 각

08 블레이드에 대한 설명 중 틀린 것은?

① 익근의 꼬임각이 익단의 꼬임각보다 작게 한다.
② 길이에 따라 익근의 속도는 느리고 익단의 속도는 빠르게 회전한다.
③ 익근의 꼬임각이 익단의 꼬임각보다 크게 한다.
④ 익근과 익단의 꼬임각이 서로 다른 이유는 양력의 불균형을 해소하기 위함이다.

09 대칭형 Airfoil에 대한 설명 중 틀린 것은?

① 상부와 하부표면이 대칭을 이루고 있으나 평균 캠버선과 익현선은 일치하지 않는다.
② 중력중심 이동이 대체로 일정하게 유지되어 주로 저속 항공기에 적합하다.
③ 장점은 제작비용이 저렴하고 제작도 용이하다.
④ 단점은 비대칭형 Airfoil에 비해 양력이 적게 발생하여 실속이 발생할 수 있는 경우가 더 많다.

해설 대칭형 Airfoil은 상부와 하부 표면이 대칭을 이루고 있으므로 평균 캠버선과 익현선이 일치한다. 그러므로 압력중심 이동이 대체로 일정하게 유지되어 주로 저속 항공기 및 회전익 항공기에 적합하다. 장점은 제작비용이 저렴하고 제작도 용이하다. 단점은 비대칭형 Airfoil에 비해 주어진 영각(받음각)에 비해 양력이 적게 발생하여 실속이 발생할 수 있는 경우가 많다.

10 비대칭형 Blade의 특징으로 틀린 것은?

① 날개의 상, 하부 표면이 비대칭이다.
② 대칭형에 비해 양력 발생효율이 향상되었다.
③ 압력중심 위치이동이 일정하다.
④ 대칭형에 비해 가격이 높고 제작이 어렵다.

해설 압력중심 위치이동이 많다.
(비틀림이 발생)

정답 06.② 07.④ 08.① 09.① 10.③

11 다음은 날개의 공기흐름 중 기류 박리에 대한 설명으로 틀린 것은?

① 날개 표면에 흐르는 기류가 날개의 표면과 공기입자 간의 마찰력으로 인해 표면으로부터 떨어져 나가는 현상을 말한다.
② 날개의 표면과 공기입자 간의 마찰력으로 공기 속도가 감소하여 정체구역이 형성된다.
③ 경계층 밖의 기류는 정체점을 넘어서게 되고 경계층이 표면에 박리되게 된다.
④ 기류 박리는 양력과 항력을 급격히 증가시킨다.

> 해설 기류 박리는 양력을 파괴시키고 항력은 급격히 증가시킨다.

12 날개에 있어서 양력과 항력의 합성력이 실제로 작용하는 작용점으로 받음각이 변화함에 따라 위치가 변화하며 모든 항공역학적인 힘들이 집중되는 점을 무엇이라 하는가?

① 압력중심 ② 공력중심
③ 무게중심 ④ 평균공력시위

> 해설 ① 압력중심 : 에어포일 표면에 작용하는 분포된 압력의 힘으로 한 점에 집중적으로 작용한다고 가정할 때 이 힘의 작용점, 모든 항공역학적 힘들이 집중되는 에어포일의 익현선상의 점(풍압중심). 즉, 날개(Airfoil)에 있어서 양력과 항력의 합성력(압력)이 실제로 작용하는 작용점으로서 받음각이 변화함에 따라서 위치가 변화한다.
> ② 공력중심 : 에어포일의 피칭 모멘트의 값이 받음각이 변화하더라도 그 점에 관한 모멘트 값이 거의 변화하지 않는 가상의 점(=공기력 중심)
> ③ 무게중심 : 중력에 의한 알짜 토크가 0인 점

13 받음각이 변하더라도 모멘트의 계수의 값이 변하지 않는 점을 무슨 점이라 하는가?

① 공기력 중심 ② 압력중심
③ 반력중심 ④ 중력중심

> 해설 ① 공기력중심 : 에어포일의 피칭 모멘트의 값이 받음각이 변화하더라도 그 점에 관한 모멘트 값이 거의 변화하지 않는 가상의 점

14 상대풍의 설명 중 틀린 것은?

① Airfoil에 상대적인 공기의 흐름이다.
② Airfoil의 움직임에 의해 상대풍의 방향은 변하게 된다.
③ Airfoil의 방향에 따라 상대풍의 방향도 달라지게 된다.
④ Airfoil이 위로 이동하면 상대풍도 위로 향하게 된다.

> 해설 Airfoil이 위로 이동하면 상대 풍은 아래로 향하게 된다.

15 유도기류의 설명 중 맞는 것은?

① 취부각(붙임각)이 "0"일 때 Airfoil을 지나는 기류는 상, 하로 흐른다.
② 취부각의 증가로 영각(받음각)이 증가하면 공기는 위로 가속하게 된다.
③ 공기가 로터 블레이드의 움직임에 의해 변화된 하강기류를 말한다.
④ 유도기류 속도는 취부 각이 증가하면 감소한다.

> 해설 유도기류란 공기가 로터 블레이드의 움직임에 의해 변화된 하강기류를 뜻한다. 취부각(붙임각)이 "0" 일 때 Airfoil을 지나는 기류는 그대로 평행하게 흐른다. 그러나 취부각 증가로 영각(받음각)이 증가되면 공기는 아래로 가속하게 된다. 유도기류 속도는 취부각이 증가할수록 증가하게 된다.

정답 11.④ 12.① 13.① 14.④ 15.③

02 뉴턴의 운동법칙과 양력발생원리

가. 뉴턴의 운동법칙

1 제1법칙 관성의 법칙

외부의 힘에 의한 변화에 저항하는 힘에 관한 법칙, 정지관성과 운동관성으로 구분

① **정지관성** : 정지하고 있는 물체는 계속 정지하려는 성질을 가지는 것

　　예 정지하고 있는 헬리콥터나 멀티콥터를 이동시키면 계속 정지하려는 성질

② **운동관성** : 움직이는 물체는 외부의 힘이 가해질 때 까지 같은 방향, 같은 속도를 유지하려는 성질을 가지는 것.

　　예 이동하고 있는 헬리콥터나 멀티콥터를 정지시키면 즉각 정지하지 않고 계속 운동하려는 성질.

정지관성 정지하고 있는 물체는 계속 정지하려는 성질　　운동관성 움직이는 물체는 외부의 힘이 가해질 때까지 같은 방향, 같은 속도를 유지하려는 성질

그림 관성의 법칙

2 제2법칙 가속도의 법칙

가속도의 법칙이란 물체가 어떤 힘을 받게 되면 그 물체는 힘의 방향으로 가속되려는 성질을 가진 것.

① **힘(F)**　$F = ma$

　　F : 힘, m : 질량, a : 가속도

- 가해진 힘의 크기에 비례하고, 물체의 질량에 반비례.

② **사례**

- 타자가 친 야구공이 하늘 높이 치솟았다가 내려올 때 야구공에는 중력이라는 힘이 작용하여 낙하할 수록 야구공의 속도는 야구공에 작용하는 항력과 힘의 균형을 이루는 속도까지 가속함.

그림 가속도의 법칙

- 헬리콥터가 제자리 비행에서 전진비행으로 전환되어 점점 속도가 증가되면 이륙하게 되는 과정.

3 제3법칙 작용과 반작용의 법칙

작용과 반작용의 법칙이란 모든 작용은 힘의 크기가 같고 방향이 반대인 반작용을 수반하는 법칙으로 회전익 항공기나 멀티콥터의 로터에서 직접적으로 작용하는 현상

1) 사례

① 군대에서 포를 쏠 때 포신의 후퇴작용, 무반동총의 후폭풍 발생
② 전투기의 이륙 시 고온 고압가스가 뒤로 발생되면서 항공기는 추력이 발생되어 이륙하는 것.
③ 스쿼시를 할 때 강하게 공을 치면 강하게 튀어 나오고, 약하게 치면 약하게 튀어 나오는 것으로 작용에 대한 반작용을 말함.
③ 헬리콥터의 주 로터가 회전 시 기체는 회전하는 반대 방향으로 회전하려는 것으로 이를 Torque현상이라고 한다.
④ 멀티콥터의 로터가 회전 시 암은 회전하는 반대 방향으로 작용하는 것.

그림 작용과 반작용의 법칙

나. 기체의 성질과 법칙

1 연속의 법칙

연속의 법칙이란 '유관을 통과하는 완전유체의 유입량과 유출량은 항상 일정하다'라는 법칙이다. 흐름이 정상이고 점성이 없는 유체를 **완전 유체**(Perfect Fluid)라고 하는데 이 완전유체가 흐르는 유선을 그리면 하나의 튜브가 생기고, 이 튜브를 **유관**(Stream Tube)이라고 한다. 우측 연속의 법칙 사례 그림과 같이 유관에 2개의 단면을 설정하고 그 면적을 S_1, S_2, 유속을 V_1, V_2라고 하면, 단위 시간당 S_1에 유입되는 양은 $\rho_1 V_1 S_1$(ρ_1은 공기 밀도)이며 S_2에서 유출되

는 양은 $\rho_2 V_2 S_2$가 된다. 각종 요소들이 변하지 않는 것을 정상류(Steady Flow)라고 하였기 때문에 S_1 단면과 S_2 단면으로 흐르는 유체는 항상 일정하므로 **유입량 = 유출량**이 되어야 한다. 그러므로 $\rho_1 V_1 S_1 = \rho_2 V_2 S_2$이라는 방정식을 얻을 수 있으며 이 방정식이 **연속의 법칙**이라고 한다.

○ 유관을 통과하는 완전유치의 유입량과 유출량은 항상 일정하다는 법칙
- $\rho_1 V_1 S_1 = \rho_2 V_2 S_2$ (S = 면적, V = 유속, ρ = 공기밀도)
- $\rho_1 = \rho_2$ 일 경우[비압축성] : $V_1 S_1 = V_2 S_2$ 로 일정
※ 유관 내의 유속은 단면적에 반비례

연속의 법칙 사례

화단에 물을 주는 장면을 떠올리면 가까운 곳에 있는 꽃에 물을 주기 위해서는 호스를 가볍게 쥐고 물을 주면 된다. 하지만 호스의 길이가 충분히 길지 않다면 멀리 있는 꽃에 물을 주기 위해서는 호스를 꽉 잡고 입구를 좁게 하여 물이 불출되는 속도를 높여 멀리 보내게 된다. 여기서 중요한 것은 호스의 입구를 넓게 하거나 또는 좁게 하더라도 시간당 유입되는 물의 양과 유출되는 물의 양은 같다는 것이다. 또한, 단면적이 좁으면 속도는 빨라지고, 단면적이 넓으면 속도는 느려진다는 것이다. 이는 연속의 법칙을 설명해 주는 사례가 되는 것이다.

2 베르누이 정리

1) 정리

베르누이는 측정할 수 없었던 유체 에너지를 수치화하고자 많은 실험을 하였으며 그 결과 유체의 속도와 압력과의 관계를 정리하여 '**정압과 동압을 합한 값은 그 흐름의 속도가 변화하더라도 언제나 일정하다.**'라는 것.

2) 정압과 동압

① **유체의 정압**(Static Pressure) : 유체 속에 잠겨 있는 어느 한 지점에는 상/하, 좌/우 방향에 관계없이 일정하게 작용하는 압력

② **유체의 동압**(Dynamic Pressure) : 유체가 흐를 때 유체는 속도를 가지게 되며 이로 인해 유체는 운동에너지를 가지게 된다. 즉, 유체의 운동에너지를 압력으로 전환했을 때의 압력을 말함.

   예 흐르는 강물에 둑을 쌓았다면 둑에 작용하는 압력이 강의 운동에너지임.

③ **정압(P) + 동압(q) = 전압(Pt)으로 일정**

$$q = \frac{1}{2}pV^2 \rightarrow P + \frac{1}{2}pV^2 = Pt$$

즉, 유체의 속력이 증가하면 동압은 증가하지만 정압은 감소.

그림 베르누이의 정리

④ 따라서 베르누이 정리에서 A지역에서는 동압은 낮지만 정압은 높고, B지역에서는 동압은 높지만 정압은 낮게 나타난다.(두 지역을 상대적 비교 시)

3 베르누이 정리와 연계한 양력발생원리

항공역학적인 측면에서 양력발생원리를 명확하게 설명해 줄 수 있는 것은 "베르누이 정리"이다.

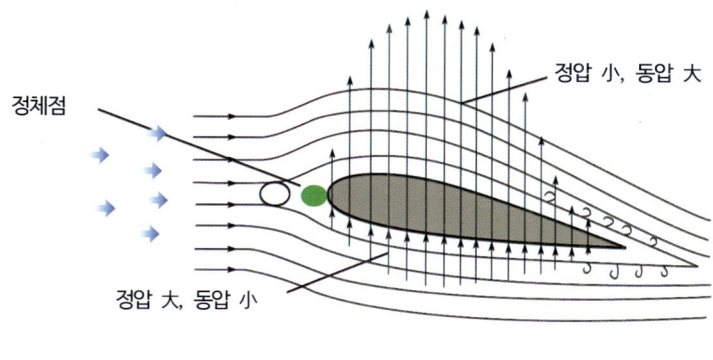

그림 양력발생원리

1) 원리

① **베르누이 정리** : 동압 + 정압 = 전압으로 일정.
② 날개의 전연부분 정체 점에서 발생된 높은 압력의 파장에 의해 분리된 공기는 후연에서 다시 만남(날개에 작용하는 공기 속도와 정압)
③ **날개 상부** : 곡선율과 취부 각(붙임 각)으로 공기의 이동거리가 길다.
(속도 증가, 동압 증가, 정압감소 현상)
④ **날개 하부** : 공기의 이동거리가 짧다.(속도 감소, 동압감소, 정압증가)
⑤ 모든 물체는 압력(정압)이 높은 곳에서 낮은 곳으로 이동하여 양력발생.
⑥ **결론** : 날개의 하부에서 상부로 힘이 작용하게 되어 항공기를 부양시킴.

4 헬리콥터와 멀티콥터의 양력발생원리 차이

① **헬리콥터** : 운용 RPM(Revolution Per Minute, 분당회전수) 속에서 날개의 Pitch각을 조정하여 양력을 발생. Pitch의 변동으로 변동 Pitch.
2) **멀티콥터** : 고정된 날개의 Pitch 각에 모터의 회전수에 의한 양력발생크기를 조절. 고정 Pitch.
3) **차이** : 헬리콥터는 변동 Pitch, 멀티콥터는 고정 Pitch.

section OX

1. 움직이는 물체는 외부의 힘이 가해질 때 까지 같은 방향, 같은 속도를 유지하려는 성질을 가지는 것은 <u>정지관성</u>이다.	X 운동관성
2. 헬리콥터의 주 로터가 회전 시 기체는 회전하는 반대 방향으로 회전하려는 것으로 이를 Torque현상이라고 하며 이는 뉴턴의 운동법칙 중 제3법칙인 작용과 반작용의 법칙이다.	O
3. 날개의 상하부를 흐르는 공기의 압력차에 의해 발생하는 압력의 원리를 베르누이 정리라고 한다.	O
4. 베르누이 정리란? '정압과 동압을 합한 값은 그 흐름의 속도가 변화하더라도 언제나 일정하다.'라는 것이다.	O
5. 베르누이 정리에서 <u>동압 + 정압 < 전압</u>이다.	X 동압+정압=전압
6. 베르누이 정리의 압력과 속도와의 관계는 <u>압력 증가, 속도 증가</u>이다.	X 압력 증가, 속도 감소
7. 멀티콥터는 양력 발생 시 고정된 날개의 Pitch 각에 모터의 회전수에 의한 양력발생크기를 조절한다.	O
8. 유관을 통과하는 완전유체의 유입량과 유출량은 항상 일정하다는 법칙은 <u>관성의 법칙</u>이다.	X 연속의 법칙

출제예상문제

01 드론이 제자리 비행을 하다가 이동시키면 계속 정지상태를 유지하려는 것은 뉴턴의 운동법칙 중 무슨 법칙인가?

① 가속도의 법칙
② 관성의 법칙
③ 작용반작용의 법칙
④ 등가속도의 법칙

> **해설** • 제1법칙(관성의 법칙) : 외부의 힘에 의한 변화에 저항하는 힘에 관한 법칙
> • 제2법칙(가속도의 법칙) : 가속도의 법칙이란 물체가 어떤 힘을 받게 되면, 그 물체는 힘의 방향으로 가속되려는 성질
> • 제3법칙(작용반작용의 법칙) : 모든 작용은 힘의 크기가 같고 방향이 반대인 반작용을 수반한다는 법칙

02 헬리콥터가 제자리 비행을 하다가 전진비행을 계속하면 속도가 증가되어 이륙하게 되는데 이것은 뉴턴의 운동법칙 중 무슨 법칙인가?

① 가속도의 법칙
② 관성의 법칙
③ 작용반작용의 법칙
④ 등가속도의 법칙

03 날개에서 양력이 발생하는 원리의 기초가 되는 베르누이 정리에 대한 설명이다. 틀린 것은?

① 전압(Pt)=동압(O)+정압(P)
② 흐름의 속도가 빨라지면 동압이 증가하고 정압이 감소한다.
③ 음속보다 빠른 흐름에서는 동압과 정압이 동시에 증가한다.
④ 동압과 정압의 차이로 비행속도를 측정할 수 있다.

04 날개의 상하부를 흐르는 공기의 압력차에 의해 발생하는 압력의 원리는?

① 작용-반작용의 법칙
② 가속도의 법칙
③ 베르누이의 정리
④ 관성의 법칙

> **해설** 베르누이가 정리한 법칙으로 "정압과 동압을 합한 값은 그 흐름 속도가 변하더라도 언제나 일정하다"고 했다.

05 베르누이 정리에 대한 바른 설명은?

① 정압이 일정하다.
② 동압이 일정하다.
③ 전압이 일정하다.
④ 동압과 전압의 합이 일정하다.

06 베르누이 정리에 대한 바른 설명은?

① 베르누이 정리는 밀도와는 무관하다.
② 유체의 속도가 증가하면 정압이 감소한다.
③ 위치 에너지의 변화에 의한 압력이 동압이다.
④ 정상 흐름에서 정압과 동압의 합은 일정하지 않다.

> **해설** 유체의 속도가 증가하면 정압이 감소한다.

07 베르누이 정리에 의한 압력과 속도와의 관계는?

① 압력증가, 속도 증가
② 압력증가, 속도 감소
③ 압력증가, 속도 일정
④ 압력감소, 속도 일정

정답 01.② 02.① 03.③ 04.③ 05.③ 06.② 07.②

08 다음 베르누이 정리와 연계한 양력발생원리 설명 중 틀린 것은?

① 날개의 정체점에서 발생된 높은 압력의 파장에 의해 분리된 공기는 후연에서 다시 만난다.
② 날개의 상부는 곡선율과 취부각(붙임각)으로 공기의 이동거리가 길다.(속도 증가, 동압증가, 정압감소)
③ 날개의 하부는 이동거리가 짧다.(속도 감소, 동압감소, 정압증가)
④ 모든 물체는 공기의 압력(정압)이 낮은 곳에서 높은 곳으로 이동한다.

09 상, 하, 좌, 우 모든 방향에 관계없이 일정하게 압력이 작용하는 것은?

① 동압   ② 정압
③ 유압   ④ 풍압

10 수평 직진비행을 하다가 상승비행으로 전환 시 받음각(영각)이 증가하면 양력은 어떻게 변화하는가?

① 순간적으로 감소한다.
② 순간적으로 증가한다.
③ 변화가 없다.
④ 지속적으로 감소한다.

해설 양력의 증·감은 영각(받음각)의 증·감에 따라 변화한다.

11 양력의 발생원리 설명 중 틀린 것은?

① 정체점에서 발생된 높은 압력의 파장에 의해 분리된 공기는 후연에서 다시 만난다.
② Airfoil 상부에서는 곡선율과 취부각(붙임각)으로 공기의 이동거리가 길다.
③ Airfoil 하부에서는 곡선율과 취부각(붙임각)으로 공기의 이동거리가 짧다.
④ 모든 물체는 공기의 압력(정압)이 낮은 곳에서 높은 곳으로 이동한다.

해설 모든 물체는 공기의 압력이 높은 곳에서 낮은 곳으로 이동한다.

12 유관을 통과하는 완전유체의 유입량과 유출량은 항상 일정하다는 법칙은 무슨 법칙인가?

① 가속도의 법칙
② 관성의 법칙
③ 작용반작용의 법칙
④ 연속의 법칙

해설 연속의 법칙이란 "유관을 통과하는 완전유체의 유입량과 유출량은 항상 일정하다."라는 법칙

13 무인헬리콥터와 멀티콥터의 양력발생원리 중 맞는 것은?

① 멀티콥터 : 고정 피치
② 멀티콥터 : 변동 피치
③ 헬리콥터 : 고정 피치
④ 헬리콥터 : 고정 및 변동 피치

14 벡터에 관한 설명 중 틀린 것을 고르시오.

① 가속도   ② 속도
③ 양력   ④ 질량

해설 벡터는 가속도, 속도, 중량, 양력, 항력 등. 스칼라는 질량, 부피, 길이, 면적 등

정답 08.④ 09.② 10.② 11.④ 12.④ 13.① 14.④

03 회전익항공기(멀티콥터 등)의 비행특성

가. 회전익 항공기(멀티콥터 등)에 작용하는 힘

1 총 항공역학적인 힘(TAF; Total Aerodynamic Force) : 항공역학적인 힘이 합쳐진 것

① 날개 주위로 공기가 흐를 때 상부표면과 하부표면에는 압력차이가 발생하는데 이 압력차이와 Airfoil을 지나는 공기의 저항이 결합하여 Airfoil에 발생되는 힘을 말한다.

② 총 항공역학적인 힘은 운동의 법칙 중 힘의 합력을 구하는 벡터에서와 같이 Airfoil의 압력 중심에서 작용하고, 힘의 방향은 그림과 같이 양력과 항력의 합력방향으로 경사진다.

그림 총 항공역학적인 힘(TAF)

③ 총 항공역학적인 힘은 때로는 합력 힘이라고 불리는데 이것은 양력과 항력이 합쳐져 나타나는 힘이기 때문이다.

④ Airfoil에는 상부표면과 하부표면에 압력차이가 발생한다고 하였고, Airfoil을 지나는 공기의 저항이 결합되어 있다고 하였다. 여기에서 압력차이는 결국 양력을 의미하며, 공기의 저항은 항력을 의미한다. 그러므로 Airfoil에는 양력과 항력이 결합되어 총 항공역학적인 힘이 작용하는 것이다.

2 힘의 방향과 종류

1) 힘의 방향

회전익항공기(멀티콥터 등)에 작용하는 힘은 양력, 중력, 추력, 항력이 있다.

2) 힘의 종류

① **양력(Lift)** : 상대 풍에 수직으로 작용하는 항공역학적인 힘. 상대 풍은 날개를 향한 기류의

방향을 의미.
② **중력(Gravity)** : 지구의 만류인력과 자전에 의한 원심력을 합한 힘으로 지표 근처의 물체를 연직 아래 방향으로 당기는 힘. 지구 중심 쪽으로 향함.
③ **추력(Thrust)** : 공기 중에 항공기나 드론을 앞으로 움직이는 힘. 고정익 항공기는 작용과 반작용의 법칙에 따라 제트엔진에서 고온/고압가스를 뒤로 분출하여 발생하게 되고, 헬리콥터나 멀티콥터는 회전하는 로터에 경사를 주어 추력을 발생함.

그림 힘의 방향 4가지

④ **항력(Drag)** : 상대풍에 수평으로 작용하는 힘. 즉, 추력에 반대 방향으로 작용하는 힘 또는 항공기나 멀티콥터의 공중에서 전진을 더디게 하는 힘. 공기의 밀도, 기온, 습도에 따라 크기가 다름.
- **유도항력** : 양력발생 시 동반되는 하강기류 속도와 날개의 윗면과 아랫면을 통과하는 공기흐름을 저해하는 와류(Vortex)에 의해 발생하는 항력으로 양력발생과 관계되는 모든 항력을 말하며, 점성과는 무관하고 속도가 증가 시 유도기류 속도(유도항력)는 감소함.

그림 유도항력

- **형상항력** : 블레이드가 공기 중을 지날 때 표면마찰(점성마찰)로 인해 발생하는 마찰성 저항(Frictional Resistance)이다.
    - 블레이드의 표면을 지나는 공기는 점성에 의해 표면에 붙으려고 함.
    - 표면에서 떨어진 곳을 흐르는 공기는 표면에 가까운 공기를 끌고 가려고 함.
    - 따라서 영각변화에 좌우되지 않으나 속도에는 상당히 좌우됨.
- **유해항력** : 로터를 제외한 항공기나 멀티콥터의 외부 부품에 의해 발생되는 항력
    - 항공기의 형체, 표면마찰, 크기, 설계 등에 영향을 받음.
    - 마찰성 저항으로 양력발생과는 무관하지만 속도제곱에 비례.
    - 유해항력 발생할 수 있는 노출 최소화(인입식 랜딩기어), 형상을 유선형으로 설계

그림 형상항력

3 작용하는 힘에 따른 비행방향

1) 전진, 후진, 좌/우측면 비행

회전익 항공기는 비행하는 방향에 따라 작용하는 힘의 관계가 달라짐.

추력(T)=항력(D), 양력(L)=중력(W)

그림 헬리콥터에 작용하는 힘과 비행 방향

2) 제자리비행, 수직상승 및 하강비행방향

나. 회전익 항공기의 비행특성

1 헬리콥터와 멀티콥터의 조종법 연계성

일반적인 유인 헬리콥터의 기본 조종 장치는 3가지이다. **콜렉티브 피치**(Collective Pitch), **사이클릭 피치**(Cyclic Pitch), **반토크 페달**(Anti-Torque Pedals)을 사용하여 조종하며 이는 각각의 기능보다 종합적으로 조종된 즉 3가지의 조종 장치를 동시에 조화롭게 작용될 때 효율이 증가되고 원활한 조종이 된다. 이를 3타 일치된 조종이라 한다.

그림 헬리콥터의 조종법

1) Collective Pitch 조종과 Throttle 조종

① **헬리콥터** : 조종석 왼쪽 아래 위치한 Collective Pitch 조종
② **멀티콥터** : 조종기의 왼쪽 레버 Throttle의 전·후진

그림 헬리콥터의 콜렉티브 피치 조종과 멀티콥터의 고도 상승/하강 조종기

2) Cyclic Pitch 조종과 Elevator의 전·후진 / Aileron의 좌·우 조종

① **헬리콥터** : 조종석 가운데 위치한 Cyclic Pitch 조종
② **멀티콥터** : 조종기의 오른쪽 레버 Elevator의 전, 후진과 Aileron의 좌·우 조종

그림 헬리콥터의 싸이클릭 피치 조종과 멀티콥터의 멀티콥터의 Pitch 및 Roll 조종

3) Anti-Torque pedals 조종과 Rudder의 조종

① **헬리콥터** : 조종석 앞부분에 위치하여 양 발로 조종
② **멀티콥터** : 조종기의 왼쪽 레버 Rudder의 좌·우 조종

2 회전익 항공기(멀티콥터 등)의 특성

회전익 항공기(멀티콥터 등)의 특성은 고정익 항공기에 비하여 상대적인 특성임.

1) 제자리 비행 가능

① **제자리 비행** : 공중의 한 지점에서 전후좌우 편류 없이 일정한 고도와 방향을 유지하면서 가만히 머무르는 비행.
② 제자리 비행으로 시작하여 제자리 비행으로 종료함
③ 고정익 항공기는 엔진에서 발생한 회전력을 프로펠러에 전달하여 추진력을 발생시키고 여기서 발생한 추진력과 날개를 이용하여 동체를 부양시키는 힘 즉 양력을 발생시킴.

2) 측방 및 후진비행 가능

① 제자리 비행 상태에서 회전면을 좌, 우 및 후방으로 경사를 주면 경사진 방향으로 비행이 가능
② 고정익 항공기는 전진비행만이 가능하다.

3) 수직 이·착륙 가능

① 제자리 비행이 가능하다는 것은 동체 길이가 허용하는 공간만 확보되어도 그 자리에서 이·착륙이 가능. 수평 직진 이·착륙에 비행 동력이 많이 소요됨.
② 고정익 항공기는 활주 이·착륙이 가능.

4) 엔진 정지 시 자동 활공(Auto-rotation) 가능

① 엔진이 정지됨과 동시에 엔진 구동축과 로터 시스템이 분리되어 로터는 동체가 공기 속을 통과할 때 회전력을 얻어 활공 가능(위치 에너지가 운동 에너지로 전환되어 짧은 자동 활공이 가능)

※ 코스모스 꽃잎을 공중에서 회전시켜 놓으면 지면으로 떨어지면서 공기의 영향으로 회전력을 얻는 것과 같은 원리.

② 고정익 항공기는 엔진 정지 시 조종사는 최후의 탈출 시도 가능.

5) 최대속도 제한

① 회전익 항공기의 최대속도 제한은 회전익 항공기의 특성에 의한 속도한계를 의미 회전익 항공기의 전진 블레이드와 퇴진 블레이드의 속도차이에 의한 양력발생 차이로 양력의 불균형을 이루기 때문에 최대속도를 제한.
② 고정익 항공기는 최저속도가 제한된다. 최저속도 이하에서는 실속(Stall)에 들어가기 때문에 비행을 할 수 없다.

6) 동적 불안정

① 동적 불안정이란 평형 상태에 있는 물체에 외부의 힘이 가해졌을 때 시간의 경과와 더불어 진동이 감소하지 않고 진폭이 점점 커지는 상태
② 회전익 항공기는 제자리 비행 시 동적으로 불안정한 특성을 가지고 있어 조종사가 수정을 해 주지 않으며 계속적인 진폭의 증가로 위험상황에 직면.
③ 고정익 항공기는 제자리 비행이 불가능하므로 동적 불안정이 일어나지 않음.

다. 회전익 항공기(멀티콥터 등)의 Rotor의 운동 특성

1 헬리콥터의 양력의 불균형

1) 정의와 원인

① **양력불균형** : 전진 비행하는 헬리콥터의 전진 및 퇴진블레이드 상에서의 양력이 불균형한 현상.
② **원인** : 전진하는 블레이드와 퇴진하는 블레이드의 속도차이에 의해 양력발생 차이가 발생
③ **현상** : 전진 블레이드의 경우 상대속도가 증가하여 양력이 증가하나, 퇴진 블레이드는 상대속도가 감소하여 양력이 감소.

2) 전진 블레이드와 퇴진 블레이드(회전방향이 반 시계방향일 경우)

① **전진 블레이드** : 비행방향으로 회전하는 블레이드로 전진비행 시 우측 부분
② **퇴진 블레이드** : 비행방향에 반대되는 방향으로 회전하는 블레이드로 좌측 부분

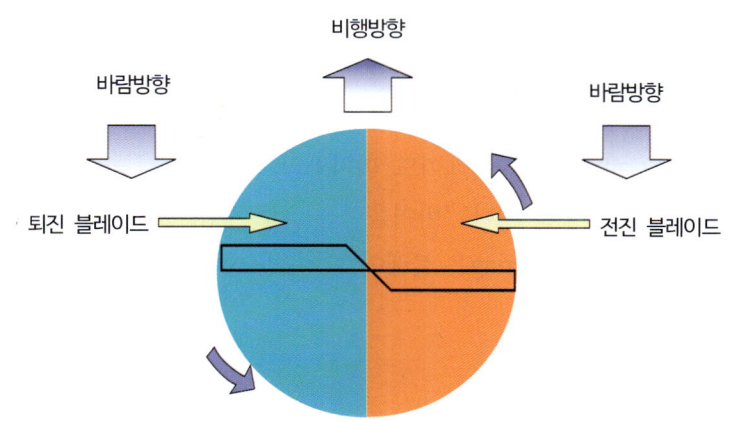

○ **전진 블레이드** : 비행방향으로 회전(바람이 불어오는 방향)
○ **퇴진 블레이드** : 비행 반대 방향으로 회전(바람이 불어가는 방향)

그림 전진 및 퇴진 블레이드의 구분

3) 블레이드의 속도차이에 의한 양력 불균형
   ① **전진 블레이드** : 블레이드 회전속도 + 항공기 속도
   ② **퇴진 블레이드** : 블레이드 회전속도 - 항공기 속도
   ③ 속도가 증가할수록 양력 불균형 현상 심화됨.

그림 헬리콥터의 양력 불균형

4) 양력불균형 해소법
   ① 전진 블레이드에는 양력 감소시키고, 퇴진 블레이드에는 양력 증가시키는 방법
   ② **블레이드 플래핑(Flapping)** : 로터 블레이드의 상하운동
      • 힌지를 중심으로 로터 블레이드의 상하운동 시킴.
      • 전진 블레이드에는 하방운동으로 양력발생을 억제시킴.
      • 퇴진 블레이드에는 상방운동으로 양력발생을 향상시킴.
      • 양력 불균형 상쇄의 중요한 수단으로서 역할을 함.
   ③ Cyclic Feathering : 블레이드 피치각의 변화
      • Feathering : '노를 젓다' '바이올린을 활로 자유스럽고 빠르게 움직이며 연주하는 것'
      • 항공역학적인 Feathering은 블레이드가 축을 중심으로 회전함으로써 취부 각(붙임 각)이 변하게 되는 것.

그림 플래핑(Flapping)   그림 페더링(Feathering)

- 취부 각(붙임 각)은 Cyclic과 Collective에 의해 변화하므로 두 가지 모두 가능
- 전진 블레이드에서는 적은 Pitch를 퇴진 블레이드에서는 많은 Pitch의 변화

2 멀티콥터의 양력의 불균형

1) 개요

① 일반적으로 유인헬리콥터는 One copter, Two copter의 회전면을 갖는데 비해 멀티콥터는 Multi-copter로 되어 4(Quad-copter), 6(Hexa-copter), 8(Octo-copter) 등이다. 이들 4, 6, 8개가 하나로 통합되어 하나의 회전면을 만들고 이들 회전면의 기울기에 따라서 비행방향이 결정됨.

② 따라서 멀티콥터의 양력불균형은 일반적인 헬리콥터와는 다르다. 각각의 로터에서 발생되지 않고 하나로 통합될 시 그 중 하나 또는 그 이상의 로터에 동력 전달이 원활하게 되지 않아 그 하나 또는 둘 이상으로 인해 양력이 불균형을 이루게 되어 과도하게 기울어지게 되고 심하면 전복되는 경우를 발생함.

③ 통상적으로 많이 발생하는 경우는 시동 후 이륙 시 Throttle을 일정한 속도로 지속적 상승(이륙가능 모터 회전속도)을 시켜야 하는데 지극히 천천히 상승 또는 중간 중간 멈출 경우 동력제어 시스템이 효과적으로 작동하지 못하여 각각의 모터(로터)에 회전속도를 일정하게 전달하지 못할 경우 발생함.

④ 조치방법은 우선 Throttle을 일정한 속도로 지속적 상승을 시키도록 훈련하고, 불균형 현상이 인지되면 이륙을 포기하고 Throttle를 Full down하여야 한다.

3 비행 시 나타나는 현상

1) 제자리 비행(Hovering)

① Hover는 '맴돌다, 곤충이나 새 특히 매 종류가 공중에 떠 있는'이라고 명시
② Hovering은 공중의 한 지점에서 전후좌우 편류없이 일정한 고도와 방향을 유지하면서 가만히 머무르는 비행
③ 헬리콥터 또는 회전익항공기의 특성이자 장점

그림 제자리 비행(Hovering)

2) 제자리 비행(Hovering) 시 기류현상

① **유도기류(Induced flow)** : 로터 회전면을 따라 위에서 아래로 흐르는 공기 흐름(하강풍), Pitch각이 커질수록 유도기류는 증가됨.

② **익단 원형와류(Rotor tip vortex)** : 공기가 회전하는 로터의 끝단 주위에서 빙빙도는 소용돌이 현상. 양력 발생효율을 감소.

그림 제자리 비행 시 기류방향

3) 지면효과(Ground Effect)

① 지면에 근접하여 운용 시 로터 하강풍이 지면과의 충돌로 인하여 양력발생효율이 증대되는 현상으로 예를 들어보면 헬리콥터나 멀티콥터가 마지막 지면 접지 착륙단계에서 착륙이 어려운 현상을 볼 수 있는데 바로 이것이 지면효과를 받아 효율이 증대된 상태임.

② 로터 회전에 의해 발생하는 하강 풍은 지면과 충돌하면서 유도기류 속도가 감소되고 이에 유도항력도 감소

③ 하강기류에 의해 익단에서 발생하는 와류가 감소되어 양력발생 효율은 증대.

④ **지면효과를 받을 때와 받지 않을 때 현상**
   • 받을 때는 유도기류 속도가 감소되고 유도항력이 감소, 이에 따라 영각은 증가하게 됨.
   • 받지 않을 때는 유도기류 속도가 증가되고 유도항력이 증가, 이에 따라 영각이 감소하게 됨.

그림 지면효과를 받는 경우와 지면효과가 없는 경우

⑤ **지면효과와 양력과의 관계**
- 지면효과는 양력과 밀접한 관계를 가지고 있으며, 고도에 따라 다르다.
- 일반적으로 헬리콥터에서는 로터 직경의 "1"이 되는 지점부터 효과를 받기 시작하여 1/6고도에서 효율이 20% 증대 된다고 되어 있음.(아래 그림은 헬리콥터)

그림 지면효과를 받는 고도

- 멀티콥터는 작성된 통계치가 없으나 통상 운용해보면 멀티콥터 전체의 회전면을 1로 기준하여 그 이하 고도에서 지면효과를 받는 것을 볼 수 있음.

⑥ **지면효과의 증대 및 감소요인**
- 로터의 회전에 의해 발생하는 하강기류가 지면과 충돌하여 발생하므로 결국 헬리콥터나 멀티콥터의 고도와 지면상태, 주변 환경에 따라 달라짐.
- **증대요인** : 로터 직경의 1배 미만 고도, 무풍 시(유도기류가 직하방으로 흘러 지면과 충돌하면서 외측으로 굽어 흐르기 때문에 익단 와류가 감소), 장애물이 없는 평평한 지형.
- **감소요인** : 로터 직경의 1배 이상 고도, 바람이 불 경우, 수면이나 풀숲, 수목 상공 등.

4) 토크(Torque) 작용

① 토크의 사전적 의미는 회전하는 힘, 회전하는 힘에 의한 작용.
② 헬리콥터의 동체가 메인 로터 회전 반대방향으로 회전하려는 성질
③ 즉 작용과 반작용의 법칙을 적용하여 메인 로터는 시계 반대방향으로 회전하고, 이에 대한 반작용으로 헬리콥터 동체는 시계방향으로 회전하려는 성질.
④ 이에 토크를 상쇄시키기 위해 Tail Rotor가 장착되어 있으며 조종사는 Pedal 압력을 가해 균형을 유지시킴.

※ 헬리콥터의 동체가 메인 로터 회전 반대방향으로 회전하려는 성질

① 메인 로터 회전방향
② 토크 작용
③ 테일 로터 토크 조절 (상쇄) 및 기수방향 조종

그림 토크 작용

5) 전이성향

① 전이의 사전적 의미 '변화되었다'라는 'Change'의 의미와 '옮겨지다'라는 'Spread'의 의미.
② **전이성향** : 운동하는 방향이 바뀌거나 다른 방향으로 옮겨지는 현상.
③ 결국 전이성향은 토크작용과 토크작용을 상쇄하는 Tail Rotor의 추진력이 복합되어 헬리콥터 동체는 우측으로 편류하려고 하는 현상.

① 메인로터 회전방향
② 메인로터 회전 반대방향으로 작용하는 토크 작용
③ 토크작용을 억제하는 테일로터 추진력
④ 토크작용과 테일로터의 추진력에 의해 우측으로 편류 (전이성향)
⑤ 전이성향을 막기 위한 메인로터 회전면 경사

그림 전이성향

④ **전이성향 극복** : 유인 헬리콥터는 Cyclic Pitch를 좌측으로 압을 주어 수직부양하고, 무인 헬리콥터는 좌 Aileron으로 수직 부양시킴.

6) 회전운동의 세차

① 회전하는 물체에 힘을 가했을 때 힘을 가한 곳으로부터 90° 지난 지점에서 현상이 나타나는 현상.

7) 헬리콥터의 전이양력과 전이비행

① 전이양력은 회전익 계통의 효율증대로 얻어지는 부가적인 양력으로 제자리 비행에서 전진비행으로 전환될 때 나타남.
② 발생원인은 제자리비행 상태에서 서서히 속도가 증가되어 전진비행을 하게 되면 로터에 유입되는 기류가 회전면과 점차 수평을 이루게 되어 유도기류 속도가 감소하기 때문이다.
③ 또한, 제자리 비행에서 전진비행으로 전환되면 제자리 비행에서 형성되었던 익단와류와 요란기류는 뒤로 처지게 되고 전진비행 시 로터 회전면은 전방으로 경사지므로 단위 시간당 로터 회전면에서 유입되는 공기량이 증가되어 추력 발생효율이 증대되기 때문임.

- 전이양력 (1~5kts)

- 전이양력 (10~15kts)

④ 따라서 전이비행은 제자리 비행에서 전진비행 상태로 바뀌는 과도적인 상태.

section OX

1. 헬리콥터나 멀티콥터에 작용하는 힘의 종류는 양력, 중력, 추력, 항력이다.   O

2. 중력이란 속도에 <u>비례</u>한다.   X
   반비례함.

3. 항공기 형체나 표면 마찰, 크기, 설계 등 외부부품에 의해 발생하는 항력을 유해항력이라 한다.   O

4. 양력이란 항공기나 드론의 뜨는 힘을 말한다.   O

5. 회전익 항공기의 특징은 제자리비행, 측방, 후진비행이 가능하다.   O

6. 회전익 항공기는 <u>최저 속도</u>를 제한한다.   X
   최고(대) 속도를 제한

7. 지면효과를 받으면 <u>항력의 크기가 증가</u>한다.   X
   양력발생 효율이 증대됨.

8. 멀티콥터가 비행 중 어느 하나의 날개가 비정상적으로 회전하면 요잉현상을 일으키며 추락한다.   O

9. 지면효과를 받으면 수직양력이 <u>감소</u>된다.   X
   증가됨.

10. 토크작용은 <u>가속도의 법칙</u>이다.   X
    작용과 반작용의 법칙

11. 대기속도란 기체와 대기의 <u>상대속도</u>를 말한다.   O

출제예상문제

01 항공기 또는 무인비행장치에 작용하는 힘의 방향으로 맞는 것은?

① 양력, 무게, 추력, 항력
② 양력, 중력, 무게, 추력
③ 양력, 무게, 동력, 마찰
④ 양력, 마찰, 추력, 항력

해설
- 양력
- 무게 = 중력
- 추력 = 추진력
- 항력

02 비행장치에 작용하는 힘이 아닌 것은?

① 양력   ② 항력
③ 중력   ④ 압축력

해설 비행장치에 작용하는 힘 : 양력, 추력, 항력, 중력

03 다음 중 비행장치에 작용하는 힘의 방향(양력, 항력, 중력, 추력)과 속도와의 관계 설명 중 틀린 것은?

① 항력은 속도의 제곱에 비례한다.
② 양력은 받음각이 증가하면 증가한다.
③ 중력은 속도에 비례한다.
④ 추력은 받음각과 상관없다.

해설 중력은 속도에 반비례한다. 즉 무게가 증가하면 속도는 상대적으로 줄어든다.

04 다음 중 양력의 성질을 설명한 것 중 맞는 것은?

① 양력이란 합력 상대풍에 수평으로 작용하는 항공역학적인 힘이다.
② 양력은 양력계수, 공기밀도, 속도의 제곱, 날개의 면적에 반비례한다.
③ 항력은 속도의 제곱에 비례한다.
④ 양력의 양은 조종사가 모두 조절할 수 있다.

해설
① 양력이란 합력 상대풍에 수직으로 작용하는 항공역학적인 힘이다.
② 양력은 양력계수, 공기밀도, 속도의 제곱, 날개의 면적에 비례한다.
④ 양력의 양은 조종사가 조절할 수 있는 것은 양력계수와 항공기 속도이며, 나머지는 할 수 없는 것으로 구분된다.

05 다음 중 양력의 성질 설명 중 틀린 것은?

① 양력은 양력계수, 공기밀도, 속도의 제곱, 날개의 면적에 반비례한다.
② 양력계수란 날개에 작용하는 힘에 의해 부양하는 정도를 수치화한 것이다.
③ 양력의 양은 조종사가 조절할 수 있는 것과 조절할 수 없는 것으로 구분된다.
④ 양력계수와 항공기 속도는 조종사가 변화시킬 수 있다.

해설 양력은 양력계수, 공기밀도, 속도의 제곱, 날개의 면적에 비례한다.

06 다음 중 항공기와 무인비행장치에 작용하는 힘에 대한 설명 중 틀린 것은?

① 양력의 크기는 속도의 제곱에 비례 한다.
② 항력은 비행기의 받음각에 따라 변한다.
③ 추력은 비행기의 받음각에 따라 변하지 않는다.
④ 중력은 속도에 비례한다.

해설 중력이 무거우면 속도가 감소된다.

정답 01.① 02.④ 03.③ 04.③ 05.① 06.④

07 양력발생에 영향을 미치는 것이 아닌 것은?

① 속도
② 받음각
③ 해발고도
④ 장애물이 없는 지역

08 다음 중 항공기 형체나 표면 마찰, 크기, 설계 등 외부부품에 의해 발생하는 항력은?

① 유도항력　　② 형상항력
③ 유해항력　　④ 마찰항력

해설
• 유도항력 : 헬리콥터가 양력을 발생함으로써 나타나는 유도기류에 의한 항력
• 유해항력 : 전체 항력에서 메인로터에 작용하는 항력을 뺀 나머지 항력
• 형상항력 : 유해항력의 일종으로 회전익 항공기에서만 발생하며 블레이드가 회전할 때 공기와 마찰하면서 발생하는 마찰성 항력

09 블레이드가 공기를 지날 때 표면마찰(점성마찰)로 인해 발생하는 마찰성 저항으로 마찰항력이라고도 하는 항력은?

① 유도항력　　② 유해항력
③ 형상항력　　④ 총항력

10 회전익에서 양력발생 시 동반되는 하향기류 속도와 날개의 윗면과 아랫면을 통과하는 공기흐름을 저해하는 와류에 의해 발생되는 항력은?

① 유도항력　　② 형상항력
③ 유해항력　　④ 마찰항력

11 비행체 구조의 크기나 모양에 의해 발생되는 저항은?

① 마찰항력　　② 유해항력
③ 유도항력　　④ 형상항력

12 항력과 속도와의 관계 설명 중 틀린 것은?

① 항력은 속도제곱에 반비례한다.
② 유해항력은 거의 모든 항력을 포함하고 있어 저속 시 작고, 고속 시 크다.
③ 형상항력은 블레이드가 회전할 때 발생하는 마찰성 저항이므로 속도가 증가하면 점차 증가한다.
④ 유도항력은 하강풍인 유도기류에 의해 발생하므로 저속과 제자리 비행 시 가장 크며, 속도가 증가할수록 감소한다.

해설 항력은 속도제곱에 비례한다. 즉, 속도가 많아지면 항력도 커진다.

13 다음 비행장치에 작용하는 양력과 중력의 방향 설명 시 틀린 것은?

① 양력과 중력의 크기가 동일하면 Hovering이 된다.
② 중력이 커지면 착륙이 된다.
③ 양력이 커지면 이륙이 된다.
④ 양력이 커지면 착륙이 된다.

14 회전익 비행장치의 등속도 수평 비행을 하고 있을 때 작용하는 힘으로 맞는 조건은?

① 추력 = 항력, 양력 = 무게
② 추력 = 양력 + 항력
③ 추력 = 양력 + 항력 + 중력
④ 추력 = 양력 + 중력

정답　07.④　08.③　09.③　10.①　11.②　12.①　13.④　14.①

15 무인 회전익의 전진 비행 시 힘의 형식에 맞는 것은?
① 추력 〉 항력
② 무게 〈 양력
③ 양력 〉 추력
④ 항력 〈 양력

16 이륙거리를 짧게 하는 방법으로 적당하지 않은 것은?
① 추력을 크게 한다.
② 비행기 무게를 작게 한다.
③ 배풍으로 이륙을 한다.
④ 고양력장치를 사용한다.

해설 배풍(뒷바람)을 받고 이륙하면 이륙거리가 길어진다.

17 양력에 대한 설명 옳은 것은?
① 양력은 항상 중력의 반대방향으로 작용한다.
② 속도의 제곱에 비례하고 받음각의 영향을 받는다.
③ 속도의 변화가 없으면 양력의 변화가 없다
④ 유체의 흐름 방향에 대한 수평으로 작용하는 힘이다.

18 양력을 발생시키는 원리를 설명할 수 있는 법칙은?
① 파스칼 원리
② 에너지 보존법칙
③ 베르누이정리
④ 작용과 반작용법칙

19 날개에 작용하는 양력에 대한 설명으로 맞는 것은?
① 양력은 날개의 시위선 방향의 수직 아래 방향으로 작용한다.
② 양력은 날개의 받음각 방향의 수직 아래 방향으로 작용한다.
③ 양력은 날개의 상대풍이 흐르는 방향의 수직 아래 방향으로 작용한다.
④ 양력은 날개의 상대풍이 흐르는 방향의 수직 위 방향으로 작용한다.

20 다음 중 Hovering시 중력과 힘의 크기가 같은 것은 어느 것인가?
① 항력
② 양력
③ 추력
④ 공력

해설 Hovering이란 공중의 어느 한 지점에 전, 후, 좌, 우, 상, 하 움직임 없이 머무르는 기술로 중력과 크기가 같아야 하는 것은 양력이다.

21 멀티콥터와 같이 회전익의 로터(블레이드)가 회전하면서 공기 마찰에 의해 발생하는 항력은 무엇인가?
① 유도항력
② 유해항력
③ 형상항력
④ 총항력

해설 형상항력은 마찰성 저항으로 로터(블레이드)가 회전할 때 공기 마찰에 의해 발행하는 항력이다.

22 항공기를 비행 중에 상승시키고자 한다. 어떤 힘을 변화시켜야 하는가?
① 항력
② 양력
③ 중력
④ 추력

해설 상승시키는 힘은 양력이다.

정답 15.① 16.③ 17.② 18.③ 19.④ 20.② 21.③ 22.②

23 항공기나 드론에 작용하는 힘의 종류 중 양력이 커지면 증가하는 것은?

① 동력　　② 항력
③ 중력　　④ 추력

해설 양력이 커지면 그 커진 만큼 상대적으로 항력도 커진다.

24 무인멀티콥터의 비행특성이 아닌 것은?

① 수직이착륙
② 정지비행
③ 초음속비행
④ 횡진비행

25 다음 중 무인회전익비행장치가 고정익형 무인비행기와 비행특성이 가장 다른 점은?

① 우 선회비행　　② 정지비행
③ 좌 선회비행　　④ 전진비행

해설 회전익의 가장 큰 장점이자 차이점은 정지비행 즉 제자리비행(Hovering)이 가능한 것이다.

26 무인회전익 비행장치의 특징이 아닌 것은 무엇인가?

① 전진비행　　② 후진비행
③ 회전비행　　④ 배면 비행

27 지면효과에 대한 설명으로 맞는 것은?

① 공기흐름 패턴과 함께 지표면의 간섭의 결과이다.
② 날개에 대한 증가된 유해항력으로 공기흐름 패턴에서 변형된 결과이다.
③ 날개에 대한 공기흐름 패턴의 방해 결과이다.
④ 지표면과 날개 사이를 흐르는 공기흐름이 빨라져 유해항력이 증가함으로써 발생하는 현상이다.

해설 지면효과란 지면에 근접하여 운용 시 로터 하강풍이 지면과의 충돌로 양력 발생효율이 증대되는 현상이다.

28 지면효과를 받을 때의 설명 중 잘못된 것은?

① 받음 각이 증가한다.
② 항력의 크기가 증가한다.
③ 양력의 크기가 증가한다.
④ 같은 출력으로 많은 무게를 지탱할 수 있다.

29 지면효과에 대한 설명 중 가장 옳은 것은?

① 지면효과에 의해 회전날개 후류의 속도는 급격하게 증가되고 압력은 감소한다.
② 동일 엔진일 경우 지면효과가 나타나는 낮은 고도에서 더 많은 무게를 지탱할 수 있다.
③ 지면효과는 양력 감소현상을 초래하기는 하지만 항공기의 진동을 감소시키는 등 긍정적인 면도 있다.
④ 지면효과는 양력의 급격한 감소현상과 같은 헬리콥터의 비행성에 항상 불리한 영향을 미친다.

정답 23.② 24.③ 25.② 26.④ 27.① 28.② 29.②

30 지면효과를 통상 가장 많이 받을 수 있는 고도는?

① 지표면 위의 비행기 날개폭의 절반이하
② 지표면 위의 비행기 날개폭의 2배 고도
③ 비행기 날개폭의 4배 고도
④ 비행기 날개폭의 5배 고도

해설 지면효과는 날개폭 직경의 1/6이 되는 고도에서는 로터 추진력이 20% 증가되며, 날개폭 직경의 1/2이 되는 고도에서는 약 7%의 로터 추진력 증가율을 보인다.

31 멀티콥터나 무인회전익비행장치의 착륙 조작 시 지면에 근접 시 힘이 증가되고 착륙 조작이 어려워지는 것은 어떤 현상 때문인가?

① 지면효과를 받기 때문
② 전이성향 때문
③ 양력불균형 때문
④ 횡단류효과 때문

32 지면효과에 대한 설명으로 잘못된 것은?

① 지면효과가 발생하면 양력을 상실 해 추락한다.
② 기체의 비행으로 인해 밑으로 부는 공기가 지면에 부딪혀 공기가 압축되는 현상이다.
③ 지면효과가 발생하면 더 적은 동력으로 양력을 발생시킬 수 있다.
④ 지면효과가 발생하면 착륙하기 어려워지는 경우가 있다.

33 다음 중 지면효과를 받을 때의 현상과 거리가 먼 것은?

① 유도기류 속도가 감소한다.
② 유도항력이 감소한다.
③ 영각(받음각)이 증가한다.
④ 수직양력이 감소한다.

해설 영각(받음각)이 증가하므로 수직양력은 증가한다.

34 아래 설명은 어떤 원리를 설명하는 것인가?

메인 로터와 테일 로터의 상관관계
• 동축 헬리콥터의 아래 부분 로터는 시계방향으로 회전하고, 윗부분 로터는 반시계 방향으로 회전한다.
• 종렬식 헬리콥터의 앞부분 로터는 시계방향으로 회전하고 뒷부분 로터는 반시계 방향으로 회전한다.

① 토크 상쇄
② 전이성향 해소
③ 횡단류 효과 억제
④ 양력 불균형 해소

35 토크작용은 어떤 운동법칙에 해당되는가?

① 관성의 법칙
② 가속도의 법칙
③ 작용과 반작용의 법칙
④ 연속의 법칙

해설 회전하는 물체 즉 로터가 시계반대방향으로 회전할 때 이에 대한 반작용으로 기체는 시계방향으로 회전하려는 성질을 토크작용라고 한다.

정답 30.① 31.① 32.① 33.④ 34.① 35.③

36 운동하는 방향이 바뀌거나 다른 방향으로 옮겨지는 현상으로 토크작용과 토크작용을 상쇄하는 꼬리날개의 추진력이 복합되어 기체가 우측으로 편류하려고 하는 현상을 무엇이라 하는가?

① 전이성향　② 전이비행
③ 횡단류 효과　④ 지면효과

37 회전익비행장치가 제자리 비행 상태로부터 전진비행으로 바뀌는 과도적인 상태는?

① 횡단류 효과　② 전이 비행
③ 자동 회전　④ 지면 효과

해설 회전익 계통의 효율이 증대되어 제자리 비행에서 전진비행으로 전환되는 것.

38 대기 속도에 관한 설명으로 가장 올바른 것은?

① 지상에서 본 기체의 상대속도
② 지상에서 본 기류의 상대속도
③ 기체와 대기의 상대속도
④ GPS를 통해 측정한 속도

39 다음 중 멀티콥터나 회전익 항공기가 지면 가까이서 제자리비행을 할 때 나타나는 현상이 아닌 것은?

① 유도기류　② 익단 원형와류
③ 지면효과　④ 회전운동의 세차

해설 회전운동의 세차란 회전하는 물체에 힘을 가했을 때 힘을 가한 곳으로부터 90도 지난 지점에서 현상이 나타나는 것을 말한다.

40 공중의 한 지점에 일정한 고도와 방향을 유지하면서 공중에 머무는 비행술은?

① 제자리 비행　② 전진비행
③ 후진비행　④ 선회비행

41 다음은 지면효과를 받을 때의 설명이다. 틀린 것은?

① 영각이 증가한다.
② 멀티콥터의 무게를 유지하는데 효과적이다.
③ 하강기류가 지면과 충돌하고 그 속도가 느려 양력이 증가한다.
④ 항력이 증가하고 추력은 감소한다.

해설 항력이나 추력과는 관계없다.

42 Hovering 시 영향을 미칠 요소로 틀린 것을 고르시오.

① 자연풍의 영향
② 블레이드가 만들어 내는 자체 바람의 영향
③ 기온의 영향
④ 요잉 성능의 영향

43 앞으로 나아가려는 기체에 대해 그것을 밀어내려는 힘으로 옳은 것?

① 추력　② 양력
③ 항력　④ 중력

정답　36.①　37.②　38.③　39.④　40.①　41.④　42.④　43.③

44 기체에 작용하는 힘에 대한 설명 중 비행 중 기체에 작용하는 힘이 아닌 것은?

① 기체 속도에 따라 무게 중심에 기준으로 상승하는 힘을 양력이라 한다.
② 기체의 양력을 방해하는 힘을 중력이라 한다.
③ 항력을 이기고 전진하는 힘을 추력이라 한다.
④ 기체에 작용하는 힘은 CG 포인트보다는 추력이 우선한다.

45 무인비행장치에 작용하는 4가지 힘에 대한 설명 중 맞는 것을 고르시오.

① 추력(Thrust), 양력(Lift), 항력(Drag), 무게(Weight)
② 추력, 양력, 무게, 하중
③ 추력(Thrust), 모멘트(Moment), 항력(Drag), 중력(Weight)
④ 비틀림력(Torque), 양력(Lift), 항력(Drag), 중력(Weigh)

46 기체에 작용하는 힘에 대한 설명 중 비행 중 기체에 작용하는 힘이 아닌 것은?

① 기체 속도에 따라 무게중심 기준으로 상승하는 힘을 양력이라 한다.
② 기체의 양력을 방해하는 힘은 중력이다.
③ 항력을 이기고 전진하는 힘을 추력이라고 한다.
④ 기체에 작용하는 힘은 CG 포인트 보다는 추력이 우선한다.

정답 44.④ 45.① 46.④

04 멀티콥터의 비행특성

가. 멀티콥터의 구조와 특성

1 멀티콥터의 구조

멀티콥터는 통상 4개 이상의 동력 축(모터)과 수직 로터를 장착하여 각 로터에 의해 발생하는 반작용을 상쇄시키는 구조를 가진 비행체이다. 각각의 로터에 의한 반작용을 상쇄시키기 위해서 구조적으로 통상 짝수의 동력 축과 로터를 장착한다.(3개의 동력 축을 장착한 트라이콥터도 있다.)

1) 비행체
① 동체 구조물, 스키드, 로터, 모터, 컨트롤러
② **동력원** : 배터리
③ 비행제어기 및 센서 등

2) GCS(Ground Control Station), **조종기, 데이터 링크**

3) 탑재 임무장비
① **촬영용** : 카메라 짐벌
② **살포용** : 약제 살포장치 등

2 멀티콥터의 특성

구조가 간단하고, 부품수가 적으며, 구조적으로 안전성이 뛰어나서 초보자들도 조종이 쉽다. 헬리콥터는 주 로터와 테일 로터가 구조적으로 연결된 구조에 비해서 멀티콥터는 각 로터들이 독립적으로 모터에 의해 회전하는 차이가 있다. 헬리콥터에 비해 어느 한 부분의 문제가 될 시 상호 보상을 하는 역할을 한다.

나. 멀티콥터의 작용과 반작용의 원리

1 멀티콥터의 힘의 발생원리

1) 헬리콥터와 멀티콥터의 비교
① 기본적으로는 헬리콥터와 같아서 로터(회전체)가 발생하는 양력에 의함.
② 헬리콥터는 로터가 1개 또는 2개이지만 멀티콥터는 4, 6, 8개로 이것은 비행안정성이나 조종성에 큰 차이를 줌.

③ Single Rotor(헬리콥터) : 로터가 회전하면 그 반작용으로 기체와 로터가 반대방향으로 돌려고 하는 힘(Torque)이 발생하고 이를 상쇄시켜 주기 위하여 꼬리부분에 테일로터를 장착하여 역방향으로 힘을 가해 기체의 회전을 막아 줌.

그림 단일헬리콥터의 Torque

④ **멀티콥터** : 인접한 로터를 역방향으로 회전시켜 토크를 상쇄시킴. 따라서 테일 로터는 필요하지 않고 모든 로터가 수평상태에서 회전해 양력을 얻음.

2 멀티콥터의 작용과 반작용

1) 로터와 암에 작용한 힘

① 그림과 같이 고정된 축에 모터를 시계방향으로 회전시킬 경우 이 모터의 축에는 반시계방향의 반작용 하는 힘이 작용.

② 다음의 그림과 같이 암의 양 끝에 모터와 로터를 장착하고 두 모터와 로터를 똑같이 시계 방향으로 회전시키면 로터의 회전에 따른 반작용이 모터의 축에 작용하고, 이 반작용의 힘은 두 암이 만나는 중앙에서 서로 반대방향으로 작용하는 힘으로 만나게 되어 서로 상쇄됨.

그림 멀티콥터의 Torque 현상

③ 반대 방향으로 회전시키면 동일한 원리로 두 반작용에 의한 힘은 암의 가운데서 만나게

되어 상쇄됨.

④ 다음은 반대방향으로 상쇄되는 모터와 로터 쌍들을 X자 모양으로 교차시켜서 이어 놓으면 X자의 중심에서 역시 반작용들이 상쇄됨

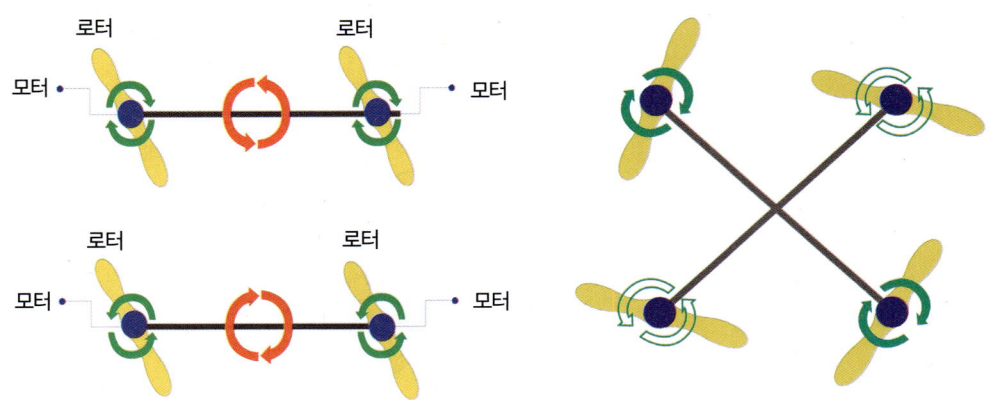

그림 멀티콥터의 Torque 상쇄

⑤ 로터들이 양력을 발생시켜도 동체 전체는 반작용 없이 안정되게 양력만 발생 가능하고, 이렇게 하여 전체 동력을 로터가 동일한 속도를 갖게 하면서 상승, 하강함.

2) 멀티콥터의 형태적 구조

① X자 형태를 기본으로 4개(Quad‑Copter), 6개(Hexa‑Copter), 8개(Octo‑Copter)임.

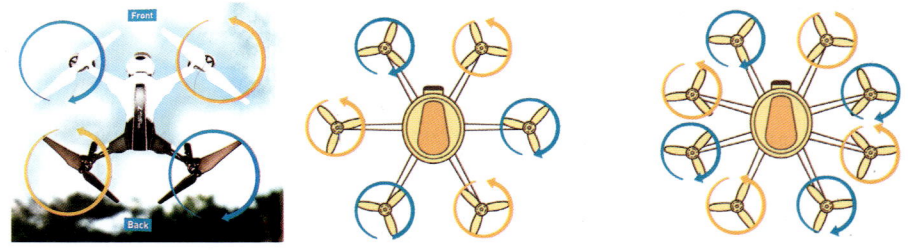

② 이에 비해 기본을 +(십자형)으로 한 구조도 있음.

다. 멀티콥터의 전·후진 및 좌·우측 비행원리

헬리콥터와 같이 회전면의 경사에 의하여 경사가 이루어지는 방향으로 이동한다. 회전면의 경사는 앞, 뒤, 좌, 우 모터의 회전수를 상대적으로 빠르게 또는 느리게 회전하게 하여 회전면의 경사를 이루게 된다.(상대적인 것이다.)

1 이동

1) 전, 후진(엘리베이터) 이동

① 앞의 모터보다 뒤쪽의 모터 회전수를 빠르게 하여 회전면이 앞으로 기울어지도록 하면 전진이 되고 후진은 반대.

② 회전속도가 빠른 뒤쪽이 올라가고 속도가 낮은 앞쪽이 내려감으로 기체가 앞으로 기울어지면서 앞으로 나아가고 반대로 하면 뒤로 이동함.

그림 전진(피치)의 원리

2) 좌, 우(에일러론) 이동

① 좌, 우 이동의 원리도 전, 후진 원리와 같이 좌측으로 이동 시 좌측 두 개의 모터 회전수를 느리게 하고 우측 두 개의 모터 회전수를 빠르게 하여 회전면이 좌측 또는 우측으로 경사지게 하면 이동.

② 회전속도가 빠른 좌측이 올라가고 속도가 낮은 우측이 내려감으로서 기체가 옆으로 기울어진 상태에서 기체는 평행하게 좌, 우측으로 이동.

그림 좌, 우측 이동(Roll)의 원리

2 선회

1) 좌, 우 선회(러더)

① 좌측 선회는 오른쪽으로 회전하는 모터의 회전속도가 왼쪽으로 회전하는 모터보다 빠르면 기체 전체가 좌측으로 회전하게 되며, 우측 선회는 반대의 원리.

② 오른쪽으로 회전하는 로터의 회전속도가 왼쪽으로 회전하는 로터보다 빠르면 기체 전체가 왼쪽으로 돌아가고, 반대로 좌회전이 우회전보다 빠르면 우측으로 돌아감.

그림 좌측선회(Yaw)의 원리

※ 참고적으로 위에서 멀티콥터의 조종장치 설명 시 스로틀, 러더, 에일러런, 엘리베이터라는 용어를 사용하였다. 정확히 설명하면 이 용어들은 고정익 비행기에서 사용하는 용어로서 종전 RC 헬리콥터에서 사용하던 것을 그대로 옮겨서 사용하고 있다. 그러나 멀티콥터는 명확히 회전익이고 용어사용에도 앞으로 발전시킬 필요가 있는 분야이다.

- 현재 사용 용어의 구분 : 비행기 조종장치의 용어를 사용 중이다.

- 정확한 용어 : 전환이 필요하다.
    ① **Throttle** : 왼쪽 스틱의 상, 하 조작으로 이, 착륙 조작.(현행과 동일하게 사용)
    ② **Yaw** : 왼쪽 스틱의 좌, 우 조작으로 좌, 우 방향 전환(현 Rudder → Yaw로 전환)
    ③ **Pitch** : 오른쪽 스틱의 상, 하 조작으로 전, 후진 조작(현 Elevator → Pitch로 전환)
    ④ **Roll** : 오른쪽 스틱의 좌, 우 조작으로 좌, 우 이동(현 Aileron → Roll로 전환)

그림 조종 장치 용어

section OX

1. 멀티콥터의 로터가 6개인 멀티콥터를 Octo copter이라 한다.	X Hexa copter
2. 멀티콥터 암의 한쪽 끝에 모터와 로터를 장착하여 운용할 때 반대쪽에 작용하는 힘의 법칙은 연속의 법칙이라 한다.	X 작용과 반작용의 법칙
3. 멀티콥터는 작용과 반작용에 의해 발생하는 토크현상을 인접한 로터끼리 상쇄시키는 구조이다.	O
4. 쿼드 멀티콥터의 전진비행 시 날개의 회전속도는 앞의 두 개보다 뒤의 두 개가 빨리 회전한다.	O
5. 멀티콥터가 공중으로 뜨는 힘은 기본적으로 헬리콥터와 같아 로터가 발생시키는 양력에 의한다.	O

출제예상문제

01 멀티콥터의 로터가 6개인 멀티콥터를 무엇이라 하는가?
① Quad copter
② Tri copter
③ Hexa copter
④ Octo copter

> 해설 ① Quad copter : 4개
> ② Tri copter : 3개   ④ Octo copter : 8개

02 다음 중 옥토콥터의 로터 개수는?
① 3개   ② 4개
③ 6개   ④ 8개

> 해설 • 트라이 콥터 : 3개   • 쿼드콥터 : 4개
> • 헥사콥터 : 6개   • 옥토콥터 : 8개

03 초경량 비행장치 중 프로펠러가 4개인 멀티콥터를 무엇이라 부르는가?
① 옥토콥터
② 헥사콥터
③ 쿼드콥터
④ 트라이콥터

> 해설 트라이 콥터(3개), 쿼드콥터(4개), 헥사콥터(6개), 옥토콥터(8개), 데카콥터(10개), 도데카콥터(12개), 데카헥사콥터(10+6=16개), 데카옥토콥터 (10+8=18개)

04 멀티콥터 암의 한쪽 끝에 모터와 로터를 장착하여 운용할 때 반대쪽에 작용하는 힘의 법칙은 무엇인가?
① 관성의 법칙
② 가속도의 법칙
③ 작용과 반작용의 법칙
④ 연속의 법칙

05 멀티콥터의 이동방향이 아닌 것은?
① 전진   ② 후진
③ 회전   ④ 배면

06 무인동력비행장치의 전, 후진비행을 위하여 어떤 조종장치를 조작하는가?
① 스로틀   ② 피치
③ 롤   ④ 요우

> 해설 • 스로틀 – 이, 착륙
> • 롤 – 좌, 우 이동
> • 요우 – 좌, 우 선회

07 무인동력비행장치의 수직 이, 착륙비행을 위하여 어떤 조종장치를 조작하는가?
① 스로틀   ② 피치
③ 롤   ④ 요우

08 멀티콥터의 수직착륙 시 조종방법은?
① 스로틀 상승
② 스로틀 하강
③ 피치 전진
④ 피치 후진

09 멀티콥터의 Heading을 원 선회 중심을 향한 상태에서 선회하기 위해 필요한 키의 조합으로 가장 적절한 것은?(단 무조작에서 기체 고도는 일정하다고 가정한다.)
① 스로틀, 롤
② 롤, 요우
③ 요우, 피치
④ 피치, 스로틀

정답 01.③   02.④   03.③   04.③   05.④   06.②   07.①   08.②   09.③

10 X자형 멀티콥터가 우로 이동 시 로터는 어떻게 회전 하는가?

① 왼쪽은 시계방향으로, 오른쪽은 하단에서 반시계 방향으로 회전한다.
② 왼쪽은 반시계방향으로, 오른쪽은 하단에서 반시계 방향으로 회전한다.
③ 왼쪽 2개가 빨리 회전하고, 오른쪽 2개는 천천히 회전한다.
④ 왼쪽 2개가 천천히 회전하고, 오른쪽 2개는 빨리 회전한다.

11 멀티콥터의 이동비행 시 속도가 증가될 때 통상 나타나는 현상은?

① 고도가 올라간다.
② 고도가 내려간다.
③ 기수가 좌로 돌아간다.
④ 기수가 우로 돌아간다.

12 쿼드 X형 멀티콥터가 전진비행 시 모터(로터포함)의 회전속도 변화 중 맞는 것은?

① 앞의 두 개가 빨리 회전한다.
② 뒤의 두 개가 빨리 회전한다.
③ 좌측의 두 개가 빨리 회전한다.
④ 우측의 두 개가 빨리 회전한다.

13 멀티콥터 조종 시 옆에서 바람이 불고 있을 경우, 기체 위치를 일정하게 유지하기 위해 필요한 조작으로 가장 알맞은 것은?

① 스로틀을 올린다.
② 피치를 조작한다.
③ 롤을 조작한다.
④ 랜딩기어를 내린다.

14 멀티콥터의 기체특성으로 올바른 것은? 단, 회전익의 피치는 고정되어 있다는 것으로 간주한다.

① 좌우로 이동할 수 없다.
② 후진할 수 없다.
③ 요잉을 할 수 없다.
④ 급격한 강하를 할 수 없다.

15 헥사콥터의 로터 하나가 비행 중에 회전수가 감소될 경우 발생할 수 있는 현상으로 가장 가능성이 높은 것은?

① 전진을 시작한다.
② 상승을 시작한다.
③ 진동이 발생한다.
④ 요잉현상을 발생하면서 추락한다.

해설 요잉 : 기수의 좌, 우 운동

16 멀티콥터(고정피치)의 조종방법 중 가장 위험을 동반하는 것은?

① 수직으로 상승하는 조작
② 요잉을 반복하는 조작
③ 후진하는 조작
④ 급강하하는 조작

해설 급강하하는 조작이 가장 위험을 동반한다.

정답 10.③ 11.② 12.② 13.③ 14.④ 15.④ 16.④

17 멀티콥터의 비행원리 설명 중 틀린 것은?

① 공중으로 뜨는 힘은 기본적으로 헬리콥터와 같아 로터가 발생시키는 양력에 의한다.
② 멀티콥터는 인접한 로터를 역방향으로 회전시켜 토크를 상쇄 시킨다.
③ 멀티콥터는 테일 로터는 필요하지 않고 모든 로터가 수평상태에서 회전해 양력을 얻는다.
④ 멀티콥터도 상호 역방향 회전으로 토크를 상쇄시킨 결과 헬리콥터와 같이 이륙 시 전이성향이 나타난다.

해설 급강하는 조작이 가장 위험을 동반한다. 인접한 로터를 역방향으로 회전시킴으로서 전이성향은 나타나지 않는다.

18 무인 멀티콥터가 이륙할 때 필요 없는 장치는 무엇인가?

① 모터　　② 변속기
③ 배터리　④ GPS

해설 GPS는 비행간 위치를 조절해 주는 장치이다.

19 '피루엣'에 대한 설명으로 가장 적절한 것을 고르시오.

① 전진하는 것
② 후퇴하는 것
③ 회전하는 것
④ 자연 낙하하는 것

정답　17.④　18.④　19.③

05 항공기 조종특성

가. 항공기의 축과 운동

그림 항공기의 축

1 균형점 즉 무게 중심점

힘의 균형을 이루는 균형점 즉 무게 중심점, 모든 항공기는 무게중심점을 통과하는 축이 형성되고 이축을 중심으로 서로 90°의 각을 형성한다. (위의 그림에서 가운데 점)
- **무게 중심점 값** = 총 모멘트 ÷ 총 무게
- 무게 중심점은 한 지점이지만 전, 후 좌, 우로 허용 한계치가 있다.
- 이를 무게 중심점 한계라 하며 제작사에서 지정한다.

2 가로축 (Lateral axis)

항공기의 왼쪽에 무게 중심점을 통과하여 오른쪽 끝을 연하는 선으로 항공기는 기수의 상하 운동을 하고 이를 종요 또는 **피칭**(Pitching)이라 하며 승강타로 조종한다.

3 세로축 (Longitudinal axis)

항공기의 기수에서 꼬리를 연하는 축으로 항공기는 세로축을 중심으로 좌우운동을 하고 이를 횡요 또는 **롤링**(Rolling)이라고 하며 보조날개에 의해 조종된다.

4 수직축 (Vertical axis)

항공기의 위쪽에서 무게중심점을 통과하여 아래쪽에 이르는 축으로 이축을 중심으로 기수의 좌우운동을 하고 이를 **편요** 또는 요잉(Yawing)이라 하며 방향키로 조종한다.

나. 안정과 안정성

1 모멘트(Moment)

항공기의 운동은 무게중심을 기준으로 이루어진다. 무게중심에 대하여 회전하려는 것을 모멘트라 하며, 모멘트는 힘과 그 힘이 작용하는 거리를 곱한 크기라고 할 수 있다. 즉 수평선상에 놓여 있는 한 물체가 기준점으로부터 일정거리 선상에서 받는 힘을 말한다.

2 안정

안정과 조종은 항공기 특성 가운데 가장 중요한 부분이라 할 수 있으며, 항공기가 안전하고도 효율적으로 운용되기 위해서는 초기 설계 시부터 중요하게 다루어야 한다.

1) 정적 안정
① 평형상태로부터 벗어난 뒤에 어떠한 형태로든 움직여서 원래의 평형상태로 되돌아가려는 항공기의 초기 경향을 말함.
② 어떤 물체가 평형상태에서 벗어난 뒤에 다시 평형상태로 되돌아가려는 경향.

2) 동적 안정
① 시간이 지남에 따라서 운동이 어떻게 변화하는가를 말하는 것.
② 어떤 물체가 평형상태에서 이탈된 후 시간이 지남에 따라 나타나는 운동의 변화를 설명해 주는 것.
③ 즉, 항공기의 균형이 상실된 후 항공기에 나타나는 전체적인 경향으로 시간의 변화에 따른 통제된 기능의 변화임.

3 안정성

안전성은 항공기가 일정한 비행 상태를 계속해서 유지할 수 있는 정도를 말한다. 즉 물체의 평형이 방해를 받을 때 물체의 반작용이 안정성으로 고려된다. 안전성에는 세로 안정성, 가로 안정성, 방향 안정성이 있다.

1) 세로 안정성(Longitudinal stability)
① 가로축에 대한 항공기의 운동을 안정시키는 것 : Pitching
② 세로로 불안정한 항공기는 기수가 들림 또는 숙여짐에 따라 매우 깊은 각으로 점점 급강하 또는 급상승하려는 경향이 발생.

2) 가로 안정성(Lateral stability)
① 세로축에 대한 항공기의 운동을 안정시키는 것으로 Rolling.
② 어느 한쪽 날개가 반대쪽보다 낮아졌을 때 가로 또는 옆 놀이 효과를 안정시킴.

3) 방향 안정성(Direction stability)

① 수직축에 대한 항공기의 운동을 안정시키는 것으로 Yawing.
② 항공기의 수직안정판 또는 무게 중심 후방의 동체 측면은 방향안정의 주요소.

다. 조종

1 수평비행

항공기를 수평으로 조종하기 위해서는 이용 동력과 필요 동력과의 관계를 적절하게 조절하면서 필요한 조종면을 작동한다. 수평비행을 위해서는 스로틀과 승강타를 조작한다.

2 상승비행

수평 직진비행 상태에서 상승비행으로 전환 시 받음각을 증가시켜 양력을 증가시킨다. 이 순간 양력은 무게보다 커져 항공기는 상승한다. 동력의 변화가 없으면 속도 감소현상을 초래한다.

3 강하비행

강하비행을 위하여 항공기 기수가 낮아질 대 받음각은 감소하고 양력이 감소한다. 이는 하향 비행경로에 진입했을 때 항공기의 무게보다 양력이 순간적으로 작아지기 때문이다. 양력과 무게사이의 불균형은 항공기를 강하시키는 원인이 된다.

4 선회비행

선회비행을 위해서는 도움날개를 이용하여 선회하고자 하는 방향으로 비행기를 경사시켜야 한다. 이런 경우를 선회경사각으로 **롤 인**(Roll in)한다고 하며, 선회가 끝나고 직선비행으로 되돌아오는 경우를 **롤 아웃**(Roll out)이라고 한다.

5 실속(Stall)

항공기의 받음각이 증가함에 따라 날개의 윗면을 흐르는 공기 흐름이 조기에 분리되어 형성된 와류가 급속히 날개 전체로 확산되어 더 이상 양력을 발생하지 못하는 임계 받음각에 도달하고 임계받음각은 항공기의 설계에 따라 16~20도 정도가 된다.
실속의 직접적인 원인은 **과도한 받음각**이다. 실속은 무게, 하중계수, 비행속도 또는 밀도고도에 관계없이 항상 같은 받음각에서 실속이 발생한다.
임계받음각을 초과할 수 있는 경우는 고속비행, 저속비행, 깊은 선회비행 등이다.

6 스키드와 슬립

1) 스키드
항공기가 충분한 경사각을 사용하지 않고 선회하는 비행 기동을 말한다. 선회하는 항공기에서 발생하는 원심력은 내부로 향하는 양력에 의해서 상쇄되지 못하고, 항공기는 정확한 선회비행 경로로부터 외부로 미끄러진다.

2) 슬립
슬립은 비행기가 선회할 때 선회 중심 쪽으로 미끄러지는 현상이다.

7 하중계수

항공기나 비행장치에 작용하는 하중과 중량과의 비를 말한다. 통상 항공기나 헬리콥터, 비행장치 등이 동 고도로 선회를 할 때 작용하는 총 하중계수의 계산은 45도 경사를 가지고 비행 시 총 중량의 1.5배, 60도 경사를 가지고 비행 시 2배의 총 하중계수를 갖는다.

8 비정상적인 착륙 방법

1) **하드 랜딩**(Hard Land) : 수직속도가 남아 있어 강한 충력으로 착륙하는 현상.
2) **바운싱**(Bouncing) : 부적절한 착륙자세나 과도한 침하율로 인하여 착지 후 공중으로 다시 떠오르는 현상
3) **프로팅**(Floating) : 접근속도가 정상접근 속도보다 빨라 침하하지 않고 떠 있는 현상.
4) **복행** : 착륙 접근 중 안전에 문제가 있다고 판단하여 다시 이륙하는 것.

9 기타

1) **자체 중량**(Empty Weight) : 순수한 항공기 또는 멀티콥터의 무게로서 항공기 기체, 엔진, 엔진라인에서 제거할 수 없는 오일 및 연료, 최초 제작시의 기본 부품 등이 포함된다. 멀티콥터의 자체 무게에서 배터리를 포함한 무게를 말한다.

2) **이륙중량**(Take off Weight) : 항공기 또는 멀티콥터의 이륙 시의 총 중량이다. 자체 중량(Empty Weight)에 가용 하중(Useful Load)을 더한 무게이다. 쉽게 예를 들면 방제 살포용의 이륙중량은 살포물량을 포함한 무게이고, 촬영용은 카메라와 짐벌 모두를 장착하여 이륙 시 의 무게이다.

3) **프로펠러**(Propeller)
   ① 비행기, 선박 등에서 엔진의 회전력을 추진력으로 바꾸는 장치를 통칭한다.(위키백과사전)

② 항공기·선박에 추력(推力)을 부여하는 장치(네이버 사전)
③ 회전력을 추력(전진력)으로 바꾸어 비행기나 선박을 추진시키는 장치(과학백과사전)
∴ 프로펠러는 회전력(회전하는 힘)을 추력 즉 추진력(전진력)으로 바꾸는 구조물(장치)이다. 따라서 프로펠러는 비행기 날개 앞부분 또는 선박의 뒷부분 아래에서 기울기가 수직으로 되어 추진력을 얻을 수 있도록 장착된 것을 말한다.

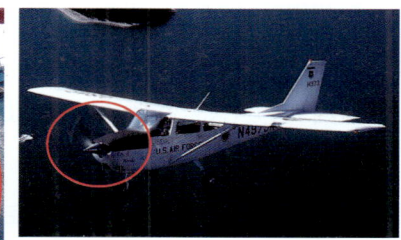

4) 로터(Rotor)

① 양력과 추력 대부분을 얻는다.(위키백과사전)
② 헬리콥터 회전익부분의 총칭. 양력이나 추력을 발생시키는 로터가 부착된 허브를 포함하여 수평면에 장착된 길고 좁은 에어포일이나 날개로 구성된 모두 개. 수직면, 수평면내에서 회전하는 주로부터 부수되는 유사장치.(항공우주공학사전)
∴ 로터는 회전력(회전하는 힘)으로 양력과 추력을 발생시키는 구조물(장치)이다. 따라서 로터는 헬리콥터나 멀티콥터 회전축과 같이 위쪽 방향으로 향하도록 장착되어 양력을 얻도록 되어 있는 것을 말한다.

section OX

1. 항공기 3개의 축이 만나는 지점을 균형점 즉 무게중심점이라고 한다.	O
2. 가로축은 기수의 상하운동으로서 Rolling라고 한다.	X Pitching
3. 평형상태로부터 벗어난 뒤에 어떠한 형태로든 움직여서 원래의 평형상태로 되돌아가려는 항공기의 초기 경향을 동적안정이라고 한다.	X 정적안정
4. 세로 안정성(Longitudinal stability)은 가로축에 대한 항공기의 운동을 안정시키는 것으로 Pitching이다.	O
5. 실속의 직접적인 원인은 과도한 받음각이다.	O
6. 하중계수는 항공기나 비행장치에 작용하는 하중과 중량과의 비를 말하다.	O
7. 하드 랜딩(Hard Land)은 수직속도가 남아 있어 강한 충력으로 착륙하는 현상을 말한다.	O

출제예상문제

01 항공기에 작용하는 세 개의 축이 교차되는 곳은 어디인가?

① 무게 중심
② 압력 중심
③ 가로축의 중간지점
④ 세로축의 중간지점

해설 공중에서 움직이는 비행체(=항공기)는 힘의 균형을 이루는 균형점 즉 무게의 중심점이 있으며, 모든 비행체(=항공기)는 무게 중심점(CG)을 통과하는 축이 형성된다.

02 세로 안정성과 관계있는 운동은 무엇인가?

① Yawing
② Rolling
③ Pitching
④ Rolling & Yawing

해설 세로 운동은 Rolling 이나 이를 안정시켜 주는 세로 안정성은 Pitching이다.

03 안정성에 관하여 연결한 것 중 틀린 것은?

① 가로 안정성 - rolling
② 세로 안정성 - pitching
③ 방향 안정성 - yawing
④ 방향안정성 - rolling & yawing

04 고유의 안정성이란 무엇을 의미하는가?

① 이착륙 성능이 좋다.
② 실속이 되기 어렵다.
③ 스핀이 되지 않는다.
④ 조종이 보다 용이하다.

해설 안정성 : 항공기가 일정한 비행 상태를 계속해서 유지할 수 있는 정도를 말한다.

05 실속에 대한 설명으로 가장 올바른 것은?

① 기체를 급속하게 감속시키는 것을 말한다.
② 땅 주위를 주행 중인 기체를 정지 시키는 것을 말한다.
③ 날개가 실속 받음각을 초과하여 양력을 잃는 것을 말한다.
④ 대기속도계가 고장이 나서 속도를 알수 없게 되는 것을 말한다.

06 실속에 대한 설명 중 틀린 것은?

① 실속의 직접적인 원인은 과도한 받음각이다.
② 실속은 무게, 하중계수, 비행속도 또는 밀도고도에 관계없이 항상 다른 받음각에서 발생한다.
③ 임계 받음각을 초과할 수 있는 경우는 고속비행, 저속비행, 깊은 선회비행 등이다.
④ 선회비행 시 원심력과 무게의 조화에 의해 부과된 하중들이 상호 균형을 이루기 위한 추가적인 양력이 필요하다.

해설 실속은 무게, 하중계수, 비행속도 또는 밀도고도에 관계없이 항상 같은 받음각에서 실속이 발생한다.

07 25kg의 비행장치가 60도 경사로 동 고도 선회 시 총 하중계수는 얼마인가?

① 25kg
② 37.5kg
③ 50kg
④ 77.5kg

해설 45도 경사는 1.5배, 60도 경사는 2배이다.

정답 01.① 02.③ 03.④ 04.④ 05.③ 06.② 07.③

08 '실속' 의 설명으로 맞는 것을 고르시오.

① 기체를 급격히 감속한 것
② 지상에서 주행 중인 기체를 정지한 것
③ 날개가 임계각을 초과하여 양력을 상실함
④ 대기 속도계의 고장으로 속도를 알 수 없게 된 것

09 착륙 접근 중 안전에 문제가 있다고 판단하여 다시 이륙하는 것을 무엇이라 하는가?

① 하드랜딩　② 복행
③ 플로팅　　④ 바운싱

해설
- 하드랜딩 : 수직속도가 남아 있어 강한 충격으로 착륙(지) 하는 현상
- 바운싱 : 부적절한 착륙자세나 과도한 침하율로 인하여 착지 후 공중으로 다시 떠오르는 현상
- 플로팅 : 접근 속도가 정상접근 속도보다 빨라 침하하지 않고 떠 있는 현상

10 총 무게가 30kg인 비행장치가 45도 경사로 동 고도로 선회할 때 총 하중계수는 얼마인가?

① 30kg　② 45kg
③ 50kg　④ 60kg

11 회전익비행장치의 유동력 침하가 발생될 수 있는 비행조건이 아닌 것은?

① 깊은 각(300feet per minute)으로 접근 시
② 배풍접근 시
③ 지면효과 밖에서 호버링을 하는 동안 일정한 고도를 유지하지 않을 때
④ 편대비행 접근 시

12 다음 물리량 중 벡터 량이 아닌 것은?

① 속도　　② 가속도
③ 중량　　④ 질량

해설 벡터량은 크기와 방향을 나타내며, 속도, 가속도, 중량, 양력, 항력 등이 포함되며, 스칼라량은 크기를 나타내며, 질량, 부피, 길이, 면적 등이 포함된다.

13 측풍착륙(Cross wind Landing)의 종류가 아닌 것은?

① 크랩착륙　　② 사이드슬립착륙
③ 디크랩착륙　④ 포워드슬립착륙

해설 측풍 접근 및 착륙 기법에는 크랩 방법과 윙로 방법을 중심으로 ① 크랩, ② 윙로(사이드슬립), ③ 플래어 중 디크랩, ④ 크랩-윙로 등과 같이 4가지 기법이 있다.
[출처: https://sciencebooks.tistory.com/1301]

14 비행장치의 무게중심은 어떻게 결정할 수 있는가?

① CG = TA × TW(총 암과 총 무게를 곱한 값이다.)
② CG = TM ÷ TW(총 모멘트를 총 무게로 나누어 얻은 값이다.)
③ CG = TM ÷ TA(총 모멘트를 총 암으로 나누어진 값이다.)
④ CG = TA ÷ TM(총 암을 모멘트로 나누어 얻은 값이다.)

해설 CG(무게중심)
　　= TM(총 모멘트) ÷ TW(총 무게)

정답 08.③　09.②　10.②　11.③　12.④　13.④　14.②

15 다음은 비행 중 세로축으로 뱅크시킨 기체에 나타난 현상이다. 맞는 것은 무엇인가?

① 뱅크시킨 기체는 엔진 또는 모터가 회전하는 한 속도와 관성이 있으므로 선회를 지속한다.
② 뱅크시킨 기체는 모터가 회전하는 한 속도와 관성이 있으므로 직진한다.
③ 합력의 방향이 아래를 향함으로 기수가 내려간다.
④ 뱅크를 주더라도 상반각으로 인해 복원한다.

16 비행장치의 착륙거리를 짧게 하는 방법 중 틀린 것은?

① 착륙무게를 가볍게 한다.
② 접지속도를 작게 한다.
③ 배풍으로 착륙한다.
④ 항력을 크게 한다.

17 동력장치의 출력과 비행고도의 관계를 설명한 것으로 적절하지 않는 설명은?

① 과급기가 없는 피스톤 엔진은 고도가 높아짐에 따라 출력이 급격히 감소한다.
② 엔진의 출력이 고도에 따라 변화하는 주된 이유는 공기의 밀도 변화이다.
③ 전기 동력이 사용되는 고정피치 프로펠러 비행기는 고도가 높아지더라도 추력의 변화가 없다.
④ 가스터빈 엔진을 장착한 항공기도 고도가 높아질수록 출력이 낮아진다.

정답 15.① 16.③ 17.③

Top Secret Note

1. 날개 이론

- 항공기나 헬리콥터나 멀티콥터 등이 공중으로 뜨는 것은 날개의 상하부 공기흐름의 압력차이로 뜰 수 있다.
- **날개**란 공기 속을 통과할 때 공기흐름에 반작용을 일으킬 수 있도록 고안된 것으로 항공기를 부양시키는 양력발생, 수평/수직 안정판과 같이 안정성을 제공하며 항공기의 조종과 추진력을 발생하게 한다.
- **회전익 항공기 날개의 특징**은 마스트(중앙)를 기준으로 로터의 중앙(익근)으로부터 끝단(익단)까지의 꼬임각은 다르다.(양력불균형 해소)
- **양력**이란 비행방향의 반대방향인 공기흐름의 속도방향과 날개의 시위선이 만드는 사이 각
- **취부각** 즉 붙임각이란 날개의 익현선과 로터 회전면(익단 경로면)이 이루는 각을 말하며 공기역학적인 반응에 의해 형성되는 각이 아니라 기계적인 각으로 통상 Blade pitch각이라 한다.
- **압력중심**이란 날개표면에 작용하는 분포된 압력의 힘으로 한 점에 작용한다고 가정할 때 이 힘의 작용점을 말한다.
- **공력중심**이란 날개의 피칭 모멘트 값이 영각으로 변화하더라도 그 점에 관한 모멘트 값이 거의 변화하지 않는 가성의 점으로 공기력의 중심이 되는 곳이다.
- 유도기류란 공기가 로터 블레이드의 움직임에 의해 변화된 하강기류를 뜻한다.

2. 뉴턴의 운동법칙과 양력발생원리

- **정지관성** : 정지하고 있는 물체는 계속 정지하려는 성질을 가지는 것이다.
- **운동관성** : 움직이는 물체는 외부의 힘이 가해질 때 까지 같은 방향, 같은 속도를 유지하려는 성질을 가지는 것이다.
- **작용과 반작용의 법칙**이란 모든 작용은 힘의 크기가 같고 방향이 반대인 반작용을 수반하는 법칙으로 회전익 항공기나 멀티콥터의 로터에서 직접적으로 작용하는 현상이다.
- **정압**(Static Pressure) : 유체 속에 잠겨 있는 어느 한 지점에는 상/하, 좌/우 방향에 관계없이 일정하게 작용하는 압력을 말한다.
- **베르누이 정리**는 유체의 속도가 증가하면 정압이 감소한다.
- **멀티콥터의 양력발생크기**는 고정된 날개의 Pitch 각에 모터의 회전수에 의해 조절한다.

Top Secret Note

3. 회전익항공기의 비행특성

- 항공기나 드론에 작용하는 힘의 종류(방향)는 양력, 중력(=무게, 중량), 추력, 항력이 있다.
- 양력은 항공기나 드론을 뜨게 하는 힘이다.
- 회전익 항공기의 비행 특성은 제자리비행 가능, 측면 및 후진비행 가능, 수직 이착륙 가능, 최대속도 제한, 동적 불안정 등이다.
- 멀티콥터에 양력의 불균형이 발생하면 요잉현상을 일으키며 추락한다.
- **제자리 비행**(Hovering)은 공중의 한 지점에서 전후좌우 편류없이 일정한 고도와 방향을 유지하면서 가만히 머무르는 비행을 말한다.
- **지면효과**(Ground Effect)란 지면에 근접하여 운용 시 로터 하강풍이 지면과의 충돌로 인하여 양력발생효율이 증대되는 현상이다.
- 지면효과를 받기 시작하는 고도는 날개폭 크기 길이의 거리부터 작용한다.
- **토크(Torque) 작용**이란 동체(기체)가 회전 반대방향으로 회전하려는 성질이다. 또한 토크작용은 작용과 반작용의 법칙에 해당된다.
- **전이성향**이란 운동하는 방향이 바뀌거나 다른 방향으로 옮겨지는 현상이다.
- **회전운동의 세차**란 회전하는 물체에 힘을 가했을 때 힘을 가한 곳으로부터 90° 지난 지점에서 현상이 나타나는 현상이다.

4. 멀티콥터의 비행특성

- **멀티콥터의 특성**은 구조가 간단하고, 부품수가 적으며, 구조적으로 안전성이 뛰어나서 헬리콥터에 비해 초보자들도 조종이 쉽다.
- 멀티콥터는 인접한 로터를 역방향으로 회전시켜 토크를 상쇄시킴. 따라서 테일 로터는 필요하지 않고 모든 로터가 수평상태에서 회전해 양력을 얻음
- 멀티콥터의 형태적 구조는 X자 형태를 기본으로 4개(Quad-Copter), 6개(Hexa-Copter), 8개(Octo-Copter), 12개(Dodeca) 등이 있다.
- **멀티콥터 조종장치 용어**
  ① **Throttle** : 왼쪽 스틱의 상, 하 조작으로 이, 착륙 조작
  ② **Rudder(Yaw)** : 왼쪽 스틱의 좌, 우 조작으로 좌, 우 방향 전환
  ③ **Elevator(Pitch)** : 오른쪽 스틱의 상, 하 조작으로 전, 후진 조작
  ④ **Aileron(Roll)** : 오른쪽 스틱의 좌, 우 조작으로 좌, 우 이동
- 멀티콥터의 이동비행은 회전면의 경사가 기울어지는 방향으로 이동하는 것은 헬리콥터와 동일하나 기울어지는 방법이 다르다. 즉 전진 시는 앞의 두 개 날개보다 뒤쪽의 날개 두 개를 빨리 회전시켜 회전면이 앞으로 기울도록 하여 전진비행이 된다.
- 멀티콥터의 이동방향 중 산업용은 배면 이동이 불가능하다. 전복된다.
- 멀티콥터의 이동비행 시 속도가 증가될 때 통상 고도가 낮아진다.

5. 항공기 조종특성

- **가로축**(Lateral axis)은 항공기의 왼쪽에 무게 중심점을 통과하여 오른쪽 끝을 연하는 선으로 항공기는 기수의 상하운동을 하고 이를 종요 또는 Pitching이라고 한다.
- **세로축**(Longitudinal axis)은 항공기의 기수에서 꼬리를 연하는 축으로 항공기는 세로축을 중심으로 좌우운동을 하고 이를 횡요 또는 Rolling이라고 한다.
- **수직축**(Vertical axis)은 항공기의 위쪽에서 무게중심점을 통과하여 아래쪽에 이르는 축으로 이축을 중심으로 기수의 좌우운동을 하고 이를 편요 또는 Yawing이라고 한다.
- **안전성**은 항공기가 일정한 비행 상태를 계속해서 유지할 수 있는 정도를 말한다.
- **세로 안정성**(Longitudinal stability)은 가로축에 대한 항공기의 운동을 안정시키는 것으로 Pitching이다.
- **가로 안정성**(Lateral stability)은 세로축에 대한 항공기의 운동을 안정시키는 것으로 Rolling이다.
- **방향 안정성**(Direction stability)은 수직축에 대한 항공기의 운동을 안정시키는 것으로 Yawing이다.
- **하중계수**는 항공기나 비행장치에 작용하는 하중과 중량과의 비를 말하며, 총 하중계수의 계산은 45도 경사를 가지고 비행 시 총 중량의 1.5배, 60도 경사를 가지고 비행 시 2배의 총 하중계수를 갖는다.
- 비정상적인 착륙방법 중 하드 랜딩(Hard Land)은 수직속도가 남아 있어 강한 충력으로 착륙하는 현상이며, 복행은 착륙 접근 중 안전에 문제가 있다고 판단하여 다시 이륙하는 것이다.

항공기상

Section 1. 지구과학과 대기
Section 2. 기온과 습도
Section 3. 대기압과 일기도
Section 4. 바람
Section 5. 구름과 강수
Section 6. 안개와 시정
Section 7. 기단과 전선
Section 8. 뇌우와 착빙
Section 9. 태풍과 난류
Section 10. 비행안전과 관련된 기타 악 기상

Section 01 지구과학과 대기

주요 내용
- 태양계와 지구의 운동
- 태양과 열에너지 전달 방법
- 물
- 해수면과 방위
- 대기와 대기권

01 태양계와 지구의 운동

가. 태양계

1) 행성
   ① 태양을 중심으로 8개의 행성이 공전, 태양의 인력에 의해서 주위 회전
   ② 태양으로부터 수성 – 금성 – 지구 – 화성 – 목성 – 토성 – 천왕성 – 해왕성

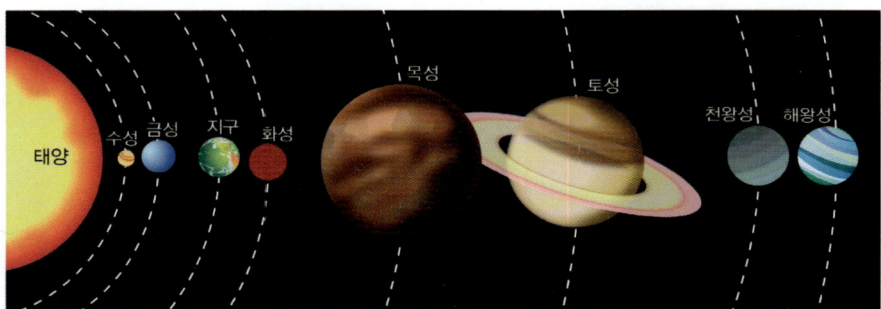

그림 태양을 중심으로의 8개 행성

나. 지구의 모양과 거리

1) 지구의 모양
   ① 원형이 아닌 타원체(중앙 : 적도, 북극 / 남극, 북반구 / 남반구)
   ② 적도 직경 12,756,270km, 극의 직경 12,713,500km(태양 : 지구의 약 109배)
      • 가로, 세로비 : 약 0.996, 타원율 : 0.003

2) 지구와 태양의 거리

① 지구 ↔ 태양 : 150,000,000km
- 태양 5mm원(가정) 시 지구는 0.05mm(눈에 보이지 않을 정도의 점이며, 위치는 태양원에서 약 50cm의 먼지 같은 점)
- 거리가 매우 중요하다.
- 가까운 별은 물도 없고, 비도 내리지 않음
- 멀리 있는 별은 기온이 낮아서 극한의 별

다. 지구의 자전(Rotation)과 공전(Revolution)

지구는 태양계의 한 행성으로서 태양의 인력에 의한 회전운동으로 자전과 공전을 한다.

1) 지구의 자전(Rotation)

① 지축을 중심으로 회전하는 운동이며, 자전의 결과는 밤과 낮
② 지구 중심을 통과하고 북극과 남극을 연하는 가상 축으로 이 축을 중심으로 회전
③ 자전 속도는 초당 약 465.11m/sec

2) 지구의 공전(Revolution)

① 지구가 행성의 일원으로 태양 주위를 일정한 궤도를 그리면서 회전하는 운동으로 그 결과는 4계절의 연속적인 변화.
② 지구가 자전을 하면서 궤도의 한 위치에서 원래의 위치로 정확히 돌아오는 데는 365.25일이 소요됨.
③ 공전 속도는 초당 약 29.783km/sec로 지구 자전속도보다 빠르다.

3) 자전축 기울기

① 지구를 중심으로 지축이 오른 쪽으로 23.5° 기울어져 있음.
② 태양으로부터 받아들일 수 있는 태양 복사열의 변화를 초래하는 요인.

라. 지구의 구성물질

지구는 29.2%가 육지(land), 70.8%는 물(water)로 구성되어 있으며, 5대양 6대주

【지구의 구성】
- 물 : 70.8%, 육지 : 29.2%
- 5대양
  - 태평양 : 1억6천5백만㎢
  - 대서양 : 8천2백만㎢
  - 인도양 : 7천3백만㎢
  - 북극해 : 1천4백만㎢
  - 남극해 : 7천2백만㎢
- 6대주
  - 아시아 : 4,397만6천㎢
  - 유럽 : 490만㎢
  - 오세아니아 : 100만㎢
  - 아프리카 : 3,036만㎢
  - 남아메리카 : 2,053만㎢
  - 북아메리카 : 4,221만㎢

그림 지구의 모습

02 해수면과 방위

가. 해수면

1) 해수면 높이 측정

① 해수면의 높이는 "0"으로 선정하나 어느 지역에서나 똑 같을 수는 없다.
② 각 나라에서는 해수면의 기준을 선정하여 활용, 우리나라는 인천만의 평균 해수면 높이를 "0"으로 선정, 활용
③ 인천 인하대학교 구내에 수준 원점 높이를 26.6871m로 지정, 활용

나. 방위

1) 방향 결정수단

① 방향 결정수단은 나침반
② 항공기에 사용되는 나침반은 아래 그림을 참조하고, 나침반 문자판이 주축에 자유롭게 매달려 있으며, 작동시키기 위한 외부의 전원이 필요치 않는 방향지시계.

그림 방향 지시계

2) 자북(Magnetic north)과 진북(True north)

① **자북** : 지구 자기장에 의한 방위각, 나침반의 방위 지시 침이 지시하는 방위
② **진북** : 지구 자전축이 지나는 북쪽, 북극성이 향하는 실제 북쪽

03 태양과 열에너지 전달 방법

가. 태양(Sun)이란

태양은 지구에서 가장 가까이 있는 항성이며, 지구 기상과 생명체의 주요 에너지원이다. 지구의 109배 정도의 반경과 33만 배의 질량을 가진 항성으로 지구에서 약 1억 5,000만 km거리에 위치하고 있다. 지구가 태양으로부터 받는 에너지는 막대하다.

태양으로부터는 **마이크로웨이브**(microwave), **적외선**(infra-red), **가시선**(visible), **자외선**(ultraviolet),

광선(X-ray), 무선파형태의 전자기 에너지(electromagnetic)가 방사된다. 태양에서 방사된 에너지가 지구에 전달되고 이들 에너지에 의해서 주요 기상현상이 초래된다.

태양에서 방사된 에너지가 지구에 전달되고 이들 에너지에 의해서 주요 기상현상이 초래된다. 태양광으로부터 열에너지는 **복사**(Radiation), **전도**(Conduction), **대류**(Convection) 현상에 의해서 지구까지 전달되고 대기에서 재분배된다.

나. 열에너지 전달방법

1) **복사**(Radiation)
   ① 복사는 절대영도(Absolute zero : −273.15℃) 이상의 모든 물체는 주변 환경에 광속으로 이동하는 전자기 파장의 형태로 에너지를 배출하는 것.
   ② 가시광의 파장 길이는 0.40~0.71마이크로미터이다.

2) **전도**(Conduction)
   ① 물체의 직접 접촉에 의해서 열에너지가 전달되는 과정
   ② 철로 된 물체는 열전도가 매우 잘 진행된다.

3) **대류**(Convection)
   ① 가열된 공기와 냉각된 공기의 수직 순환 형태
   ② 지구상에서 대류현상이 없을 시 극 지방은 매우 추울 것이고, 적도지방에서는 매우 뜨거

울 것이나 수직과 수평적 대류에 의해서 상방된 공기가 순환되어 적절한 기온을 유지할 수 있다.

③ 대기의 **수직적 이동**(Vertical movement)을 **대류**(Convection), **수평적 이동**(Horizontal movement)을 **이류**(advection)라 한다.

그림 대류, 전도, 복사

04 대기와 대기권

가. 대기의 구성

1) 대기

① 대기란 지구 중력에 의해서 지구를 둘러싸고 있는 기체

② 대기 구성 기체는 **질소**(N_2) 약 78%, **산소**(O_2) 약 21% 그리고 미량의 기체가 1%로 구성된다.

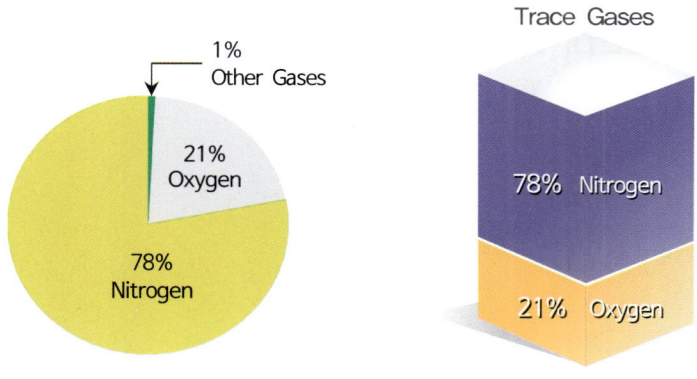

그림 대기의 기체성분

2) 대기의 구성 물질

① 질소는 지구 대기 중에 가장 많은 양으로 존재하는 원소, 식물의 성장에 필수적인 에너지 공급원.

② 산소는 공기를 구성하는 물질 중 두 번째로 많이 존재하는 요소, 인간의 생존과 항공기 동력원을 제공하는 연료의 연소(Burning)와 밀접한 관계. 산소가 인체에 미치는 영향은 치명적.

3) 기상의 7대 요소 : 기온, 기압, 습도, 구름, 강수, 시정, 바람

나. 대기권

대기는 지구를 둘러싸고 있는 기체이지만 수십 km에서 수백 km까지 동일하지는 않다. 대류권, 성층권, 중간권, 열권으로 분류하고 그 이상은 극외권으로 명명한다. 아울러 멀티콥터는 지상에서 근접한 대류권에서 운영하므로 대류권과 대류권 계면을 중심으로 알아보고자 한다.

1) 대류권(Troposphere)

① 지구표면으로부터 형성된 공기의 층으로 그 높이는 **평균 12km**

② 대기권 질량의 80%에 해당하는 기체가 모여 있으며, 지표면에서 발생하는 모든 기상현상이 발생하기 때문에 항공기 운용 및 일상생활에 매우 밀접한 관계

③ 기상현상은 상층공기 온도는 낮아 무겁고, 하층공기 온도는 높고 가벼워 대류현상이 발생함.

2) 대류권 계면(Tropopause)

① 대류권과 성층권 사이의 경계층이고 기온변화가 거의 없으며, 평균높이는 17km.

② 제트기류, 청천난기류 또는 뇌우를 일으키는 기상현상이 존재

3) 성층권, 중간권, 열권 등

05 물

가. 물의 형태와 특성

1) 물의 형태

① 물은 세 가지의 형태로 변화
② 액체상태는 물, 고체상태는 얼음, 기체상태는 수증기이며, 유일한 물질
③ 물 분자의 상태를 변화시킬 수 있는 것은 열로서 흡수와 방출로 됨.
④ 지구의 약 70%는 물, 구름이나 안개를 구성하는 것은 물방울

2) 물의 특성

① **높은 비열** : 물질의 온도를 변화시키는데 필요한 에너지양이 매우 높음.
  - 비열은 물질 1g을 1℃ 올리는데 필요한 열량.
② **열전도** : 물은 수은 다음으로 양호한 열전도성을 가짐.
③ **표면장력** : 물을 확대하여 관찰해 보면 물은 접착력을 가짐. 물을 떨어뜨렸을 때 물이 얇은 막과 같이 퍼지기보다는 둥그런 모양으로 응집됨 - 표면장력

나. 물의 순환

1) 증발(Evaporation)

① 물이 액체 상태에서 기체 상태로 변화하는 것.
② 모든 증발은 해양에서 80%, 나머지 20%는 내륙의 호수나 강 또는 식물
③ 기온이 높을수록 더 많은 수분을 함유할 수 있고, 수분은 공기보다 가벼워 공중의 비행체에 성능을 저하시킴.

2) 응결(Condensation)

① 기체상태의 물이 액체로 변화하는 것.
② 지표면 공기가 태양 복사열에 의해서 가열된 온난 공기가 상승하면서 공기는 냉각됨.
③ 응결현상은 불안정 대기 속에서 대류과정을 통해서 활발하게 수행됨.

3) 대류(Convection)

대기의 수직방향 운동으로 지표면의 공기와 상층의 공기를 상호 교류 역할

4) 사이클론에 의한 수렴

태풍이나 허리케인과 같은 열대성 사이클론은 거대한 상승 공기가 동원력

5) 전선에 의한 순환

두 개의 기단(온난전선과 한랭전선)의 대치로 응결되어 구름과 강수를 만든다.

6) 지형적 상승

이동 중인 공기가 높은 산맥에 도달하여 공기는 산의 경사를 따라 자연적으로 상승한다. 큰 산맥의 정상에는 지형성 구름을 형성.

7) 이류(Advection)

① 바람, 습기, 열 등이 수평으로 어느 한 위치에서 다른 위치로 운반하는 현상
② 대류에 비해 적절한 이류는 지구기상의 유지를 시켜줌

8) 강수

① 대기에서 지표면으로 물을 운반하는 매체로 비, 눈, 우박, 진눈개비, 어는 비 등
② 강수의 형태를 결정하는 것은 지역의 기온
③ 강수의 양은 대륙, 해양, 우림지대, 사막지대 등

---

section OX

1. 우리나라의 평균해수면 기준은 가장 남쪽지역인 <u>제주도</u>를 기준으로 한다.	X 인천만
2. 태양은 지구 기상변화의 가장 큰 원인을 제공한다.	O
3. 가열된 공기와 냉각된 공기의 수직순환형태를 대류현상이라고 한다.	O
4. 대기란 지구 중력에 의해서 지구를 둘러싸고 있는 기체로서 지구상에는 가장 많은 기체가 <u>산소</u>이다.	X 질소
5. 대류권은 높이가 평균 12km정도이며 대기권 질량의 80%의 기체가 모여 있다.	O
6. 물의 증발이란 물이 액체상태에서 기체상태로 변하는 것이다.	O

출제예상문제

01 다음 지역 중 우리나라 평균해수면 높이를 0m로 선정하여 평균해수면의 기준이 되는 지역은?

① 영일만 ② 순천만
③ 인천만 ④ 강화만

해설 인천만의 평균 해수면의 높이를 '0m'로 선정하였고, 실제 높이를 확인하기 위하여 인천 인하대학교 구내에 수준원점의 높이를 26.6871m로 지정하여 활용하고 있다.

02 지구의 기상에서 일어나는 변화의 가장 근본적인 원인은?

① 해수면의 온도 상승
② 구름의 량
③ 지구 표면에 받아들이는 태양 에너지의 변화
④ 구름의 대이동

03 가열된 공기와 냉각된 공기의 수직순환 형태를 무엇이라고 하는가?

① 복사 ② 전도
③ 대류 ④ 이류

04 유체의 수평적 이동현상으로 맞는 것은?

① 복사 ② 이류
③ 대류 ④ 전도

해설 대기의 수평이동과 마찬가지 수평적 이동은 이류임.

05 대기 중에서 가장 많은 기체는 무엇인가?

① 산소 ② 질소
③ 이산화탄소 ④ 수소

06 다음 중 기상 7대 요소는 무엇인가?

① 기압, 전선, 기온, 습도, 구름, 강수, 바람
② 기압, 기온, 습도, 구름, 강수, 바람, 시정
③ 해수면, 전선, 기온, 난기류, 시정, 바람, 습도
④ 기압, 기온, 대기, 안정성, 해수면, 바람, 시정

07 다음 대기권의 분류 중 지구표면으로부터 형성된 공기층으로 평균 12km높이로 지표면에서 발생하는 대부분의 기상현상이 발생하는 지역은?

① 대류권 ② 대류권계면
③ 성층권 ④ 전리층

08 다음 지구대기권에 대한 설명 중 옳지 않는 것은?

① 지구대기권은 물리적 특성에 따라 극외권, 열권, 중간권, 성층권, 대류권으로 나뉜다.
② 대류권은 평균높이 11km까지이며, 대류 및 기상현상이 발생되는 구역이다.
③ 성층권은 약 11~50km까지이며, 상승할수록 온도강하하는 특성이 있다.
④ 중간권은 약 50~80km까지이며, 상승할수록 온도가 강하하는 특성이 있다.

해설 성층권은 상승(고도가 올라가면)하면 온도가 상승(오존층이 태양의 자외선을 흡수하기 때문), 중간권은 상승(고도가 올라가면)하면 온도가 감소함(태양으로부터 태양 에너지를 거의 받을 수 없고 지표면으로부터 복사열을 받을 수 없는 높이이기 때문)

정답 01.③ 02.③ 03.③ 04.② 05.② 06.② 07.① 08.③

09 대부분의 기상이 발생하는 대기의 층은?

① 대류권　　② 성층권
③ 중간권　　④ 열권

해설 지구 표면으로부터 형성된 공기의 층으로 높이는 대략적으로 10~15km 정도이고, 평균 높이는 약 12km이다. 또한 대부분의 기상이 발생하는 대기층이다.

10 대기권 중 기상 변화가 층으로 상승할수록 온도가 강하되는 층은 다음 중 어느 것인가?

① 성층권　　② 중간권
③ 열권　　　④ 대류권

해설 대기권 기상변화가 가장 많이 일어나는 층은 대류권이다.

11 기상현상이 가장 많이 일어나는 대기권은 어느 것인가?

① 열권　　　② 대류권
③ 성층권　　④ 중간권

해설 대기권은 대류권(지표면~12km), 대류권계면(평균 17km), 성층권, 중간권, 열권 등으로 나누어지며 대류권은 대기권 질량의 80%에 해당하는 기체가 모여 있다.

12 안정된 대기란?

① 층운형 구름
② 지속적 안개와 강우
③ 시정불량
④ 안정된 기류

13 안정대기 상태란 무엇인가?

① 불안정한 시정　　② 지속적 강수
③ 불안정 난류　　　④ 안정된 기류

해설 물은 확대하여 보면 접착력을 가지고 있어 표면을 작게 하려고 응집되는데 이를 물의 표면장력이라고 한다.

14 다음 중 공기가 포화되어 수증기가 작은 물방울로 응결할 때의 온도는 무엇인가?

① 노점 온도　　② 포화온도
③ 응결온도　　④ 안정온도

해설 노점(이슬점)온도는 공기가 포화되어 수증기가 작은 물방울로 응결될 때 온도이다.

15 대류의 기온이 상승하여 공기가 위로 향하고 기압이 낮아져 응결될 때 공기가 아래로 향하는 현상은?

① 역전현상　　② 대류현상
③ 이류현상　　④ 푄현상

해설 가열된 공기와 냉각된 공기의 수직 순환형태를 대류현상이라 한다.

16 비행방향을 10°로 나타냈을 때의 의미는 무엇인가?

① 진북을 기준으로 반올림하여 2단위로 표현
② 진북을 기준으로 반올림하여 3단위로 표현
③ 자북을 기준으로 반올림하여 2단위로 표현
④ 자북을 기준으로 반올림하여 3단위로 표현

해설 풍향은 진북기준 10° 단위로 반올림한 3단위 숫자로 표기해야 하며, 바로 뒤에 풍속을 표기해야 한다. 풍속의 단위는 knot 또는 초당 m로 한다.
예) 24008KT
*관련근거 : 정시 및 특별관측보고(METAR/SPECI) 전문양식

정답　09.①　10.④　11.②　12.④　13.④　14.①　15.②　16.②

Section 02 기온과 습도

주요 내용
- 기온
- 습도

01 기온

가. 온도와 열

① **온도**(Temperature)란 공기분자의 평균 운동 에너지의 속도를 측정한 값으로, 물체의 뜨거운 정도 또는 강도를 측정한 것으로 온도가 높을수록 물질분자의 입자들이 빨리 움직인다.

② **열**(Heat)이란 물체에 존재하는 열에너지의 양을 측정한 값으로 모든 원자의 운동은 -273℃에서 정지되며 이 온도를 **절대온도**라고 한다.

나. 온도와 열에 사용되는 용어

① **열량**(Heat capacity) : 물질의 온도가 증가함에 따라 열에너지를 흡수할 수 있는 양

② **비열**(Specific heat) : 물질 1g의 온도를 1℃ 올리는데 요구되는 열.

③ **현열**(Sensible heat) : 일반적으로 온도계에 의해서 측정된 온도, 섭씨, 화씨, 켈빈.

④ **잠열**(Atent heat) : 물질의 상위 상태로 변화시키는데 요구되는 열에너지.

⑤ **비등점** : 액체 내부에서 증기 기포가 생겨 기화하는 현상, 그때 온도를 비등점 즉 끓는 점 (1기압의 순수 물은 100℃)

⑥ **빙점** : 액체를 냉각시키고 고체를 상태변화가 일어나기 시작할 때의 온도. 즉 어는 점. (순수 물은 0℃)

그림 비등점과 빙점

다. 기온

① 태양열을 받아 가열된 대기(공기)의 온도
② 햇빛이 가려진 상태에서 10분간 통풍을 통하여 얻어진 온도
③ 1.25~2m높이(통상 우리나라 1.5m)에서 관측된 공기의 온도
④ 해상에서는 선박 높이 고려 10m 높이에서 측정.

라. 기온의 단위

① **섭씨**(Celsius : ℃) : 표준 대기압에서 순수한 물의 빙점(어는 온도)을 0℃로 하고 비등점(끓는 온도)을 100℃로 하며, 아시아 국가에서 사용. 절대영도는 −273℃
② **화씨**(Fahrenheit : ℉) : 표준대기압에서 순수한 물의 빙점(어는 온도)을 32℉로 하고, 비등점을 212℉로 하며, 미국 등지에서 사용하며, 절대영도는 −460℉
③ 켈빈은 주로 과학자들이 사용하는 것으로 절대영도에서부터 시작된다. 얼음의 빙점을 273K로 하고 비등점을 373K로 하며, 절대영도는 0K이다.

온도의 단위

단위	비등점	빙점	절대온도
섭씨	100	0	−273
화씨	212	32	−460
켈빈	373	273	0

마. 기온 측정법

① 지표면 기온(Surface air temperature)은 지상으로부터 약 1.5m(5 feet) 높이에 설치된 표준 기온 측정대인 백엽상에서 측정.
② 백엽상은 직사광선을 피하고 통풍이 잘 돌 수 있도록 고려.

바. 기온의 변화

① **일일변화** : 밤낮의 기온차를 의미, 주 원인은 지구의 일일 자전현상

② **지형에 따른 변화**
- **물** : 육지에 비해 기온변화가 그리 크지 않음(비열차이 때문).
- **불모지** : 기온변화가 매우 크다. 기온변화 조절 가능한 최소한의 수분 부족
- **눈 덮인 지역** : 기온의 변화는 심하지 않다. 눈은 태양열을 95% 반사시킴.
- **초목지역** : 동식물의 생존에 필요한 충분한 물과 수분이 존재하여 변화가 최소화

③ **계절적 변화**
- 태양으로부터 받아들이는 태양 복사열의 변화에 따라 기온이 변화함.

사. 기온 감률

① 고도가 증가함에 따라 기온이 감소하는 비율
② **환경기온감률**(ELR : Environmental Lapse Rate)은 대기의 변화가 거의 없는 특정한 시간과 장소에서 고도의 증가에 따른 실제 기온의 감소 비율
③ 고도가 올라감에 따라 일정 비율로 기온이 내려가며, 표준대기 조건에서 기온 감률은 1,000ft 당 평균 2°C이고(6.5°C/km) 이를 기온 감률이라 함.

02 습도

가. 습도(Humidity)

① 대기 중에 함유된 수증기의 양을 나타내는 척도
② 한여름 특히 장마철이나 우기와 같은 대기 조건일 때 습도는 매우 높다. 몸이 끈적끈적하고 불쾌감을 느낌
③ **절대습도** : 단순히 습도라고 하면 부피 $1m^3$의 공기가 함유되어 있는 수증기 양
④ **포화** : 공기 중에 수증기량이 상대습도가 100%까지 되었을 때

나. 수증기의 상태변화

① 대기 중의 수증기는 기온변화에 따라 고체, 액체, 기체로 변함
② 외부의 기온이 변화함에 따라 증발(액체 → 기체), 응결(기체 → 액체), 액체의 응결(액체 → 고체), 용해(고체 → 액체) 등 일련의 과정을 거쳐서 변함.

다. 응결핵
① 대기는 가스의 혼합물과 함께 소금, 먼지, 연소 부산물과 같은 미세한 입자로 구성
② 흙먼지와 같은 토양의 입자, 소금입자, 물보라, 암모니아, 화산재, 아황산가스 등

라. 과 냉각수
① 액체 물방울이 섭씨 0℃ 이하의 기온에서 응결되거나 액체 상태로 지속되어 남아 있는 물방울
② 과 냉각수가 노출된 표면에 부딪칠 때 충격으로 인하여 결빙
③ 항공기나 드론의 착빙(Icing)현상을 초래하는 원인
④ 과 냉각수는 0℃ ~ -15℃ 사이의 기온에서 구름 속에 풍부하게 있음.
⑤ 구름과 안개는 대부분 과 냉각수를 포함한 빙정의 상태로 존재

[그림] 빙정, 과냉각수 및 물방울

마. 이슬과 서리
① **이슬(Dew)** : 바람이 없거나 미풍이 존재하는 맑은 야간에 복사 냉각에 의해서 주변 공기의 노점 또는 그 이하에서 냉각되는 경우에 발생되며, 찬물을 담은 주전자를 따스한 곳에 두면 표면에 맺히는 습기와 같음.
   • 노점 : 수증기를 포함하는 기체의 온도를 그대로 떨어뜨려 갔을 때 상대 습도가 100%로 되어 이슬이 맺히기 시작할 때의 온도
② **서리(Frost)** : 이슬과 유사한 현상에 의해 형성되며, 다른 점은 주변 공기의 노점이 결빙 기온보다 낮아야 함.

section OX

1. 물질 1g의 온도를 1℃ 올리는데 요구되는 열을 비열이라 한다.   O
2. 비등점이란 물의 <u>어는점</u>을 말한다.   X 끓는 점
3. 기온이란 태양열을 받아서 가열된 대기(공기)의 온도를 말한다.   O
4. 기온의 단위는 통상 섭씨, 화씨, 켈빈 등을 사용하고 있다.   O
5. 기온을 측정 시 측정되는 것은 공기의 온도로서 백엽상에서 측정된 온도를 말한다.   O
6. 기온의 변화에서 일일변화는 지구의 자전현상, 계절적 변화는 태양으로부터 받아들이는 태양 복사열의 변화에 따라 기온이 변화한다.   O
7. 기온 감률은 고도가 증가함에 따라 기온이 감소하는 비율로 표준대기조건하에서 1,000ft 당 <u>1℃ 감소</u>한다.   X 2℃ 감소
8. 습도란 대기 중에 함유된 수증기의 양을 나타내는 척도이다.   O
9. 과 냉각수란 액체 물방울이 섭씨 0℃이하의 기온에서 응결되거나 액체상태로 지속되어 있는 물방울로서 이는 항공기나 드론의 착빙현상을 초래하는 원인이다.   O

출제예상문제

01 물질 1g의 온도를 1℃ 올리는데 요구되는 열은?

① 잠열　　② 열량
③ 비열　　④ 현열

> **해설** ・ **잠열** : 물질의 상위 상태로 변화시키는데 요구되는 열 에너지
> ・ **열량** : 물질의 온도가 증가함에 따라 열에너지를 흡수할 수 있는 양
> ・ **비열** : 물질 1g의 온도를 1℃ 올리는데 요구되는 열
> ・ **현열** : 일반적으로 온도계에 의해서 측정된 온도

02 다음 중 열량에 대한 내용으로 맞는 것은?

① 물질의 온도가 증가함에 따라 열에너지를 흡수할 수 있는 양
② 물질 10g의 온도를 10℃ 올리는데 요구되는 열
③ 온도계로 측정한 온도
④ 물질의 하위 상태로 변화시키는 데 요구되는 열 에너지

03 물질의 상위 상태로 변화시키는데 요구되는 열에너지는 무엇인가?

① 잠열　　② 열량
③ 비열　　④ 현열

04 액체 내부에서 증기 기포가 생겨 기화할 때의 온도는 무엇인가?

① 현열　　② 비열
③ 빙점　　④ 비등점

> **해설** ① **현열** : 일반적으로 온도계에 의해서 측정된 온도
> ② **비열** : 물질 1g의 온도를 1℃ 올리는데 요구되는 열
> ③ **빙점** : 액체를 냉각시켜 고체로 상태 변화가 일어나기 시작할 때의 온도

05 다음 물체의 온도와 열에 관한 용어의 정의 중 틀린 것은?

① 물질의 온도가 증가함에 따라 열에너지를 흡수할 수 있는 양은 열량이다.
② 물질 1g의 온도를 1℃ 올리는데 요구되는 열은 비열이다.
③ 일반적인 온도계에 의해 측정된 온도를 현열이라 한다.
④ 물질의 하위상태로 변화시키는데 요구되는 열에너지를 잠열이라 한다.

> **해설** **잠열** : 물질의 상위 상태로 변화시키는데 요구되는 열에너지

06 다음 중 기온에 관한 설명 중 틀린 것은?

① 태양열을 받아 가열된 대기(공기)의 온도이며, 햇빛이 잘 비치는 상태에서의 얻어진 온도이다.
② 1.25~2m 높이에서 관측된 공기의 온도를 말한다.
③ 해상에서 측정 시는 선박의 높이를 고려하여 약 10m의 높이에서 측정한 온도를 사용한다.
④ 흡수된 복사열에 의한 대기의 열을 기온이라 하고 대기 변화의 중요한 매체가 된다.

> **해설** 태양열을 받아 가열된 대기(공기)의 온도이며, 햇빛이 가려진 상태에서 10분간의 통풍을 하여 얻어진 온도이다.

정답　01.③　02.①　03.①　04.④　05.④　06.①

07 다음 중 고도가 위로 올라감에 따라 기온이 감소하는 비율을 무엇이라 하는가?

① 기온 증가율
② 기온 감률
③ 고도 기온 비율
④ 고도 기온 증감

해설 기온감률이란 고도가 증가함에 따라 기온이 감소하는 비율을 말한다.

08 현재의 지상기온이 31℃ 일 때 3,000피트 상공의 기온은?(단 조건은 ISA 조건이다.)

① 25℃　　② 37℃
③ 29℃　　④ 34℃

해설 기온감률은 1,000ft 당 2℃ 감소한다.

09 해수면에서 1,000ft 상공의 기온은 얼마인가?(단 국제표준대기 조건 하)

① 9℃　　② 11℃
③ 13℃　　④ 15℃

해설 국제표준대기 조건하에서 해수면의 온도는 15℃이므로 기준 기온을 15℃로 하고 1,000ft당 2℃ 감률되므로 15-2=13℃가 된다.

10 대기 중의 수증기의 양을 나타내는 것은?

① 습도　　② 기온
③ 밀도　　④ 기압

해설 습도는 대기 중에 함유된 수증기의 양을 나타내는 척도이다.

11 액체 물방울이 섭씨 0℃ 이하의 기온에서 응결되거나 액체상태로 지속되어 남아 있는 물방울을 무엇이라 하는가?

① 물방울　　② 과냉각 수
③ 빙정　　　④ 이슬

해설 과냉각 수는 항공기나 드론 등 비행체에 붙어서 결빙되면 착빙이 된다.

12 다음 중 과 냉각수에 대한 설명으로 틀린 것은?

① 과 냉각수는 10℃ ~ 0℃ 사이의 기온에서 풍부하게 존재한다.
② 0℃ 이하의 기온에서 액체 물방울이 응결되거나 액체 상태로 남아 있는 물방울이다.
③ 과 냉각수가 노출된 표면에 부딪칠 때 충격으로 인하여 결빙될 수 있다.
④ 과 냉각수는 항공기나 드론의 착빙 현상을 초래하는 원인이다.

해설 과 냉각수는 0℃~-15℃ 사이의 기온에서 풍부하게 존재한다.

정답　07.②　08.①　09.③　10.①　11.②　12.①

Section 03 대기압과 일기도

▍주요 내용
- 대기압
- 일기도

01 대기압

가. 기압

1 기압과 1기압

① 진동하는 기체분자에 의해 단위 면적당 미치는 힘. 또는 주어진 단위 면적당 그 위에 쌓은 공기 기둥의 무게
② 단위 면적 위에서 연직으로 취한 공기 기둥안의 공기 무게(주위와 상대비교)
③ **1기압** : 76cm의 수은 기둥의 높이로서 10m정도의 물기둥의 무게가 주는 압력
 즉, 10m 깊이의 정도의 물 속에 사는 것과 동일

그림 1기압의 높이

2 대기압 (Atmospheric pressure)

① 물체 위의 공기에 작용하는 단위 면적 당 공기의 무게로서 대기 중 기압은 각 지역마다 다르다.
② 기압의 일일 변화 중 최고는 9시와 21시, 최소는 4시와 16시
③ 대기에서 대기압의 변화는 바람유발의 원인, 수증기 순환과 항공기 양력 제공

3 기압 측정

1) 수은 기압계

- 용기에 수은을 반쯤 채우고 끝이 열린 빈 유리관을 용기 속에 넣으면 주변 대기압에 의해 수은이 유리관을 따라서 상승
- 표준대기의 해수면에서 수은의 상승이 정지되고 이때 수은이 지시하는 눈금은 29.92inch·Hg 또는 760mmHg

$$
\begin{aligned}
1\text{atm} &= 760 \text{ mmHg} \\
&= 29.9213 \text{ inHg} \\
&= 760 \text{ Torr (토르)} \\
&= 1013 \text{ mbar} = 1.013 \text{bar} \\
&= 101,300 \text{ Pa } (= N/m^2) \\
&= 1013 \text{ hPa (헥토파스칼)} \\
&= 14.7 \text{ lb/in}^2 \text{ (Psi)} \\
&= 1.033 \text{ kg/cm}^2
\end{aligned}
$$

그림 수은 기압계 / 기압

2) 아네로이드 기압계

- 아네로이드 셀이 기압변화에 따라 수축과 팽창을 하고 연결된 셀이 끝이 기록 장치를 작동시킴.(진공상태가 외부 기압에 찌그러지는 정도를 이용하는 것)

그림 아네로이드 기압계 원리

나. 국제 민간항공기구(ICAO)의 표준 대기조건과 가정사항

1) 대기조건

① **해수면 표준 기압** : 29.92inch.Hg(1013.2mb)
② **해수면 표준기온** : 15℃(59℉)
③ **음속** : 340m/sec(1,116ft/sec)
④ **기온 감률** : 2℃/1,000ft(지표 : ~36,000ft), 그 이상은 -56.5℃로 일정
: 고도 36,000피트까지는 고도 1,000피트 당 약 2℃씩 감소하고 그 이상 고도에서는 -56.5℃로 일정하다.

2) 가정사항

① 대기는 수증기가 포함되어 있지 않은 건조한 공기
② 대기의 온도는 따뜻한 온대지방의 해면상의 15℃를 기준
③ 해면상의 대기 압력은 수은주의 높이 760mm를 기준
④ 해면상의 대기밀도는 12,250kg/㎥를 기준
⑤ 고도에 따른 온도강하는 -56.5℃(-69.7℉)가 될 때까지는 -0.0065℃/m이고, 그 이상 고도에서는 변함없이 일정(-56.5℃)하다.

02 일기도

가. 일기도 이해

1) 일기도란?

① 어떤 특정한 시각에 각 지역의 기상상태를 한꺼번에 볼 수 있도록 지도위에 표시한 것으로 날씨의 몽타주

 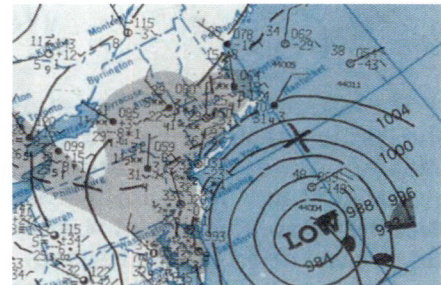

그림 일기도

② 일기예보나 일기 분석에 사용하며, 지표상에 풍향, 풍력, 일기, 기온, 기압, 동일기압의 장소, 고기압이나 저기압의 위치, 전선이 있는 장소 등을 숫자, 기호, 등치선으로 기호화, 수량화하여 기입한 것
③ 기압, 기온 등 공간적 연속표시는 등압선과 등온선으로 표시
④ 고기압(H), 저기압(L)은 등압선 형식으로 표시한 기압의 중심.
⑤ **고기압**은 주변보다 기압이 상대적으로 높은 지역
   저기압은 주변보다 기압이 상대적으로 낮은 지역
⑥ 기압골은 기압을 등압선으로 그렸을 때 골짜기에 해당하는 부분이며, 주로 저기압의 가늘고 긴 축
⑦ 기압마루는 고기압이 길게 연장된 부분

그림 고기압/저기압 일기도

2) 고기압과 저기압

① **고기압**
- 기압이 높은 곳으로 주변의 기압이 낮은 곳으로 시계방향으로 불어감.
- 중심부근은 하강기류가 존재, 단열승온으로 대기 중 물방울은 증발
- 구름이 사라지고 날씨가 좋아지며, 중심은 기압경도가 낮아 바람이 약함.
- 지상에서 부는 공기보다 상공에서 수렴되는 공기량이 많으면 하강

② **저기압**
- 주변보다 상대적으로 기압이 낮은 부분(1기압이라도 낮으면 저기압이 됨)
- 거의 원형 또는 타원형으로 몇 개의 등압선으로 둘러싸여 중심으로 갈수록 기압이 낮다.
- 상승기류에 의해 구름과 강수현상이 있고 바람도 강하게 분다.

- 저기압은 전선의 파동에 의해 생긴다.
- 저기압 내에서는 주위보다 기압이 낮으므로 사방에서 바람이 불어 들어옴.
- 일반적으로 저기압은 날씨가 나쁘고 비바람이 강하다.

구분	고기압	저기압
모습 (북반구)	하강 기류, 시계 방향	상승 기류, 반시계 방향
정의	주변보다 기압이 높은 곳	주변보다 기압이 낮은 곳
바람	시계 방향으로 불어 나감	반시계 방향으로 불어 들어옴
기류, 날씨	중심부에 하강 기류 → 구름 소멸 → 날씨 맑음	중심부에 상승 기류 → 구름 생성 → 날씨 흐림

3) 등압선

① 일기도 상에 해수면 기압 또는 동일한 기압 대를 형성하는 지역을 연결하여 그어진 선
② 저기압과 고기압 지역의 위치와 기압경도에 대한 정보를 제공
③ 동일한 기압지역을 연결한 것으로 거의 곡선 모양
④ 조밀하게 형성된 지역은 기압경도가 매우 큰 지역으로 강풍이 존재

그림 등압선

4) 기압경도

① 모든 지역에서 기압이 동등하지 않으며, 지역별 기압차이가 발생
② 기압경도는 주어진 단위거리 사이의 기압차이 즉 한 등압선과 인접한 등압선 사이를 측정한 거리에서 기압이 변화한 비율

③ 수평면 위의 두 지점에서 기압차로 인하여 생기는 힘이며, 공기이동 촉발 원인
④ 바람은 기압경도에 직각으로 가까운 각도로 불고, 속도는 경도에 비례함
⑤ 기압경도는 고기압 쪽에서 저기압 쪽으로 이동

그림 기압경도

나. 일기도 보는 법

1) 보는 방법

① 일기도 상에서 작은 원으로 표시된 각 지점의 날씨는 기호로 표시되어 있어 먼저 날씨 기호를 파악
② 각 지점에서 그어진 직선과 끝 날개 선을 보고 바람 방향과 풍속을 파악한다. 예를 들어 풍향선이 북쪽에 있으면 북풍

기호	◎	—	╴	╲	╲╴	╲╴╴	╲╴╴╴	╲╱	╲╱╴	4╱╱
풍속 (m/s)	고요	1	2	5	7	10	12	25	27	북서풍 12m/s

③ 지상의 바람은 고기압에서 불어 나가고, 저기압에서 불어 들어오므로 등압선만 보면 개략적인 풍향을 알 수 있다.
④ 등압선이 밀집되어 있는 곳일수록 기압 경도가 크며, 바람이 강하다.
⑤ 일기도의 기호를 붙인 전선 부근은 일반적으로 날씨가 나쁘다.

2) 일기 기호

다. 일기 예보

1) 우리나라 일기의 경향
① 서쪽에서 동쪽으로 이동하는 기상
② **각종 기상분석 및 예측 로봇, 컴퓨터 등의 설치** : 서쪽 바다와 지역

2) 예보의 순서
① 현재 전국의 기상 개황으로 고기압, 저기압의 중심 위치, 진행방향, 속도, 전선의 종류 및 위치, 우리나라 부근을 지나는 등압선의 크기 및 통과 지점을 발표
② 각 지방의 일기예보와 각 해상 및 해양 기상부이 로봇의 풍향, 풍속, 일기, 기압을 발표
③ 각 지방의 일기 상황으로 우리나라를 중심으로 일본과 중국 대륙, 대만, 태평양 상의 섬 등 각 지방의 풍향, 풍속, 기압, 기온, 일기 등을 발표
④ 어업 기상으로 태풍, 저기압과 고기압의 위치, 중심기압, 진행방향과 속도, 태풍이나 강한 저기압의 24시간 후 예상위치와 그 오차범위를 표시하는 예보 원의 반지름, 전선과 특정 등압선이 지나가는 지점 순

라. 경보와 주의보

1 개요

① 기상재해가 일어날 가능성이 있을 때 주의를 환기 또는 경고하기 위해 기상청에서 발표하며, 기상 특보라고 함.
② 어떤 기상이 강화되어 주의를 요할 시 '**주의보**'를 발령하고, 이후 더욱 주의의 필요성이 있을 때 '**경보**'를 발령
③ 정규 외 갑작스런 기상변화는 기상정보를 발표하고 악기상은 기상특보로 발령
④ 특보발령에 앞서 종류, 예상구역, 예상 일시 및 내용의 예비 특보를 발령

2 종류

1) 대설

① **주의보** : 24시간 내에 서울과 기타 광역시는 24시간 내 적설이 5cm이상, 기타 지방은 10cm이상, 울릉도, 독도는 20cm이상이 예상될 때
② **경보** : 24시간 내에 서울과 기타 광역시는 24시간 내 적설이 20cm이상, 기타 지방은 30cm이상, 울릉도, 독도는 50cm이상이 예상될 때

2) 호우

① **주의보** : 24시간 내에 강수량이 80mm이상이 예상될 때
② **경보** : 24시간 내 강수량이 150mm이상이 예상될 때

3) 태풍

① **주의보** : 태풍의 영향으로 평균 최대풍속이 17m/s이상의 풍속 또는 호우, 해일 등으로 재해가 예상될 때
② **경보** : 태풍의 영향으로 평균 최대풍속이 21m/s이상의 폭풍 또는 호우, 해일 등으로 재해가 예상될 때

4) 폭풍(해상)

① **주의보** : 평균최대풍속이 14m/s이상이고 이러한 상태가 3시간 이상 지속될 것이 예상되거나 또는 순간 최대풍속이 20m/s이상 예상될 때
② **경보** : 평균최대풍속이 21m/s이상이고 이러한 상태가 3시간 이상 지속될 것이 예상되거나 또는 순간 최대풍속이 26m/s이상 예상될 때

5) 폭풍(육상)

① **주의보** : 평균최대풍속이 14m/s 또는 순간 최대풍속이 20m/s이상 예상될 때

② **경보** : 평균최대풍속이 21m/s 또는 순간 최대풍속이 26m/s이상 예상될 때

6) 파랑
① **주의보** : 폭풍현상이 없이 해상의 파도가 3m이상이 예상될 때
② **경보** : 폭풍현상이 없이 해상의 파도가 6m이상이 예상될 때

7) 한파
① **주의보** : 11~3월에 당일의 아침 최저기온보다 다음날의 아침 최저기온이 10℃이상 하강할 것으로 예상될 때
② **경보** : 11~3월에 당일의 아침 최저기온보다 다음날의 아침 최저기온이 15℃이상 하강할 것으로 예상될 때

마. 강수확률

1) 의미
① **강수확률**이란 "일정기간 중 몇 %시간 동안만 비가 내리는가" 라는 것이 아니고 "과거의 예보와 통계를 합하여 비가 내릴 것이다."라고 "100회 예상한 가운데 1mm 이상의 비가 30회 왔으므로 그 비가 내릴 확률이 30%이다"라는 뜻
② 그럼 "몇 %부터 우산을 가지고 외출을 하여야 하는가"이다. 일상생활 속에서 70~80%이면 우산을 휴대하는데 30~40%이면 망설이게 된다. 결론은 30~40%도 우산을 휴대하여야만 비를 맞지 않고 안전하다는 것
③ 기상 예보에 따라서 항공기나 드론을 운용할 것인가? 다음으로 연기할 것인가? 하는 문제도 우산을 휴대할 것인가? 말 것인가와 동일하게 적용하는 것이 바람직할 것
④ 모든 판단은 숫자만 판단하지 말고 일기도나 정보를 대기상태와 비교하여 판단하는 것이 효과적이라 할 것

바. 고도

1) 종류
① **기압고도** : 표준 기지면 위의 표고이고 표준대기 조건에서 측정된 고도이다. 기압고도계는 아네로이드 기압계를 이용하여 기압을 고도로 환산해 나타낸 것으로 항공기에 사용되는 고도계.
② **지시고도**(indicate altitude) : 고도계의 창에 수정치 값을 입력하여 얻은 고도계의 지시치.
③ **진고도**(true altimeter) : 평균 해수면으로부터 항공기까지의 수직 높이(MSL로 표기)
④ **절대고도**(absolute altimeter) : 지표면으로부터 항공기까지의 높이(AGL로 표시).

section OX

1. 기압이란 진동하는 기체분자에 의해 단위 면적당 미치는 힘으로 1기압은 76cm의 수증 기둥의 높이로서 10m 정도의 물기둥의 무게가 주는 압력이다.	O
2. 항공기 고도계에서 사용하는 기압계는 아네로이드 기압계이다.	O
3. 국제 민간항공기구(ICAO)의 표준 대기조건 중 해수면의 표준 기압은 29.92inch.Hg(1013.2mb)이고 해수면 표준기온은 15℃(59°F)이다.	O
4. 국제 민간항공기구(ICAO)의 표준대기 가정사항 중 대기는 <u>수증기가 포함된</u> 공기를 말한다.	X 포함되지 않은 건조한 공기
5. 공기 밀도가 높아지면 입자가 증가하고 양력이 증가한다.	O
6. 일기도에서 등압선의 간격이 좁으면 <u>바람이 적게 부는 것을 의미</u>한다.	X 조밀하면 강풍이 분다
7. 고기압은 기압이 높은 곳으로 중심부근에는 <u>상승기류</u>가 존재한다. (단 북반구지역)	X 하강기류
8. 고기압지역에서는 바람이 불어 나가고, 저기압지역에서는 불어 들어간다. (단 북반구지역)	O
9. 기압고도란 표준 기지면 위의 표고이고 표준대기조건에서 측정된 고도이며 항공기에 사용되는 고도계이다.	O

출제예상문제

01 1기압에 대한 설명 중 틀린 것은?
① 폭 1cm², 높이 76cm의 수은주 기둥
② 폭 1cm², 높이 1,000km의 공기기둥
③ 760mmHg = 29.92inHg
④ 1015mbar = 1.015bar

02 다음 중 공기밀도가 높아지면 나타나는 현상으로 맞는 것은?
① 입자가 증가하고 양력이 증가한다.
② 입자가 증가하고 양력이 감소한다.
③ 입자가 감소하고 양력이 증가한다.
④ 입자가 감소하고 양력이 감소한다.

03 대기압이 높아지면 양력과 항력은 어떻게 변하는가?
① 양력 증가, 항력 증가
② 양력 증가, 항력 감소
③ 양력 감소, 항력 증가
④ 양력 감소, 항력 감소

> **해설** 대기압이란 물체 위의 공기에 작용하는 단위 면적 당 공기의 무게로서 대기 중에 존재하는 기압은 지역과 공역마다 다르다. 대기압의 변화는 바람을 유발하는 원인이 되고 이는 곧 수증기 순환과 항공기 양력과 항력에 영향을 미친다. 따라서 대기압이 높아지면 양력증가하고 양력증가에 따른 항력도 증가한다.

04 다음 중 항공기 양력발생에 영향을 미치지 않는 것은?
① 기온   ② 습도
③ 뇌우   ④ 바람

05 해수면의 기온과 표준기압은?
① 15℃와 29.92 inch.Hg
② 15℃와 29.92 inch.mb
③ 15℉와 29.92 inch.Hg
④ 15℉와 29.92 inch.mb

06 다음 중 국제민간항공기구(ICAO)의 표준대기 조건이 잘못된 것은?
① 대기는 수증기가 포함되어 있지 않은 건조한 공기이다.
② 대기의 온도는 통상적인 0℃를 기준으로 하였다.
③ 해면상의 대기압력은 수은주의 높이 760mm를 기준으로 하였다.
④ 고도에 따른 온도강하는 -56.5℃ (-69.7℉)가 될 때까지는 -2℃/1,000ft이다.

> **해설** 대기의 온도는 따뜻한 온대지방의 해면상의 15℃를 기준으로 하였다.

07 공기밀도에 관한 설명으로 틀린 것은?
① 온도가 높아질수록 공기밀도도 증가한다.
② 일반적으로 공기밀도는 하층보다 상층이 낮다.
③ 수증기가 많이 포함될수록 공기밀도는 감소한다.
④ 국제표준대기(ISA)의 밀도는 건조공기로 가정했을 때의 밀도이다.

> **해설** 온도가 높으면 공기밀도가 희박하여 감소한다.

정답 01.④ 02.① 03.① 04.③ 05.① 06.② 07.①

08 다음 중 고기압에 대한 설명 중 잘못된 것은?

① 고기압은 주변기압보다 상대적으로 기압이 높은 곳에서 주변의 낮은 곳으로 시계방향으로 불어간다.
② 주변에는 상승기류가 있고 단열승온으로 대기 중 물방울은 증발한다.
③ 구름이 사라지고 날씨가 좋아진다.
④ 중심부근은 기압경도가 비교적 작아 바람은 약하다.

해설 주변에는 **하강기류**가 있고 단열승온으로 대기 중 물방울은 증발한다.

09 다음 중 저기압에 대한 설명 중 잘못된 것은?

① 저기압은 주변보다 상대적으로 기압이 낮은 부분이다. 1기압이라도 주변상태에 의해 저기압이 될 수 있고, 고기압이 될 수 있다.
② 하강기류에 의해 구름과 강수현상이 있고 바람도 강하다.
③ 저기압 내에서는 주위보다 기압이 낮으므로 사방으로부터 바람이 불어 들어온다.
④ 일반적으로 저기압 내에서는 날씨가 나쁘고 비바람이 강하다.

해설 **상승기류**에 의해 구름과 강수현상이 있고 바람도 강하다.

10 고기압과 저기압에 대한 설명으로 맞는 것은?

① 고기압 : 북반구에서 시계방향으로, 남반구에서는 반시계방향으로 회전한다.
저기압 : 북반구에서 반시계방향으로, 남반구에서는 시계방향으로 회전한다.
② 고기압 : 북반구에서 반 시계방향으로, 남반구에서는 시계방향으로 회전한다.
저기압 : 북반구에서 시계방향으로, 남반구에서는 반 시계방향으로 회전한다.
③ 고기압 : 북반구에서 시계방향으로, 남반구에서는 시계방향으로 회전한다.
저기압 : 북반구에서 반시계방향으로, 남반구에서는 시계방향으로 회전한다.
④ 고기압 : 북반구에서 반시계방향으로, 남반구에서는 시계방향으로 회전한다.
저기압 : 북반구에서 반시계방향으로, 남반구에서는 시계방향으로 회전한다.

11 고기압에 대한 설명 중 틀린 것은?

① 중심부근에는 하강기류가 있다.
② 북반구에서의 바람은 시계방향으로 회전한다.
③ 구름이 사라지고 날씨가 좋아진다.
④ 고기압권내에서는 전선형성이 쉽게 된다.

해설 고기압권내에서는 전선형성이 어렵다.

12 저기압에 대한 설명 중 틀린 것은?

① 주변보다 상대적으로 기압이 낮은 부분이다.
② 하강기류에 의해 구름과 강수현상이 있다.
③ 저기압은 전선의 파동에 의해 생긴다.
④ 저기압 내에서는 주위보다 기압이 낮으므로 사방으로부터 바람이 불어 들어온다.

해설 저기압 지역의 기류는 상승기류이다.

정답 08.② 09.② 10.① 11.④ 12.②

13 다음 중 기압에 대한 설명으로 틀린 것은?

① 일반적으로 고기압권에서는 날씨가 맑고 저기압권에서는 날씨가 흐린 경향을 보인다.
② 북반구 고기압 지역에서 공기흐름은 시계방향으로 회전하면서 확산된다.
③ 등압선의 간격이 클수록 바람이 약하다.
④ 해수면 기압 또는 동일한 기압대를 형성하는 지역을 따라서 그은 선을 등고선이라 한다.

해설 등고선이 아니라 등압선이라 한다.

14 일기도 상에서 등압선의 설명 중 맞는 것은?

① 조밀하면 바람이 강하다.
② 조밀하면 바람이 약하다.
③ 서로 다른 기압지역을 연결한 선이다.
④ 조밀한 지역은 기압경도력이 매우 작은 지역이다.

15 일기도 상에서 등압선이 조밀한 지역은 어떤 현상이 발생하는가?

① 무풍지역　　② 태풍지역
③ 강한 바람　　④ 약한 바람

16 다음 중 기압고도에 대한 설명으로 맞는 것은?

① 공중의 항공기와 지표면과의 거리
② 고도계 수정치를 해수면에 맞춘 높이
③ 지표면으로부터 표준온도와 기압을 수정한 높이
④ 표준대기압 해면으로부터 공중의 항공기까지의 높이

17 다음 중 진고도(True altitude)에 대한 설명으로 올바른 것은?

① 평균 해면고도로부터 항공기까지의 실제 높이이다.
② 고도계 창에 수정치를 표준 대기압(29.92inHg)에 맞춘 상태에서 고도계가 지시하는 고도.
③ 항공기와 지표면의 실측 높이이며 AGL단위를 사용한다.
④ 표준 기지면 위의 표고이고 표준 대기 조건에서 측정된 고도

해설 ② 지시고도, ③ 절대고도, ④ 기압고도

18 기압의 정의는 무엇인가?

① 단위체적당 공기의 무게가 작용하는 힘
② 단위체적당 공기의 질량이 작용하는 힘
③ 단위면적당 공기가 누르는 힘
④ 단위체적당 공기가 누르는 힘

19 다음 국제표준대기압에 대한 설명 중 옳지 않는 것은?

① 해면상 표준 기압은 29.82inhg(1013.25hPa)이다.
② 중력 가속도는 $9.8065 m/s^2$
③ 해면상의 기온은 15℃이다.
④ 결빙온도는 해면상의 0℃이다.

해설 해면상 표준 기압은 29.92inhg(1013.25hPa)이다.

정답 13.④　14.①　15.③　16.④　17.①　18.③　19.①

20 고기압과 저기압에 대한 설명 중 옳지 않은 것?

① 고기압은 중심 기압이 주변보다 높은 곳을 말함.
② 고기압권 내의 바람은 북반구에서는 고기압 중심 주위를 시계방향으로 회전하면서 불어나감.
③ 저기압권 내 지상에서의 바람은 북반구에서 저기압 중심을 향하여 시계방향으로 불어 들어옴.
④ 저기압은 중심 기압이 주변보다 낮은 곳을 말함.

해설 북반구에서 저기압은 반시계방향으로 불어 들어옴.

21 국제민간항공협약 부속서의 항공기상 특보의 종류가 아닌것은?

① SIGMET 정보
② AIRMET 정보
③ 뇌우경보(Thunderstorm Warning)
④ 공항경보(Aerodrome Warning)

해설 SIGMET 정보, AIRMET 정보,
공항경보(Aerodrome Warning)
윈드시어경보(Wind Shear Warnings and Alerts)

22 다음 기압고도계 설정방식에 대한 설명 중 관제탑에서 제공하는 고도 압력으로 항공기의 기압고도계를 맞추는 방식으로 옳은 것은?

① QNH
② QNE
③ QFH
④ QFE

해설 QNH는 활주로에 착지한 항공기 기압고도계의 눈금 숫자가 공항의 공식표고를 나타내도록 맞춘 고도계 수정치
QFE는 활주로 공식표고 위에 착지한 항공기의 기압고도계의 눈금을 고도 '0'으로 하는 고도계 수정치
QNE는 기압고도계의 고도계 눈금 0점을 표준대기 1013.25hPa로 맞추는 고도계 수정치

23 다음 기압고도계 설정 방식에 대한 설명 중 옳지 않은 것은?

① 관제에 사용되는 전이고도 설정 기준은 대한민국은 18,000ft, 미국은 14,000ft임
② QNH : 관제탑에서 제공하는 고도압력으로 조종사가 항공기의 기압고도계를 맞추는 방식
③ QNE : 조종사가 항공기의 고도계를 표준대기압(29.92in-Hg 또는 1013.25mb)에 맞추는 방식
④ QFE : 활주로 표고나 착지지점 고도를 표시하도록 기압고도계를 현지기압으로 맞추는 방식

해설 QFE는 활주로 공식표고 위에 착지한 항공기의 기압고도계의 눈금을 고도 '0'으로 하는 고도계 수정치

정답 20.③ 21.③ 22.① 23.④

Section 04 바람

■ 주요 내용
- 바람과 바람의 측정
- 항공 및 드론운용에서의 바람 운용
- 바람을 일으키는 힘
- 바람의 종류

01 바람과 바람의 측정

가. 바람
① 바람은 공기의 흐름, 즉 운동하고 있는 공기
② 수평방향의 흐름을 지칭하며 고도가 높아지면 지표면 마찰이 적어 강해짐
③ 공기흐름의 유발 근본적인 원인은 태양에너지에 의한 지표면의 불균형 가열에 의한 기압 차이로 발생
④ 기온이 상대적으로 높은 지역에서는 저기압이 발생하고, 기온이 상대적으로 낮은 지역에서는 고기압이 발생

나. 바람의 측정
① 공항이나 기상 관측소에 설치된 **풍속계**(anemometer)와 **풍향계**(wind direction indication)에 의해서 측정
② 종류는 바람주머니, T형 풍향지시기, Aerovane 등
③ 지표면 10m 높이에서 관측된 것을 기준으로 하며, 풍향, 풍속을 표기
④ 상층의 바람은 기구, 도플러 레이더, 항공기 항법시스템, 인공위성 등으로 측정

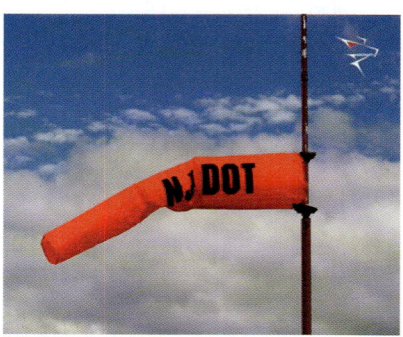

그림 바람의 측정기구

⑤ 풍속의 단위는 NM/H(kt), SM/H(MPH), km/h, m/s.
[1kt = 1,852m(Notical Mile)(State mile 1 mile = 0.869해리이다.)]

다. 바람의 방향

① 바람의 방향을 제공할 때 지상에서 기상전문가들은 진북방향을 공중에서 항공종사자(조종사, 관제사 등)는 자북방향으로 제공
② 항공에서 방위를 붙여서 표현하고, 풍향은 동서남북의 중간방위를 더해서 16방위로 표기하나 드론 등을 운용 시에는 8방위로 표기하여도 사용 가능
③ 바람 방향에서 북풍이라는 것은 북에서 남으로 부는 바람을 말한다. 즉 북쪽을 향하는 바람이 아니라 나를 기준으로 불어오는 바람이다. 그러나 조류, 해류 등 물 흐름의 방향은 향해서 가는 방향을 의미

그림 바람의 방향

라. 풍향, 풍속 측정법

① 1분간, 2분간, 또는 10분간의 평균치를 측정하여 지속풍속을 제공
② 평균풍속은 10분간의 평균치로 공기가 1초 동안 움직이는 거리를 m/s, 1시간에 움직인 거리를 마일(mile)로 표시한 노트(kt)
③ 순간풍속은 어느 특정 순간에 측정한 속도를 말하며 최대 풍속은 관측기간 중 10분 간격의 평균 풍속 가운데 최대치
④ 순간최대 풍속은 관측기간 중 순간 풍속의 최대치 즉 가장 큰 풍속
⑤ **Wind sock에 의한 측정방법**
유의해야 할 점은 정확한 측정방법은 아니라는 것이다. 그러나 주변에 많이 설치된 Wind sock을 잘 활용하면 항공기 및 드론 운용 시 좋은 자료가 될 것.

Wind Sock 각도	풍속 (m/sec)
0도	0m/sec
15~20도	1m/sec
30~40도	2m/sec
50~60도	3m/sec
70~80도	4m/sec
90도	5m/sec

⑥ 손수건을 활용한 방법
 • 손수건을 손으로 잡고 날리는 정도에 따라 측정하는 방법

수직 각도	풍속(m/sec)
0도	0m/sec
15도	1m/sec
30도	2m/sec
50도	3m/sec
70도	4m/sec
90도	5m/sec

⑦ 풍향, 풍속 표기법 : 측정하여 표기하는 방법

〈바람의 표시〉

그림 바람의 표기법

02 바람을 일으키는 힘

가. 기압경도력

① **기압경도**(pressure gradient)는 공기의 기압 변화율로 지표면의 불균형 가열로 발생하며, 기압 경도력은 기압경도의 크기 즉 힘
② 고기압 쪽에서 저기압 쪽으로 등압선에 직각 방향으로 작용하며, 등압선이 조밀한 지역에서는 기압 경도력이 강해 강풍이 발생

그림 기압 경도력

나. 전향력

① 회전하는 운동계에서 운동하는 물체를 관측하였을 때 나타나는 겉보기의 힘
② 물체를 던진 방향에 대해 북반구에서는 오른쪽으로 남반구에서는 왼쪽으로 힘이 작용하는 것처럼 운동하게 되는데 이때의 가상적인 힘이 전향력
③ 1828년 프랑스의 G.G. 코리올리가 이론적으로 유도하여 "코리올리의 힘"
   극지방에서 최대이고 적도 지방에서는 최소

그림 전향력

03 항공 및 드론 운용에서의 바람 운용

가. 개요
① 항공기 및 드론 등 공중에서 운용하는 비행체는 바람의 영향에 매우 민감하며 중요함.
② 항공기 및 드론 등의 성능에 상당한 영향을 미침.
③ 항공기나 드론이 아니더라도 하늘을 나는 새들의 행태를 보더라도 바람을 적절히 활용하고 있음을 알 수 있음.
④ 새들이 나뭇가지에 앉거나 날아 갈 때도 반드시 맞바람을 적절히 이용하고 있는 것을 볼 수 있음.

나. 맞바람 (Head Wind)
① 사람의 앞부분이나 항공기 또는 드론의 기수(nose) 방향을 향하여 정면으로 불어오는 바람
② 항공기의 이착륙 성능을 현저히 증가시키고, 드론 역시 바람이 부는 상황에서 이.착륙 시 맞바람을 적절히 이용하면 안전하게 운용할 수 있음.

다. 뒷바람 (Tail Wind)
① 항공기 또는 드론의 꼬리(tail)방향을 향하여 불어오는 바람
② 뒷바람은 항공기 이착륙 시 성능을 현저히 감소시키거나 이착륙 자체를 불가능하게 하며, 드론 역시 뒷바람 상태에서 이착륙 시는 안전하게 운용 될 수 없음.

그림 뒷바람과 맞바람

라. 측풍
① 항공기나 드론 등 비행체의 왼쪽 또는 오른쪽에서 부는 바람
② 항공기나 드론 운용에 많은 영향을 미치는 요인으로 작용

04 바람의 종류

가. 지균풍

① 지표면의 마찰 영향이 없는 지상 약 1km이상의 상공에서 기압 경도력과 전향력이 균형을 이루어 부는 바람

② **지균풍의 특징**
- 지균평형 상태에서의 바람으로 등압선(등고선)에 평행
- 바람의 오른쪽은 고기압, 왼쪽은 저기압이며, 기압경도가 클수록 풍속은 강하다.

그림 지균풍

나. 경도풍

① 지상 1km 이상에서 등압선이 곡선일 때 부는 바람으로 기압 경도력, 전향력, 원심력이 평행을 이룬다.

③ 지상 약 1km이상의 상공은 지표면과 바람 사이에 마찰력이 없으며, 경도풍은 지균풍과 달리 등압선이 곡선이면 원심력이 작용.

그림 경도풍

다. 지상풍

① 지상 1km 이하의 지상에서 마찰력의 영향을 받는 바람으로 전향력과 마찰력의 합력이 기압 경도력과 평행을 이루어 등압선과 각을 이루며 저기압 쪽으로 부는 바람으로 마찰풍

② **특징**
- 지상풍에 작용하는 힘은 기압경도력, 전향력, 마찰력
- 바람은 마찰력의 영향으로 등압선을 비스듬히 가로질러 저기압으로 분다.
- 바람이 숲, 건물, 산 등에 부딪혀 마찰이 생기므로 속도는 상공보다 느리다.

라. 해륙풍

① 주간(해풍)에는 태양 복사열에 의한 가열 속도 차로 기압경도력이 발생한다. 즉 육지에서의 가열이 높아지면 기압이 낮아지고 수평 기압경도가 형성된다. 오후 중반 10~20kts 속도로 발생되나 그 이후 점차 소멸되며, 1,500~3,000ft 높이까지 발달한다.

② 야간(육풍)에는 지표면과 해수면의 복사 냉각차로 기압 경도력이 발생한다. 해풍(주간)보다 육풍(야간)이 적은 것은 야간의 기온 감율이 느리기 때문이다.

그림 해풍(위)과 육풍(아래)

1. 해풍이 육풍보다 빠르다.
2. 해풍과 육풍이 바뀌는 순간 바람이 일시 정지함. 이때를 뜸이라고 함

마. 산곡풍

① **산곡풍**(산들바람, mountain breezes, valley breezes)은 산바람과 골바람으로 나눔
② **산바람**은 산 정상에서 산 아래로 불어오는 바람(야간에 붐)
③ **골바람**은 산 아래에서 산 정상으로 불어오는 바람(주간)으로 적운이 발생하여 붐
④ 산 경사면의 태양 복사 차이로 수평적 기압 경도력이 발생하며, 비행기로 계곡 통과 시 순간적인 상승, 강하 현상이 발생하는 것을 볼 수 있음.

그림 골바람　　　　그림 산바람

바. 계절풍

① 1년을 주기로 대륙과 해양 사이에서 여름과 겨울에 풍향이 바뀌는 바람으로 겨울은 대륙에서 해양으로, 여름은 해양에서 대륙을 향해 부는 바람
② **발생원인**
　• 육지와 해양의 비열의 차 혹은 계절에 따라 대륙과 바다 사이 기압배치 차이
　• 겨울은 대륙이 현저히 냉각되어 한랭하고 무거운 공기가 퇴적되어 고기압으로 상대적으로 기압이 낮은 해양을 향해 바람이 되어 불게 된다.
　• 여름은 대륙이 가열되어 저압부가 되고, 상대적으로 찬 해양의 고기압에서 대륙을 향해 바람이 분다. 계절풍이 현저한 지역은 인도, 일본, 동남아시아와 우리나라이다.
③ 우리나라의 계절풍은 겨울에 북서 계절풍, 여름에 남동 계절풍이 분다. 겨울에 시베리아 내륙에 찬 공기가 쌓이면서 고기압이 발달하고, 태평양에 저기압이 발달하여 차고 건조한 북서 계절풍이 분다. 3~4일 주기로 고기압 세력이 약해지고 또 저기압이 몽고 일대를 지나갈 때 우리나라 부근의 기온은 올라간다. 이처럼 춥고 포근한 날이 반복되는 것이 우리나라 주변의 삼한사온 현상이다.
④ 여름철은 바다에 고기압이 형성되고 대륙 내부에 저기압이 발달하여 남동~남서 계절풍이 분다. 따뜻한 바다에서 증발한 수증기가 많이 포함되어 기온이 높고 습기가 많다. 이는

여름철을 무덥게 하여 불쾌지수를 높인다. 4월에 시작하여 8월에 끝나며 6월 중순~7월 중순에 강하다. 우리나라의 계절풍은 건기와 우기를 결정하며 한반도 기후에 큰 영향을 미치는 계절풍이다.

그림 우리나라 계절풍

사. 돌풍과 스콜

① **돌풍(gust)**은 바람이 항상 일정하게 불지 않고 강약을 반복하는 바람을 말하며, 숨이 클 경우 갑자기 10m/sec, 때로는 30m/sec를 넘는 강풍이 불기 시작하여 수 분, 혹은 수십 분 내에 급히 약해진다.

② **돌풍 발생원인**
- 지표면이 불규칙하게 요철을 이루고 있어 바람이 교란되어 작은 와류(회오리)가 많이 생길 때, 북서 계절풍이 강할 때 발생
- 태풍 중심 부근의 강풍대에서 저기압이 급속히 발달할 때 발생
- 지표면이 불규칙하게 가열되어 열대류가 일어날 때 발생
- 뇌우의 하강기류에서 고지대의 한기가 해안지방으로 급강하할 때.
- 한랭전선 전방의 불안정선이나 한랭전선 후방의 2차 전선이 통과할 때 발생

③ **근본원인**은 한랭한 하강기류가 온난한 공기와 마주치는 곳, 즉 한랭 기단이 따뜻한 기단의 아래로 급하게 침입하여 따뜻한 공기를 급상승시켜 일어나게 됨.

④ **돌풍의 특징**은 풍향이 급하게 변하고 큰 비 혹은 싸락눈이 쏟아지며, 우박을 동반할 수도 있다. 기온은 급강하고 상대습도는 급상승한다.

⑤ **스콜(squall)**은 관측하고 있는 10분 동안의 1분 지속풍속이 10kts이상일 때 이러한 지속 풍속으로부터 갑작스럽게 15kts 이상 풍속이 증가되어 2분 이상 지속되는 강한 바람

아. 높새바람(푄현상)

① 푄(fohn)현상에 의해서 발생하는 바람을 푄 바람 또는 높새바람
② 습하고 찬 공기가 지형적 상승 과정을 통해서 고온 건조한 바람으로 변화되는 현상
③ 푄현상의 조건은 지형적 상승과 습한 공기의 이동 그리고 건조단열기온감률 및 습윤단열기온률
④ 우리나라에서의 높새바람은 늦봄에서 초여름에 걸쳐 동해안에서 태백산맥을 넘어 서쪽사면으로 부는 북동 계열의 바람이다.
⑤ 동쪽에서 서쪽으로 공기가 불어 올라갈 때에 수증기가 응결되어 비나 눈이 내리면서 상승한다. 고도가 높아지면서 기온은 고도 100m당 약 0.5℃ 정도 하강한다.
⑥ 동쪽의 산에서 비를 내리게 한 뒤 건조해진 공기가 태백산맥의 서쪽인 영서지방 쪽으로 불어 내리는 공기는 비열이 높은 수증기를 거의 비로 내린 상태이므로 비열이 낮아져서 100m당 약 1℃ 정도로 기온이 상승한다.

자. 제트기류

① 제트기류는 주로 대류권 상층부와 성층권 하부에 존재하는 강하고 폭이 좁은 공기의 수평적인 이동을 말한다.
② 전형적인 제트기류는 깊이 1NM, 폭 100NM, 길이 1,200NM 정도의 크기에 중심부의 바람속도는 최소한 50노트를 초과한다.

그림 제트기류

section OX

1. 바람은 공기의 흐름 즉 운동하고 있는 공기이며, 공기흐름 유발의 근본적인 원인은 태양에너지에 의한 지표면의 불균형 가열에 의한 기압차이이다.	O
2. 바람의 측정은 풍향과 풍속을 측정하며 통상 지표면의 <u>5미터 높이</u>에서 측정한다.	X 10m 높이
3. 풍속의 단위는 NM/H(kt), SM/H(MPH), km/h, m/s 등 여러 가지가 있으며 멀티콥터에서는 <u>NM/H(kt)</u>을 사용한다.	X m/s 사용
4. 바람의 방향은 측정자를 기준으로 <u>불어가는</u> 바람방향이다.	X 불어오는 방향
5. 기압경도는 공기의 기압 변화율로 지표면의 불균형 가열로 발생하며 고기압 쪽에서 저기압 쪽으로 등압선에 직각으로 작용한다.	O
6. 항공기나 드론운용 시 바람은 맞바람을 받고 운용하면 <u>활주거리가 증가하고 상승률이 저하</u>된다.	X 활주거리 감소 및 상승률 증가
7. 해륙풍은 낮에 바다에서 육지 방향으로 부는 바람이다.	O
8. 산곡풍은 산바람과 골바람으로 나누어지며 산바람은 산 정상에서 산 아래로 야간에 부는 바람이다.	O

출제예상문제

01 바람이 존재하는 근본적인 원인은?

① 기압차이
② 고도차이
③ 공기밀도 차이
④ 자전과 공전현상

> **해설** 바람의 근본원인은 지표면에서 발생하는 불균형적인 가열에 의해 발생한 기압차이며, 바람은 고기압 지역에서 저기압 지역으로 흐르는 공기 군의 흐름에 의해 발생한다.

02 바람이 발생하는 원인은?

① 공기 밀도차이
② 기압경도력
③ 고도 차이
④ 지구의 자전과 공전

> **해설** 바람은 공기 흐름의 유발이며, 태양 에너지에 의한 지표면의 불균형 가열에 의한 기압차이로 발생한다. 아울러 기압경도는 공기의 기압변화율로 지표면의 불균형 가열로 발생하며 기압경도력은 기압경도의 크기 즉 힘을 말한다.(기압경도력)

03 바람이 생성되는 근본적인 원인은 무엇인가?

① 지구의 자전
② 태양의 복사에너지 불균형
③ 구름의 흐름
④ 대류와 이류 현상

04 태양의 복사에너지의 불균형으로 발생하는 것은 무엇인가?

① 바람
② 안개
③ 구름
④ 태풍

05 바람에 관한 설명 중 틀린 것은?

① 풍향은 관측자를 기준으로 불어오는 방향이다.
② 풍향은 관측자를 기준으로 불어가는 방향이다.
③ 바람은 공기의 흐름이다. 즉 운동하고 있는 공기이다.
④ 바람은 수평방향의 흐름을 지칭하며, 고도가 높아지면 지표면 마찰이 적어 강해진다.

06 풍속의 단위 중 주로 멀티콥터 운용 시 사용하는 것은?

① NM/H(kt)
② SM/H(MPH)
③ km/h
④ m/sec

07 바람에 대한 설명으로 틀린 것은?

① 풍속의 단위는 m/s, Knot 등을 사용한다.
② 풍향은 지리학상의 진북을 기준으로 한다.
③ 풍속은 공기가 이동한 거리와 이에 소요되는 시간의 비(比)이다.
④ 바람은 기압이 낮은 곳에서 높은 곳으로 흘러가는 공기의 흐름이다.

> **해설** 기압은 높은 곳에서 낮은 곳으로 이동하는 특성이 있다.

정답 01.① 02.② 03.② 04.① 05.② 06.④ 07.④

08 바람을 느끼고 나뭇잎이 흔들리기 시작할 때의 풍속은 어느 정도인가?

① 0.3~1.5m/sec
② 1.6~3.3m/sec
③ 3.4~5.4m/sec
④ 5.5~7.9m/sec

09 경도풍에서 공기의 고기압에서 저기압으로의 직접적인 흐름을 방해하는 힘은?

① 구심력　　② 원심력
③ 전향력　　④ 마찰력

해설 전향력은 지표면을 횡단하는 공기의 방향이 전환되는 현상을 말한다.

10 맞바람과 뒷바람의 항공기에 미치는 영향 설명 중 틀린 것은?

① 맞바람은 항공기의 활주거리를 감소시킨다.
② 뒷바람은 항공기의 활주거리를 감소시킨다.
③ 뒷바람은 상승률을 저하시킨다.
④ 맞바람은 상승률을 증가시킨다.

11 이륙 시 비행거리를 가장 길게 영향을 미치는 바람은?

① 배풍
② 정풍
③ 측풍
④ 바람과 관계없다.

해설 배풍(뒷바람)을 받을 시 이륙거리가 늘어난다.

12 기압경도란 무엇인가?

① 일기도상에 해수면 기압 또는 동일한 기압대를 형성하는 지역을 연결하여 그은 선
② 주어진 단위 거리 사이의 기압차이
③ 어떤 특정한 시각에 각지의 기상상태를 한꺼번에 볼 수 있도록 지도 위에 표시한 것
④ 물체 위의 공기에 작용하는 단위 면적당 공기의 무게

해설 ① 등압선에 대한 설명
③ 일기도에 대한 설명
④ 대기압에 대한 설명

13 다음 중 기압경도력에 대한 설명 중 틀린 것은 무엇인가?

① 바람이 부는 근본적인 원인
② 기압경도력은 거리에 비례한다.
③ 고기압에서 저기압으로 작용하는 것이다.
④ 기압경도력은 기압차에 비례한다.

해설 기압경도력은 거리에는 반비례한다.

14 공기의 고기압에서 저기압으로의 직접적인 흐름을 방해하는 힘은?

① 구심력　　② 원심력
③ 전향력　　④ 마찰력

해설 전향력은 바람을 일으키는 힘으로 지표면을 횡단하는 공기의 방향이 전환 되는 현상이다. 전향력의 크기는 극지방에서 최대이고, 적도 지방에서 최소이다.

정답　08.②　09.③　10.②　11.①　12.②　13.②　14.③

15 산바람과 골바람에 대한 설명 중 맞는 것은?

① 산악지역에서 낮에 형성되는 바람은 골바람으로 산 아래에서 산 위(정상)로 부는 바람이다.
② 산바람은 산 정상부분으로 불고 골바람은 산 정상에서 아래로 부는 바람이다.
③ 산바람과 골바람 모두 산의 경사 정도에 따라 가열되는 정도에 따른 바람이다.
④ 산바람은 낮에 그리고 골바람은 밤에 형성된다.

16 해륙풍과 산곡풍에 대한 설명 중 잘못 연결된 것은?

① 낮에 바다에서 육지로 공기 이동하는 것을 해풍이라 한다.
② 밤에 육지에서 바다로 공기 이동하는 것을 육풍이라 한다.
③ 낮에 골짜기에서 산 정상으로 공기 이동하는 것을 곡풍이라 한다.
④ 밤에 산 정상에서 산 아래로 공기 이동하는 것을 곡풍이라 한다.

17 다음 중 해풍에 대하여 설명한 것 중 가장 적절한 것은?

① 여름철 해상에서 육지 방향으로 부는 바람
② 낮에 해상에서 육지 방향으로 부는 바람
③ 낮에 육지에서 바다로 부는 바람
④ 밤에 해상에서 육지 방향으로 부는 바람

18 풍향이 동쪽일 경우의 설명으로 맞는 것을 고르시오.

① 서쪽에서 동쪽을 향해 부는 바람
② 북쪽에서 남쪽을 향해 부는 바람
③ 동쪽에서 서쪽을 향해 부는 바람
④ 남쪽에서 북쪽을 향해 부는 바람

19 풍향이 남쪽일 경우에 비행기를 이륙시키기 위해 최적의 이륙방향은?

① 북쪽에서 남향으로 이륙
② 서쪽에서 동향으로 이륙
③ 동쪽에서 서향으로 이륙
④ 남쪽에서 북향으로 이륙

20 '상승기류'의 설명으로 맞는 것을 고르시오.

① 기체가 상승할 때 받는 바람
② 아래에서 위로 부는 바람
③ 기체를 가속 중에 앞쪽에서 받는 바람
④ 헬리콥터의 브레이크가 만들어 내는 아래쪽 바람

21 하강 기류의 발생 조건으로 잘못된 것을 고르시오.

① 고기압의 경우
② 상공에 찬 공기가 유입되어 왔을 경우
③ 지표면의 공기가 가열되었을 경우
④ 산맥 부근에서 바람이 부는 경우

정답 15.① 16.④ 17.② 18.③ 19.① 20.② 21.③

22 다음 바람 용어에 대한 설명 중 옳지 않은 것은?

① 풍향은 바람이 불어오는 방향을 말한다.
② 풍속은 공기가 이동한 거리와 이에 소요된 시간의 비이다.
③ 바람속도는 스칼라 양인 풍속과 같은 개념이다.
④ 바람시어는 바람 진행방향에 대해 수직 또는 수평방향의 풍속 변화이다.

해설 바람의 속도는 벡터 량의 개념이다.(속력은 스칼라량이다.)

23 다음 저층 바람시어의 강도에 대한 연결 설명 중 옳은 것은

① 약함 - < 4.1(knot/100feet)
② 보통 - 4.1~8.0(knot/100feet)
③ 강함 - 8.1~11.9(knot/100feet)
④ 아주 강함 - > 12(knot/100feet)

해설 ① 약함 - < 4.0(knot/100feet)
② 보통 - 4.0~7.9(knot/100feet)
③ 강함 - 8.0~11.9(knot/100feet)
④ 아주 강함 - > 12(knot/100feet)

정답   22.③   23.④

Section 05 구름과 강수

주요 내용
- 구름
- 강수

01 구름

가. 구름이란

1) 개요

① 눈으로 볼 수 있는 공기 중의 수분 즉, 대기 중에 떠 있는 작은 수적 또는 빙정, 물방울의 결합체

② 대기 중에 있는 수분의 양은 약 40조 갤런이다. 1일 10%가 비 또는 눈으로 변화되어 지면으로 내려온다.

③ 대기 중에 떠 있는 구름은 수많은 미세한 물방울과 다양한 입자들로 구성되어 있다.

2) 구름의 형성조건

① 풍부한 수증기로서 상승하는 공기 덩어리에 충분한 수증기가 있어야 미세한 물방울 또는 빙정의 변화가 가능하다.

② 응결핵으로서 수증기가 응결할 수 있는 표면을 제공하는 미세먼지, 소금 입자, 화산 입자 등이 수증기의 응결 표면을 제공한다. 소금과 같은 흡습성 응결핵은 주위의 수증기를

빨아들임으로써 구름입자를 생성한다.
③ **냉각작용**이다. 찬 지표면의 냉각이나 단열 팽창으로 공기 덩어리 내에 들어 있는 수증기가 단열 냉각되어 포화상태에 도달하게 된다.

그림 구름의 형성조건

3) 구름이 형성되는 이유

① 기류의 상승과 단열 팽창으로 대기의 수평적 이동은 바람(지균풍, 경도풍, 지상 풍)을 일으키고, 대기의 수직적 이동은 공기의 단열 팽창과 구름을 생성한다.
② 저기압에서는 대기의 상승으로 구름이 생성되거나 강수가 되고 고기압에서는 대기의 하강으로 맑고 구름이 소산된다.

그림 구름의 형성되는 이유

나. 구름의 관측

1) 운고(Cloud Height)
① 구름층은 관측자 기준으로 보는 구름층의 하단을 의미
② 운고는 지표면(AGL)에서 구름층 하단까지의 높이
③ 구름이 50ft이하 또는 그 이하에서 발생했을 때는 안개(fog)로 분류

2) 운량(Cloud Amount)
① 운량은 관측자를 기준으로 하늘을 10등분하여 판단하며
② clear는 운량이 1/8(1/10)이하 일 때를 말하며, scattered는 운량이 1/8(1/(10)~5/8(5/(10) 일 때를 말하고, broken은 운량이 5/8(5/(10)~7/8(9/(10)일 때이다. 마지막으로 overcast는 운량이 8/8(10/(10)일 때이다.

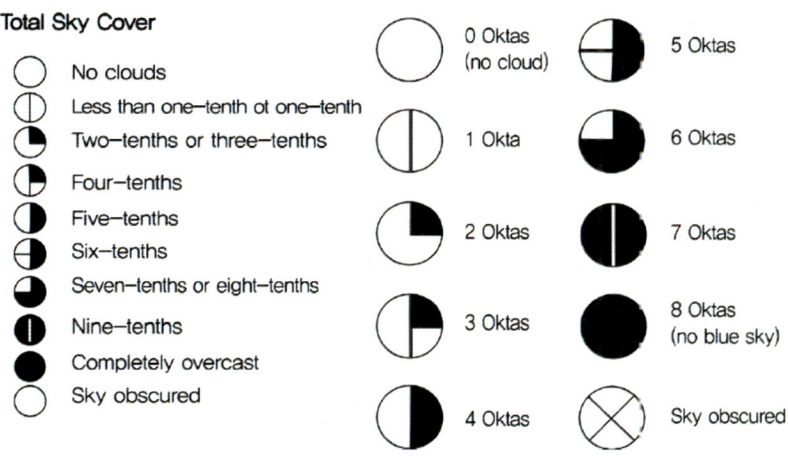

그림 운량

3) 차폐(Obscured)와 실링(Ceilings)
① **차폐**(obscured)는 하늘이 안개, 연기, 먼지, 강우 등으로 우시정이 7마일 이하로 감소시키는 정도로 지표면으로부터 하늘이 가려질 때, 부분적으로 가려질 대 부분 차례
② **실링**(ceilings)은 운량이 최소 5/8이상 덮인 하늘의 가장 낮은 구름의 높이

다. 구름의 종류

1) 개요
① 구름은 공중의 물방울로서 전체로 보면 수 백만톤의 물이 공중에 떠 있는 것과 같다.
② 형성되는 모양과 형태를 기준으로 분류하여 권운형, 층운형, 적운형
- **권운형**은 갈라져 있고 섬유가 늘어난 형태

- **층운형**은 뚜렷한 층(layer)을 형성한 구름 형태
- **적운형**은 대류성 구름이 쌓인 형태

③ 높이에 의한 범주는 상층운, 중층운, 하층운, 수직운으로 구분

2) 구름의 기본 운형 10종류

운저고도	온 도	이 름	기호	특 징
상층운 6~15km	-25℃ 이하	권운(cirrus)	Ci	연달아 있는 새털모양
		권적운(cirrocumulus)	Cc	작은 잔물결과 연기 모양
		권층운(cirrostratus)	Cs	반투명한 베일
중층운 2~6km	0~-25℃	고적운(altocumulus)	Ac	흰색부터 암회색의 연기 잔물결
		고층운(altostratus)	As	흰색부터 회색까지 고르게 하늘을 덮음
하층운 2km 미만	-5℃ 이상	층적운(stratocumulus)	Sc	부드러운 회색의 조각모양
		층운(status)	St	흐린 회색빛으로 하늘을 고르게 덮음
		난층운(nimbostratus)	Ns	회색, 운량이 많음 강수가 있음
수직운 3km이내	-50℃ (운정)	적운(cumulus)	Cu	편평한 밑바닥을 가지 꽃양배추 모양
		적란운(cumulonimbus)	Cb	거대하게 부풀어 있으며, 흰색, 회색, 검정색, 종종 모루형태

3) 멀티콥터 운용과 관련한 알아야 할 구름

① 지상으로부터 가장 낮은 높이의 구름 : **하층운(층적운, 층운, 난층운)**

② 3km이내의 **수직운(적운, 적란운)**

③ **층적운**(stratocumulus) : 주로 8,000ft이하에 형성되며 재색이나 밝은 재색을 띠고, 둥근 형태나 말린 모양의 구름과 같으며, 가랑비, 약한 비(눈)의 가능성이 있다. 또한 돌풍형태의 폭풍의 전조가 되기도 한다.

그림 층적운

④ **층운**(status) : 6,000ft 미만에 형성된 구름으로 안개가 상승하여 형성되기도 한다. 강수가 없으나 하부로부터 냉각으로 안개, 가랑비, 박무가 생기기도 한다.

[그림] 층운

⑤ **난층운**(Nimbostratus) : 특별한 외형이 없고 전반적으로 어두운 재색을 띠고 있고 8,000ft 이하의 층운형 구름에서 비를 동반한 구름이다. 밀도가 높아 태양을 완전히 차단할 수 있다.

[그림] 난층운

4) 비행기 구름

① 높은 하늘의 공기는 기압과 기온이 낮기 때문에 수증기를 많이 포함하지 못한다.
② 상공에 구름이 없을 때 공기 중의 수증기는 과포화 상태가 많다.
③ 수증기는 물방울이 될 기회가 되지 못하게 된다. 즉 핵이 되는 먼지가 높은 상공에 아주 적어 응결, 승화되지 못하고 수증기로 존재할 경우가 많아진다.
④ 이때 그 상공을 배기가스와 물방울을 분산하는 한 대의 비행기가 날아가며 배기가스 속의 먼지나 미립자가 과포화상태인 수증기에게 기회를 주게 된다. 따라서 비행기 뒤에 선을 끌어당기는 것 같은 비행기구름이 생성된다.

02 강수

가. 강수(Precipitation)의 정의

① 강수란 대기로부터 떨어져서 지상에 도달하는 액체 상태의 물방울이나 고체상태의 얼음조각으로 **비**(rain), **눈**(snow), **가랑비**(drizzle), **우박**(hail), **빙정**(ice crystal) 등 모두를 포함하는 용어이다.

② 강수는 이들 입자가 공기의 상승 작용에 의해서 크기와 무게가 증가하여 더 이상 대기 중에 떠 있을 수 없을 때 지상으로 떨어진다.

③ 강수의 필요충분조건은 구름

그림 강수

나. 강수의 구분

1) 액체 강수 : 이슬비, 비, 소나기 등

① **이슬비**(drizzle) : 구름에서 떨어진 직경 0.02in 이하의 아주 작은 입자가 밀집되어 천천히 떨어지는 현상

② **비**(rain) : 0.02in 이상의 입자로 구성되어 있으며 상대적으로 일정하고 빠른 낙하 속도로 떨어진다.

③ **소나기**(rain shower) : 액체 강수지만 갑자기 시작한 후 강도가 크게 변화하고 그칠 때도 갑자기 그친다. 큰 물방울(0.2in 이상), 그리고 단시간의 강수는 적란운이나 뇌우와 관련된 소낙성 강수에서 발생한다.

2) 어는 강수 : 어는 이슬비, 어는 비 등

① **어는 이슬비**(freezing drizzle), **어는 비**(freezing rain)는 구름 하단에서 눈이 내릴 때 중간 대기층이 0℃ 이상이 되어 반쯤 녹거나 완전히 녹은 상태로 내리는 액체 강수

② **어는 비**가 찬 물체에 부딪혀 발생하는 착빙현상을 **우빙**(graze ice)이라 한다. 활주로에 우빙이 있으면 비행기 이착륙에 치명적이다.

그림 어는비와 활주로

3) 언 강수 : 눈, 소낙눈, 눈 싸라기, 쌀알 눈, 얼음싸라기, 우박, 빙정 등

① **눈(snow)** : 빙정으로 구성된 강수 즉, 이미 얼어버린 강수이다. 구름 하단이 눈으로 구성되고 눈이 지표면에 도달할 때까지 대기 기온이 0℃이하여야 한다.
(눈은 시정을 악화 시키는 주요 요인 중의 하나이다.)

② **눈의 종류** : 눈보라, 소낙눈, 눈 싸라기, 쌀알 눈, 땅 눈보라, 눈 스콜, 눈 폭풍, 뇌우 눈 등이 있다.

4) 비가 내리는 이유

① 공기 중에는 수증기가 있고, 공기는 상승기류가 생겨 수증기를 포함한다.
② 상공으로 상승하면 주변 기압이 낮아지므로 상승한 공기는 단열 팽창한다.
③ 공기의 부피가 늘어나면 기온이 낮아지게 되는데(보일, 샤를의 법칙) 기온이 이슬점(노점온도) 아래로 떨어지면 공기 중의 수증기가 응결되어 작은 물방울이 된다.(작은 물방울의 집합체가 구름이다.)
④ 이때 바람, 태양복사, 기단과 전선의 영향 등으로 수증기가 과다 유입되거나 기온이 내려가면 크고 작은 물방울들이 충돌하거나 구름 꼭대기 부분(기온이 내려감)의 과포화 상태가 심해져 일시에 많은 양의 응결이 일어나 물방울이 커진다.
⑤ 커진 물방울은 무게를 이기지 못하고 지상으로 떨어져 비가 된다.

5) 물의 액체상태와 고체상태의 종류 비교

종류	대략 크기	물의 상태	설 명
박무(mist)	0.005~0.05mm	액체	공기가 이동할 때 얼굴에 느낄 수 있는 크기
이슬비(DZ)	0.5mm미만		층운에서 지속적으로 내리는 작은 물방울
비(RA)	0.5~5mm		난층운/적란운에서 내려오며 다양함
진눈깨비(Sleet)	0.5~5mm	고체	작고 구형의 얼음 입자
비얼음(glaze)	1mm~2cm층		과냉각된 물이 고체와 접촉할 때 생성
상고대(rime)	다양함		바람부는쪽에 형성된 얼음 깃털형태 침전물
눈(snow)	1mm~2cm		육면체, 판/비늘모양의 결정성
우박(hail)	5mm~50cm		딱딱하고 둥근 모양의 얼음덩이
싸락눈(graupel)	2~5mm		연한 우박으로 불림, 눈결정이 얼음결정화

6) 강수량과 강수강도

① 강우량은 일정 장소에 일정기간 동안 내린 비의 양.
② 강수량은 비. 눈, 우박 등과 같이 일정기간 일정한 곳에 내린 물의 총량을 말하며, 일정기간 동안 내린 강수가 땅위를 흘러가거나 스며들지 않고 땅 표면에 괴어 있다는 가정 아래 그 괸 물의 깊이를 측정.

- **매우 약한 비**(very light rain) : 시간당 0.25mm 미만
- **약한 비**(light rain) : 시간당 0.25~1.0mm 미만
- **보통 비**(moderate rain) : 시간당 1~4mm 미만
- **많은 비**(heavy rain) : 시간당 4~16mm 미만
- **매우 많은 비**(very heavy rain) : 시간당 16~50mm 미만
- **폭우**(extreme rain) : 시간당 50mm 이상

다. 비가 내릴 수 있는 조건

1) 지형성 비

① 풍부한 습기를 가진 바람이 산과 장애물을 만나 냉각과 증발과정을 거쳐 풍상 쪽에 형성된 비구름에서 내리는 비로 풍하 쪽 지역에 비 그림자 구역이 생성되고, 하와이, 남아메리카 서해안 지역에서 발생한다.
② 예를 들어 우리나라에서는 제주도 지역에 한라산으로 인해 남제주 지역에는 비가 내리고 있으나 북제주 일대는 비가 내리지 않는 현상

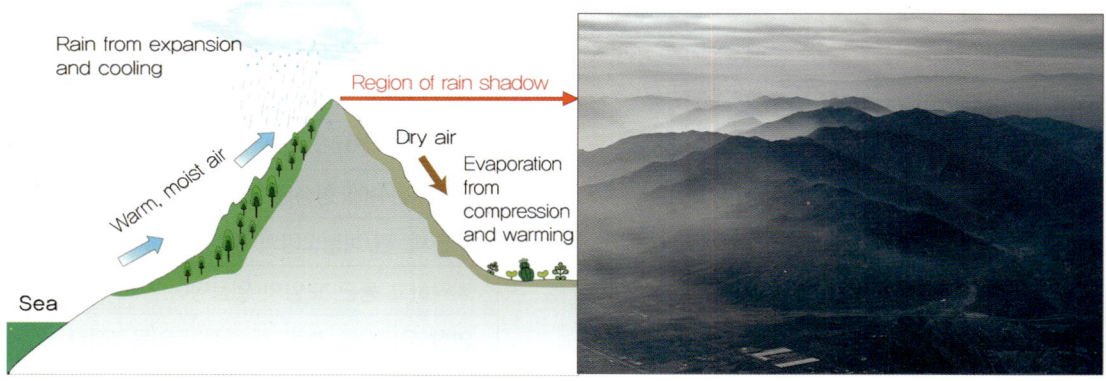

그림 지형성 비

2) 대류성 비

① 열대지방에서 강한 복사열로 증발과 대기 불안정으로 야기된 급속응결로 만들어진 강한 비구름에서 내리는 비로 적운에서 만들어진 폭우, 번개, 뇌우를 동반한다.
② 열대 및 아열대 지방에서 많다.

3) 전선성 또는 사이클론 비 (frontal or cyclonic rain)

① 한랭전선과 온난전선 사이에서 냉각과 응결로 인해 구름 강수가 발생하며 한랭전선 전면에서는 소나기, 뇌우가 발생하고, 온난전선 전면에서는 지속성 비와 눈이 내린다. 주로 중위도 지방에서 많다.

그림 전선성 또는 사이클론 비

라. 인공강우

① 인위적으로 구름방울을 응결 또는 빙정 응결핵(condense nuclei)으로 작용할 수 있는 물질을 공중에 살포하여 강수의 종류 또는 양을 변화시키려는 시도
② 시도되는 주요 목적은 가뭄으로 인한 피해를 줄이기 위해서 비를 내리게 하는 데 있지만 항공기 운항 및 농작물에 심각한 피해를 입히는 우박(hail)을 억제하기 위해서도 활용
③ 인공강우에 가장 많이 활용되는 화학물질은 옥화은(Silver iodide)과 드라이아이스(dry ice)이고, 공기 중의 습기를 흡수하기 위해서는 소금이 활용
④ 물질을 액화 프로판 가스에 주입하여 크기를 줄여 항공기에 탑재한 후 공중에서 살포하거나 강우 발생기를 이용하여 지상에서 살포

그림 Methods of Seeding Clouds

section OX

1. 구름이란 눈으로 볼 수 있는 공기 중의 수분 즉, 대기 중에 떠 있는 작은 수적 또는 빙정, 물방울의 결합체를 말한다. — O

2. 구름의 형성조건은 풍부한 수증기, 응결핵, 냉각작용이다. — O

3. 구름의 높이 즉 운고는 관측자 기준으로 구름층의 중앙이다. — X 하단 높이

4. 운량은 관측자 기준으로 하늘을 8등분 또는 10등분하여 판단한다. — O

5. 구름의 종류 중 높이에 의한 범주는 상층운, 중층운, 하층운, 수직운으로 구분한다. — O

6. 구름의 종류 중 비가 내리는 구름은 난층운과 적란운이 있다. — O

7. 강수란 대기로부터 떨어져서 지상에 도달하는 액체상태의 물방울이나 고체상태의 얼음조각으로 비(rain), 눈(snow), 가랑비(drizzle), 우박(hail), 빙정(ice crystal) 등 모두를 포함하는 용어이다. — O

출제예상문제

01 운량의 구분 시 하늘의 상태가 1/8 ~ 5/8일 때를 무엇이라 하는가?

① CLR
② SCT
③ BKN
④ OVC

해설 ① CLR(Clear)
② SCT(Scattered)
③ BKN(Broken)
④ OVC(Overcast)

02 운량의 구분 시 하늘의 상태가 5/8~7/8인 경우를 무엇이라 하는가?

① Sky Clear(SKC/CLR)
② scattered(SCT)
③ broken(BKN)
④ overcast(OVC)

해설 구름의 양을 나타내는 용어로서 하늘을 8등분한다고 하여 옥타(Octa) 분류법이라고도 하는데 다음과 같이 말한다.
(Sky) clear는 0/8~1/8
scattered는 1/8~5/8 이하
broken은 5/8~7/8이하
overcast는 8/8일 때

03 구름의 형성조건이 아닌 것은?

① 풍부한 수증기
② 냉각작용
③ 응결핵
④ 시정

04 다음 중 구름의 형성요인인 응결핵으로서 적절하지 못한 것은?

① 안개입자
② 미세먼지
③ 소금입자
④ 화산재입자

해설 응결핵은 미세먼지, 소금입자, 화산재 입자 등과 같은 흡습성 응결핵이 주위의 수증기를 빨아들임으로서 구름입자를 생성한다.

05 구름의 형성요인으로 적당하지 못한 것은?

① 고기압에서 대기의 하강
② 대기의 수직적 이동
③ 단열 팽창
④ 저기압에서 대기의 상승

해설 고기압에서 대기가 하강하며 구름이 소산되고 없어짐.

06 구름이 형성되기 위한 조건이 아닌 것은?

① 과 냉각수
② 수증기
③ 응결핵
④ 냉각작용

해설 구름이 형성되기 위해서는 대기 속에 풍부한 수증기, 응결핵, 냉각작용에 의한다.

07 다음 구름의 종류 중 하층운(2km 미만) 구름이 아닌 것은?

① 층적운
② 층운
③ 난층운
④ 권층운

정답 01.② 02.③ 03.④ 04.① 05.① 06.① 07.④

08 다음 구름의 종류 중 수직 운(3km 미만) 구름은?
① 적란운　　② 난층운
③ 층운　　　④ 층적운

09 구름을 잘 구분한 것은 어느 것인가?
① 높이에 따른 상층운, 중층운, 하층운, 수직으로 발달한 구름
② 층운, 적운, 난운, 권운
③ 층운, 적란운, 권운
④ 운량에 따라 작은 구름, 중간 구름, 큰 구름 그리고 수직으로 발달한 구름

10 구름의 발생 원인이 아닌 것은?
① 수증기　　② 응결핵
③ 온난전선　④ 냉기

11 아래 그림의 구름은 무슨 구름인가?

① 권운　　　② 권층운
③ 권적운　　④ 고층운

해설 수직운은 적운과 적란운이다.

12 아래 그림의 구름은 무슨 구름인가?

① 권운　　　② 권층운
③ 권적운　　④ 고층운

해설 국제적으로 통일된 구름의 분류는 상층운, 중층운, 하층운, 수직운이다.

13 아래 그림의 구름은 무슨 구름인가?

① 권층운　　② 고층운
③ 난층운　　④ 층적운

해설 ① Ac : 고적운　② Ns : 난층운
③ St : 층운　　　④ Sc : 층적운

14 cumulonimbus clouds와 nimbostratus cloud의 공통적인 것은?
① rain(비)
② 수평으로 발달한 형태이고 안정된 공기
③ 수직으로 발달한 형태이고 불안정한 공기
④ 수직으로 발달한 형태이고 안정된 공기

정답　08.①　09.①　10.③　11.②　12.④　13.③　14.①

15 강수의 필요 충분조건은 무엇인가?

① 이류현상   ② 수증기
③ 구름   ④ 바람

16 강수 발생률을 강화시키는 것은?

① 온난한 하강기류
② 수직활동
③ 상승기류
④ 수평활동

해설 강한 상승기류가 존재하는 적운에서는 폭우, 우박 등을 형성한다.

17 다음 구름의 분류에 대한 설명 중 옳지 않는 것은?

① 구름은 상층운, 중층운, 하층운, 수직운으로 분류하며 운형은 10종류가 있다.
② 상층운은 운저고도가 보통 6km이상으로 권운, 권적운, 권층운이 있다.
③ 중층운은 중위도 지방 기준 구름높이가 2~6km이고 고적운, 고층운이 있다.
④ 하층운은 운저고도가 보통 2km이하이며 적운, 적란운이 있다.

해설 하층운의 구름은 층적운, 층운, 난층운이 있다. 적운, 적란운은 수직운에 속함.

18 다음 구름의 분류에 대한 설명 중 옳지 않는 것은?

① 상층운 : 운저고도가 보통 6km이상이고 권운, 권적운, 권층운이 있다.
② 중층운 : 중위도 지방에서는 구름 저면의 높이가 2~6km정도이고, 층적운, 중층운
③ 하층운 : 중위도 지방에서는 운저고도가 2km이하이고 층운, 난층운, 층적운이 있다.
④ 수직운 : 보통 하층운 고도로부터 상층운 고도에 까지 확장하는 수직으로 발달하는 구름이며 적운, 적란운이 있다.

해설 ① **상층운** : 권운, 권층운, 권적운,
② **중층운** : 고적운, 고층운
③ **하층운** : 층운, 층적운, 난층운,
④ **수직운** : 적란운, 적운

정답   15.③   16.③   17.④   18.②

Section 06 안개와 시정

■ 주요 내용
- 안개
- 시정

01 안개

가. 안개의 발생

1) 안개, 연무, 박무란?

① **안개(fog)** : 아주 작은 물방울이나 빙정들이 대기 중에 떠 있는 현상이며, 수평 시정거리가 1km 미만이고 습도가 거의 100%이다.

② **연무** : 안개와 같으나 1km이상 10km미만의 시정이고 습도는 70~90%이다. 매연, 작은 먼지, 염분 등이 무수히 떠 있어 배경이 어두우면 푸른 느낌이 들고 밝을 때는 황색 느낌이 든다.

③ **박무** : 안개 입자보다 작은 수적이 무수히 떠 있어 시정이 나쁘게 된 상태를 말하며, 안개보다 다소 건조하고 보통 습도가 97%이하일 때 많고 회색이 특징이다.

나. 안개의 생성과 사라질 조건

1) 안개의 생성원인

대기 속에서 수증기가 응결하여 아주 작은 물방울이 되어 대기 밑층을 떠도는 현상으로 기온이 0℃이하가 되면 승화하여 작은 얼음 덩어리인 빙무가 된다.

① 공기 중에 수증기가 다량 함유
② 공기가 노점온도 이하로 냉각
③ 공기 중 흡습성 미립자, 즉 응결핵이 많아야 한다.
④ 바깥에서 공기 속으로 많은 수증기가 유입
⑤ 바람이 약하고 상공에 기온의 역전현상

2) 안개의 사라질 조건

① 지표면이 따뜻해져 지표면 부근의 기온이 역전이 해소 될 때
② 지표면 부근 바람이 강해져 난류에 의한 수직 방향 혼합으로 상승 시
③ 공기가 사면을 따라 하강하여 기온이 올라감에 따라 입자가 증발 시
④ 신선하고 무거운 공기가 안개 구역으로 유입되어 안개가 상승하거나 차가운 공기가 건조하여 안개가 증발할 때

3) 구름과 안개의 구별

① 구름, 안개, 연무는 모두 같으며, 0.002mm전후의 작은 물방울로 공기 중에 떠다니고 있다.
② 구름은 지면에 붙어 있지 않은 작은 물방울이 상공을 표류하고 있는 것이고, 안개는 작은 물방울이 지면 부근에 떠다니고 있는 것
③ 구름과 안개의 구별은 관측하는 관측자의 위치에 의해 결정되는데 멀리 떨어진 곳에서 관측한 경우 정상부근에 구름이 걸려 있지만 높은 산에 올라 정상에 있는 사람은 안개
④ 물방울의 크기, 지면에서 떨어져 있는 정도에 의해 구분되며 물방울이 지면 가까이 떨어지면 안개

다. 안개의 종류

1) 복사안개

① 복사안개는 야간에 지형적인 복사가 표면을 냉각시키고 표면 위의 공기를 노점까지 냉각될 때 응결에 의해 형성되는 안개
② 가을에서 겨울에 걸쳐 개활지 일대에 빈번히 발생하고, 이른 아침에 발생하여 일출 전 후 가장 짙었다가 오전 10시경 소멸
③ 낮 동안 비 내린 후와 밤 동안 맑았을 때 짙은 복사안개가 발생

그림 복사안개

2) 증기안개(steam fog)

① 차가운 공기가 따뜻한 수면으로 이동하면서 충분한 양의 수분이 증발하여 수면 바로 위의 공기층을 포화시켜 발생하는 안개
② 기온과 수온의 차가 7℃ 이상인 경우 호수 및 강 근처에서 광범위하게 형성되기 때문에 악 시정을 유발

그림 증기안내

3) 이류안개(warm advection fog)

① 습윤하고 온난한 공기가 한랭한 육지나 수면으로 이동해 오면 하층부터 냉각되어 공기 속의 수증기가 응결되어 생기는 안개
② 풍속 7m/sec 정도이면 안개의 두께가 증가하고 7m/sec 이상이 되면 안개가 소멸하고, 층운이 생긴다.
③ 해상에서 생기는 이류안개는 **해무** 즉 **바다안개**라 한다.
④ 고위도 해면에서 해무가 발생하는 원인은 표면 수온이 연중 변화 없이 차갑고, 여름에는 고온다습한 기단이고 위도로 침입하기 때문이다.

그림 이류안개

4) 활승안개(upslope fog)

① 습한 공기가 산 경사면을 타고 상승하면서 팽창함에 따라 공기가 노점 이하로 단열 냉각되면서 발생하는 안개
② 기온과 이슬점 온도의 차이가 적을수록 안개의 발생 가능성이 커진다. 주로 산악지대에서 관찰되며 구름의 존재에 관계없이 형성된다.

그림 활승안개

5) 스모그(smog)

① 물방울, 공장에서 배출되는 매연 등의 대기오염물질에 의해서 시계가 가로막히는 경우를 말하며, 영어인 smoke + fog의 합성어
② 1905년 영국에서 처음 사용하였으며, 기상용어가 아니고 연기가 길게 늘어져 있거나 연기로 인한 안개나 연무가 발생하여 앞이 아스라이 보이는 현상
③ 안개 형성 조건하에서 안정된 공기가 대기오염물질과 혼합 시 발생

6) 기타 안개

① **전선안개**(frontal fog)는 전선부근에 발생하는 안개로 온난전선, 한랭전선, 정체전선 중 어느 것에 수반되느냐에 따라 안개의 발생과정이 조금씩 다르게 나타난다.
② **얼음안개**(ice fog)는 안개를 구성하는 입자가 작은 얼음의 결정인 경우 발생하며, 수평시정이 1km이상인 경우 발생하는 세빙(ice prism)이 있다. 기온이 −29°C이하의 낮은 온도에서 발생
③ **상고대 안개**(rime fog)는 안개를 구성하는 물방울이 과냉각수적인 경우 지물이나 기체에 충돌하면서 생기는 착빙

02 시정

가. 시정이란

1) 개요

① **시정**(visibility)이란 정상적인 눈으로 먼 곳의 목표물을 볼 때, 인식 될 수 있는 최대의 거리 즉 지상의 특정지점에서 계기 또는 관측자에 의해서 수평으로 측정된 지표면의 가시거리

그림 활주로에서 본 시정

② 시정을 나타내는 단위는 mile이다. 즉 statue mile로서 이는 NM(Nautical Mile)과는 달리 1mile에 약 1.6093km이다.

③ meter단위로의 환산을 하면 1/2mile = 800m, 1mile = 1,600m, 2mile = 3,200m, 3mile = 4,800m, 4mile = 6,000m, 5mile = 7,000m, 6mile = 8,000m, 7mile = 9,999m 이상이다.

④ 그 이상의 시정의 단위는 없다.(이유는 인간의 눈으로 확인 가능한 최대의 거리가 10km이기 때문이다.) 4mile은 6,400m, 6mile은 9,600m이나 4mile부터는 1,000m단위로 끊어서 사용한다.

⑤ 시정은 한랭 기단 속에서는 시정이 좋고, 온난 기단에 서는 나쁘다. 시정이 가장 나쁜 날은 안개 낀 날과 습도가 70% 넘으면 급격히 나빠진다.

나. 시정의 종류

1) 수직시정

① 수직 시정은 관측자로부터 수직으로 측정, 보고된 시정.

2) 우 시정

① **우 시정** : 방향에 따라 보이는 시정이 다를 때 가장 큰 값으로부터 그 값이 차지하는 부분의 각도를 더해가서 합친 각도의 합계가 180도 이상 될 때의 가장 낮은 시정 값을 말한다.

② 쉽게 표현하자면 적어도 공항 면적의 50%이상에서 보이는 "**거리의 최저치**"를 말하는 것이다. 측정을 위해 공항 곳곳에 관측 장비를 설치하여 측정하고 있다.

③ 우리나라, 일본, 미국 등에서 사용하고 있으며 우리나라는 2004년부터 채용하고 있다.

다. 시정 장애물

1) 황사

① 황사는 미세한 모래입자로 구성된 먼지폭풍이다. 바람에 의하여 하늘 높이 불어 올라간 미세한 모래먼지가 대기 중에 퍼져서 하늘을 덮었다가 서서히 떨어지는 현상
② 구성물질은 대규모 산업지역에서 발생한 대기오염 물질과 혼합되어 있다.
③ 황사는 공중에서 운항하는 항공기에게 직접적인 영향을 미치며 시정 장애물로 간주
④ 우리나라에 영향을 미치는 황사는 중국 황하유역 및 타클라마칸 사막, 몽고 고비사막

⑤ 황사는 공중에 운용하는 항공기의 엔진 등에 흡입되어 엔진고장의 원인이 되고, 지상으로 내려앉을 경우 생활에 불편과 각종 장비에 흡입되어 장비 고장의 원인
⑥ 드론 운용의 경우 황사 상황 하에서 운용 시 장비의 효율이 떨어지고 운용 후 장비 손질이 반드시 되어야 한다.

2) 연무(haze)

① 안정된 공기 속에 산재되어 있는 미세한 소금입자 또는 기타 건조한 입자가 제한된 층에 집중되어 시정에 장애를 주는 요소
② 연무는 한정된 높이가 있으며 이 높이 이상의 수평 시정은 양호하나 하향시정은 불량하고 경사시정은 더욱 불량한 것이 특징

3) 연기, 먼지 및 화산재

① **연기**(smoke) : 공기가 안정되었을 때 주로 공장 지대에서 집중적으로 발생하며, 연기는 기온역전 하에서 야간이나 아침에 주로 발생
② **먼지**(dust) : 공기 속에 떠 있는 미세한 흙 입자들이다. 먼지는 태양을 흐릿하게 보이게 하거나 노란색 색조를 띠고 멀리 있는 물체를 황갈색 또는 재색 색조를 띠게 한다. 먼지는 불안정한 대기에서 흙 입자가 분산되고 바람이 강할 때 수백 마일까지 불어간다.

③ **화산재** : 화산 폭발 시 분출되는 가스, 먼지, 그리고 재 등이 혼합된 것으로 지구 주변에 분산되고 때로는 성층권에 수개월 동안 남아 있는 경우도 있다. 화산재가 대류권계면까지 확장될 경우 구름과 혼합되어 식별이 불가하여 항공기 운항에 치명적인 위험을 줄 수 있다.

section OX

1. 안개(fog)는 아주 작은 물방울이나 빙정들이 대기 중에 떠 있는 현상이며, 수평 시정거리가 1km 미만이고 습도가 거의 100%이다.	O
2. 연무는 안개와 같으나 <u>1km이상 5km미만</u>의 시정이고 습도는 70~90%이다.	X 1~10km
3. 안개는 <u>난류가 강하게 존재하는 지역</u>에 생성된다.	X 난류가 없는 지역
4. 복사안개는 야간에 지형적인 복사가 표면을 냉각시키고 표면 위의 공기를 노점까지 냉각될 때 응결에 의해 형성되는 안개이다.	O
5. 이류안개가 주로 발생하는 지역은 <u>산악지역</u>이다.	X 바다, 해안지역
6. 시정(visibility)이란 정상적인 눈으로 먼 곳의 목표물을 볼 때, 인식 될 수 있는 <u>최소의 거리</u>이다.	X 최대거리
7. 우시정은 공항면적의 <u>60%</u> 이상에서 보이는 최저거리를 의미한다.	X 50%

출제예상문제

01 안개가 발생하기 적합한 조건이 아닌 것은?

① 대기의 성층이 안정할 것
② 냉각작용이 있을 것
③ 강한 난류가 존재할 것
④ 바람이 없을 것

> **해설**
> • **안개의 발생조건** : 공기 중 수증기 다량 함유, 공기가 노점온도 이하로 냉각, 공기 중에 응결핵 많아야하고, 공기 속으로 많은 수증기 유입, 바람이 약하고 상공에 기온이 역전.
> • **안개의 사라질 조건** : 지표면이 따뜻해져 지표면 부근의 기온역전, 지표면 부근 바람이 강해져 난류에 의한 수직 방향으로 상승 시, 공기가 사면을 따라 하강하여 기온이 올라감에 따라 입자가 증발 시, 신선하고 무거운 공기가 안개 구역으로 유입되어 안개가 상승하거나 차가운 공기가 건조하여 안개가 증발 할 때 등

02 구름과 안개의 구분 시 발생 높이의 기준은?

① 구름의 발생이 AGL 50ft 이상 시 구름, 50ft이하에서 발생 시 안개
② 구름의 발생이 AGL 70ft 이상 시 구름, 70ft이하에서 발생 시 안개
③ 구름의 발생이 AGL 90ft 이상 시 구름, 90ft이하에서 발생 시 안개
④ 구름의 발생이 AGL 120ft 이상 시 구름, 120ft이하에서 발생 시 안개

03 다음 중 아주 작은 물방울이나 빙정들이 대기 중에 떠 있는 현상은 무엇인가?

① 안개   ② 습기
③ 박무   ④ 연무

04 대기의 안정화(Atmospheric stabilty)가 나타날 때 현상은 무엇인가?

① 소나기성 강우가 나타난다.
② 시정이 어느 정도 잘 보인다.
③ 난류가 생긴다.
④ 안개가 생성된다.

> **해설** 대기의 안정화란 안정된 대기상태이며 안정된 대기상태에서는 보기 4개 중 안개가 생성된다.

05 안개는 시정이 몇 m이하일 때를 말하는가?

① 100m   ② 1,000m
③ 150m   ④ 2,000m

06 이류안개가 가장 많이 발생하는 지역은 어디인가?

① 산 경사지
② 해안지역
③ 수평 내륙지역
④ 산간 내륙지역

> **해설** 전형적인 이류안개는 해안지역에서 발생하는 해무라고 한다.

07 기온과 이슬점 기온의 분포가 5% 이하일 때 예측 대기현상은?

① 서리   ② 이슬비
③ 강수   ④ 안개

정답 01.③ 02.① 03.① 04.④ 05.② 06.② 07.④

08 다음 중 안개에 관한 설명 중 틀린 것은?

① 적당한 바람만 있으면 높은 층으로 발달해 간다.
② 공중에 떠돌아다니는 작은 물방울 집단으로 지표면 가까이에서 발생한다.
③ 수평가시거리가 3km이하가 되었을 때 안개라고 한다.
④ 공기가 냉각되고 포화상태에 도달하고 응결하기 위한 핵이 필요하다.

09 일반적으로 안개, 연무, 박무를 구분하는 시정조건이 틀린 것은?

① 안개 : 1km미만
② 박무 : 2km미만
③ 연무 : 2 ~ 5km
④ 안개 : 2km

10 안개의 발생조건인 수증기 응결과 관련이 없는 것은?

① 공기 중에 수증기 다량 함유
② 공기가 노점온도 이하로 냉각
③ 공기 중 흡습성 미립자 즉 응결핵이 많아야 한다.
④ 지표면 부근의 기온 역전 해소될 때

11 가을에서 겨울에 걸쳐 개활지 일대에 빈번히 발생하고 야간에 지형적인 복사가 표면을 냉각시키고 표면 위의 공기를 노점까지 냉각될 때 응결에 의해 형성되는 안개는?

① 활승안개　　② 이류안개
③ 증기안개　　④ 복사안개

12 차가운 공기가 따뜻한 수면으로 이동하면서 수분이 증발하여 수면 바로위의 공기층을 포화시켜 발생하는 안개는 무슨 안개인가?

① 증기 안개
② 이류 안개
③ 복사 안개
④ 땅 안개

해설 증기 안개의 설명이다.

13 다음의 내용을 보고 어떤 종류의 안개인지 옳은 것을 고르시오?

> 바람이 없거나 미풍 맑은 하늘 상대 습도가 높을 때. 낮거나 평평한 지형에서 쉽게 형성된다. 이 같은 안개는 주로 야간 혹은 새벽에 형성 된다.

① 활승안개　　② 이류안개
③ 증기안개　　④ 복사안개

해설 ① **활승안개** : 산악지역에서 발생
② **이류안개** : 해안 또는 바다에서 발생
③ **증기안개** : 강이나 호수에서 발생
④ **복사안개** : 복사열에 의해 발생

14 다음 냉각에 의해 형성된 안개의 종류가 아닌 것은?

① 전선안개　　② 복사안개
③ 이류안개　　④ 활승안개

정답　08.③　09.④　10.④　11.④　12.①　13.④　14.①

15 습한 공기가 산 경사면을 타고 상승하면서 팽창함에 따라 공기가 노점이하로 단열냉각되면서 발생하며, 주로 산악지대에서 관찰되고 구름의 존재에 관계없이 형성되는 안개는?

① 활승안개　② 이류안개
③ 증기안개　④ 복사안개

16 시정에 관한 설명으로 틀린 것은?

① 시정이란 정상적인 눈으로 먼 곳의 목표물을 볼 때 인식 될 수 있는 최대 거리이다.
② 시정을 나타내는 단위는 mile이다.
③ 시정은 한랭 기단 속에서는 시정이 나쁘고 온난 기단에서는 시정이 좋다.
④ 시정이 가장 나쁜 날은 안개 낀 날과 습도가 70% 넘으면 급격히 나빠진다.

해설 시정은 한랭 기단 속에서는 시정이 좋고, 온난 기단에서는 시정이 나쁘다.

17 다음 중 우 시정에 대한 내용 중 틀린 것은?

① 항공기상 분야에서는 국제적으로 최단시정(minimum visibility)이 쓰이고 있다.
② 우리나라, 일본, 미국 등 일부 나라에서는 우 시정(Prevailing Visibility)을 사용하고 있다.
③ 우시정이란 방향에 따라 보이는 시정이 다를 때 가장 큰값으로부터 그 값이 차지하는 부분의 각도를 더해가서 합친 각도의 합계가 180도 이상이 될 때의 가장 낮은 시정 값을 말한다.
④ 공항면적의 60% 이상에서 보이는 '거리의 최저치'를 말하는 것이다.

해설 적어도 공항 면적의 50%이상에서 보이는 "거리의 최저치"를 말하는 것

18 다음 중 시정장애물의 종류가 아닌 것은?

① 황사
② 바람
③ 먼지 및 화산재
④ 연무

19 다음 중 시정에 직접적으로 영향을 미치지 않는 것은?

① 바람　② 안개
③ 황사　④ 연무

20 다음 중 시정장애물의 종류가 아닌 것은?

① 황사
② 바람
③ 먼지 및 화산재
④ 연무

21 복사안개의 발생 조건이 아닌 것은?

① 습도가 높음
② 안개
③ 기온이 낮음
④ 지면 온도가 높음

정답　15.①　16.③　17.④　18.②　19.①　20.②　21.③

Section 07 기단과 전선

주요 내용
- 기단
- 전선

01 기단 (airmass)

가. 기단이란

수평방향으로 우리나라 몇 배의 크기를 가진 수증기 양이나 기온과 같은 물리적 성질이 거의 같은 공기 덩어리 즉 유사한 기온과 습도 특성을 지닌 거대한 공기 군으로 수백 평방킬로미터에서부터 수천 평방킬로미터에 분포되는 공기 덩어리

나. 우리나라 주변 기단

① **시베리아 기단** : 대륙성 한랭기단으로 발원지의 특성이 얼음이나 눈으로 덮여 있는 대륙인 점을 고려했을 때 지표면의 기온이 매우 낮고 건조하기 때문에 지표면 위는 매우 차고 건조한 공기가 존재한다. 겨울철 긴 밤과 강한 복사냉각이 연속적으로 반복되어 기온은 급강하 하고 대기는 매우 안정된다. 하부의 찬 공기는 대기의 안정성에 기여하는 면이 크기 때문에 대기는 비교적 안정되어 있고 날씨는 맑은 편이다.

② **오호츠크해 기단** : 해양성 한랭기단이다. 한반도 북서쪽에 있는 오호츠크해로부터 발달하였으며 해양의 특성인 많은 습기를 함유하고 비교적 찬 공기 특성을 지니고 있다. 습하고 찬 공기의 특성은 쉽게 냉각과 응결이 발생할 수 있어 해양성 한랭기단의 세력이 확장하는 시기에는 안개의 형성하거나 지속적인 비가 내린다.

③ **북태평양 기단** : 해양성 열대기단으로 적도지방으로부터 뜨거운 공기와 해양의 많은 습기를 포함한 기단이다. 우리나라에서는 남태평양에서 발생하는 기단으로 여름철의 주요 기상현상을 초래한다. 하층의 고온 다습한 공기는 활발한 대류 현상을 초래하여 대기는 불안정하고 많은 구름과 비가 내린다. 급격한 기온의 상승으로 유발된 상승기류와 습한 공기는 짧은 시간에 적운형 구름을 형성하고 뇌우가 발생하기도 한다.

④ **양쯔강 기단** : 대륙성 열대기단으로 온난 건조하고 주로 봄과 가을에 이동성 고기압과 함께 동진한다. 적도기단은 적도 해상에서 발달한 해양성 기단으로 매우 습하고 덥다.

주로 7~8월에 태풍과 함께 한반도 상공으로 이동한다.

그림 우리나라 주변 기단

02 전선(front)

가. 전선이란

① 공기는 장애물이나 차고 무거운 공기와 따뜻하고 가벼운 공기 즉, 성질이 서로 다른 공기와 부딪힐 때 상승운동이 일어난다. 차고 무거운 공기가 머물러 있는 곳에 따뜻하고 가벼운 공기가 불어오면 이 가벼운 공기는 찬 공기 위를 산을 타고 올라가듯이 상승한다. 그사이에 경계면이 생기는데 이 경계면을 **불연속선**, **전선**이라 한다.

② 전선이 발생하는 것은 공기는 혼합되기 어려워 기단과 기단이 부딪치면 경계가 생기게 되어 전선이 발생하게 된다.

그림 전선의 발생

나. 전선의 종류

① **온난전선** : 남쪽 따뜻한 공기가 우세하여 북쪽의 찬 공기를 밀면서 진행하게 할 때, 따뜻한 공기가 찬 공기 위를 타고 오르면서 생기는 전선이다. 층운형 구름이 발생하고 넓은 지역에 걸쳐 적은 양의 따뜻한 비가 오랫동안 내리며, 찬 공기가 밀리는 방향으로 기상변화가 진행된다.

그림 온난전선과 한랭전선

② **한랭전선** : 북쪽 찬 공기 힘이 우세하여 찬 공기가 남쪽의 따뜻한 공기를 밀어내고 찬 공기가 따뜻한 공기 아래로 들어가려고 할 때 생기는 전선이다. 적운형 구름이 발생하고 좁은 범위에 많은 비가 한꺼번에 쏟아지거나 뇌우를 동반하고 북쪽에서 돌풍이 불 때가 있으며, 기온이 급격히 떨어진다. 봄철 천둥과 돌풍을 동반한 강한 비와 우박이 내렸다가 화창하고 기온이 강하하는 현상을 나타낸다.

③ **폐색전선** : 한랭전선과 온난전선이 동반될 시 한랭전선이 온난전선보다 빠르기 때문에 온난전선을 한랭전선이 추월하게 되는데 이때 폐색전선이 만들어지며, 한랭전선과 온난전선의 합쳐진 것이다.

④ **정체전선** : **한랭전선**은 찬 공기가 따뜻한 공기보다 세력이 강한 것이고 **온난전선**은 따뜻한 공기가 찬 공기보다 강한 것을 말한다. 그러나 찬 공기가 따뜻한 공기의 세력이 비슷할 때는 전선이 이동하지 않고 오랫동안 같은 장소에 정체하는 것을 **정체전선**, 장마철 **장마전선**이라 한다.

section OX

1. 기단이란 유사한 기온과 습도 특성을 가진 거대한 공기 군(덩어리)을 말한다.   O

2. 우리나라 주변의 4대 기단은 시베리아 기단, 양쯔강 기단, 적도기단, 북태평양 기단이 있다.   X 오호츠크 기단

3. 온난전선은 남쪽 따뜻한 공기가 우세하여 북쪽의 찬 공기를 밀면서 진행하게 할 때, 따뜻한 공기가 찬 공기 위를 타고 오르면서 생기는 전선이다.   O

4. 정체전선으로 한랭전선은 찬 공기가 따뜻한 공기보다 세력이 강한 것이고 온난전선은 따뜻한 공기가 찬 공기보다 강한 것을 말한다.   O

출제예상문제

01 주로 봄과 가을에 이동성 고기압과 함께 동진해 와서 따뜻하고 건조한 일기를 나타내는 기단은?

① 오호츠크해기단
② 양쯔강기단
③ 북태평양기단
④ 적도기단

02 우리나라에 영향을 미치는 기단 중 초여름 장마기에 해양성 한대 기단으로 불연속선의 장마전선을 이루어 영향을 미치는 기단은?

① 시베리아 기단
② 양쯔강 기단
③ 오호츠크 기단
④ 북태평양 기단

03 온난전선의 특징 중 틀린 것은?

① 층운형 구름이 발생한다.
② 넓은 지역에 걸쳐 적은 양의 따뜻한 비가 오랫동안 내린다.
③ 찬 공기가 밀리는 방향으로 기상변화가 진행한다.
④ 천둥과 번개 그리고 돌풍을 동반한 강한 비가 내린다.

04 다음 중 온난전선이 지나가고 난 뒤 일어나는 현상은?

① 기온이 올라간다.
② 기온이 내려간다.
③ 바람이 강하다.
④ 기압은 내려간다.

[해설] 온난전선이 지나간 후 기온이 올라가고, 바람은 약하고, 기압은 일정하다.

05 "한랭기단의 찬 공기가 온난기단의 따뜻한 공기 쪽으로 파고 들 때 형성되며 전선 부근에 소나기나 뇌우, 우박 등 궂은 날씨를 동반하는 전선"을 무슨 전선인가?

① 한랭전선
② 온난전선
③ 정체전선
④ 폐색전선

06 한랭전선의 특징 중 틀린 것은?

① 적운형 구름이 발생한다.
② 좁은 범위에 많은 비가 한꺼번에 쏟아지거나 뇌우를 동반한다.
③ 기온이 급격히 떨어지고, 천둥과 번개 그리고 돌풍을 동반한 강한 비가 내린다.
④ 층운형 구름이 발생하고 안개가 형성된다.

07 찬 공기와 따뜻한 공기의 세력이 비슷할 때는 전선이 이동하지 않고 오랫동안 같은 장소에 머무르는 전선은?

① 한랭전선
② 온난전선
③ 정체전선
④ 폐색전선

08 남쪽 따뜻한 공기가 우세하여 북쪽의 찬 공기를 밀면서 진행할 때, 따뜻한 공기가 찬 공기 위를 타고 오르면서 생기는 전선은?

① 온난전선
② 한랭전선
③ 폐색전선
④ 정체전선

정답 01.② 02.③ 03.④ 04.① 05.① 06.④ 07.③ 08.①

09 전선의 종류 중 북쪽의 찬 공기 힘이 우세하여 남쪽의 따뜻한 공기를 밀어내고 아래로 들어가려고 할 때 생기는 전선은 무엇인가?

① 온난전선　　② 폐색전선
③ 한랭전선　　④ 정체전선

해설　① 온난전선 : 남쪽의 공기가 북쪽의 공기 위를 타고 오르는 것
② 폐색전선 : 두 전선이 동반되다가 추월하는 것
④ 정체전선 : 찬 공기와 따뜻한 공기의 세력이 비슷한 것.

10 정체전선에 대한 설명으로 가장 타당한 것은?

① 찬 공기와 따뜻한 공기의 세력이 비슷한 것이다.
② 남쪽의 공기가 북쪽의 공기 위를 타고 오르는 것이다.
③ 북쪽의 공기가 남쪽의 공기 아래로 들어가는 것이다.
④ 두 전선이 동반되다가 추월하는 것이다.

해설　② 온난전선 ③ 한랭전선 ④ 폐색전선에 관한 설명이다.

정답　09.③　10.①

Section 08 뇌우와 착빙

주요 내용
- 뇌우
- 착빙
- 천둥과 번개

01 뇌우 (thunderstorm)

가. 개요
① **뇌우**(thunderstorm)는 번개와 천둥을 동반한 적란운 구름에 의해서 발생한 폭풍이다. 적운의 구름이 대기의 변화에 따라 폭풍으로 변한 것으로 통상 악기상 요소인 폭우, 우박, 번개, 눈, 천둥, 다운버스트 그리고 토네이도 등을 동반한 거대한 폭풍
② 급격한 상승기류에 의해 발생한 적란운 또는 그러한 구름의 집합체에서 내리는 비로 천둥과 번개를 동반하는 점에서 보통 소나기와 다르다. 또한 국지적인 폭풍우이며, 강한 돌풍과 소나기성 강우 그리고 때때로 우박과 벼락을 치기도 한다.
③ 수명은 짧아 2시간 이상은 드물다.

나. 생성조건
① 온난 다습한 공기가 하층에 있어야 한다.
② 강한 상승기류가 있어야 한다.
③ 높은 고도까지 기층의 기온감률이 커야 한다.

다. 종류
① **기단성 뇌우** : 국지적 가열에 의한 대류로 일어나는 것으로 여름철 고온 다습한 북태평양 기단에 덮여 있을 때 기압경로가 완만하고 일사가 강하면 지상의 기온은 오후에 많이 상승한다. 열을 받은 공기가 상승하여 구름을 생성하며 이것이 발달하여 뇌우가 된다. 좁은 범위에서 급속히 발달하고 지속시간도 짧다. 강한 비바람과 방전이 일어나나 밤이면 소멸한다.
② **전선성 뇌우** : 온난 다습한 공기가 전선면을 올라갈 때 생기며, 이른 봄, 늦가을에 발생하는 뇌우를 말한다. 온난전선보다 한랭전선에서 더 자주 발생하며 해상은 늦가을에서 봄에

발생한다. 뇌우가 다가오면 돌풍이 불기 시작하고 하늘이 갑자기 어두워지며 번개가 치고 우박을 동반한 비가 내린다.

02 천둥과 번개 (thunder and lightning)

가. 발생

① 뇌우가 동반하는 악기상의 하나로서 현대 과학으로는 명확하게 그 발생 원인을 규명하지 못하고 있다. 천둥과 번개는 동시에 발생한다.
② 천둥소리는 구름 속에서 다량의 전기가 순간적으로 흐르면서 열과 빛을 발생한다.
③ 번개의 발생은 공기 중에서 발생하는 불꽃 방전, 구름 사이 혹은 구름과 대지에서 발생한다. 큰 소리를 내는 천둥을 동반하며, 번개를 일으키는 구름은 적란운이다.
④ 양전기를 가진 물방울은 상승기류에 의해 구름위로 올라가고 음전기는 아래쪽에 머무른다. 구름의 상부와 하부에서 전압이 점차 높아지면 구름 사이에 방전이 일어나면서 번개가 치게 된다. 구름과 지표면 사이에 방전이 일어나면 낙뢰 혹은 벼락이 발생한다.
⑤ 참고로 낙뢰를 예방하기 위해 설치된 피뢰침은 낙뢰를 피하게 하는 장치가 아니라 끌어들이는 역할을 하여 예방한다.

나. 항공기는 비행 중 번개를 맞아도 안전한가?

① 패러데이 케이지(Faraday Cage)효과
② 철재 새장속의 새는 새장에 전기를 가하더라도 영향을 받지 않고 안전하다는 것
③ 동체 외부는 전기가 통하는 재질로 되어 있지만 내부는 플라스틱 또는 천연 섬유재질로 제작되어 외부와의 전기 통로를 철저히 차단하고 있어 내부의 인원은 안전할 수 있도록 설계.

03 착빙 (icing)

가. 착빙이란?

① 물체의 표면에 얼음이 달라붙거나 덮여지는 현상
② 항공기 착빙은 0℃ 이하에서 대기에 노출된 항공기 날개나 동체 등에 과냉각 수적이나 구름 입자가 충돌하여 얼음의 막을 형성하는 것. 계류장에 주기 중이거나 공중에서 비행 중에 발생

③ 항공기 날개, 로터 끝에 착빙이 발생하면 날개 표면이 울퉁불퉁하여 날개 주위의 공기 흐름이 흐트러지게 되고 이러한 결과는 항공기(헬기, 드론 등 포함) 항력이 증가하고 양력이 감소하고, 엔진이나 안테나의 기능을 저하시켜 항공기 조작에 영향을 미친다.

④ 착빙을 방지하기 위해 항공기는 방빙 장치를 이용한다.

그림 착빙

나. 착빙의 종류

1) Induction(흡입) : -7~ 21℃, 상대습도 80% 이상일 때 보통 발생

① Carburetor Icing

② Intake Icing : 항공기 표면온도가 0℃ 이하로 냉각 시 발생하며, 상대습도가 10% 이하의 맑은 대기에서도 발생 가능

2) Structural(구조물)

① **서리착빙** (Frost) : 백색, 얇고 부드럽다. 수증기가 0℃ 이하로 물체에 승화.

② **맑은착빙** (Clear) : 투명, 견고함. 매끄럽다. 온난전선 역전 아래의 적운이나 얼음비에서 발견되는 비교적 큰 물방울이 항공기 기체 위를 흐르면서 천천히 얼 때 생성, 착빙 중 가장 위험(가장 빠른 축적 율 및 Rime Icing보다 떼어내기 곤란), 0~ -10℃, 적운형 구름에서 주로 발생

③ **거친착빙** (Rime) : 백색, 우유 빛, 불투명, 부서지기 쉽다. 층운에서 형성된 작은 물방울이 날개표면에 부딪혀 형성, -10 ~ -20℃, 층운 형이나 안개비 같은 미소수적의 과냉각 수적 속을 비행할 때 발생

section OX

1. 뇌우(thunderstorm)는 번개와 천둥을 동반한 적란운 구름에 의해서 발생한 폭풍이다. ○

2. 뇌우의 형성조건은 대기의 불안정, 풍부한 수증기, 강한 상승기류 등이다. ○

3. 착빙이란 물체의 표면에 얼음이 달라붙거나 덮여지는 현상을 말한다. ○

4. 착빙의 결과는 항공기(헬기, 드론 등 포함) 항력과 양력이 증가하고, 엔진이나 안테나의 기능을 저하시켜 항공기 조작에 영향을 미친다. X 양력 감소

5. 맑은 착빙은 0 ~ -10℃, 적운형 구름에서 주로 발생한다. ○

출제예상문제

01 다음 중 뇌우발생 시 함께 동반하지 않는 것은?

① 폭우　　　② 우박
③ 소나기　　④ 번개

해설 뇌우 발생 시 함께 동반하는 현상은 폭우, 우박, 번개, 눈, 천둥, 다운버스트, 토네이도 등

02 뇌우 발생 시 항상 함께 동반되는 기상현상은?

① 강한 소나기
② 스콜라인
③ 과냉각 물방울
④ 번개

해설 뇌우는 천둥과 번개를 동반하는 폭풍이다.

03 다음 중 뇌우의 형성조건이 아닌 것은?

① 불안정한 대기
② 상승운동
③ 강한 대류활동
④ 높은 습도

해설 불안정한 대기(불안정한 기온감률), 강한 상승운동, 높은 습도(풍부한 수증기)

04 번개와 뇌우에 관한 설명 중 틀린 것은?

① 번개가 강할수록 뇌우도 강하다.
② 번개가 자주 일어나면 뇌우도 계속 성장하고 있다는 것이다.
③ 번개와 뇌우의 강도와는 상관없다.
④ 밤에 멀리서 수평으로 형성되는 번개는 스콜라인이 발달하고 있음을 나타내고 있다.

05 다음 중 착빙에 관한 설명 중 틀린 것은?

① 착빙은 지표면의 기온이 추운 겨울철에만 발생하며 조심하면 된다.
② 항공기의 이륙을 어렵게 하거나 불가능하게도 할 수 있다.
③ 양력을 감소시킨다.
④ 마찰을 일으켜 항력을 증가시킨다.

06 항공기 착빙에 대한 설명으로 틀린 것은?

① 양력감소　　② 항력증가
③ 추진력감소　④ 실속속도 감소

07 다음 중 착빙의 종류에 포함되지 않는 것은?

① 서리착빙　　② 거친착빙
③ 맑은착빙　　④ 이슬착빙

해설 ① Induction(흡입) : −7℃ ~ 21℃, 상대습도 80% 이상일 때 보통 발생
- Carburetor Icing
- Intake Icing : 항공기 표면온도가 0℃ 이하로 냉각 시 발생. 상대습도가 10% 이하의 맑은 대기에서도 발생 가능

② Structural (구조물)
- 서리착빙(Frost) : 백색, 얇고 부드럽다. 수증기가 0℃ 이하로 물체에 승화
- 거친착빙(Rime) : 백색, 우유빛, 불투명, 부서지기 쉽다. 층운에서 형성된 작은 물방울이 날개표면에 부딪혀 형성(→ −10 ~ −20℃, 층운형이나 안개비 같은 미소수적의 과냉각 수적 속을 비행할 때 발생
- 맑은착빙(Clear) : 투명, 견고함, 매끄럽다. 온난전선 역전 아래의 적운이나 얼음비에서 발견되는 비교적 큰 물방울이 항공기 기체위를 흐르면서 천천히 얼 때 생성, 착빙 중 가장 위험(가장 빠른 축적 율 및 Rime Icing보다 떼어내기 곤란, 0 ~ −10℃, 적운형 구름에서 주로 발생)

정답 01.③　02.④　03.③　04.③　05.①　06.④　07.④

08 다음 착빙의 종류 중 투명하고, 견고하며, 고르게 매끄럽고, 가장 위험한 착빙은?

① 서리 착빙
② 거친 착빙
③ 맑은 착빙
④ Intake착빙

09 착빙(Icing)에 대한 설명 중 틀린 것은?

① 양력과 무게를 증가시켜 추진력을 감소시키고 항력은 증가시킨다.
② 거친 착빙도 항공기 날개의 공기 역학에 심각한 영향을 줄 수 있다.
③ 착빙은 날개뿐만 아니라 Carburetor, Pitot관 등에도 발생한다.
④ 습한 공기가 기체 표면에 부딪치면서 결빙이 발생하는 현상이다.

해설 양력 감소, 무게 증가, 추력 감소 그리고 항력 증가

10 다음 중 착빙현상과 적절하지 않는 것은?

① 항력이 증가한다.
② 양력이 감소한다.
③ 안테나 성능이 증가한다.
④ 엔진의 기능이 저하된다.

해설 항공기 날개, 로터 끝에 착빙이 발생하면 날개 표면이 울퉁불퉁하여 날개 주위의 공기 흐름이 흐트러지게 되고 이러한 결과는 항력을 증가시키고 양력을 감소시킨다. 또한 엔진이나 안테나의 기능을 저하시켜 항공기 조작에 영향을 미친다.

11 다음 중 착빙 발생 시의 영향으로 틀린 것은?

① 주요 장비의 기능 저하
② 항력 증가
③ 양력 감소
④ 양력 증가

12 물방울이 비행장치의 표면에 부딪치면서 표면을 덮은 수막이 천천히 얼어붙고 투명하고 단단한 착빙은 무엇인가?

① 싸락눈   ② 거친 착빙
③ 서리   ④ 맑은 착빙

해설 ① 싸락눈(snow pellets) : 2~5mm 정도의 크기를 가지며 백색의 불투명한 얼음 입자의 강수 현상으로 구형 또는 원추형의 눈

13 다음 중 착빙의 종류가 아닌 것은 어느 것인가?

① 맑은 착빙   ② 거친착빙
③ 서리착빙   ④ 이슬착빙

14 투명하거나 반투명하게 서리가 형성되는 착빙은 무엇인가?

① 혼합 착빙   ② 맑은 착빙
③ 거친 착빙   ④ 서리착빙

15 착빙의 효과가 아닌 것은?

① 양력 감소   ② 실속속도 감소
③ 항력증가   ④ 추력감소

정답 08.③ 09.① 10.③ 11.④ 12.④ 13.④ 14.② 15.②

Section 09 태풍과 난류

주요 내용
- 태풍
- 난류
- 기타

01 태풍

가. 태풍이란?

1) 개요

① 태풍, 허리케인은 여름과 초가을 일상생활에서 자주 접하는 기상용어 중 하나이다.

② 시설물에 막대한 피해를 입히는 악 기상 현상으로 "저위도 해역에서 발생하는 저기압 중심 부근의 최대풍속이 17m/sec 이상 강한 폭풍우를 동반하고 있는 것으로 중위도의 온대 저기압과 구별해서 열대 저기압"이라고 한다.

③ 초강력 바람과 엄청난 양의 홍수, 천둥 번개를 동반한 폭풍으로 태풍에 따라 강력한 바람, 폭우 영향이 다르게 나타나며, 태풍주변에 형성된 기단과 기압배치에 영향을 받는다.

④ 우리나라에 영향을 미치는 태풍은 서부 북태평양에서 발생하는 것으로 1년에 약 30개 발생 중 3~4개 정도 직접적으로 영향을 미친다. 세계적으로 평균 80개 정도 열대 저기압이 발생하면 약 50% 정도는 태풍이다.

⑤ 태풍, 허리케인, 사이클론이라는 용어는 국제협약에 따라 북태평양 서부에서는 **태풍**(typhoon)이라 하며, 북대서양과 북태평양 동부에서는 **허리케인**(hurricane), 인도양, 아라비아해 등에서 생기는 것은 **사이클론**(cyclone), 호주 부근 남태평양에서 발생하는 것은 **윌리 윌리**(willy-willy), 필리핀에서는 **바귀오**라고 한다.

그림 태풍의 명칭

2) 열대저기압의 발달과 분류

① 고온 다습한 열대 해양으로 해수면 온도가 26.5℃ 이상 지역에서 발달한다.
② 발달 단계는 열대 요란 → 열대 저기압 → 열대 폭풍 → 태풍으로 발달한다.

열대 저기압 분류

총칭	한국, 일본명칭	국제명칭(약호)	중심부근 최대풍속
열대 저기압 (Tropical cyclone)	약한 열대저기압	Tropical depression (열대저기압 : T.D)	17m/s(34kts)미만
	태풍 : 풍속 17m/s이상	Tropical storm (열대폭풍 : T.S)	17~24m/s (34~47kts)
		Severe tropical storm (강한 열대폭풍:S.T.S)	25~32m/s (48~63kts)
		Typhoon (태풍 : T)	33m/s (64kts) 이상

3) 열대저기압의 구조와 날씨

① 태풍의 눈(eye)은 원형으로 태풍 중심에 형성된 20~50km구역으로 공기가 침강하는 구역에는 바람이 없으며, 해면 기압이 낮고, 구름이 없고 맑다.
② 눈 벽(eye wall)은 눈 주위에 형성된 회전성 적란운 구름영역으로 폭풍의 중심을 향해 회전하면서 치올리는 구름이며, 가장 강한 바람(초속 50m이상)과 가장 많은 강수를 발생시킨다.
③ 태풍의 나선형 구름대에는 적란운으로서 소나기가 발생하는 수렴선이다.

그림 태풍의 단면도

④ 태풍의 진로와 피해지역을 볼 때 태풍의 오른 쪽(가항 반원) 지역은 태풍의 바람과 이동속도 가 합쳐져 피해가 크고, 왼쪽(반항 반원) 지역은 태풍의 바람이 이동속도가 감해져 피해가 상대적으로 적다.

그림 북반구 태풍의 진로와 피해지역

나. 태풍에 수반되는 현상

1) 풍랑

① 해상에서 바람에 의해 일어나는 파도로서 태풍으로 바람이 불기 시작한 약 12시간 후 최고 파고에 도달한다.

② 이 파고는 대체로 풍속의 제곱에 비례하나, 바람이 부는 거리와도 관계된다.

2) 너울

① 직접적으로 일어난 파도가 아닌 바람에 의해서 일어난 물결

② 태풍에 의한 너울은 진행방향 오른쪽에서 잘 발달되며 파장이 길면 빨리 전해진다. 진행 속도는 태풍 진행속도보다 보통 2~4배 빠르다.

3) 고조

① 폭풍 또는 저기압에 의한 해일

② 바람에 의해 해안에 해수가 밀려와 해면이 높아지는 것으로 높이는 풍속의 제곱에 비례한다. 저기압 통과로 인한 기압하강 효과(역 수은주 현상)로 기압 1hPa 하강에 해수면은 1cm 상승한다.

다. 태풍의 일생

1) 수명은 발생부터 소멸 시까지 약 1주일에서 1개월 정도이다.

2) 형성기 – 성장(발달)기 – 최성기 – 쇠약기로 구분

① **형성기**는 저위도 지방에 약한 저기압성 순환으로 발생하여 태풍강도에 달할 때까지의 기간

② **성장기**는 태풍이 된 후 한층 더 발달하여 중심기압이 최저가 되어 가장 강해질 때까지의 기간

③ **최성기**로서 등압선은 점차 주위로 넓어지고 폭풍을 동반하는 반지름은 최대가 된다. 따라서 확장기라고도 한다.

④ **쇠약기**는 온대 저기압으로 탈바꿈하거나 소멸되는 기간이다. 태풍의 소멸은 태풍에 지속적인 에너지 공급이 되지 않을 시 열대 저기압으로 소멸된다. 육지에 상륙하면 습기 공급이 차단되고 자연 장애물과의 마찰로 바람이 약해진다.

02 난류

가. 난류(turbulence)

1) 난류의 발생

① 난류는 지표면의 불균등한 가열과 기복, 수목, 건물 등에 의하여 생긴 회전기류와 바람 급변의 결과로 불규칙한 변동을 하는 대기의 흐름이다. 즉, 비행 중인 항공기나 드론 등 비행체에 동요를 주는 악기류를 말한다. 이러한 난류는 상승기류나 하강기류에 의해 발생된다.

그림 난류와 층류

② 난류는 소용돌이가 섞인 매우 불규칙한 공기의 흐름이다. 대부분의 난류는 지표면의 기복에 의한 마찰 때문에 일어나므로 높이 1km 이하의 대기 경계층에서 발생한다.
③ 난류가 강하게 일어날 조건은 지표면의 기복이 커야하고, 풍속이 강해야 한다. 층류는 1km이상의 상공에서 비교적 규칙적인 공기의 흐름을 말한다.
④ 난류의 원인은 지형의 효과, 고도에 따른 풍속변화 그리고 지표 온도차이다.

그림 난류의 발생 원인

2) 난류의 종류

① **약한 난류** : 항공기 조종에는 크게 영향을 미치지 않으며, 비행방향유지에 지장이 없는 상태의 요란을 의미하나 소형 드론에는 영향을 미칠 수 있다. 25kts미만의 지상풍에 존재
② **심한 난류** : 항공기 고도 및 속도가 급격히 변화되고 순간적으로 조종 불능상태가 되는 요란기류이다. 항공기는 조종이 곤란하고 좌석벨트를 착용해도 정 자세유지가 곤란하다. 풍속이 50kts이상이다.
③ **극심한 난류** : 항공기가 심하게 튀거나 조종 불가능한 상태를 말하고 손상을 초래할 수 있다. 풍속 50kts이상의 산악파에서 발생하며 뇌우, 폭우 속에서 존재한다.

2) 비행 난기류

① 비행기 날개 끝에서 발생하는 와류에 의해 난기류가 발생하는 것.
② 강도는 항공기 무게, 속도, 형태에 따라 다르다.
③ 이륙 시 난기류는 활주로에서 부양하기 시작하면 난기류가 형성되고, 착륙 시는 항공기 접지 시 난기류가 소멸된다.

그림 비행 난기류

나. 윈드시어 (wind shear)

1) 윈드시어의 발생

① 짧은 거리 내에서 순간적으로 풍향과 풍속이 급변하는 현상을 의미한다.
② 윈드시어는 모든 고도에서 나타날 수 있으나 통상 2,000ft 범위 내에서의 윈드시어는 항공기, 드론 등의 운용에 지대한 위험을 초래할 수 있다.
③ 풍속의 급변현상은 항공기 및 드론의 상승력 및 양력을 상실케 하여 항공기 및 드론 등을 추락시킬 수도 있다.
④ 저고도 윈드시어의 기상적 요인으로 뇌우, 전선, 복사 역전형 상부의 하층 제트, 깔때기 형태의 바람, 산악파 등에 의해 형성된다.
⑤ 기타 요인은 지속적으로 강한 바람이 활주로 부근의 건물이나 다른 구조물을 통해 볼 때 10kts 이상의 국지적인 윈드시어 현상이 발생한다.

2) 깔때기 바람

① 산악이나 좁은 협곡으로 둘러싸인 지형에서는 계곡으로 부터 압축되어 불어오는 깔때기 바람으로 인해 풍속의 급변현상이 일어나는데 산악주위나 좁은 협곡을 비행 시에는 이러한 깔때기 바람에 주의를 해야 한다.

그림 깔대기 바람과 산악파 윈드시어

다. 산악파 (Mountain Wave)

1) 산악파란?

① 대기 중에서 발생하는 정체파 중에서 가장 일반적인 형태의 내부 중력파로서 안정한 상태의 공기가 산이나 산맥을 통과할 때 형성되는 파동. 풍하 측에 형성되어 풍하파라고도 하기도 하며 종종 풍하파의 마루에 고적운이나 렌즈형 구름이 형성되는데, 이를 산악파 구름이라 한다.

② 산악파는 연직 변화에 의해 기류의 기압, 기온, 고도가 주기적으로 변하게 만든다. 바람이 산이나 산맥을 넘을 때 지형효과에 의해 상승하여 발생하거나, 지표면 바람이 분지를 넘을 때, 또는 상층의 바람이 강한 상승류나 클라우드 스트리트(cloud street)에 의해 굴절되어 발생하기도 한다.

③ 상승 운동에 의해 기류 내의 공기의 속도와 방향을 주기적으로 변하게 만든다. 항상 상승류를 유발하는 지형의 풍하 측에서 그룹으로 발생한다. 가끔은 산악파에 의해 풍하 측에서의 강우량을 증가시키기도 한다. 일반적으로 난류와도(회전축은 산맥의 방향과 평행)가 첫 번째 골 부근에서 만들어지며 이를 로토(rotor)라 부른다. 가장 강한 산악파는 장애물 상공에 대류안정층이 형성되고, 그 위와 아래에 불안정층이 존재할 경우에 나타난다.

2) 산악파와 구름들

① 대기 중의 수증기량이 충분하고 이를 포화시킬 정도로 상승 운동이 충분할 경우에는 산악파 및 로토의 존재가 이에 해당하는 특정한 산악구름의 형태로 나타난다. 물론 수증기량이 충분하지 않거나 상 승운동이 약할 경우에는 구름 발생 없이 산악파가 존재한다(여전히 난류는 발생하므로 항공운항의 위험요소가 됨). 보통의 구름들이 바람을 따라 이동하는 반면 산악파에서 형성된 구름들은 풍하 측으로 이동하는 대신 고정된 지점에 머무는 특성이 있다[1])

산악파 구름들은 모자 구름, 말린 구름, 렌즈 구름 등이 있다.

그림 산악파에 의해 발생하는 기상현상 및 동반되는 구름들[2])

---

1) [네이버 지식백과] 산악파 [Mountain wave] (기상학백과)
2) 한국기상학회

03 기타

가. 항공정기기상보고(METAR : aviation routine weather report)

METAR	KLAX	201040Z	AUTO	26015KT 290V360	1/2SM	R21/2500FT
(1)	(2)	(3)	(4)	(5)	(6)	(7)

+SN BLSN	FG VV008	00/M03	A2991 RMK	RAE42SNB42
(8)	(9)	(10)	(11)	(12)

(1) **보고 종류**(type of report)는 항공정기기상보고(METAR)

(2) **ICAO 관측자 식별문자**로서 ICAO 식별문자는 "KLAX"이다.

(3) **보고일자 및 시간**은 관측일자와 시간이 6개의 숫자로 기입된다.

(4) **변경수단**으로서 AUTO는 METAR/SPECI가 전적으로 자동기상관측소로부터 획득된 정보이고,

(5) **바람정보**(wind information)는 풍향 260도, 풍속 15노트 뜻이다.

(6) **시정**(visibility)은 우시정이 육상 마일로 표기된다.

(7) **활주로 가시거리**(runway visual range)

(8) **현재 기상**(present weather)

첫째, 강수의 강도, 약함(light)은 "－"로 중간(moderate)은 표기가 없고, 강함(heavy)은 "+"로 표기한다.

둘째, 근접도, 셋째, 서술자(descriptor)

※ 서술자 부호와 기상현상 부호는 다음과 같다.

① 서술자 부호

  TS : 뇌우(thunderstorm)　　　DR : 낮은 편류(low drifting)
  SH : 소나기(shower)　　　　 MI : 얕음(shallow)
  FZ : 결빙(freezing)　　　　　 BC : 작은구역(patches)
  BL : 강풍(blowing)　　　　　 PR : 부분적(partial)

② 강수부호

  RA : 비(rain)　　　　　　　　 GR : 우박(hail),
  DZ : 가랑비(drizzle)　　　　 GS : 작은 우박 또는 싸라기(small hail/snow pellets)
  SN : 눈(snow)　　　　　　　　E : 얼음싸라기(icepellet),
  SG : 싸락눈(snow grains)　　IC : 빙정(ice crystals),　　UP : 알려지지 않는 강수

③ 시정 장애물 부호

FG (fog – 시정 5/8마일 이하), PY : 스프레이(spray),
BR : 박무(mist – 시정 5/8마일에서 6마일), SA : 모래(sand),
FU : 연기(smoke), HZ : 연무(haze),
DU : 광범위한 먼지(dust), VA : 화산재(volcanic ash)

④ 기타 기상현황

SQ : 스콜(squall) SS : 모래폭풍(sandstorm)
DS : 먼지폭풍(duststorm) PO : 먼지/모래 회오리바람(dust/sand whirls)
FC : 깔때기 구름(funnel cloud),
+FC : 토네이도 또는 용오름(tornado or waterspout)

예를 들어서 TSRA는 뇌우와 비이다.

(9) **하늘 상태**(sky condition)
(10) **기온/노점**(temperature / dew point)
(11) **고도계**(altimeter)
(12) **비고란**

나. 터미널공항예보(TAF : Terminal Aerodrome Forecast)

특정 시간 동안의 공항의 예측된 기상상태를 요약한 것으로 목적지 공항에 대한 기상정보를 얻을 수 있는 주요 기상정보 매체이다. 터미널 공항예보는 METAR 전문에서 사용된 부호를 동일하게 사용하고 일반적으로 하루에 네 차례(0000Z, 0600Z, 1200Z, 1800Z) 보고된다.

section OX

1. 태풍이란 저위도 해역에서 발생하는 저기압 중심 부근의 최대풍속이 17m/sec 이상 강한 폭풍우를 동반하고 있는 것으로 중위도의 온대 저기압과 구별해서 열대 저기압을 말한다.		O
2. 태풍의 소멸은 태풍에 지속적인 에너지 공급이 되지 않을 시 <u>열대 고기압</u>으로 소멸된다.		× 열대 저기압
3. 난류의 발생은 지형의 효과, 고도에 따른 풍속변화, 지표의 온도차로 발생한다.		O
4. 윈드시어(바람시어)는 짧은 거리 내에서 순간적으로 풍향과 풍속이 급변하는 현상을 말한다.		O

출제예상문제

01 태풍의 세력이 약해져서 소멸되기 직전 또는 소멸되어 무엇으로 변하는가?

① 열대성 고기압
② 열대성 저기압
③ 열대성 폭풍
④ 편서풍

02 난기류(Turbulence)를 발생하는 주요인이 아닌 것은?

① 안정된 대기상태
② 바람의 흐름에 대한 장애물
③ 대형 항공기에서 발생하는 후류의 영향
④ 기류의 수직 대류현상

> 해설 난기류 발생의 주 원인 : 대류성 기류, 바람의 흐름에 대한 장애물, 비행난기류, 전단풍 등

03 비행 중인 항공기나 드론 등의 비행체에 동요를 주는 악기류를 무엇이라 하는가?

① 난류   ② 난기
③ 적기   ④ 바람시어

04 다음 중 난류의 역할로서 올바르지 않은 것은?

① 공기의 운동량을 수송한다.
② 지표면에서 증발을 촉진한다.
③ 지표면의 열을 수송한다.
④ 대기의 오염물질을 응집시킨다.

> 해설 난류는 대기의 오염물질을 수송하는 역할을 한다.

05 난기류의 설명으로 옳은 것은 어느 것인가?

① 보통 난기류 요동이 심하고 조종을 할 수 없을 정도로 심하다.
② 강한 난기류 비행기가 하늘로 튕겨 올라가면서 조종을 할 수 없을 정도로 심하다.
③ 약한 난기류 요동은 있지만 조종을 할 수 있다.
④ 심한 난기류 요동이 심하고 조종자가 조종을 하기 힘들 정도로 심하다.

06 난류의 강도 종류 중 맞지 않는 것은?

① 약한난류(LGT)는 항공기 조종에 크게 영향을 미치지 않으며, 비행방향과 고도유지에 지장이 없다.
② 보통난류(MOD)는 상당한 동요를 느끼고 몸이 들썩할 정도로 순간적으로 조종 불능 상태가 될 수도 있다.
③ 심한난류(SVR)는 항공기 고도 및 속도가 급속히 변화되고 순간적으로 조종 불능 상태가 되는 정도이다.
④ 극심한 난류(XTRM)는 항공기가 심하게 튀거나 조종 불가능한 상태를 말하고 항공기 손상을 초래할 수 있다.

> 해설 난류의 강도종류는 약한 난류, 심한 난류, 극심한 난류가 있다.

정답 01.② 02.① 03.① 04.④ 05.③ 06.②

07 짧은 거리 내에서 순간적으로 풍향과 풍속이 급변하는 현상으로 뇌우, 전선, 깔때기 형태의 바람, 산악파 등에 의해 형성되는 것은?

① 윈드시어 ② 돌풍
③ 회오리바람 ④ 토네이도

08 다음 중 바람시어에 대한 설명이다. 틀린 것은?

① 바람시어는 갑자기 바람의 방향이나 세기가 바뀌는 현상을 말한다.
② 바람시어는 어떠한 고도에서나 발생할 수 있기 때문에 항공기 이, 착륙간 주의를 요한다.
③ 바람시어가 가장 위험한 것은 2,000ft 내에서 항공기가 이, 착륙할 때 짧은 시간에 발생하게 된다는 것이다.
④ 바람시어는 바람이 수직이나 수평방향으로 나타날 수 있으며 수직방향은 안전하다.

> 해설 바람시어는 바람이 수직이나 수평방향으로 어느 쪽이나 나타날 수 있으며 모두 위험하다.

09 항공정기기상보고에서 바람 방향, 즉 풍향의 기준은 무엇인가?

① 자북 ② 진북
③ 도북 ④ 자북과 도북

10 METAR(항공정기기상보고)에서 +RA FG는 무슨 뜻인가?

① 보통비와 안개가 낌
② 강한비와 강한안개
③ 보통비와 강한안개
④ 강한비 이후 안개

> 해설 +RA : 강한 비
> (+ : 강함, − : 약함, 중간은 없음)
> FG : 안개

정답 07.① 08.④ 09.② 10.④

Section 10 비행안전과 관련된 기타 악 기상

주요 내용
- 다운 버스트
- 마이크로버스트
- 우박
- 해무

01 다운 버스트

1) 정의
뇌우를 동반한 강한 하강기류를 말한다.

2) 생성
뇌우 발달과정에서 성숙 단계의 하강기류는 지표면에 도달하자마자 빠르게 퍼져 유출 기류를 만들며, 유출 기류의 직경은 유출된 후에 경과된 시간에 따라 거의 선형적으로 증가하여 10~15분 안에 최대로 유출되고 발산된다.

02 우박

1) 정의
구름 내의 작은 구름물방울이 구름 빙정입자에 충돌·결착되어 생기는 얼음덩어리를 말한다.

2) 우박의 발생
강한 상승류, 큰 수함량, 큰 물방울을 가지고 높이 발달하는 적란운으로부터 우박은 잘 형성된다. 일반적으로 우박은 연직으로 바람시어가 강한 조건에서 수적이 강한 상승류를 따라 빙결 고도 이상으로 상승 했다가 다시 하강하는 과정을 반복하면서 성장하고, 그 무게를 이기지 못할 만큼 커지면 지상으로 낙하한다. 중위도에서는 일반적으로 상층과 하층의 기온차가 많이 나는 봄과 가을에 많이 발생 한다.

3) 우박의 생성과정
우박 성장은 강한 상승기류에 의해서 이루어지고, 공기덩이 상승 시 공기덩이의 온도가 전에 생긴 빗방울이 모두 얼어버릴 때까지 빙결점에 머문다고 보는 개념 모델의 한 부분이다. 강한 뇌우에서 나타는 특징인 상하층간의 큰 온도차와 강한 상승기류는 강우를 차가운 상층으로 밀어 올리고, 지속적으로 우박이 성장하는 조건을 만든다. 아래 그림은 우박 발생 모식도로 고도별 우박 분포를 상승기류와 함께 나타낸 것이다. 하늘색 실선은 해발고도이고, 노란 실선은 강한 상승기류 벡터이고, 흰색 점선은 기온 0°C 빙결고도를 나타낸다. 하층의 상대적으로 따뜻한 공기가 상층으로 유입되어 0°C 빙결고도가 주변보다 더 높은 고도에 형성되어 우박의 성장을 돕는다.

그림 우박발생조건 모식도[1]

03 마이크로버스트

1) 정의

대류활동에 연관되어 나타나는 특수한 바람시어이다. 강력한 폭풍우(severe storm) 밑에서 발생하는 하강기류는 국지적으로 지상에 도달하여 수평으로 퍼지는데, 마치 수도꼭지에서 물이 쏟아져 싱크대로 떨어져 내리는 것처럼 급격한 바람의 폭발이 일어난다. 이와 같이 2~5분 정도 지속되면서 최고조의 풍속으로 4km×4km 미만의 영역을 덮는 하강버스트(downburst)를 마이크로버스트라고 한다.

2) 발생과정

① 바람이 4 km 범위 이내에 영향을 미치는 하강버스트를 마이크로버스트라 하고, 4 km 범위 이상으로 확장되는 하강기류를 **매크로버스트**(macroburst)라 한다. 마이크로버스트 중에서는 시속 270 km의 강풍을 동반하는 경우도 있다. 그리고 마이크로버스트는 강력한 하강기류이기 때문에 그 전면은 지상에서 돌풍전선으로 발달할 수도 있다.

② 아울러 마이크로버스트는 강력한 폭풍우와 연계하여 강력하고 파괴적인 바람을 일으키기도 한다. 그러나 연구 결과에 의하면, 마이크버스트는 천둥과 번개를 동반하지 않고 국지적 소나기 정도 일으키는 일반세포 뇌우에서도 발생한다.

04 해무 (Ocean Fog)

1) 정의

해수면 위에 매우 작은 수적(물방울)들이 많이 부유해 있고 시정 거리가 1km 이내인 안개를 해무(ocean fog)라고 한다. 일반적인 육상 안개의 상대습도는 약 100%이지만 해양에서는 해수면 위의 대기에 부유하는 미세한 염류 입자가 많아서 응결핵의 역할을 하기 때문에, 상대습도가 90%인 불포화상태에서도 해무가 발생할 수 있다.

2) 발생조건

① 광범위한 고기압권에 위치할 때 ② 저기압이나 전선 영향이 없을 때
③ 해수면의 온도가 20℃보다 낮을 때 ④ 온도와 노점온도차가 0~2℃ 정도일 때
⑤ 해수면 온도와 노점온도차가 0~1℃ 정도일 때
⑥ 바람이 거의 없을 때
⑦ 지상 역전층 현상이 관찰될 때
⑧ 4,000~5,000ft 대기에서 역전층 현상이 관찰 시

3) 종류와 발생 과정

① 해무의 대표적인 예가 **이류무**(advection fog)이다. 고온 다습한 공기가 상대적으로 온도가 낮은 해수면 위로 이동하면 공기가 냉각되어 기온이 노점에 도달하고, 포화되면서 응결하여 수적 형태로 공기 중에 부유한 상태로 있게 되는 해무가 발생한다.

이류가 원인이 된 해무는 발생하는 범위가 상당히 넓으며 육상의 복사안개보다 안개의 수직 층이 두꺼운 편이다. 또한 육상과 달리 해무 발생 후 상대적으로 오래 머무르는데 대략 수 일 정도 지속하는 경향이 있다.

이류 과정과 관련된 해무는 고기압의 중심 부근에 위치하며 바람도 상대적으로 강하게 불면서 해수면 온도도 낮을 때 잘 발생하는 편이다. 이류 해무는 해양-대기 온도 차가 클수록 풍속이 강할수록 잘 발달하는 경향이 있다.

② 일반적으로 해무는 고온 다습한 공기가 찬 해수면을 이류하면서 발생하지만 해수면 온도와 기온의 크기가 서로 반대일 경우도 발생할 수 있다. 차가운 공기가 따뜻한 해수면 위로 이동할 때 해수면에서 증발이 일어나 대기로 수증기가 공급되고 해수면과 접촉한 대기가 부분적으로 기온이 상승하면서 증기무 형태의 해무가 발생할 수 있다.

또한 대기의 전선이 바다 위를 통과하기 전과 후에 강수 현상에 동반하여 해수면 가까이 해무가 출현하기도 한다.

③ 육상에서 발생하는 복사무는 지표면의 야간 냉각으로 수증기가 냉각되어 하루 중 새벽이나 이른 아침에 잘 발생한다.

반면에 해양은 하루 중 시간에 크게 의존하지 않고 해수면온도와 대기 온도의 차이나 해면 위 습도 조건 등의 해상 조건에 따라 변할 수 있기 때문에 아침 시간 외에 낮에도 발생할 수 있다.

1. 지구과학과 대기

- 지구 기상변화의 가장 근본적인 원인은? **태양에너지의 변화**이다.
- 우리나라 해수면의 기준이 되는 지역은 인천 앞바다(인천만)이다.
- 대기의 수직적 이동을 대류, 수평적 이동을 이류라고 한다.
- 대기란 지구 중력에 의해 지구를 둘러싸고 있는 기체로서 질소(78%), 산소(21%), 기타(1%) 수준이다.
- **항공기상의 7대 요소**는 기온, 기압, 습도, 구름, 강수, 시정, 바람이다.
- 대류권은 지구표면으로부터 형성된 공기의 층으로 높이가 평균 12km이며 대기권 질량의 80%의 기체가 모여 있다.
- 대류권 계면은 대류권과 성층권 사이의 경계층이고 기온변화가 거의 없으며 제트기류, 청천 난기류 또는 뇌우를 일으키는 기상현상이 존재한다.

2. 기온과 습도

- **온도** : 물체의 뜨거운 정도, 열이란 물체에 존재하는 열에너지의 양을 측정한 값
- **열량** : 물질의 온도가 증가함에 따라 열에너지를 흡수할 수 있는 양
  비열 : 물질 1g의 온도를 1℃ 올리는데 요구되는 열
- **기온**은 태양열을 받아서 가열된 대기(즉 공기)의 온도이다. 백엽상에서 측정한 것이다.
- 기온 변화 중 일일 변화는 밤과 낮의 기온차이 즉 지구의 일일 자전현상이며, 계절적인 변화는 태양으로부터 받아들이는 태양 복사열의 변화에 따라 기온이 변화한다.
- **기온 감률**은 고도가 증가함에 따라 기온이 감소하는 비율로 표준대기조건에서 1,000ft당 평균 2℃ 감소한다.
- **습도**는 대기 중에 함유된 수증기의 양을 나타내는 척도이다.
- **응결핵**이란 대기 중의 미세한 입자 중 토양, 소금, 암모니아, 화산재, 아황산가스 등이다.
- **과 냉각수**란 액체 물방울이 섭씨 0℃ 이하의 기온에서 응결되거나 액체 상태로 지속되어 남아 있는 물방울로 항공기나 드론의 착빙(icing)을 초래하는 원인을 제공한다.

3. 대기압과 일기도

- **기압**이란 진동하는 기체분자에 의해 단위 면적당 미치는 힘이며, **1기압**이란 76cm의 수은 기둥의 높이로서 10m정도의 물기둥의 무게가 주는 압력. 즉, 10m 깊이의 정도의 물속에 사는 것과 동일하다.
- **국제 민간항공기구(ICAO)의 표준 대기조건과 가정사항**
  - 해수면 표준 기압 : 29.92inch.Hg(1013.2mb)
  - 해수면 표준기온 : 15℃(59°F)
  - 기온 감률 : 2℃/1,000ft
  - 대기는 수증기가 포함되어 있지 않은 건조한 공기
  - 대기의 온도는 따뜻한 온대지방의 해면상의 15℃를 기준
  - 해면상의 대기 압력은 수은주의 높이 760mm를 기준 등

Top Secret Note

- **일기도** : 어떤 특정한 시각에 각 지역의 기상상태를 한꺼번에 볼 수 있도록 지도 위에 표시한 것으로 날씨의 몽타주이다.
- **고기압(북반구 지역)**
  - 주변보다 기압이 높은 곳으로 바람은 시계방향으로 불어 나감.
  - 중심부에 하강기류가 있고 구름이 소멸되며 날씨가 맑음
- **저기압(북반구 지역)**
  - 주변보다 기압이 낮은 곳으로 바람은 반 시계방향으로 불어 들어옴
  - 중심부에 상승기류가 있고 구름이 생성되어 날씨가 흐림.
- **등압선** : 일기도 상에 해수면 기압 또는 동일한 기압 대를 형성하는 지역을 연결하여 그어진 선으로 조밀하게 형성된 지역은 기압경도가 커서 강풍이 존재한다.
- 항공기에는 기압고도계를 사용하며 표준 기지면 위의 표고이고 표준대기 조건에서 측정된 고도이다.

4. 바람

- 바람은 공기의 흐름, 즉 운동하고 있는 공기로서 공기흐름의 유발 근본적인 원인은 태양에너지에 의한 지표면의 불균형 가열에 의한 기압차이로 발생한다.
- 풍속의 단위는 NM/H(kt), SM/H(MPH), km/h, m/s 등이 있으며, 이중 멀티콥터 운용 시는 m/s를 사용한다.
- 바람 방향에서 북풍이라는 것은 북에서 남으로 부는 바람을 말한다. 즉 북쪽을 향하는 바람이 아니라 나를 기준으로 불어오는 바람이다.
- Wind sock의 각도를 기준을 풍속을 측정 시 90°정도 모양일 때는 약 5m/s이다.
- **기압경도**(pressure gradient)는 공기의 기압 변화율로 지표면의 불균형 가열로 발생하며, 기압경도력은 기압경도의 크기 즉 힘을 말한다.
- **전향력**은 회전하는 운동계에서 운동하는 물체를 관측하였을 때 나타나는 겉보기의 힘이다.
- 항공기나 드론을 운용 시는 항상 정풍 즉 맞바람을 이용하여 이, 착륙을 하여야 효율이 증대된다. 즉 맞바람을 이용 시 활주거리가 감소되고, 상승률이 증가된다.
- 해륙풍은 주간에 해상에서 육지 방향으로 부는 바람을 말한다.
- 산곡풍은 산바람과 골바람으로 나누어지며 산바람은 산 정상에서 산 아래로 야간에 부는 바람을 지칭한다.
- 돌풍은 바람이 항상 일정하게 불지 않고 강약을 반복하는 바람을 말하며 돌풍 상황하에서 드론은 가급적 운용하지 않는 것이 좋다.

5. 구름과 강수

- **구름** : 눈으로 볼 수 있는 공기 중의 수분 즉, 대기 중에 떠 있는 작은 수적 또는 빙정, 물방울의 결합체
- **구름의 생성 조건**은 풍부한 수증기, 응결핵, 냉각작용이다.
- 구름과 기압과의 관계는 고기압에서는 대기의 하강으로 구름이 소산되고 저기압에서는 대기의 상승으로 구름이 생성된다.
- 운고는 관측자 기준으로 지표면으로부터 구름층의 하단 높이를 의미한다.
- 운량은 관측자를 기준으로 하늘을 8 또는 10등분하여
  - **clear** : 운량이 1/8(1/(10)이하
  - **scattered** : 운량이 1/8(1/(10)~5/8(5/(10)일 때
  - **broken** : 운량이 5/8(5/(10)~7/8(9/(10)일 때
  - **overcas**t : 운량이 8/8(10/(10)일 때
- **구름의 종류**는 높이에 의한 기준으로 상층운, 중층운, 하층운, 수직운으로 구분한다.
- 구름의 종류 중 비가 내리는 구름은 **난층운**(평소 비 내리는 구름)과 **적란운**(천둥 번개 시 소나기)이 있다.
- **강수** : 대기로부터 떨어져서 지상에 도달하는 액체상태의 물방울이나 고체상태의 얼음조각으로 비(rain), 눈(snow), 가랑비(drizzle), 우박(hail), 빙정(ice crystal) 등 모두를 의미한다.

6. 안개와 시정

- 안개와 박무는 거리기준으로 안개는 1km 미만, 연무는 1~10km 거리이다.
- **안개 생성조건**
  - 공기 중에 수증기 다량 함유
  - 공기가 노점온도 이하로 냉각
  - 응결핵이 많아야 하며
  - 공기 속으로 많은 수증기가 유입되고
  - 바람이 약하고 상공에 기온의 역전현상이 있어야 한다.
- 안개가 사라질 조건은 기온이 역전되고 바람이 많이 불면(난류가 존재) 사라진다.
- **안개의 종류**
  - 복사안개 : 복사열에 의해 생성
  - 증기안개 : 강, 호수 등의 기온과 수온 차이
  - 이류안개 : 바다, 해안지역에서 발생
  - 활승안개 : 산악지역
- **시정**이란 정상적인 눈으로 먼 곳의 목표물을 볼 때, 인식 될 수 있는 최대의 거리 즉 지상의 특정지점에서 계기 또는 관측자에 의해서 수평으로 측정된 지표면의 가시거리를 말한다.
- **우시정**은 방향에 따라 보이는 시정이 다를 때 가장 큰 값으로부터 그 값이 차지하는 부분의 각도를 더해가서 합친 각도의 합계가 180도 이상 될 때의 가장 낮은 시정 값을 말한다.

7. 기단과 전선

- **우리나라 주변 4대 기단** : 시베리아 기단, 오호츠크해 기단, 북태평양 기단, 양쯔강 기단
- 4대 기단 중 온난 건조하고 주로 봄과 가을에 이동성 고기압과 함께 동진하는 기단은 양쯔강 기단이다.
- 전선은 서로 다른 두 개의 기단이 만나는 경계면이 지표면과 만나는 선 즉 불연속면과 지표면이 만나는 선
  - **온난 전선** : 층운형 구름 발생, 적은 양의 따뜻한 비, 찬공기가 밀리는 방향으로 기상 변화
  - **한랭 전선** : 적운형 구름 발생, 좁은 지역에 뇌우 동반 돌풍이 분다. 급격히 기온하강, 강한 소낙성 비와 우박이 내릴 수 있음.
  - **폐색 전선** : 한랭 및 온난전선이 서로 겹쳐진 전선
  - **정체 전선(장마)** : 전선이 이동하지 않고 같은 장소에 정체, 나쁜 날씨 지속

8. 뇌우와 착빙

- **뇌우**(thunderstorm) : 번개와 천둥을 동반한 적란운 구름에 의해서 발생한 폭풍이다.
- **뇌우의 생성조건** : 온난 다습한 공기가 하층에 존재하며, 강한 상승기류, 높은 고도까지 기층의 기온감률이 커야 한다.
- **착빙** : 물체의 표면에 얼음이 달라붙거나 덮여지는 현상.
- 착빙이 발생하면 양력과 추력은 감소하고, 항력과 무게는 증가한다.
- **구조물 착빙의 종류**
  - 서리착빙 : 백색으로 얇고 수증기가 0℃이하에서 발생.
  - 맑은착빙 : 투명하고 견고하며 매끄럽다. 0∼ –10℃, 적운형 구름에서 주로 발생.
  - 거친착빙 : 백색, 우유 및 불투명하고 부서지기 쉽다. –10 ∼ –20℃, 층운 형이나 안개비 같은 미소수적의 과냉각 수적 속을 비행할 때 발생.
- 착빙은 계절 즉 겨울철과 무관하게 고도의 상승에 따른 기온 감률과 착빙 상황에 따라 발생한다.

9. 태풍과 난류

- **태풍** : 저위도 해역에서 발생하는 저기압 중심 부근의 최대풍속이 17m/sec 이상 강한 폭풍우를 동반하고 있는 것으로 중위도의 온대 저기압과 구별해서 열대 저기압을 말한다.
- 태풍의 소멸은 태풍에 지속적인 에너지 공급이 되지 않을 시 열대 저기압으로 소멸된다.
- 비행 난기류란 비행기 날개 끝에서 발생하는 와류에 의해 난기류가 발생하는 것이다.
- 바람시어(윈드시어)란 짧은 거리 내에서 순간적으로 수직 또는 수평 방향으로 풍향과 풍속이 급변하는 현상을 의미한다.
- 난기류는 약한 난기류, 강한 난기류, 심한 난기류가 있다.

항공법규

Section 1. 초경량비행장치의 개념
Section 2. 항공안전법
Section 3. 항공사업법
Section 4. 공항시설법
Section 5. Q&A를 통해 알아보는
　　　　　　무인비행장치의 모든 것
Section 6. 기타 관련 법규

Section 01 초경량비행장치의 개념

주요 내용
- 초경량비행장치의 개념과 기준
- 초경량비행장치의 종류

01 초경량비행장치의 개념과 기준

가. 초경량무인동력비행장치(헬리콥터, 멀티콥터) 자격증

① 초경량비행장치 중 초경량무인동력 회전익 비행장치의 자격증은 2014년 신설(교통안전공단)되었으며, 초기에는 무인비행장치로 시작하였다.
② 2014년도부터 헬리콥터와 멀티콥터가 포함된 통합자격증이었으며,
③ 이후, 2017년 3월 30일 **항공법규가 분법 시 헬리콥터와 멀티콥터 자격증으로 분리**되었다.

> ※ 당시 분법된 **주요 내용**은 다음과 같다.
> ① 기존의 항공법이 항공안전법, 항공사업법, 공항시설법으로 분법
> ② **항공안전법**은 항공기 기술기준, 종사자, 항공교통, 초경량비행장치 등이 포함
> ③ **항공사업법**은 항공운송사업, 사용사업, 교통이용자 보호 등이 포함
> ④ **공항시설법**은 공항 및 비행장의 개발, 항행안전시설 등이 포함
> ⑤ **초경량비행장치**는 항공안전법 제10장에 신고, 인증, 비행승인, 전문교육기관, 조종자 준수사항 등 일목요연하게 정리

④ 2021년 3월 1일부터 초경량무인동력비행장치의 자격증이 아래와 같이 세분화되었으며, 자격증을 취득하기 위한 시험기준도 세분화되었다.(무게의 기준은 최대이륙중량)

> ① **1종 무인비행장치(25kg 초과)** : 필기시험 + 비행경력(20시간) + 실기 시험
> ② **2종 무인비행장치(7kg 초과~25kg)** : 필기시험 + 비행경력(10시간) + 실기(약식) 시험
> ③ **3종 무인비행장치(2kg 초과~7kg)** : 필기시험 + 비행경력(6시간)
> ④ **4종 무인비행장치(250g 초과~2kg)** : 온라인 교육 후 자격부여(취득)

나. 초경량비행장치의 개념과 기준

1) 개념

초경량비행장치란 항공기와 경량항공기 외에 공기의 반작용으로 뜰 수 있는 장치로서 자체중량, 좌석 수 등 국토교통부령으로 정하는 기준에 해당하는 동력비행장치, 행글라이더, 패러글라이더, 기구류 및 무인비행장치 등을 말한다.[항공 안전법 제2조 3호]

2) 기준

법 제2조제3호에서 "자체중량, 좌석 수 등 국토교통부령으로 정하는 기준에 해당하는 동력비행장치, 행글라이더, 패러글라이더, 기구류 및 무인비행장치 등"이란 다음 각 호의 기준을 충족하는 동력비행장치, 행글라이더, 패러글라이더, 기구 류, 무인비행장치, 회전익비행장치, 동력패러글라이더 및 낙하산류 등을 말한다.

그림 초경량비행장치의 분류

02 초경량비행장치의 범위와 종류

가. 동력비행장치

동력을 이용하는 것으로서 다음 각 목의 기준을 모두 충족하는 고정익비행장치
① 탑승자, 연료 및 비상용 장비의 중량을 제외한 자체중량이 115킬로그램 이하일 것
② 좌석이 1개일 것

그림 고정익 비행장치

나. 행글라이더 및 패러글라이더

1) 행글라이더 : 탑승자 및 비상용 장비의 중량을 제외한 자체중량이 70킬로그램 이하로서 체중이동, 타면조종 등의 방법으로 조종하는 비행장치

2) 패러글라이더 : 탑승자 및 비상용 장비의 중량을 제외한 자체중량이 70킬로그램 이하로서 날개에 부착된 줄을 이용하여 조종하는 비행장치

그림 행글라이더

그림 패러글라이더

다. 기구 류

기체의 성질·온도차 등을 이용하는 다음 각 목의 비행장치
① **유인자유기구 또는 무인자유기구** : 기구란, 기체의 성질이나 온도차 등으로 발생하는 부력을 이용하여 하늘로 오르는 비행장치이다. 기구는 비행기처럼 자기가 날아가고자 하는 쪽으로 방향을 전환하는 그런 장치가 없다. 한번 뜨면 바람 부는 방향으로만 흘러다니는, 그야말로 풍선이다. 같은 기구라 하더라도 운용목적에 따라 고정을 위한 장치 없이 자유롭게 비행하는 것을 자유기구라고 한다.
② **계류식 기구** : 비행훈련 등을 위해 케이블이나 로프를 통해서 지상과 연결하여 일정고도 이상 오르지 못하도록 하는 것을 계류식 기구라고 한다.

그림 기구류(자유기구, 계류식 기구)

라. 무인비행장치

사람이 탑승하지 아니하는 것으로서 다음 각 목의 비행장치

1) 무인동력비행장치

연료의 중량을 제외한 자체중량이 150킬로그램 이하인 무인비행기, 무인헬리콥터 또는 무인멀티콥터

① **무인비행기** : 고정익 날개를 부착한 형태로 엔진이나 프로펠러의 힘으로 양력을 얻어 비행하는 무인항공기를 말한다. 사람이 타지 않고 무선통신장비를 이용하여 조종하거나, 내장된 프로그램에 의해 자동으로 비행하는 비행체로써, 구조적으로 일반 항공기와 거의 같고, 레저용으로 쓰이거나, 정찰, 항공촬영, 해안 감시 등에 활용

그림 무인비행기

② **무인헬리콥터** : 주 로터(Rotor)로 추진력을 유지하고 꼬리날개로 방향을 유지하며 비행하는 무인항공기를 말한다. 사람이 타지 않고 무선통신장비를 이용하여 조종하거나, 내장된 프로그램에 의해 자동으로 비행하는 비행체로써, 구조적으로 일반 회전익항공기와 거의 같고, 항공촬영, 농약살포 등에 활용

그림 무인헬리콥터

③ **무인멀티콥터** : 다중로터로 양력을 발생하여 비행하는 무인항공기를 말한다. 사람이 타지 않고 무선통신장비를 이용하여 조종하거나, 내장된 프로그램에 의해 자동으로 비행하는 비행체로써, 구조적으로 헬리콥터와 유사하다. 사용처는 항공촬영, 농약살포 등에 널리 활용되고 있다.

그림 무인멀티콥터

④ **무인수직이착륙기**(VTOL: vertical take-off and landing) : 헬리콥터처럼 수직으로 이착륙할 수 있는 비행체를 말한다. 공중에서 정지하거나 활주로 없이 뜨고 내릴 수 있다. 혼잡한 도심에서 쓰이는 PAV는 대부분 VTOL로 운용될 전망이다. e-VTOL은 전기로 구동되는 수직이착륙기를 뜻한다.

그림 수직 이착륙기

2) 무인비행선

연료의 중량을 제외한 자체중량이 180킬로그램 이하이고 길이가 20미터 이하인 무인비행선, 가스기구와 같은 기구비행체에 스스로의 힘으로 움직일 수 있는 추진장치를 부착하여 이동이 가능하도록 만든 비행체이며 추진장치는 전기식 모터, 가솔린 엔진 등이 사용되며 각종 행사 축하비행, 시범비행, 광고에 많이 쓰인다.

그림 무인비행선

마. 회전익 비행장치

좌석이 1개인 비행장치로서 탑승자, 연료 및 비상용 장비의 중량을 제외한 해당 장치의 자체 중량이 115kg 이하의 요건을 갖춘 것으로서 1개 이상의 회전익에서 양력을 얻는 다음 각 목의 비행장치.

1) 초경량 자이로플레인

고정익과 회전익의 조합형이라고 할 수 있으며 공기력 작용에 의하여 회전하는 1개 이상의 회전익에서 양력을 얻는 비행장치를 말한다. 자중(115kg) 및 좌석수(1인승)의 제한을 받는다. 헬리콥터는 주회전날개에 엔진 동력을 전달하여 추력과 양력을 얻는데 반해, 자이로플레인은 동력을 프로펠러에 전달하여 추력을 얻게 되고 비행장치가 전진함에 따라 공기가 아래에서 위로 흐르면서 주회전 날개를 회전시켜 양력을 얻는다.

2) 초경량 헬리콥터

일반 항공기의 헬리콥터와 구조적으로 같지만, 자중(115kg) 및 좌석수(1인승)의 제한을 받는다. 엔진을 이용하여 동체 위에 있는 주회전날개를 회전시킴으로써 양력을 발생시키고, 주회전날개의 회전면을 기울여 양력이 발생하는 방향을 변화시키면 앞으로 전진할 수 있는 추진력도 발생된다. 또, 꼬리회전날개에서 발생하는 힘을 이용하여 비행장치의 방향조종을 할 수 있다.

그림 초경량 자이로플레인

그림 초경량 헬리콥터

바. 동력 패러글라이더

낙하산류에 추진력을 얻는 장치를 부착한 다음 각 목의 어느 하나에 해당하는 비행장치
① 착륙 장치가 없는 비행장치
② 착륙장치가 있는 것으로서 좌석이 1개이며, 탑승자, 연료 및 비상용 장비의 중량을 제외한 해당 장치의 자체중량이 115kg 이하인 비행장치
③ 조종자의 등에 엔진을 매거나, 패러글라이더에 동체(Trike)를 연결하여 비행하는 두 가지 타입이 있으며, 조종줄을 사용하여 비행장치의 방향과 속도를 조종한다. 높은 산에서 평지로 뛰어 내리는 것에 비해 낮은 평지에서 높은 곳으로 날아올라 비행을 즐길 수 있다.

그림 동력 패러글라이더

사. 낙하산류

항력(抗力)을 발생시켜 대기(大氣) 중을 낙하하는 사람 또는 물체의 속도를 느리게 하는 비행장치

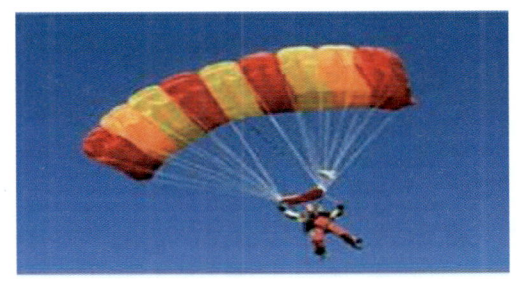

그림 낙하산

아. 기타

그 밖에 국토교통부장관이 용도 등을 고려하여 정하여 고시하는 비행장치.

자. 무인항공기와 무인비행장치의 구별

① 우리나라 항공안전법 상 무인항공기와 무인비행장치는 무게로 구분하며, 150kg 초과는 무인항공기로, 150kg이하는 무인비행장치로 구분한다.
② 국제민간항공기(ICAO)에서는 무인항공기 조종사라고 규정하며, RPAS(Remotedly Piloted Aircraft System)이라고 한다.

section OX

1. 1종 무인비행장치 조종자격의 기준은 <u>자체중량</u> 25kg 초과이다.	X 이륙중량
2. 초경량비행장치 중 무인동력비행장치는 무인비행기, 무인헬리콥터, 무인멀티콥터, 무인수직이착륙기로 나누어진다.	O
3. 통상 드론이라고 하는 것을 국제민간항공기구(ICAO)에서는 RPAS(Remotedly Piloted Aircraft System)이라고 한다.	O

출제예상문제

01 초경량비행장치의 용어 설명으로 틀린 것은?

① 초경량비행장치의 종류에는 동력비행장치, 행글라이더, 패러글라이더, 기구류 및 무인비행장치 등
② 무인동력 비행장치는 연료의 중량을 제외한 자체 중량이 120kg 이하인 무인비행기, 무인헬리콥터 또는 무인 멀티콥터
③ 회전익 비행장치에는 초경량 자이로플레인, 초경량 헬리콥터 등이 있다.
④ 무인비행선은 연료의 중량을 제외한 자체 중량이 180kg이하이고, 길이가 20m 이하인 무인비행선을 말한다.

> 해설 무인동력 비행장치는 연료의 중량을 제외한 자체 중량이 150kg 이하인 무인비행기, 무인헬리콥터 또는 무인 멀티콥터를 말한다.

02 다음 중 초경량비행장치가 아닌 것은?

① 동력비행장치
② 초급활공기
③ 낙하산류
④ 동력패러글라이더

> 해설 동력비행장치, 회전익비행장치, 동력패러글라이더, 행글라이더/패러글라이더, 무인비행장치, 기구류, 낙하산류, 기타

03 다음 항공안전법에서 정하고 있는 초경량비행장치 범위(구분)에 포함되지 않은 것은?

① 동력비행장치   ② 행글라이더
③ 비행선류   ④ 무인비행장치

04 다음 중 초경량비행장치의 기준이 잘못된 것은?

① 동력비행장치는 1인석에 115kg이하
② 행글라이더 및 패러글러이더는 중량 70kg 이하
③ 무인동력비행장치는 연료 제외 자체중량 115kg이하
④ 무인비행선은 연료 제외 자체중량 180kg이하

> 해설 무인동력비행장치는 연료 제외 자체중량 150kg이다.

05 다음 중 회전익 비행장치로 구성된 것은?

> 가. 무인비행기
> 나. 동력비행장치
> 다. 초경량헬리콥터
> 라. 초경량 자이로플랜.
> 마. 행글라이더
> 바. 무인비행선

① 가, 나   ② 나, 다
③ 다, 라   ④ 라, 마

06 동력비행장치는 자체 중량이 몇 킬로그램 이하 이어야 하는가?

① 70kg   ② 100kg
③ 115kg   ④ 250kg

> 해설
> • 동력비행장치 : 115kg이하
> • 인력활공기 : 70kg이하
> • 무인동력비행장치 : 150kg이하
> • 무인 비행선 : 180kg이하

정답 01.② 02.② 03.③ 04.③ 05.③ 06.③

07 다음 초경량비행장치 기준 중 무인동력비행장치에 포함되지 않은 것은?

① 무인 비행기　② 무인 헬리콥터
③ 무인 멀티콥터　④ 무인 비행선

08 우리나라 항공안전법 상 무인비행장치의 기준은 무게를 기준으로 규정하고 있다. 그 설명이 틀린 것은?

① 무인항공기와 무인비행장치의 구분 기준은 150kg이다.
② 안전성 인증의 기준은 이륙중량 25kg이다.
③ 멀티콥터의 조종자격 증명취득 기준은 이륙중량 2kg초과이다.
④ 안전성 인증의 기준은 자체중량 25kg 초과이다.

09 다음 중 항공안전법 상 초경량비행장치에 포함되지 않는 것은?

① 동력비행장치
② 회전익비행장치
③ 동력패러글라이더
④ 활공기

해설 활공기는 항공기에 포함됨

10 초경량비행장치 중 무인동력비행장치의 설명으로 올바른 것은?

① 낙하산류에 추진력을 얻는 장치를 부착한 비행장치
② 자체중량이 115kg이하이며 좌석이 1개인 동력비행장치
③ 연료의 중량을 포함한 자체 중량이 115kg 이하인 비행장치
④ 연료의 중량을 제외한 자체 중량이 150kg 이하인 무인비행기, 무인헬리콥터, 무인멀티콥터

11 다음 초경량비행장치에 대한 설명 중 옳지 않은 것은?

① 초경량비행장치는 공기의 반작용으로 뜰 수 있는 장치를 말한다.
② 초경량비행장치는 대통령령(시행령)으로 기준을 정한다.
③ 초경량비행장치에는 무인비행장치가 포함된다.
④ 초경량비행장치 중 무인동력비행장치는 자체중량이 150kg이하이다.

해설 국토교통부령으로 정하는 기준임.

12 다음 항공안전법 목적에 대한 설명 중 옳지 않는 것은?

① 항공안전법은 국제민간항공협약 및 같은 부속서에서 채택된 표준과 권고되는 방식을 따른다.
② 항공안전법은 항공기, 경량항공기, 초경량비행장치로 구분 안전사항을 규정한다.
③ 항공안전법은 효율적인 항행을 위한 방법에 대한 사항을 규정한다.
④ 항공안전법은 항공안전을 책임지는 국가의 권리와 항공사업자 및 항공종사자 등의 의무에 대한 사항을 규정한다.

정답　07.④　08.④　09.④　10.④　11.②　12.②

> **해설** 이 법은 「국제민간항공협약」 및 같은 협약의 부속서에서 채택된 표준과 권고되는 방식에 따라 항공기, 경량항공기 또는 초경량비행장치의 안전하고 효율적인 항행을 위한 방법과 국가, 항공사업자 및 항공종사자 등의 의무 등에 관한 사항을 규정함을 목적으로 한다.

13 다음 항공안전법에서 정하고 있는 사항에 대한 설명 중 옳지 않은 것은?

① 항공기 등록에 관한 사항
② 항공기 기술기준 및 형식증명에 관한 사항
③ 항공종사자에 관한 사항
④ 항행안전시설 안전에 관한 사항

> **해설** 항행안전시설 안전에 관한 사항은 공항시설법 시행규칙의 사항

14 항공안전법의 적용 및 적용특례에 대한 설명 중 옳지 않은 것은?

① 민간항공기는 항공안전법 전체를 적용
② 군용항공기와 관련 항공업무에 종사하는 사람은 항공안전법 미적용
③ 세관업무 항공기와 관련 항공업무에 종사하는 사람은 항공안전법 적용
④ 경찰업무 항공기는 공중충돌 등 항공기 사고예방을 위한 사항만 적용

> **해설** ① 군용항공기와 이에 관련된 항공업무에 종사하는 사람에 대해서는 이 법을 적용하지 아니한다. ② 세관업무 또는 경찰업무에 사용하는 항공기와 이에 관련된 항공업무에 종사하는 사람에 대하여는 이 법을 적용하지 아니한다. 다만, 공중 충돌 등 항공기사고의 예방을 위하여 제51조, 제67조, 제68조제5호, 제79조 및 제84조제1항을 적용한다.

정답 13.④ 14.③

Section 02 항공안전법

주요 내용
- 항공안전법 체계 • 신고 및 관리 • 안정성 인증 • 조종자 증명 • 전문교육기관
- 공역 • 비행 • 항공사진촬영 • 조종자 준수사항·유의사항·안전수칙
- 통신 안전수칙 • 안전개선명령과 준용규정 • 사고와 보험 • 벌칙

01 초경량비행장치 관련 항공안전법 용어의 정의

가. 정의 [항공안전법 제2조]

1) **항공기** : 항공기란 공기의 반작용(지표면 또는 수면에 대한 공기의 반작용은 제외한다. 이하 같다)으로 뜰 수 있는 기기로서 최대이륙중량, 좌석 수 등 국토교통부령으로 정하는 기준에 해당하는 다음 각 목의 기기와 그밖에 대통령령으로 정하는 기기를 말한다. 비행기, 헬리콥터, 비행선, 활공기(滑空機).

2) **초경량비행장치** : 항공기와 경량항공기 외에 공기의 반작용으로 뜰 수 있는 장치로서 자체중량, 좌석 수 등 국토교통부령으로 정하는 기준에 해당하는 동력비행장치, 행글라이더, 패러글라이더, 기구류 및 무인비행장치 등을 말한다.

3) **초경량비행장치 사고** : 초경량비행장치를 사용하여 비행을 목적으로 이륙[이수(離水)를 포함한다. 이하 같다]하는 순간부터 착륙[착수(着水)를 포함한다. 이하 같다]하는 순간까지 발생한 다음 각 목의 어느 하나에 해당하는 것으로서 국토교통부령으로 정하는 것을 말한다.
   ① 초경량비행장치에 의한 사람의 사망, 중상 또는 행방불명
   ② 초경량비행장치의 추락, 충돌 또는 화재 발생
   ③ 초경량비행장치의 위치를 확인할 수 없거나 초경량비행장치에 접근이 불가능한 경우

4) **비행정보구역** : 항공기, 경량항공기 또는 초경량비행장치의 안전하고 효율적인 비행과 수색 또는 구조에 필요한 정보를 제공하기 위한 공역(空域)으로서 「국제민간항공협약」 및 같은 협약 부속서에 따라 국토교통부장관이 그 명칭, 수직 및 수평 범위를 지정·공고한 공역

5) **영공** : 대한민국의 영토와 「영해 및 접속수역법」에 따른 내수 및 영해의 상공

6) **항공로** : 국토교통부장관이 항공기, 경량항공기 또는 초경량비행장치의 항행에 적합하다고 지정한 지구의 표면상에 표시한 공간의 길

7) 항공종사자

① 제34조제1항에 따른 항공종사자 자격증명을 받은 사람

② 제34조(**항공종사자 자격증명 등**) 항공업무에 종사하려는 사람은 국토교통부령으로 정하는 바에 따라 국토교통부장관으로부터 항공종사자 자격증명(이하 "자격증명"이라 한다)을 받아야 한다. **다만, 항공업무 중 무인항공기의 운항 업무인 경우에는 그러하지 아니하다.**

> **[자격증명의 종류(제35조)]**
> 1. 운송용 조종사   2. 사업용 조종사   3. 자가용 조종사
> 4. 부조종사   5. 항공사   6. 항공기관사
> 7. 항공교통관제사   8. 항공정비사   9. 운항관리사

8) 비행장

① 「공항시설법」 제2조제2호에 따른 비행장

② 항공기·경량항공기·초경량비행장치의 이륙[이수(離水)를 포함한다. 이하 같다]과 착륙[착수(着水)를 포함한다. 이하 같다]을 위하여 사용되는 육지 또는 수면(水面)의 일정한 구역으로서 대통령령으로 정하는 것.

9) 항행안전시설

① 「공항시설법」 제2조제15호에 따른 항행안전시설

② 유선통신, 무선통신, 인공위성, 불빛, 색채 또는 전파(電波)를 이용하여 항공기의 항행을 돕기 위한 시설로서 국토교통부령으로 정하는 시설

10) 관제권
: 비행장 또는 공항과 그 주변의 공역으로서 항공교통의 안전을 위하여 국토교통부장관이 지정·공고한 공역, 수평범위는 비행장 또는 공항 반경 5NM (9.3km), 수직범위 : 지표면으로부터 3,000ft ~ 5,000ft)

11) 관제구
: 지표면 또는 수면으로부터 200미터 이상 높이의 공역으로서 항공교통의 안전을 위하여 국토교통부장관이 지정·공고한 공역

12) 초경량비행장치 사용 사업

① 「항공사업법」 제2조제23호에 따른 초경량비행장치 사용 사업

② 타인의 수요에 맞추어 국토교통부령으로 정하는 초경량비행장치를 사용하여 유상으로 농약살포, 사진촬영 등 국토교통부령으로 정하는 업무를 하는 사업

13) 초경량비행장치 사용 사업자

① 「항공사업법」 제2조제24호에 따른 초경량비행장치 사용 사업자

② 제48조제1항에 따라 국토교통부장관에게 초경량비행장치 사용사업을 등록한 자

14) 이·착륙장
① 「공항시설법」 제2조제19호에 따른 이착륙장
② 비행장 외에 경량항공기 또는 초경량비행장치의 이륙 또는 착륙을 위하여 사용되는 육지 또는 수면의 일정한 구역으로서 대통령령으로 정하는 것

나. 기타 관련 용어

1) 관제공역 : 항공교통의 안전을 위하여 항공기의 비행순서·시기 및 방법 등에 관하여 국토교통부장관 또는 항공교통업무증명을 받은 자의 지시를 받아야할 필요가 있는 공역으로 관제권과 관제구가 있다.

2) 통제공역 : 항공교통의 안전을 위하여 항공기의 비행을 금지하거나 제한할 필요가 있는 공역으로 종류는 비행금지구역(P, Prohibited Area), 비행제한구역(R, Restricted Area), 초경량비행장치 비행제한구역(URA) 등이 있다.

① **비행금지구역(P, Prohibited Area)** : 안전, 국방상, 그 밖의 이유로 항공기의 비행을 금지하는 공역으로 P-73A/B(서울 강북지역), P-518(휴전선지역), P-61~65(원자력 발전소 및 연구소지역) 등

② **비행제한구역(R, Restricted Area)** : 항공사격·대공사격 등으로 인한 위험으로부터 항공기의 안전을 보호하거나 그 밖의 이유로 비행 허가를 받지 않은 항공기의 비행을 제한하는 공역으로 R-74, R-75(수도권 인구밀집지역), R-101 등등 여러 장소가 있다.

③ **초경량비행장치 비행제한구역(URA)** : 초경량비행장치의 비행안전을 확보하기 위하여 초경량비행장치의 비행활동에 대한 제한이 필요한 공역으로 초경량비행장치 비행구역 (UA) 구역 외 전 지역을 말한다.(보충설명 : 초경량비행장치 비행구역〈UA〉 32개 지역을 제외한 전 지역이 초경량비행장치 비행제한구역임. 항공안전법 제127조 초경량비행장치 비행승인을 참조하기 바람)

3) 주의공역 : 항공기의 조종사가 비행 시 특별한 주의·경계·식별 등이 필요한 공역으로 훈련구역, 군 작전구역, 위험구역, 경계구역 등이 있다. 세부 내용은 본문 참조

4) 특별비행 : 야간 비행 및 가시권 밖 비행 관련 전문검사기관의 검사 결과 국토교통부장관이 고시하는 무인비행장치 특별비행을 위한 안전기준(이하 "특별비행안전기준"이라 한다)에 적합하다고 판단되는 경우에 국토교통부장관이 그 범위를 정하여 승인하는 비행을 말한다.

5) 야간 비행 : 일몰 후부터 일출 전까지의 야간에 비행하는 행위를 말한다.

6) **가시권 밖 비행** : 무인비행장치 조종자가 해당 무인비행장치를 육안으로 확인할 수 있는 범위의 밖에서 조종하는 행위를 말한다.

7) **안전기준 검사** : 국토교통부장관이 특별비행승인 신청서를 접수한 경우에 해당 특별비행승인 신청이 특별비행 안전기준에 적합한지 여부를 확인하기 위하여 실시하는 검사를 말한다.

8) **자동안전장치(Fail-Safe)** : 무인비행장치 비행 중 통신두절, 저 배터리, 시스템 이상 등이 발생하는 경우에 해당 무인비행장치가 안전하게 귀환(return to home)하거나 낙하(낙하 산 에어백 등)할 수 있게 하는 장치를 말한다.

9) **충돌방지기능** : 비행 중인 무인비행장치가 장애물을 감지하여 장애물을 회피할 수 있도록 하는 기능을 말한다.

10) **충돌방지등** : 비행 중인 무인비행장치의 충돌방지를 위하여 주변의 다른 무인비행장치나 항공기 등에서 해당 무인비행장치를 인식할 수 있도록 하는 무선 표지장치를 말한다.

11) **시각보조장치(First Person View)** : 영상송신기를 통하여 무인비행장치 시점에서 촬영한 영상을 해당 무인비행장치의 조종자 등이 실시간으로 확인할 수 있도록 하는 장치를 말한다.

02 항공안전법 체계

가. 항공안전법의 초경량비행장치 비행관련 흐름도

① 항공안전법 상 초경량비행장치는 무게(종별) 기준으로 법체계가 구성되어 있음.
② 드론을 구매하여 운용하는 절차 5가지 사례(구분 : 조종자격제도의 무게를 기준으로)
- ❶ 종 무인비행장치(25kg 초과)
- ❷ 종 무인비행장치(7kg 초과 ~ 25kg)
- ❸ 종 무인비행장치(2kg 초과 ~ 7kg)
- ❹ 종 무인비행장치(250g 초과 ~ 2kg)

완구용 모형비행장치

나. 비행장치 운용의 안전관리법 종합

비행절차		최대이륙중량 기준					담당기관
		250g 이하	250g초과 2kg이하	2kg초과 7kg이하	7kg초과 25kg이하	25kg초과	
장치신고	비사업	×	×	○	○	○	한국교통안전공단
	사업	○	○	○	○	○	
사업등록		○	○	○	○	○	한국교통안전공단 (드론관리처)
안전성인증		×	×	×	×	○	항공안전기술원
조종자증명		×	○(4종)	○(3종)	○(2종)	○(1종)	한국교통안전공단
비행승인		△	△	△	△	○	한국교통안전공단 (드론관리처) 또는 국방부
항공사진촬영		○	○	○	○	○	국방부
비행		조종자 준수사항에 따라 비행(조종자 준수사항은 본문 참조)					

  * 위의 기준은 자체중량 150kg 이하인 무인동력비행장치에 적용
  * 비행제한구역 및 비행금지구역, 관제권, 고도 150m 이상비행시에는 무게의 상관없이 승인필요
    최대이륙중량 25kg 초과 기체는 상시 승인 필요(단 초경량비행장치 비행공역에서는 불필요)

02 비행장치 신고 및 관리

가. 신고 [항공안전법 제122조, 항공안전법 시행규칙 제301조]

1) 신고란?

초경량비행장치를 소유하거나 사용할 권리가 있는 자가 소유자 및 비행장치 정보 등을 사전에 신고하는 제도 [※항공안전법 제122, 123조]

2) 신고업무의 목적

① 체계적인 장치 신고 관리로 안전 관련 위법행위 예방 및 국민 인명과 재산 보호
② 기체별 고유번호 관리를 통한 향후 무인기 교통관리, 드론택시, 택배 상용화에 기여

3) 대상 : 최대이륙중량이 2kg을 초과하는 무인비행장치(무인 비행기, 무인 헬리콥터, 무인 멀티콥터) (※ 기타 초경량비행장치는 관련법규를 참조할 것)

① 초경량 비행장치의 이륙 중량이 25kg 초과하는 ❶종 무인비행장치
② 초경량 비행장치의 이륙 중량이 7kg 초과~25kg까지의 ❷종 무인비행장치
③ 초경량 비행장치의 이륙 중량이 2kg 초과~7kg까지의 ❸종 무인비행장치

※ 기타 다음에 해당하는 비사업용 비행장치의 경우 신고대상에서 제외
  ① 계류식 무인비행장치
  ② 연구기관 등이 시험, 조사, 연구 또는 개발을 위하여 제작한 초경량비행장치
  ③ 제작자 등이 판매를 목적으로 제작하였으나 판매되지 아니한 것으로서 비행에 사용되지 아니하는 초경량비행장치
  ④ 군사목적으로 사용되는 초경량비행장치

4) 신고의 종류

① **신규신고** : 초경량비행장치를 소유하거나 사용할 권리가 있는 자가 최초로 행하는 신고
② **변경신고** : 비행장치의 용도, 소유자 등의 성명이나 명칭 또는 주소, 보관 장소 등이 변경된 경우 행하는 신고
③ **이전신고** : 비행장치의 소유권이 이전된 경우 행하는 신고
④ **말소신고** : 비행장치의 멸실 또는 해체(정비 등, 수송 또는 보관하기 위한 해체는 제외) 등의 사유가 발생한 경우 행하는 신고

5) 신고 시 제출서류 및 신고 시기

구 분	제출서류	신고 시기
신규신고	- 초경량비행장치 신고서 - 초경량비행장치를 소유하거나 사용할 수 있는 권리가 있음을 증명하는 서류 - 초경량비행장치의 제원 및 성능표 - 가로 15cm, 세로 10cm의 측면사진 　(무인비행장치는 기체 제작번호 전체 촬영사진)	신규신고 사유가 있는 날부터 30일 이내 * 안전성 인증 대상은 안전성 인증을 받기 전 신고(최대이륙중량 25kg 초과 무인동력비행장치)
변경 및 이전신고	- 초경량비행장치 변경, 이전 신고서 　* 변경 및 이전 사유를 증명할 수 있는 서류 첨부	변경, 이전 사유가 발생한날부터 30일 이내
말소신고	- 초경량비행장치 말소 신고서	말소 사유가 발생한 날부터 15일 이내

※ 초경량비행장치 제원 및 성능표 작성 예)

주요 제원	최고속도		엔진형식	
	순항속도		자체중량	
	실속속도		최대이륙중량	
	길이×폭×높이		연료중량	
	탑승인원		카메라 등 탑재여부	

* **최고속도** : 해당 장치의 최고 속도를 기재
* **순항속도** : 연속적인 정상비행을 계속할 때 사용되는 속도
* **실속속도** : 실속(급격히 양력을 상실하여 비행을 유지 못하는 현상)이 발생할 수 있는 속도
* **탑승인원** : 해당 장치의 탑승인원을 기재
* **엔진형식** : 해당기체에 사용된 엔진형식 기재
* **자체중량**, **최대이륙중량** : 해당 기체의 자체중량 및 최대이륙중량을 기재
* **연료중량** : 해당제원이 있는 경우 기재
* 카메라 등 탑재여부 : 해당사항이 있는 경우 기재
　※ 자체중량, 최대이륙중량, 길이×폭×높이는 가급적 작성하며, 제원표상에 이를 확인하지 못할 경우 보완요구 될 수 있음
　※ 제작사에서 제공하는 제원표에 해당 제원이 없는 경우, 해당내용 미기재

6) 장소 : 한국교통안전공단(드론 관리처, 054-459-7942~48)

7) 방법 : 드론 원스탑 민원 포털 서비스 이용(https://drone.onestop.go.kr)

그림 드론 원스톱 민원 포털 서비스 홈페이지

8) 신고 업무 절차도

9) 조치 / 관리

① **신고번호 발급** : 국토교통부장관은 초경량비행장치의 신고를 받은 경우 그 초경량비행장치소유자 등에게 신고번호를 발급하여야 한다.

② 한국교통안전공단 이사장(드론관리처)은 초경량비행장치의 신고를 받으면 초경량비행장치 신고증명서를 초경량비행장치소유자 등에게 발급하여야 하며, 초경량비행장치소유자 등은 비행 시 이를 휴대하여야 한다.

③ 초경량비행장치소유자 등은 초경량비행장치 신고증명서의 신고번호를 해당 장치에 표시하여야 하며, 표시방법, 표시장소 및 크기 등 필요한 사항은 한국교통안전공단(드론관리처) 이사장이 정한다.

④ **신고번호 표기** : 소유자는 신고번호가 잘 보일 수 있도록 드론 기체에 적정한 방법으로 표기하여야 한다.

그림 신고번호 표기된 드론

※ 신고번호의 각 문자 및 숫자의 크기

구 분		규 격	비 고
가로세로비		2 : 3의 비율	아라비아 숫자 1은 제외
세로 길이	주 날개에 표시하는 경우	20cm 이상	
	동체 또는 수직꼬리날개에 표시하는 경우	15cm 이상	회전익비행장치의 동체 아랫면에 표시하는 경우에는 20cm이상
선의 굵기		세로길이의 1/6	
간 격		가로길이의 1/40이상 1/20이하	

* 장치의 형태 및 크기로 인해 신고번호 크기를 규격대로 표시할 수 없을 경우 가장 크게 부착할 수 있는 부위에 최대크기로 표시할 수 있다.

10) 신고업무 관련 변경사항

① **업무 수행기관 변경** : 각 지방항공청 → 한국교통안전공단 드론 관리처
② **신고접수** : 정부 24 → 드론 원스탑 민원 서비스(2020년 12월 10일부터)
③ 무인동력비행장치 신고대상 확대(2021년 1월 1일부터)
  자체중량 12kg 초과 기체 → 최대이륙중량 2kg 초과 기체
  * 새롭게 신고 대상에 포함되는 기체는 2021년 6월 30일까지 신고 필요

나. 신고를 필요로 하지 아니하는 초경량비행장치 [항공안전법 시행령 제24조]

1) 신고를 필요로 하지 아니하는 초경량비행장치의 범위

법 제122조제1항 단서에서 "대통령령으로 정하는 초경량비행장치"란 다음 각 호의 어느 하나에 해당하는 것으로서 「항공사업법」에 따른 항공기대여업·항공레저스포츠사업 또는 초경량비행장치사용사업에 사용되지 아니하는 것을 말한다.

① 행글라이더, 패러글라이더 등 동력을 이용하지 아니하는 비행장치
② 계류식(繫留式) 기구류(사람이 탑승하는 것은 제외한다)
③ 계류식 무인비행장치
④ 낙하산류
⑤ **무인동력비행장치 중에서 최대이륙중량이 2킬로그램 이하인 것**
⑥ 무인비행선 중에서 연료의 무게를 제외한 자체무게가 12킬로그램 이하이고, 길이가 7미터 이하인 것
⑦ 연구기관 등이 시험·조사·연구 또는 개발을 위하여 제작한 초경량비행장치
⑧ 제작자 등이 판매를 목적으로 제작하였으나 판매되지 아니한 것으로서 비행에 사용되지 아니하는 초경량비행장치
⑨ 군사목적으로 사용되는 초경량비행장치

다. 시험비행 허가 신청 [항공안전법 시행규칙 제304조]

1) 대상

① 연구·개발 중에 있는 초경량비행장치의 안전성 여부를 평가하기 위하여 시험비행을 하는 경우
② 안전성인증을 받은 초경량비행장치의 성능개량을 수행하고 안전성여부를 평가하기 위하여 시험비행을 하는 경우
③ 그 밖에 국토교통부장관이 필요하다고 인정하는 경우

2) 허가 신청 시 제출 서류

① 해당 초경량비행장치에 대한 소개서
② 초경량비행장치의 설계가 기술기준에 충족함을 입증하는 서류
③ 설계도면에 따라 일치되게 제작되었음을 입증하는 서류
④ 완성 후 상태, 지상 기능점검 및 성능시험 결과를 확인할 수 있는 서류
⑤ 초경량비행장치 조종절차 및 안전성 유지를 위한 정비방법을 명시한 서류
⑥ 초경량비행장치 사진(전체 및 측면사진을 말하며, 전자파일로 된 것을 포함) 각 1매
⑦ 시험비행계획서

04 안전성 인증 [항공안전법 제124조]

가. 개요

국토교통부령으로 정하는 초경량비행장치를 사용하여 비행하려는 사람은 국토교통부령으로 정하는 기관 또는 단체의 장으로부터 그가 정한 안전성인증의 유효기간 및 절차·방법 등에 따라 그 초경량비행장치가 국토교통부장관이 정하여 고시하는 비행안전을 위한 기술상의 기준에 적합하다는 안전성인증을 받지 아니하고 비행하여서는 아니된다.

나. 중량 기준

최대 이륙중량 25kg 초과하는 ①종 무인비행장치는 항공안전기술원 드론안전본부 경량인증팀(032) 727-5891)으로부터 안전성 인증검사를 받고 비행해야 한다.

다. 안전 기준

초경량비행장치를 사용하여 비행하려는 자는 비행안전을 위한 기술상의 기준에 적합해야 한다.

라. 인증 대상 [항공안전법 시행규칙 제305조]

① 동력비행장치(연료제외 자체중량 115kg 이하, 1인승)
② 행글라이더, 패러글라이더 및 낙하산류(항공레저스포츠사업에 사용되는 것만 해당한다, 행글라이더와 패러글라이더는 자체중량 70kg 이하)
③ 기구 류(사람이 탑승하는 것만 해당한다)
④ 다음 각 목의 어느 하나에 해당하는 무인비행장치
  • 무인비행기, 무인헬리콥터 또는 무인멀티콥터 중에서 최대이륙중량이 25kg을 초과하는 것(연료제외 자체중량 150kg 이하)

- 무인비행선 중에서 연료의 중량을 제외한 자체중량이 12kg을 초과하거나 길이가 7m를 초과하는 것(연료제외 자체중량 180kg 이하, 길이 20m 이하)
⑤ 회전익비행장치(연료제외 자체중량 115kg 이하, 1인승)
⑥ 동력패러글라이더(착륙장치가 있는 경우 연료제외 자체중량 150kg 이하, 1인승)

마. 인증의 종류

① **초도인증** : 국내에서 설계·제작하거나 외국에서 국내로 도입한 초경량비행장치의 안전성인증을 받기 위하여 최초로 실시하는 인증
② **정기인증** : 안전성인증의 유효기간 만료일이 도래되어 새로운 안전성인증을 받기 위하여 실시하는 인증
③ **수시인증** : 초경량비행장치의 비행안전에 영향을 미치는 대수리 또는 대개조 후 기술기준에 적합한지를 확인하기 위하여 실시하는 인증
④ **재인증** : 초도, 정기 또는 수시인증에서 기술기준에 부적합한 사항에 대하여 정비한 후 다시 실시하는 인증

바. 제출서류(구비서류)

구비서류	초도	정기	수시	재인증
1. 설계서 또는 설계도면	○		○	
2. 부품표	○		○	
3. 비행 및 주요정비 현황	○ (해당시)	○		
4. 성능검사표	○	○	○	○
5. 기술기준에 적합하게 제작되었음을 입증하는 서류	○		○ (해당시)	
6. 작업지시서*	○ (해당시)		○ (해당시)	
7. 운용지침	○			
8. 정비교범	○			
9. 수입신고필증	○ (해당시)			
10. 정비서류		○	○	
11. 비상낙하산 재포장 카드	○	○	○	
12. 송수신기 인가여부를 확인할 수 있는 서류	○			
13. 성능개량을 위한 변경항목 목록표 및 확인서	○	○	○	
14. 국토부 시험비행허가 사류	○			

* 초도검사 시 외국에서 제작되어 시험비행 후 이동을 위해 분해해서 국내에서 재조립한 비행장치는 6호 서류 제외

※ 안전성인증에 대하여 추가적으로 더 알고 싶은 사항은 항공안전기술원 홈페이지 초경량비행장치 안정성 인증 배너를 참고바랍니다.

05 조종자 증명 [항공안전법 제125조, 항공안전법 시행규칙 제306조]

가. 자격증명

1) 개요

국토교통부령으로 정하는 초경량비행장치를 사용하여 비행하려는 사람은 국토교통부령으로 정하는 기관 또는 단체의 장으로부터 그가 정한 해당 초경량비행장치별 자격기준 및 시험의 절차·방법에 따라 해당 초경량비행장치의 조종을 위하여 발급하는 증명(이하 "초경량비행장치 조종자 증명"이라 한다)을 받아야 한다. 다만, 무인비행장치 중 무인비행기, 무인헬리콥터 또는 무인멀티콥터 중에서 연료의 중량을 포함한 최대이륙중량이 250그램 이하인 것은 제외한다.

2) 조종 자격증명의 종류, 기준 및 업무의 범위

① 기준

종별	기 준	비 고
1종	25kg 초과 자체중량 150kg 이하	* 무게기준은 최대이륙중량 * 사업용 또는 비사업용 모두 해당
2종	7kg 초과 25kg 이하	
3종	2kg 초과 7kg 이하	
4종	250g 초과 2kg 이하	

② 조종 증명의 업무 범위

1종 무인동력비행장치	해당 종류의 1종 기체를 조종하는 행위(2종 업무범위 포함)
2종 무인동력비행장치	해당 종류의 2종 기체를 조종하는 행위(3종 업무범위 포함)
3종 무인동력비행장치	해당 종류의 3종 기체를 조종하는 행위(4종 업무범위 포함
4종 무인동력비행장치	해당 종류의 4종 기체를 조종하는 행위

※ 1종 자격증명 취득 시 1, 2, 3, 4종의 모든 무인비행장치를 조종할 수 있다.

③ 조종 자격증명 취득의 경력 및 시험 기준

구분	온라인 교육	비행 경력	학과 시험	실기 평가
1종	X	1종 기체를 조종한 시간 20시간(2종 자격 취득자 5시간, 3종 자격 취득자 3시간 이내에서 인정)	○ (과목, 범위, 난이도 동일)	○
2종	X	1종 또는 2종 기체를 조종한 시간 10시간 (3종 자격 취득자 3시간 이내에서 인정)		○
3종	X	1종 또는 2종 또는 3종 기체를 조종한 시간 6시간		X
4종	○	X	○ (온라인 수료 시험)	X

3) 응시자격

① 1~3종 : **만 14세 이상**, 4종 : **만 10세 이상**이며,

② 2종 보통운전면허 또는 이를 갈음할 수 있는 신체검사 증명 소지자(운전면허 정기 적성검사 신청서도 가능)로서

③ 해당 비행장치의 비행경력이 1종 **20시간**, 2종 **10시간**, 3종 **6시간** 이상인 자

4) 자격 취득절차(1, 2, 3종)

※ 온라인 교육은 항공교육훈련포털 온라인 강의실에서 이수하면 이수증명서가 발급되고 비행 시 휴대하면 된다. (이수 시 자체 온라인 필기시험에서 70%이상 되어야 이수 증명됨)

5) 시험방법 : 전문교육기관의 경우 학과 시험은 전문교육기관에 위임

구분	학과 시험	실기 시험
평가과목	통합 1과목 *항공법규, 항공기상, 비행운용 및 이론	
평가시간	50분	평균 45분
시험장소	서울, 대전, 광주, 부산, 화성, 춘천, 대구, 전주, 제주 등	교육기관 담당자와 협의
합격기준	70%이상 득점	구술 및 실비행 전항목 만족(S)
접수방법	교통안전공단 홈페이지를 통해 접수(시험일정은 공단 홈페이지에 공고) ① 홈페이지(www.kotsa.or.kr) → ② 자주찾는메뉴 - 철도항공 - 항공 / 초경량자격시험 → ③자격시험접수/응시자격신청, 부여/원수접수, 시험장소 안내 등	
연락처	교통안전공단 드론자격연구센터 031)645-2103, 2104	

나. 조종자격 응시기준

1) 무인동력비행장치(멀티콥터) 자격증명 응시기준

① **연령기준** : 1, 2, 3종은 만 14세 이상, 4종은 만 10세 이상인 사람

② **실기시험** : 다음의 어느 하나에 해당하는 사람

구분	비행 경력
1종	1종 기체를 조종한 시간 20시간 (2종 자격 취득자 5시간, 3종 자격 취득자 3시간 이내에서 인정)
2종	1종 또는 2종 기체를 조종한 시간 10시간 (3종 자격 취득자 3시간 이내에서 인정)
3종	1종 또는 2종 또는 3종 기체를 조종한 시간 6시간 ※ 3종은 실기시험 없이 비행경력증명서를 발급받아 관련서류와 함께 한국교통안전공단에 응시자격신청을 하면 심의 후 자격증이 발급됨.

2) 무인동력비행장치(멀티콥터) 지도 조종자 자격기준

1종 무인동력비행장치(무인멀티콥터)를 조종한 시간이 총 100시간 이상인 사람

3) 무인동력비행장치(멀티콥터) 실기평가지도 조종자 자격기준

1종 무인동력비행장치(무인멀티콥터)를 조종한 시간이 총 150시간 이상인 사람

다. 무인동력비행장치(멀티콥터)의 전문교육기관 훈련기준

1) 무인동력비행장치(멀티콥터)의 종별 학과, 모의비행, 실기교육 시간

구분	학과교육	모의비행	실기교육		
			계	교관동반	단독
1종	20시간 항공법규 2H 항공기상 2H 항공역학 5H 비행운용 11H	20H	20H	8H	12H
2종		10H	10H	4H	6H
3종		6H	6H	2H	4H

※ 사설 교육기관(사용사업체)의 경우 학과 시험을 반드시 응시하여야 함.

라. 각 교육기관에서의 조종 자격별 실기훈련범위

1종	2종	3종
1. 기체에 관련한 사항 2. 조종자에 관련한 사항 3. 공역 및 비행장에 관련한 사항 4. 일반지식 및 비상절차 5. 이륙 중 엔진고장 및 이륙포기 6. 비행 전 점검 7. 기체의 시동 8. 이륙 전 점검 9. 이륙비행 10. 공중 정지비행(호버링) 11. 직진 및 후진 수평비행 12. 삼각비행 13. 원주비행(러더턴) 14. 비상조작 15. 정상접근 및 착륙(자세모드) 16. 측풍접근 및 착륙 17. 비행 후 점검 18. 비행기록 19. 안전거리유지 20. 계획성 21. 판단력 22. 규칙의 준수 23. 조작의 원활성	1. 기체에 관련한 사항 2. 조종자에 관련한 사항 3. 공역 및 비행장에 관련한 사항 4. 일반지식 및 비상절차 5. 이륙 중 엔진고장 및 이륙포기 6. 비행 전 점검 7. 기체의 시동 8. 이륙 전 점검 9. 이륙비행 10. 직진 및 후진 수평비행 11. 삼각비행 12. 마름모 비행 13. 측풍접근 및 착륙 14. 비행 후 점검 15. 비행기록 16. 안전거리유지 17. 계획성 18. 판단력 19. 규칙의 준수 20. 조작의 원활성 * 1종 대비 공중정지비행, 비상조작, 정상접근 및 착륙 : 없음.	1. 비행전 점검 2. 기체의 시동 3. 이륙전 점검 4. 이륙비행 5. 직진 및 후진 수평비행 6. 삼각비행 7. 비행 후 점검 8. 비행기록 9. 계획성 10. 판단력 11. 규칙의 준수 12. 조작의 원활성 13. 안전거리 유지 ※ 상기 내용은 경과조치 3종 시험과목이므로 각 교육원에서 훈련 시 참고 바랍니다.

06 전문교육기관 [항공안전법 제126조, 항공안전법 시행규칙 제307조]

가. 개요

국토교통부장관은 초경량비행장치 조종자를 양성하기 위하여 국토교통부령으로 정하는 바에 따라 초경량비행장치 전문교육기관(이하 "초경량비행장치 전문교육기관"이라 한다)을 지정할 수 있다. 우리나라의 초경량비행장치 조종자 교육을 위한 교통안전공단 초경량비행장치 전문교육기관은 2026년 1월 현재 241개 기관이 있다.

나. 지정을 위한 교통안전공단 제출 서류

① 전문교관의 현황
② 교육시설 및 장비의 현황
③ 교육훈련계획 및 교육훈련 규정 등

다. 지정 기준

1) 공통

① 전문교육기관으로 지정 받기 위해서는 1종, 2종, 3종 모두 교육이 가능하여야 한다.
② 1종, 2종, 3종에 해당하는 모든 무인동력비행장치를 보유하여야 한다.

2) 다음과 같은 전문교관이 있을 것

① 비행시간이 100시간 이상이고, 국토교통부장관이 인정한 조종교육교관과정을 이수한 지도조종자 1명 이상
② 비행시간이 150시간 이상이고 국토교통부장관이 인정하는 실기평가과정을 이수한 실기평가조종자 1명 이상

3) 교육시설 및 장비의 현황

① 강의실 및 사무실 각 1개 이상
② 이, 착륙 시설
③ 훈련용 비행장치 1대 이상

4) 교육과목, 교육시간, 평가방법 및 교육훈련규정 등 교육훈련에 필요한 사항으로서 국토교통부장관이 정하여 고시하는 기준을 갖출 것

라. 세부 인원, 교육장비 및 시설

1) 인원

① **지도조종자**
- ㉮ 만 18세 이상
- ㉯ 시행규칙 제306조에 따라 초경량비행장치 조종자(1종 무인멀티콥터) 증명을 취득한 사람
- ㉰ 시행규칙제307조제2항제1호가목에서 정한 1종 무인멀티콥터에 대한 조종경력이 100시간 이상이고 국토교통부장관이 인정한 조종교육교관과정을 이수하여 한국교통안전공단에 등록된 사람
- ㉱ 학과 및 실기 교육을 실시하는데 필요한 지식과 능력이 있는 사람일 것.

② **실기평가조종자**
- ㉮ 만 18세 이상
- ㉯ 시행규칙제307조제2항제1호가목에서 정한 1종 무인멀티콥터에 대한 조종경력이 100시간 이상이고 국토교통부장관이 인정한 조종교육교관과정을 이수하여 한국교통안전공단에 등록된 사람
- ㉰ 시행규칙제307조제2항제1호나목에서 정한 1종 무인멀티콥터에 대한 조종경력이 150시간 이상이고 국토교통부장관이 인정한 실기평가과정을 이수한 사람.
- ㉱ 실기 교육에 대한 평가를 실시하는데 필요한 지식과 능력이 있는 사람일 것.

2) 교재, 장비

① **학과교육 교재**
- 기본 교과서(참고서 포함)
- 비행규정(무인 비행장치제작사에서 발간한 매뉴얼) : 조종자피교육생 각자가 사용 가능한 비행규정 1부

② **교육훈련장비** : 인가 받은 교육과정별 훈련용 무인비행장치(무인비행기) 1·2·3종 및 모의비행훈련장치 각 1대 이상 보유

3) 학과 및 모의비행 교육훈련시설

① 교육환경 및 보건위생상 적합한 장소에 설립, 필요한 아래 시설을 갖추어야 함
- 강의실 또는 열람실, 사무실
- 채광시설, 조명시설, 환기시설, 냉난방시설, 위생시설
- 실습, 실기 등을 요하는 경우에는 이에 필요한 시설 및 설비

② 단위 시설의 기준
- 강의실 : 면적은 3m² 이상이며 1m²당 1.2명 이하가 되도록 할 것이며, 학생 수에 따라 충분한 면적을 갖추고, 책상 . 의자 . 흑판 등 필요한 시설을 갖출 것
- 사무실 : 면적은 3m² 이상
- 채광시설, 조명시설, 환기시설 및 냉난방시설은 보건 위생적으로 적절한 것
- 위생시설은 남녀 구분하여 설치하고, 보건 위생적으로 적절할 것

③ 피교육생의 편의 제공에 필요한 상담실, 기타 편의시설을 둘 것
④ 제반 교육훈련시설은 건축 관계 법규에 적합할 것

4) 실기 비행교육의 시설
① 실기교육 훈련시설이 있는 토지의 소유, 임대 또는 적법한 절차에 의해 사용할 권한이 있을 것(이 경우 「농지법」 등 타 법률에서 정하는 제한사항이 없을 것)
② 법 제127조에 따른 초경량비행장치 비행승인을 받는데 문제가 없을 것
③ 실기교육 훈련시설에 교육 및 훈련을 방해할 수 있는 장애물 또는 불법 건축물이 없을 것
④ 실기교육 훈련시설의 노면은 해당 분야 비행장치 이·착륙 등 비행훈련에 지장을 주지 아니하도록 평탄하게 유지되고 배수상태가 양호할 것
⑤ 비행훈련 중 교관과 교육생을 보호할 수 있는 조종자 안전펜스가 설치되어 있을 것
⑥ 위생시설은 남녀 구분하여 설치하고, 보건 위생적으로 적절할 것
⑦ 풍향, 풍속을 감지할 수 있는 시설물이 설치되어 있을 것
⑧ 실기교육 훈련시설 출입구에 목적과 주의사항을 안내하는 시설물이 설치되어 있을 것
⑨ 인접한 의료기관의 명칭, 장소의 약도 및 연락처 등 비상시 의료조치를 위하여 필요한 물품이 비치되어 있을 것

07 공역

가. 공역의 개념
항행지원이 이루어지도록 설정한 공간으로서 영공과는 다른 항공교통업무를 지원하기 위한 책임공역이다.

나. 공역의 설정기준
① 국가 안전보장과 항공안전을 고려할 것
② 항공교통에 관한 서비스의 제공여부를 고려할 것

③ 공역의 구분이 이용자의 편의에 적합할 것
④ 공역의 활용에 효율성과 경제성이 있을 것

다. 공역의 종류

1) **관제공역**

   ① **관제권** : 비행장 또는 공항과 그 주변의 공역으로서 항공교통의 안전을 위하여 국토교통부장관이 지정·공고한 공역으로 우리나라에는 31개 지역의 관제권이 있다. 거리기준은 비행장 중심 5NM(9.3km)거리이며 육군 관제권(비행장교통구역)의 경우 통상 비행장 반경 3NM(약 5.6km)이다.

   ② **관제구** : 지표면 또는 수면으로부터 200미터 이상 높이의 공역으로서 항공교통의 안전을 위하여 국토교통부장관이 지정·공고한 공역

2) **비관제공역**

   ① **조언구역** : 항공교통조언업무가 제공되도록 지정된 비관제공역
   ② **정보구역** : 비행정보업무가 제공되도록 지정된 비관제공역

3) **통제공역**

   ① **비행금지구역** : 안전, 국방상 그 밖의 이유로 항공기의 비행을 금지하는 공역
   ㉮ P-73A/B : 서울 강북지역(청와대 기준으로 A구역 : 2NM, B구역 : 4.5NM)
   ㉯ P-518 : 휴전선 지역(경기, 강원 북부지역에 구역으로 설정되어 있음)
   ㉰ P-61(고리), P-62(월성), P-63(영광), P-64(울진),
   　 P-65(대전) : 원자력발전소 및 연구소
   　 각 구역 내 A구역은 2NM(약 3.7km), B구역은 10NM(18.6km)이다.
   　 다만 P-65(대전)의 A구역은 1NM(1.85km)이다.

   ② **비행제한구역** : 항공사격, 대공사격 등으로 인한 위험으로부터 항공기의 안전을 보호하거나 그 밖의 이유로 비행허가를 받지 아니한 항공기의 비행을 제한하는 공역으로 우리나라에 많은 곳에 설정되어 있다. 다만 특이한 지역은 R-75(수도권 인구밀집구역)이 설정되어 있다.

   ③ **초경량비행장치 비행제한구역** : 초경량 비행장치의 비행안전을 확보하기 위하여 초경량 비행장치의 비행활동에 대한 제한이 필요한 공역(우리나라 전 지역)

4) **주의공역**

   ① **훈련구역** : 민간항공기의 훈련공역으로서 계기비행항공기로부터 분리를 유지할 필요가 있는 공역

② **군 작전구역** : 군사작전을 위하여 설정된 공역으로서 계기비행항공기로부터 분리를 유지할 필요가 있는 공역
③ **위험구역** : 항공기의 비행 시 항공기 또는 지상시설물에 대한 위험이 예상되는 공역
④ **경계구역** : 대규모 조종사의 훈련이나 비정상 형태의 항공활동이 수행되는 공역

라. 우리나라 주요 공역현황

1) 우리나라 금지구역 및 관제권 현황

우리나라의 비행금지구역은 P-73A/B(청와대 인근), P-518(휴전선지역), P-61~P-65(원자력 지역) 등 3개 지역이 있으며, 관제권은 공항 및 비행장 지역으로 31개 지역이 있다.

그림 금지구역 및 관제권 현황

2) 비행금지구역/서울지역 제한공역

① **서울지역(P-73A/B)**

㉮ A구역은 중심반경 2NM, B구역은 중심반경 4.5NM, 허가없이 침범 시 격추. 비행 시 7일 이전 육군 수도방위사령부에 승인을 받아야 함.

㉯ P-73A/B 비행금지구역 및 R-75비행제한구역의 비행 승인절차는 다음과 같다.

• P-73A/B비행금지공역 및 R-75 비행제한구역 해당(인근) 지역에서 비행하고자 하는 경우에는 사전에 수도방위사령부 해당 부서에 비행승인 대상지역인지를 확인

해야 한다.
- P-73A/B 비행금지공역내의 비행을 위해서는 수도방위사령부(화력과)에 사전에 비행계획 승인을 받아야 한다.
- R-75 비행제한공역 내 비행을 위해서는 수도방위 사령부(방공작전통제소)에 사전(항공기 2시간 전 및 초경량비행장치/경량항공기 4일 전)에 비행계획 승인을 받아야 한다.

- P-73
  서울시 중구, 용산구
  성동구, 서대문구,
  강북구, 동대문구,
  종로구, 성북구

- R-75
  서울시 강서구, 양천구,
  영등포구, 동작구, 관악구,
  서초구, 강남구,
  송파구(가락동, 송파동, 방이동, 잠실동)
  강동구(천호등, 풍납동, 암사동, 성내동)

그림 P-73A/B 비행금지구역 및 R-75비행제한구역

② **휴전선 지역(P-518)** : 군사분계선으로부터 아래 다음지점을 연결한 선
3739N 12610E - 3743N 12641E - 3738N 12653E - 3758N12740E - 3804N 12831E - 3808N 12832E - 3812N 12836E.

③ **원자력 지역(P-61~P-65)**
- 중심으로부터 A지역 : 3.7km
  (대전 연구소는 1.86km)
- B지역 : 18.6km
- 고리(P-61), 월성(P-62), 영광(P-63), 울진(P-64), 대전(P-65)

그림 P-518 및 원자력 지역 비행금지구역[1]

---

1) 서울지방항공청, 2020 무인비행장치 드론 안전관리 가이드, 2020, p.27.

3) 비행 제한공역

① 공군작전공역 : 보안상 생략

② 공항지역 : 군/민간비행장 주변 5NM(9.3km)지역

4) 초경량비행장치 공역

현재 우리나라에서는 전국적으로

UA - 2(구성산), UA - 3(약산), UA - 4(봉화산), UA - 5(덕두산), UA - 6(금산),

UA - 7(홍산), UA - 9(양평), UA - 10(고창), UA - 14(공주), UA - 19(시화),

UA - 20(성화대), UA - 21(방장산), UA - 22(고흥), UA - 23(담양), UA - 24(구좌),

UA - 25(하동), UA - 26(장암산), UA - 27(미악산), UA - 28(서운산), UA - 29(오촌),

UA - 30(북좌), UA - 31(청나), UA - 32(퇴천), UA - 33(병천천), UA - 34(미호천),

UA - 35(김해), UA - 36(밀량), UA - 37(창원), UA - 38(울주), UA - 39(김제),

UA - 40(고령), UA - 41(대전) 등 32개의 초경량비행장치 공역을 지정 운영하고 있다.

아울러 서울지역에 4개소도 동일한 개념으로 운영되고 있다.

(가양비행장 : 가양대교 북단, 신정비행장 : 신정교 아래 공터, 광나루 비행장,

 별내IC : 식송마을 일대)

그림 초경량비행장치 전용공역

(5) 기타 군 사격장 등 공역

(RK)R - 1(용문),   (RK)R - 10(매봉),   (RK)R - 14(평동),   (RK)R - 17(여주),
(RK)R - 19(조치원), (RK)R - 20(보은),   (RK)R - 21(언양),   (RK)R - 35(매산리),
(RK)R - 72(육지도), (RK)R - 74,   (RK)R - 75C,   (RK)R - 75D,
(RK)R - 76,   (RK)R - 77(마차진), (RK)R - 79A(고온리), (RK)R - 79B(당진),
(RK)R - 79C,   (RK)R - 80,   (RK)R - 81(낙동),   (RK)R - 84,
(RK)R - 88,   (RK)R - 89(오천),   (RK)R - 90A,   (RK)R - 90B,
(RK)R - 97A,   (RK)R - 97B,   (RK)R - 97C,   (RK)R - 97D,
(RK)R - 99(거제도), (RK)R - 100(남형제도), (RK)R - 104(미여도), (RK)R - 105(직도),
(RK)R - 107,   (RK)R-108A, B, C, D, E, F(안흥),   (RK)R - 110(필승),
(RK)R - 111(웅천), (RK)R - 114(비승),   (RK)R - 115(동해),   (RK)R - 116(대청도),
(RK)R - 117(자은도),(RK)R - 118(제주),   (RK)R - 119(울산),   (RK)R - 120(동해),
(RK)R - 121(속초), (RK)R - 122(천덕봉), (RK)R - 123(어청도), (RK)R - 124(덕적도),
(RK)R - 125(흑산도),(RK)R - 126(추자도), (RK)R - 127(벌교),   (RK)R - 128(서귀포),
(RK)R - 129(수련산),(RK)R - 131(백령),   (RK)R - 132(동 대청도), (RK)R - 133(초칠도),

(RK)D - 1 5개 지역, (RK)D - 3, 4, 5, 6, 9, 10, 11, 12 지역

마. 비행가능 공역

1) 초경량비행장치 비행공역(UA)에서는 비행승인 없이 비행이 가능하며, 기본적으로 그 외 지역에서 ①종(25kg 초과) 무인비행장치는 비행승인 후 비행이 가능하다.

2) 비행가능 공역, 비행금지공역 및 관제권 현황은 국토교통부에서 제작한 스마트폰 어플 Ready to Fly(참고2), V월드(http: //map.vworld.kr/map/mps.do)(참고2) 지도서비스에서 확인 가능하다.

바. 각 공역별 비행승인 관할기관

1) 초경량비행장치 비행승인 관할기관

구 분	관할기간	연락처
인천, 경기 서부 (화성 시흥, 의왕, 군포, 과천, 수원, 오산, 평택, 강화)	서울지방항공청 (항공운항과)	(032)740-2157~8
서울, 경기 동부 (부천, 광명, 김포, 고양, 구리, 여주, 이천, 성남, 광주, 용인, 안성, 가평, 양평, 의정부, 남양주)	김포항공관리사무소 (안전운항과)	(02)2660-5734
충청남북도	청주공항출장소	(043)210-6202
전라북도	군산공항출장소	(063)471-5820
강원 영동지역 (고성, 속초, 양양, 강릉, 동해, 삼척, 태백)	양양공항출장소	(033)670-7206
강원 영서지역 (철원, 화천, 양구, 인제, 춘천, 홍천, 원주, 횡성, 평창, 영월, 정선)	원주공항출장소	(033)344-0166
부산, 대구, 광주, 울산, 경상남북도, 전라남도	부산지방항공청 (항공운항과)	(051)974-2153
제주도(정석비행장 관제권 제외)	제주지방항공청 (안전운항과)	(064)797-1745
제주 정석비행장 반경 9.3km 이내	정석비행장	(064)780-0475

2) 관제권, 비행금지구역, 통제구역, 제한구역 관할기관

구 분		관할기간	연락처
군 관할 관제권 (공군)	광주	광주기지	(062)940-1111
	서울	서울기지	(031)720-3232
	김해	김해기지	(051)979-2306
	원주	원주기지	(033)730-4221~2
	수원	수원기지	(031)220-1014~5
	대구	대구기지	(053)989-3203~4
	예천	예천기지	(054)650-4722
	청주	청주기지	(043)200-2111~2
	강릉	강릉기지	(033)649-2021~2
	충주	중원기지	(043)849-3084~5
	해미	서산기지	(041)689-2020~3
	사천	사천기지	(055)850-3111~4
	성무	성무기지	(043)290-5230

구 분		관할기간	연락처
군 관할 관제권 (해군)	포항	포항기지	(054)290-5230
	목포	목포기지	(061)263-4330~1
	진해	진해기지	(055)549-4231~2
	포승	2함대사령부	(031)685-4336
군 관할 관제권 (육군)	이천, 논산, 속초	항공작전사령부 (비행정보반)	(031)644-3705~6
	[군 비행장 교통구역] 가평, 양평, 홍천, 현리, 전주, 덕소, 용인, 춘천, 영천, 금옹, 조치원		
군 관할 관제권 (미공군)	오산	오산기지	(0505)784-4222 (문의 후 신청)
	군산	군산기지	(063)470-4422 (문의 후 신청)
군 관할 관제권 (미육군)	평택	평택기지	(0503)355-2497 (문의 후 신청)
통제구역 (비행금지구역)	P73 (서울 도심)	수도방위사령부 (작전지원과)	(02)524-3345~6
	P518, P518E/W (휴전선 지역, NLL일대)	합동참모본부 (항공작전과)	(02)748-3294
	P61A (고리, 새울원전)	합동참모본부 (공중종심작전과) 02-748-3435	(051)726-2051 (052)715-2762
	P62A (월성원전)		(054)779-2902
	P63A (한빛원전)		(061)357-2823
	P64A (한울원전)		(054)785-1061
통제구역 (비행금지구역)	P65A (한국원자력연구원)		(042)868-8811
	P61B (고리, 새울원전)	부산지방항공청 (항공운항과)	(051)974-2153
	P62B (월성원전)		
	P63B (한빛원전)		
	P64B (한울원전)		
	P65B (한국원자력연구원)	청주공항출장소	(043)210-6202
통제구역 (비행제한구역)	R75 (수도권 지역)	수도방위사령부 (작전지원과)	(02)524-3345~6
	공군 사격장	공군작전사령부	(031)669-3014/7095
	육군 사격장	육군본부	(042)550-3321
	해군 사격장	해군작전사령부	(051)679-3116
	해병대 사격장	해병대사령부	(031)8012-3724
주의공역	군 작전지역	공군작전사령부 (공역관리과)	(031)669-7095
	위험구역		
	경계구역		

08 비행

가. 비행승인에 관한 항공안전법 해설 [항공안전법 제127조, 항공안전법 시행규칙 제308조]

1) **항공안전법 제127조 ①항** : 초경량비행장치의 비행안전을 위하여 필요하다고 인정하는 경우에는 초경량비행장치의 비행을 제한하는 공역(이하 "초경량비행장치 비행제한공역"이라 한다)을 지정하여 고시할 수 있다. : 우리나라는 초경량비항장치 전용공역(32개)을 제외하고 나머지 전 지역이 초경량비행장치 비행제한공역으로 지정되어 있다.

2) **항공안전법 제127조 ②항** : 초경량비행장치 비행제한공역에서 비행하려는 사람은 국토교통부령으로 정하는 바에 따라 미리 국토교통부장관으로부터 비행승인을 받아야 한다.

3) **항공안전법 시행규칙 제308조 ①항** : 다만, 다음 각 호의 어느 하나에 해당하는 초경량비행장치는 제외한다.
   가) ①의 4항 가. 최대이륙중량이 25킬로그램 이하인 무인동력비행장치

   따라서 초경량비행장치 중 무인동력비행장치는 최대이륙중량이 25kg 이하는 승인없이 비행이 가능하나 최대이륙중량 25kg 초과 기체는 승인을 받아야 한다.

나. 초경량비행장치의 비행승인 정리 [항공안전법 제127조, 항공안전법 시행규칙 제308조]

1) 이륙중량 25kg초과의 무인비행장치는 초경량비행장치 전용공역(UA)을 제외한 전 공역에서 사전 비행승인 후 비행이 가능하다.(*25kg이하 기체는 일반 공역에서 비행승인 불필요)

2) 이륙중량 25kg이하의 무인비행장치는 금지구역, 제한구역, 관제권이 아닌 지역으로서 고도 150m이하에서는 승인없이 비행이 가능하다.

3) 무게에 관계없이 비행금지구역 및 관제권에서는 사전 비행승인 없이 비행이 불가하다.

4) 초경량비행장치 전용공역(UA)에서는 비행승인 없이 비행이 가능하다.

5) **초경량비행장치 종류, 상황별 비행승인 대상**
   ① 사업에 사용되는 행글라이더, 패러글라이더, 계류식 무인비행장치, 낙하산류
   ② 고도 150m이상으로 비행하는 경우
   ③ 관제권 및 비행금지구역 내에서 비행하는 경우
   ④ **최대 이륙중량 25kg 초과하는 경우의 무인동력비행장치(드론)**
   ⑤ 자체중량(연료 제외) 12kg 초과 길이 7m 초과하는 비행선

6) **고도 150m의 규정**
   ① **사람 또는 건축물이 밀집된 지역** : 해당 초경량비행장치를 중심으로 수평거리 150미터(500ft) 범위 안에 있는 가장 높은 장애물의 상단에서 150미터
   ② **제1호 외의 지역** : 지표면·수면 또는 물건의 상단에서 150미터

비행승인 법규	구 분	촬영허가 (국방부)	비행허가 (군)	비행승인 (국토부)
• 최대 이륙중량 25kg초과 기체 : 전 공역에서 사전 승인 필요 → 3일전까지 지방항공청 신고 • 최대 이륙중량 25kg이하 기체 : 고도 150m이상, 비행금지구역 및 관제권에서 사전승인 필요 • 초경량비행장치 전용공역(UA) → 비행승인없이 비행가능 • 공역이 2개 이상 겹칠 경우 → 각 기관 허가사항 모두 적용 • 고도 150m이상 비행 경우 → 공역에 관계없이 사전승인 • 가축 전염병 예방, 확산방지를 위한 소독 방역업무 등에 긴급하게 사용하는 경우 불필요	비행금지구역	O	O	O
	비행제한구역	O	O	×
	민간관제권 (반경 9.3km)	O	×	O
	군 관제권 (반경 9.3km)	O	O	×
	그 밖의 지역 (고도 150m이하)	O	×	×
	※ 비행허가 주요기관 – 관제권(공항) : 각 지방항공청 – 관제권(군 비행장) : 관할 부대장 – 비행금지구역(휴전선) : 합동참모본부(항공작전과) – 비행금지구역(원전중심 A구역) : 합동참모본부(공중종심작전과) – 비행금지구역(서울강북) : 수도방위사령부(화력과) – 항공촬영 허가문의 : 국방부(보안암호정책과)			

다. 비행승인신청 방법

1) 무인동력비행장치(드론)의 비행을 위해서는 해당 공역의 관할 기관에 사전에 "드론 원스탑 민원포털서비스(https://drone. onestop.go.kr)"를 통하여 비행승인을 받아야 하며, 촬영을 병행할 경우에는 비행승인과는 별도의 항공촬영 허가를 국방부로부터 받아야 한다.

그림 드론 One-Stop 민원 포털 서비스 비행승인 신청

라. 비행승인기관

1) 비행승인은 지역에 따라 승인기관이 다르게 되어 있으며, 항공사진촬영허가는 모든 지역에서 국방부에서 승인하고 있다.
2) 서울시내 비행금지공역(P – 73)은 수도방위사령부에서 비행승인을 담당하며, 한강 이남을 포함하여 P – 73공역 외곽으로 설정되어 있는 R – 75 비행제한 공역도 수도방위사령부의 규정에 의거하여 고도에 상관없이 사전에 비행승인을 득하여야 한다.

구 분		비행금지구역(P)	비행제한구역(R)	민간 관제권 (반경9.3km)	군 관제권 (반경9.3km)	기타 지역 (고도150m 미만)
촬영허가(국방부)		○	○	○	○	◎
비행승인	국방부	○*	○ (R–75)	×	○	×
	국토교통부	○**	×	○	×	×

* 국방부 : P518, P73A/B, P61A, P62A, P63A, P64A, P65A
** 국토교통부 : P61B, P62B, P63B, P64B, P65B

공통사항	1) 최대이륙중량 25kg 초과 기체 비행시 고도에 상관없이 비행 승인 필요 2) 공역이 2개 이상 겹칠 경우 각 기관 허가 사항 모두 적용 3) 150m 이상 고도에서 비행할 경우 비행승인 필요 4) ◎ : 국가/군사 시설 유무에 따라 달라질 수 있어 국방부에 문의 필요

그림 수도권 비행통제구역[2]

---

[2] 서울지방항공청, 「2020 무인비행장치 드론 안전관리 가이드」, 2020, p.39.

마. 특별비행 승인 [항공안전법 시행규칙 312조의 2]

1) 특별비행의 조건
야간에 비행하거나 육안으로 확인할 수 없는 범위에서 비행

2) 무인동력비행장치(드론) 특별비행승인 절차
① 드론 원스탑 민원포털서비스(https://drone.onestop.go.kr)를 통하여 특별비행승인 신청
② 지방항공청에서 신청서 접수 후 항공안전기술원에 안전기준 검사 요청
③ 항공안전기술원에서 검사수수료 통보 및 납부 확인, 안전성 검사(현장점검) 후 지방항공청으로 결과서 제출
④ 지방항공청에서 최종 승인 후 기관 및 업체로 증명서 발송
⑤ 기관 및 업체는 증명서 수령 후 특별비행승인 수행 가능

그림 드론 원스탑 민원 포털 서비스의 특별비행 승인

3) 무인비행장치 특별비행승인 신청서류
① **무인비행장치의 종류・형식 및 제원에 관한 서류**
무인비행장치의 종류, 형식, 무게(최대이륙중량 및 자체중량), 크기 등 제원에 관한 서류(무인비행장치 전체 및 측면 사진을 포함하여 무인비행장치에 카메라・GPS 위치 발신기 등이 장착되는 경우에는 그 종류·형식 및 무게·크기 등을 제원에 관한 서류를 함께 제출)

② **무인비행장치의 성능 및 운용한계에 관한 서류**(각 기체의 매뉴얼 참조)
   기체 사용 및 성능설명서 등 기체 성능과 운용한계에 대한 정보 제공 서류 제출
③ **무인비행장치의 조작방법에 관한 서류**(각 기체의 매뉴얼 참조)
   수동·자동·반자동 비행기능 및 시각 보조장치 등의 조작방법 사용설명 서류 제출
④ **무인비행장치의 비행절차, 비행지역, 운영인력 등이 포함된 비행계획서**
   실제 비행내용 확인이 가능하도록 아래 사항에 대해 구체적 작성 필요
   - 야간/비가시 비행 명시
   - 최대비행고도, 1회당 운영시간, 비행기간, 장소, 비행횟수, 절차, 책임자, 운영인력 등을 포함한 비행계획서
   - 비행경로(캡처된 지도에 표시), 관찰자 유무 및 위치(캡처된 지도에 표시), 비행금지구역 등 명시
   - 자동안전장치(충돌방지기능), 충돌방지 등, GPS 위치발신기 장착 명시
⑤ **안전성인증서** (제305조제1항에 따른 초경량비행장치 안전성인증 대상에 해당하는 무인비행장치에 한정)
   사용기체가 안전성인증 대상에 해당 시, 안전성인증서 제출
⑥ **무인비행장치의 안전한 비행을 위한 무인비행장치 조종자의 조종 능력 및 경력 등을 증명하는 서류**
   - 비행계획서에 명시된 조종자의 무인비행장치 조종 자격증 제출
   - 자격증 미소지 시, 조종능력 및 경력을 증명하는 서류 제출
⑦ **해당 무인비행장치 사고에 따른 제3자 손해 발생 시 손해배상 책임을 담보하기 위한 보험 또는 공제 등의 가입을 증명하는 서류**(「항공사업법」 제70조제4항에 따라 보험 또는 공제에 가입하여야 하는 자로 한정)
   - 업체 또는 기체에 해당하는 보험 및 공제 가입증명 서류 제출
⑧ **비상상황 매뉴얼** : 사고대응 절차, 비상연락·보고체계 등
⑨ **무인비행장치 이·착륙장의 조명 및 장애물 현황에 관한 서류**(이·착륙장 사진 포함)
⑩ **기타 서류**(필요 시, 별도 요청)

4) **무인비행장치 특별비행을 위한 안전기준**

① **공통사항**
   - 이·착륙장 및 비행경로에 있는 장애물이 비행 안전에 영향을 미치지 않아야 함.
   - 자동안전장치(Fail-Safe)를 장착함.
   - 충돌방지기능을 탑재함.
   - 추락 시 위치정보 송신을 위한 별도의 GPS 위치 발신기를 장착함.

- 사고 대응 비상연락, 보고체계 등을 포함한 비상상황 매뉴얼을 작성·비치하고, 모든 참여인력은 비상상황 발생에 대비한 비상상황 훈련을 받아야 함.

② **야간비행**
- 야간 비행 시 무인비행장치를 확인할 수 있는 한 명 이상의 관찰자를 배치해야 함.
- 5km 밖에서 인식가능한 정도의 충돌방지 등을 장착함.
- 충돌방지 등은 지속 점등 타입으로 전후좌우를 식별 가능 위치에 장착함.
- 자동 비행 모드를 장착함.
- 적외선 카메라를 사용하는 시각보조장치(FPV)를 장착함.
- 이·착륙장 지상 조명시설 설치 및 서치라이트를 구비함.

③ **비 가시권 비행**
- 조종자의 가시권을 벗어나는 범위의 비행 시, 계획된 비행경로에 무인비행장치를 확인할 수 있는 관찰자를 한 명 이상 배치해야 함.
- 조종자와 관찰자 사이에 무인비행장치의 원활한 조작이 가능할 수 있도록 통신이 가능해야 함.
- 조종자는 미리 계획된 비행과 경로를 확인해야 하며, 해당 무인비행장치는 수동/자동/반자동 비행이 가능하여야 함.
- 조종자는 CCC(Command and Control, Communication) 장비가 계획된 비행 범위 내에서 사용 가능한지 사전에 확인해야 함.
- 무인비행장치는 비행계획과 비상상황 프로파일에 대한 프로그래밍이 되어있어야 함.
- 무인비행장치는 시스템 이상 발생 시, 조종자에게 알림이 가능해야 함.
- 통신(RF 통신 및 LTE 통신 기간망 사용 등)을 이중화함.
- GCS(Ground Control System) 상에서 무인비행장치의 상태 표시 및 이상 발생 시 GCS 알림 및 외부 조종자 알림을 장착함
- 시각보조 장치(FPV)를 장착함.

5) 특별비행 승인

① 지방항공청장은 신청서를 제출받은 날부터 30일(새로운 기술에 관한 검토 등 특별한 사정이 있는 경우에는 90일) 이내에 법 제129조제5항에 따른 무인비행장치 특별비행을 위한 안전기준에 적합한지 여부를 검사한 후 적합하다고 인정하는 경우에는 별지 제123호의3서식의 무인비행장치 특별비행승인서를 발급하여야 한다.

② 이 경우 지방항공청장은 항공안전의 확보 또는 인구밀집도, 사생활 침해 및 소음 발생 여부 등 주변 환경을 고려하여 필요하다고 인정되는 경우 비행일시, 장소, 방법 등을 정하여 승인할 수 있다.

③ 기타 위의 규정한 사항 이외에 무인비행장치 특별비행승인을 위하여 필요한 사항은 국토교통부장관이 정하여 고시한다.

바. 구조 지원장비 장착 [항공안전법 제128조, 항공안전법 시행규칙 제309조]

초경량비행장치비행제한공역에서 비행하려는 사람은 안전한 비행과 초경량비행장치사고 시 신속한 구조 활동을 위하여 국토교통부령으로 정하는 장비를 장착하거나 휴대하여야 한다.

① 위치추적이 가능한 표시기 또는 단말기
② 조난 구조용 장비(위 ①의 장비를 갖출 수 없는 경우에 해당)

09 항공사진촬영 (국방부 항공사진 촬영 지침서[3])

가. 목적

이 지침은 「국가정보원법」 제3조 및 「보안업무규정」 제33조의 규정에 의한 「국가보안시설 및 보호장비 관리지침」 제33조, 「군사기지 및 군사시설보호법」 에 따른 국가보안시설 및 군사시설이 촬영되지 않도록 하기 위해 필요한 사항을 규정함을 목적으로 한다.

나. 적용범위

이 지침서는 항공기 및 초경량비행장치를 이용한 항공촬영 신청 민원을 처리하는 업무에 적용한다.

다. 보안책임

① 제6조의 촬영금지시설 촬영 시 「군사기지 및 군사시설보호법」 등 관련법에 따른 법적 책임은 항공촬영을 하는 개인, 업체 및 기관에 있다.
② 항공촬영을 하는 개인, 업체 및 기관의 대표는 항공촬영 후 촬영영상에 대한 보안책임을 지며 비밀사항을 지득하거나 점유 시 이를 보호할 책임이 있고, 누출되지 않도록 하여야 한다.
③ 지역책임부대장은 민원인이 항공촬영 신청 시 촬영금지시설이 촬영되지 않도록 안내하여야 한다.

---

[3] 드론 원스탑 민원 서비스 정보마당 공지사항

라. 항공촬영

"항공촬영"이란 항공안전법에서 정한 항공기, 경량항공기, 초경량비행장치를 이용하여 공중에서 지상의 물체나 시설, 지형을 사진, 동영상 등 영상물로 촬영하는 것을 말한다.

마. 항공촬영 신청

① 초경량비행장치를 이용하여 항공촬영을 하고자 하는 자는 개활지 등 촬영금지시설이 명백하게 없는 곳에서의 촬영을 제외하고는 촬영금지시설 포함 여부를 확인하기 위해 드론원스톱 민원서비스시스템 등을 통해 항공촬영 신청을 하여야 한다. 단, 신청에 대한 확인의 유효기간은 1년에 한한다.

② 항공촬영 신청자는 촬영 4일전(근무일기준)까지 인터넷 드론 원스탑 민원서비스 시스템이나 모바일 앱 등을 이용하여 신청한다.

바. 항공촬영 금지시설

① 다음 각 호에 해당되는 시설에 대하여는 항공촬영을 금지한다.
    1. 국가보안시설 및 군사보안시설
    2. 비행장, 군항, 유도탄 기지 등 군사시설
    3. 기타 군수산업시설 등 국가안보상 중요한 시설·지역

② 촬영 금지시설에 대하여 촬영이 필요한 경우「군사기지 및 군사시설보호법」및「국가보안시설 및 국가보호장비 관리지침」등 관계 법,규정/절차에 따른다.

사. 유인기 이용 항공촬영

① 전국단위 유인기 항공촬영 신청에 대한 민원처리는 육군 제 17보병사단에서 임무수행하며, 지역별 유인기 항공촬영 신청에 대한 민원처리는 지역책임부대에서 수행한다.

② 육군 제 17보병사단장 및 지역책임부대장은 유인기 항공촬영 시 촬영금지지역 고지 등 보안조치를 하며, 필요시 촬영영상에 대한 보안조치를 한다.

③ 개인, 업체 및 기관이 유인기 항공촬영을 하고자 할 때는 붙임#2의 항공촬영 신청서를 문서, 팩스, 기관메일, 등을 이용하여 접수 및 처리한다.

④ 유인기 항공촬영 민원 접수 후 4일 이내(근무일기준)에 문서, 팩스, 기관메일 등을 이용하여 촬영금지시설 포함 여부를 안내한다.

아. 보안조치

① 항공촬영 신청 민원에 대해 촬영금지시설 포함 여부를 안내할 때는 촬영금지시설의 유·무를 안내하며, 구체적인 시설명칭은 사용하지 않는다.

② 항공촬영 민원처리 시 항공촬영 신청서 이외의 불필요 서류의 제출 요구는 금지한다.

③ 항공촬영 민원인에 대한 촬영장소 현장 통제는 촬영금지시설이 촬영될 가능성이 명백한 경우에 한한다. 이 경우 지역책임부대장은 사전에 객관적인 기준을 수립하고, 필요시 촬영금지시설 보안담당자에게 개인정보를 제외하고 촬영신청과 관련된 내용을 통보한다.

④ 제①항에 따른 안내 시 다음 각 호의 내용을 포함한다.
   1. 민원인이 신청한 촬영지역을 명시
   2. 촬영금지시설 촬영 시 관련법 규정 및 처벌조항 고지
   3. 항공촬영 민원처리담당관 직책
   4. 연락 가능한 부대 전화번호

자. 지역책임부대 관할 조정

① 항공촬영 민원처리 지역책임부대 상호간의 관할지역에 대한 분쟁이 있을 때는 상급부대에서 관할지역을 조정하며, 조정결과를 국방부(국방정보본부)로 보고한다.

② 전국단위 초경량비행장치 항공촬영 신청에 대한 민원처리는 육군 제 17보병사단에서 실시하며, 붙임#2의 항공촬영 신청서를 문서, 팩스, 기관메일, 등을 이용하여 접수 및 처리할 수 있다.

차. 비행승인

① 항공촬영은 비행승인과는 별개의 절차로, 비행승인이 필요할 때는 국토교통부에 비행승인을 받아야 한다. 다만, 비행금지구역을 비행할 경우 항공촬영 신청자는 해당 지역의 공역(空域)관리기관(합참, 수방사, 공군 등)의 별도 승인을 받아야 한다.

② 군사작전 지역 내 비행 및 군 시설 이용이 필요할 경우 사전에 관할 군부대와 협조하여야 한다.

카. 행정사항

① 드론원스탑 민원서비스 체계에서 수시로 항공촬영 신청 접수 여부를 확인하며, 민원접수 시 민원인이 신청한 촬영일 내에 처리한다.

② 항공촬영 민원 처리 후 드론원스탑 민원서비스에서 완료 처리한다.

붙임 #1(국가보안시설)

항공촬영 허가 신청서

촬영신청기관 (연락처)		촬영목적 (용도)	
촬영기간		촬영구분 (정·사각 등)	
촬영지역		촬영대상		촬영위치 (좌표)	
촬영종류 (필름·영상· 수치데이터 등)		촬영분량	시간 분 (미리 통)
촬영장비 명칭·종류		촬영고도	
축 척		항공기종 (기명)	
이륙 일시·장소		착륙 일시·장소	
항 로		순항고도		항속	
촬 영 관 계 인 적 사 항			
구 분	성 명	생년월일	소 속	직 책
기 장				
승무원				
촬영기사				
기 타				

붙임 #2 (일반민원)

항공촬영 신청서

신청인	성명/명칭		구 분	개인/촬영업체/관공서
	연 락 처		기관(단체)명	
촬영계획	일 시			
	목표물		촬영용도	
	촬영지역 주소			
	촬영고도/반경	/	순항고도/항속	/
	항로		좌표	
비행장치	사진의 용도 (상세)		촬영구분	청사진/시각/동영상
	촬영장비 명칭 및 종류		규격/수량	
	항공기종		항공기명	
조종사	성명/생년월일		소속/직책	
	주소		휴대폰번호	
동승자	성명/생년월일		소속/직책	
	주소		휴대폰번호	
첨부파일				

10 조종자 준수사항

가. 주요 내용 [항공안전법 제129조, 항공안전법 시행규칙 제310조]

초경량비행장치의 조종자는 초경량비행장치로 인하여 인명이나 재산에 피해가 발생하지 아니하도록 국토교통부령으로 정하는 준수사항을 지켜야 한다.

1) 초경량비행장치 조종자의 금지행위 (법 제129조제1항에 따른)

① 인명이나 재산에 위험을 초래할 우려가 있는 낙하 물을 투하(投下)하는 행위
② 주거지역, 상업지역 등 인구가 밀집된 지역이나 그 밖에 사람이 많이 모인 장소의 상공에서 인명 또는 재산에 위험을 초래할 우려가 있는 방법으로 비행하는 행위
③ 법 제78조제1항에 따른 관제공역·통제공역·주의공역에서 비행하는 행위. 다만, 법 제127조에 따라 비행승인을 받은 경우와 다음 각 목의 행위는 제외한다.
  • 군사목적으로 사용되는 초경량비행장치를 비행하는 행위
  • 다음의 어느 하나에 해당하는 비행장치를 별표 23 제2호에 따른 관제권 또는 비행금지구역이 아닌 곳에서 제199조제1호나목에 따른 최저비행고도(150미터) 미만의 고도에서 비행하는 행위
    1) 무인비행기, 무인헬리콥터 또는 무인멀티콥터 중 최대이륙중량이 25킬로그램 이하인 것
④ 안개 등으로 인하여 지상목표물을 육안으로 식별할 수 없는 상태에서 비행하는 행위
⑤ 비행시정 및 구름으로부터의 거리기준을 위반하여 비행하는 행위
⑥ 일몰 후부터 일출 전까지의 야간에 비행하는 행.(다만 특별 비행허가를 받은 경우는 제외)
⑦ 「주세법」 제3조제1호에 따른 주류, 「마약류 관리에 관한 법률」 제2조제1호에 따른 마약류 또는 「화학물질관리법」 제22조제1항에 따른 환각물질 등(이하 "주류등"이라 한다)의 영향으로 조종업무를 정상적으로 수행할 수 없는 상태에서 조종하는 행위 또는 비행 중 주류 등을 섭취하거나 사용하는 행위
⑧ 그 밖에 비정상적인 방법으로 비행하는 행위

2) 초경량비행장치 조종자는 항공기 또는 경량항공기를 육안으로 식별하여 미리 피할 수 있도록 주의하여 비행

3) 동력을 이용하는 초경량비행장치 조종자는 모든 항공기, 경량항공기 및 동력을 이용하지 아니하는 초경량비행장치에 대하여 진로를 양보

4) 무인비행장치 조종자는 해당 무인비행장치를 육안으로 확인할 수 있는 범위에서 조종하여야 한다.(다만 허가를 득한 경우 제외)

조종자 준수사항
드론, 이것만 알면 안전해요!

가시거리 범위 외 비행금지	음주비행금지	비행 중 낙하물 투하 금지
초경량비행장치 조종자는 항공기 또는 경량항공기를 육안으로 식별하여 미리 피할 수 있도록 주의	조종 업무를 정상적으로 수행할 수 없는 상태에서 조종하는 행위 또는 비행중 주류 등 섭취하거나 사용금지	인명이나 재산에 위험을 초래할 우려가 있는 낙하물 투하 금지
유인항공기 접근 시 회피	인구밀집 상공 위험한 비행금지	장치에 소유자 정보 기재
초경량비행장치 조종자는 모든 항공기, 경량항공기 및 동력을 이용하지 않는 초경량비행장치에 대해 진로 양보	인구가 밀집된 지역이나 그 밖의 사람이 많이 모인 장소의 상공에서 위험한 비행 금지	초경량비행장치 소유한 비행장치에 소유자의 정보를 정확히 기록(성명, 전화번호 등)
야간비행금지	고도 150m 이상 비행금지	비행금지구역, 관제권 비행금지
일몰 후부터 일출 전까지 야간 시간 비행금지 (승인을 받고 비행하기)	지면, 수면 또는 구조물 최상단(드론 기체 반경 150m)기준, 150m이상 고도에서 비행해야 할 경우 지방항공청장 또는 국방부 허가 필요	• 청와대 인근/중심(P73A)으로부터 3.8km • 서울, 강북, 청와대 인근/중심(P73B)으로부터 8km • 휴전선 부근(P518) • 원전 중심으로부터 18.6km (P61, P62, P63, P64, P65) • 관제권 : 비행장, 공항 참조점(ARP)으로부터 9.3km이내

5) 「항공사업법」 제50조에 따른 항공레저스포츠사업에 종사하는 초경량비행장치 조종자는 다음 각 호의 사항을 준수하여야 한다.

① 비행 전에 해당 초경량비행장치의 이상 유무를 점검하고, 이상이 있을 경우에는 비행을 중단할 것
② 비행 전에 비행안전을 위한 주의사항에 대하여 동승자에게 충분히 설명할 것
③ 해당 초경량비행장치의 제작자가 정한 최대이륙중량을 초과하지 아니하도록 비행할 것

11 비행 시 유의사항

가. 개요
비행 시 유의사항은 조종자 준수사항과 동일하게 준수하여야 하며, 벌금 및 과태료 등 모두 동일하게 적용 받는다.

나. 내용
1) 군 방공비상사태 인지 시 즉시 비행을 중지하고 착륙할 것
2) 항공기의 부근에 접근하지 말 것. 특히 헬리콥터의 아래쪽에는 Down wash가 있고, 대형 및 고속항공기의 뒤쪽 및 부근에는 Turbulence가 있음을 유의할 것
3) 군 작전 중인 전투기가 불시에 저고도 및 고속으로 나타날 수 있음을 항상 유의할 것
4) 다른 초경량 비행장치에 불필요하게 가깝게 접근하지 말 것
5) 비행 중 사주경계를 철저히 할 것
6) 태풍 및 돌풍이 불거나 번개가 칠 때, 또는 비나 눈이 내릴 때에는 비행하지 말 것
7) 비행 중 비정상적인 방법으로 기체를 흔들거나 자세를 기울이거나 급상승, 급강하거나 급선회를 하지 말 것
8) 제원에 표시된 최대이륙중량을 초과하여 비행하지 말 것
9) 이륙 전 제반 기체 및 엔진 안전점검을 할 것
10) 주변에 지상 장애물이 없는 장소에서 이착륙할 것
11) 야간에는 비행하지 말 것.(특별허가를 받은 경우는 제외)
12) 음주 약물복용 상태에서 비행하지 말 것
13) 초경량 비행장치를 정해진 용도 이외의 목적으로 사용하지 말 것
14) 비행금지공역, 비행제한공역, 위험공역, 경계구역, 군부대상공, 화재발생지역 상공, 해상 화학공업단지, 기타 위험한 구역의 상공에서 비행하지 말 것
15) 공항 및 대형비행장 반경 약 9.3km 이내에서 관할 관제탑의 사전승인 없이 비행하지 말 것
16) 고압송전선 주위에서 비행하지 말 것
17) 추락, 비상착륙 시 인명, 재산의 보호를 위해 노력할 것
18) 인명이나 재산에 위험을 초래할 우려가 있는 낙하물을 투하하지 말 것
19) 인구가 밀집된 지역 기타 사람이 운집한 장소의 상공을 비행 하지 말 것

12 조종자 안전수칙

가. 개요

조종자 안전수칙은 조종자 준수사항과 동일하게 준수하여야 하며, 벌금 및 과태료 등 모두 동일하게 적용 받는다.

나. 내용

1) 조종자는 항상 경각심을 가지고 사고를 예방할 수 있는 방법으로 비행해야 한다.
2) 비행 중 비상사태에 대비하여 비상절차를 숙지하고 있어야 하며, 비상사태에 직면하여 비행장치에 의해 인명과 재산에 손상을 줄 수 있는 가능성을 최소화 할 수 있도록 고려하여야 한다.
3) 드론 비행장소가 안개등으로 인하여 지상 목표물을 식별할 수 있는지 비행 중의 드론을 명확히 식별할 수 있는 시정인지를 비행 전에 필히 확인하여야 한다.
4) 가급적 이륙 시 육안을 통해 주변상황을 지속적으로 감지 할 수 있는 보조요원등과 이착륙 시 활주로에 접근하는 내, 외부인의 부주의한 접근을 통제 할 수 있는 지상안전 요원이 배치된 장소에서 비행하여야 한다.
5) 아파트 단지, 도로, 군부대 인근, 원자력 발전소 등 국가 중요시설, 철도, 석유, 화학, 가스, 화약 저장소, 송전소, 변전소, 송전선, 배전선 인근, 사람이 많이 모인 대형 행사장 상공 등에서 비행해서는 안 된다.
6) 전신주 주위 및 전선 아래에 저고도 미식별 장애물이 존재한다는 의식 하에 회피기동을 하여야 하며, 사고 예방을 위해 전신주 사이를 통과하는 것은 자제한다.
7) 비행 중 원격 연료량 및 배터리 지시 계를 주의 깊게 관찰하며, 잔여 연료량 및 배터리 잔량을 확인하여 계획된 비행을 안전하게 수행하여야 한다.
8) 드론에 탑재되는 짐벌 등을 안전하게 고정하여 추락사고가 발생하지 않도록 하여야 하며, 드론 비행성능을 초과하는 무게의 탑재물을 설치하지 말아야 한다.
9) 비행 중 원격제어장치, 원격계기 등의 이상이 있음을 인지하는 경우에는 즉시 가까운 이착륙 장소에 안전하게 착륙하여야 한다.
10) 연료공급 및 배출 시, 이착륙 직후, 밀폐된 공간 작업수행 시 흡연을 금지하여야 하며, 음주 후 비행은 금지하여야 한다.
11) 충돌사고를 방지하기 위해 다른 비행체에 근접하여 드론을 비행하여서는 안 되며 편대 비행을 하여서는 안 된다.
12) 드론 조종자는 항공기를 육안으로 식별하여 미리 피할 수 있도록 주의하여 비행하여

야 하며 다른 모든 항공기에 대하여 최우선적으로 진로를 양보하여야 하고, 발견즉시 충돌을 회피할 수 있도록 조치를 해야 한다.
13) 가능한 운영자 또는 보조자를 배치하여 다른 비행체 발견과 회피를 위해 외부경계를 지속적으로 유지하여야 한다.
14) 군 작전 중인 헬기, 전투기가 불시에 저고도, 고속으로 나타날 수 있음을 항상 유의한다.

13 통신 안전수칙

가. 주요 내용

1) 드론은 무선 조종기와 수신기간의 전파로 조종, 지상통제소(Ground Station)와 비행장치 내 프로세서 또는 관성측정장치(IMU)와 Data Radio Link를 이용하여 조종 또는 자율 비행을 수행하고, 역시 Data Radio Link(Telemetry)를 통한 비행 정보를 받아가면서 원격으로 조종되므로 항상 통신두절 및 제어불능 상황발생을 염두에 두고, 사고 피해를 최소화하도록 운영하여야 한다.

2) 혼신(Interference: 40 / 72MHz) 또는 잡파(Noise: 40 / 72MHz / 2.4GHz) 발생 시 Fail Safe 기능사용 또는 Self Circling / Stabilized Hovering 모드로 진입 후 문제 해결 또는 RTH나 Auto Landing으로 기체를 회수해야 한다.

3) GPS 장애 및 교란에 대비 Fail Safe/Throttle cut 기능사용 등 이, 삼중의 안전대책을 강구할 필요가 있다.

4) GPS의 장애요소는 태양의 활동변화, 주변 환경(주변 고층 빌딩 산재, 구름이 많이 낀 날씨 등)에 의한 일시적인 문제, 의도적인 방해, 위성의 수신 장애 등 다양하며, 이로 인해 GPS에 장애가 오면 드론이 조종 불능(No Control)이 될 수 있다.

5) 조종불능의 경우 비행체가 조종자의 의도와 상관없이 비행하게 되어 수십 미터 또는 수십 킬로미터 비행하다가 안전사고가 발생할 수 있으므로 No Control이 되면 자동으로 동력을 차단 또는 기능을 회복하여 의도하지 않은 비행을 막아주는 Fail, Safe 기능이 있는지 확인해야 한다.

14 안전개선명령과 준용규정

가. 안전개선명령 [항공안전법 제130조, 항공안전법 시행규칙 제313조]

국토교통부장관은 초경량비행장치 사용사업의 안전을 위하여 필요하다고 인정되는 경우에는 사업자에게 다음 각 호의 사항을 명할 수 있다.

1) 초경량비행장치 및 그 밖의 시설의 개선
2) 그 밖에 초경량비행장치의 비행안전에 대한 방해 요소를 제거하기 위하여 필요한 사항으로서 국토교통부령으로 정하는 사항

법 제130조제2호에서 **"국토교통부령으로 정하는 사항"** 이란 다음 각 호의 어느 하나에 해당하는 사항을 말한다.

1) 초경량비행장치사업자가 운용중인 초경량비행장치에 장착된 안전성이 검증되지 아니한 장비의 제거
2) 초경량비행장치 제작자가 정한 정비절차의 이행
3) 그 밖에 안전을 위하여 국토교통부장관 또는 지방항공청장이 필요하다고 인정하는 사항

나. 준용규정 [항공안전법 제131조, 항공안전법 57조]

항공종사자 및 객실승무원은 항공업무 또는 객실승무원의 업무에 종사하는 동안에는 주류 등을 섭취하거나 사용해서는 아니된다.

초경량비행장치 소유자 등 또는 초경량비행장치를 사용하여 비행하려는 사람에 대한 주류 등의 섭취, 사용 제한에 관하여는 제57조를 준용한다.

1) 주류 등의 영향으로 항공업무 또는 객실승무원의 업무를 정상적으로 수행할 수 없는 상태의 기준은 다음 각 호와 같다.

① 주정성분이 있는 음료의 섭취로 혈중알코올농도가 0.02% 이상인 경우
② 「마약류 관리에 관한 법률」 제2조제1호에 따른 마약류를 사용한 경우
③ 「화학물질관리법」 제22조제1항에 따른 환각물질을 사용한 경우

15 초경량비행장치 사고와 보험

가. 사고

1) 사고의 정의 [항공안전법 제2조 용어의 정의]

"**초경량비행장치 사고**"란 초경량비행장치를 사용하여 비행을 목적으로 이륙하는 순간부터 착륙하는 순간까지 발생한 다음 각목의 어느 하나에 해당되는 것으로서 국토교통부령으로 정하는 것을 말한다.

① 초경량비행장치에 의한 사람의 사망, 중상 또는 행방불명
② 초경량비행장치의 추락, 충돌 또는 화재 발생
③ 초경량비행장치의 위치를 확인할 수 없거나 초경량비행장치에 접근이 불가능한 경우

2) 사고 발생 시 조치사항

① 인명구호를 위해 신속히 필요한 조치를 취할 것
② 사고 조사를 위해 기체, 현장을 보존할 것
③ 사고 조사에 도움이 될 수 있는 정황 및 장비 상태에 대한 사진 및 동영상 자료를 세부적으로 촬영할 것

3) 사고의 보고 [항공안전법 시행규칙 제312조]

초경량비행장치 사고를 일으킨 조종자 또는 그 초경량비행장치 소유자 등은 다음 각 호의 사항을 관할 지방항공청장 및 항공철도사고조사위원회에 보고 하여야 한다.

① 조종자 및 그 초경량비행장치소유자 등의 성명 또는 명칭
② 사고가 발생한 일시 및 장소
③ 초경량비행장치의 종류 및 신고번호
④ 사고의 경위
⑤ 사람의 사상(死傷) 또는 물건의 파손 개요
⑥ 사상자의 성명 등 사상자의 인적사항 파악을 위하여 참고가 될 사항

나. 보험 [항공사업법 70조]

1) ④항 초경량비행장치를 초경량비행장치사용사업, 항공기대여업 및 항공레저스포츠사업에 사용하려는 자와 무인비행장치 등 국토교통부령으로 정하는 초경량비행장치를 소유한 국가, 지방자치단체, 「공공기관의 운영에 관한 법률」 제4조에 따른 공공기관은 국토교통부령으로 정하는 보험 또는 공제에 가입하여야 한다.

2) 영리목적으로 사용되는 드론은 항공사업법 제70조 및 자동차손해배상 보장법 시행령 제3조에서 규정하고 있는 손해액에 부합하는 보험을 기체별로 가입해야 한다.

3) **보험의 종류**

① **대인/대물(배상책임보험)** : 모든 사용사업자 필수
- 사고 시 배상 대상 : 대인, 대물
- 보상금액 한도 : 사용사업을 위한 기본 요구사항으로서 1인/건당 1.5억원 배상가액
- 보험료 : 60~80만원

② **자차보험(항공보험 등)** : 교육기관 비행장치 권유, 기타 사용사업자 선택
- 사고 시 배상 대상 : 자가 장비
- 보상금액 한도 : 수리비용 보상 한도에서 설계
- 보험료 : 무인헬리콥터(약 2천만원/대당), 무인멀티콥터(약 350만원/대당)

③ **자손보험(개인 배상책임 등)** : 교육기관 필수, 기타 사용사업자 선택
- 사고 시 배상 대상 : 자가 신체
- 보상금액 한도 : 조종자 자신의 손상에 대한 치료비 등 보상
- 보험료 : 인원별/기관별 상이(수 만원~수십 만원)

(4) 보험 배상처리를 위한 사전 조건 및 준비사항

① **조종사** : 유자격자 조종 필수
② **방제 비행 시** : 신호수 편성운용 필수
③ **교육원 교관 입회 조종 필수**
④ **개인비행시간기록부 / 기체비행시간기록부 / 정비이력부 작성 필수**
⑤ **조종기 비행로그 제공 / 기체 비행로그 제공**
⑥ **사고 발생 시 현장 사진 / 동영상 촬영 유지**
⑦ **정기점검** : 부품별 정비 및 비행기록 유지. 조종자 비행기록 유지
⑧ 항공안전법 등 법 규정을 위반한 사고일 경우 심각성에 따라 보상 규모를 제한 받을 수 있다.
⑨ **할인할증제도 실시** : 조종자 개인 및 소속 기관별 할인/할증제도가 있으며, 안전한 운항을 통해서 보험료 감면받을 수 있다.

16 초경량비행장치의 벌칙

가. 과태료 및 벌금

위반행위 요약	징역/벌금/행정처분
주류 등 섭취상태 비행, 비행 중 주류섭취, 주류측정 거부 시	징역3년 이하, 벌금 3,000만원 이하
군사기지 또는 군사시설의 촬영, 묘사, 녹취, 측량 또는 이에 관한 문서나 도서 등 발간시	
안전성 인증 받지 않은 기체 & 조종증명 없이 비행	징역1년 이하, 벌금 1,000만원 이하
안전명령 위반 사용 사업자	1,000만원 이하
장치신고, 변경신고 위반 & 비행	징역6월 이하, 500만원 이하
비행승인없이 초경량비행장치 제한공역비행	500만원
비행승인없이 관제권비행, 비행장 운영 지장 초래 시	
검사거부	
안전성 인증 없이 비행	1차 250, 2차 375, 3차 500만원
조종자 증명없이 비행	1차 200, 2차 300, 3차 400만원
조종자증명 대여 알선	1차 150, 2차 225, 3차 300만원
비행승인 없이 비행, 특별비행승인 없이 비행	
조종자 준수사항위반	
승인외 비행	
신고번호 표시의무 위반	1차 50, 2차 75, 3차 100만원
구지지원장비 장착의무 위반	
말소신고위반	1차 15, 2차 22.5 3차 30만원
사고보고 의무위반	
보고 등을 하지 않거나 거짓보고	1차 250, 2차 375, 3차 500만원
질문에 대하여 거짓 진술	
운용정지, 업무정지 따르지 않은 경우	
시정조치 명령에 따르지 않은 경우	
공시하지 않거나 공지를 허위로 한 경우	
거짓, 부정한 방법으로 조종자 증명 취득	조종자 증명 취소
조종자 증명 대여, 알선	
주류 등 측정요구 불응	
정지기간 비행	
항공안전법을 위반하여 벌금이상의 형 선고	-100만원 이하: 30일, -100~200만원: 50일, -200만원 이상: 취소
고의 또는 중과실로 인명피해 정도	부상: 30일, 중상: 90일, 사망: 취소
고의 또는 중과실로 재산피해 정도	10억 미만 30일, 10~100억: 90일, 100억 이상: 180일
조종자 준수사항위반 적발	1차: 30일, 2차: 60일, 3차 이상 180일
주류섭취상태 비행, 비행 중 주류섭취 기준	0.02~0.06%: 60일, 0.06~0.09%: 120일, 0.09~: 180일
마약, 환각물질 복용 기준	1차 60일, 2차 120일, 3차 180일

section OX

1. 비행금지구역 내 초, 중, 고등학교 운동장에서는 지도자의 감독아래 교육목적의 고도 20m이내 비행은 가능하다(이륙중량 7kg이하 기체).	O
2. 초경량비행장치의 이륙중량이 25kg초과하는 ①종 무인비행장치 멀티콥터는 <u>관할 지방항공청</u>에 신고한다.	X 교통안전공단 드론관리처
3. 초경량비행장치의 신고를 하면 그 초경량비행장치에 국토교통부장관은 신고번호를 발급한다.	O
4. 초경량비행장치 멀티콥터 소유자 등은 초경량비행장치 멀티콥터 신고증명서의 신고번호를 해당 장치에 표시하여야 하며, 표시방법, 표시장소 및 크기 등 필요한 사항은 <u>지방항공청장</u>이 정한다.	X 교통안전공단 이사장
5. 초경량비행장치의 변경신고와 말소신고는 <u>30일 이내</u>에 해야 한다.	X 변경신고 30일 말소신고 15일
6. 무인동력비행장치 멀티콥터 중에서 최대이륙중량이 2kg 이하인 것은 신고를 필요로 하지 않는다.	O
7. 최대 이륙중량 25kg 초과하는 무인비행장치는 항공안전기술원으로부터 안정성 인증검사를 받고 비행해야 한다.	O
8. 1종 무인동력비행장치 멀티콥터 자격취득 연령은 14세 이상이다.	O
9. 관제권이란 비행장 또는 공항과 그 주변의 공역으로서 항공교통의 안전을 위하여 국토교통부장관이 지정·공고한 공역으로 거리기준은 <u>5km</u>이다.	X 5NM=9.3km
10. 우리나라 비행금지구역은 서울강북지역(P-73A/B), 휴전선지역(P-518), 원자력지역(P-61~P-65)이 있다.	O
11. R-75비행제한구역은 수도권 인구밀집구역이다.	O
12. 비행금지구역 중 휴전선(P-518)지역에서 비행을 할 때 승인은 <u>해당 군부대</u>에서 받는다.	X 합동참모본부
13. 원자력지역의 B구역에서 비행을 하려고 할 때 승인은 관할 지방항공청에서 받는다.	O
14. 관제권내에서 비행승인 시 공항은 관할지방항공청, 군 비행장은 해당 관제탑(관할 군부대)에 승인을 받는다.	O
15. 우리나라는 초경량비행장치 전용공역(32개) 지역을 제외하고 전 지역이 초경량비행장치 비행제한 공역으로 지정되어 있다.	O

section OX

16. 이륙중량 25kg을 초과하는 무인비행장치는 초경량비행장치 전용공역을 제외한 전 지역에서 사전 비행승인이 필요하다.	O
17. 비행금지구역 중 P-73A/B와 비행제한구역 R-75는 수도방위사령부에서 비행승인을 관할한다.	O
18. 항공사진촬영은 촬영목적·용도 및 대상시설·지역의 보안상 중요도 등을 검토하여 항공촬영 허가여부를 결정하되, 항공사진촬영이 금지된 시설에 대하여는 항공사진 촬영을 금지한다.	O
19. 초경량비행장치를 사용하여 비행하려는 사람에 대한 주류 등의 섭취, 사용 제한에 관하여는 준용법규에 따라 항공종사자에 준용하여야 한다.	O
20. 초경량비행장치의 야간비행은 <u>무조건 금지</u>이다.	X 승인 시 가능
21. 야간에 비행하거나 육안으로 확인할 수 없는 범위에서의 비행은 특별 승인을 받으면 가능하다.	O
22. 사고유발 시 필수 신고기관은 관할 지방항공청과 항공철도사고조사위원회이다.	O
23. 사고 유발 시 조종자는 해당 비행장치의 <u>잔해를 수거</u>하여 사고 원인을 확인한다.	X 사고현장보존
24. 사고 유발 시 조종자가 신고를 하여야 하나 조종자가 신고할 수 없는 상황이면 소유자가 하여야 한다.	O
25. 조종자 준수사항을 위반 시 1차 과태료는 <u>20만원</u>이다.	X 100만원
26. 조종자 증명없이 비행 시 1차 과태료는 150만원이다.	O
27. 승인없이 야간비행을 한 경우 최대 과태료는 200만원이다.	O
28. 고도, 관제권, 통제, 주의공역을 위반 비행한 경우 최대 과태료는 <u>200만원</u>이다.	X 100만원

출제예상문제

01 우리나라 항공관련법규(항공안전법, 항공사업법, 공항시설법)의 기본이 되는 국제법은?

① 미국의 항공법
② 일본의 항공법
③ 중국의 항공법
④ 「국제민간항공협약」 및 같은 협약의 부속서

02 우리나라 항공안전법의 목적으로 틀린 것은?

① 항공기, 경량항공기 또는 초경량비행장치가 안전하게 항행하기 위한 방법을 정한다.
② 국민의 생명과 재산을 보호한다.
③ 항공기술 발전에 이바지한다.
④ 국제 민간항공기구에 대응한 국내 항공산업을 보호한다.

03 항공안전법에서 정한 용어의 정의가 맞는 것은?

① 관제구라 함은 평균해수면으로부터 500미터 이상 높이의 공역으로서 항공교통의 통제를 위하여 지정된 공역을 말한다.
② 항공등화라 함은 전파, 불빛, 색채 등으로 항공기 항행을 돕기 위한 시설을 말한다.
③ 관제권이라 함은 비행장 및 그 주변의 공역으로서 항공교통의 안전을 위하여 지정된 공역을 말한다.
④ 항행안전시설이라 함은 전파에 의해서만 항공기 항행을 돕기 위한 시설을 말한다.

해설 • 관제구 : 지표면 또는 수면으로부터 200m 이상 높이의 공역으로서 항공교통의 안전을 위하여 지정한 공역
• 항공등화 : 불빛을 이용하여 항공기의 항행을 돕기 위한 항행안전시설
• 항행안전시설 : 유선통신, 무선통신, 불빛, 색채 또는 형상을 이용하여 항공기의 항행을 돕기 위한 시설

04 지표면 또는 수면으로부터 200m이상 높이의 공역으로서 항공교통의 안전을 위하여 지정한 공역은?

① 관제권
② 관제구
③ 비행정보구역
④ 항공로

05 다음 중 안전관리제도에 대한 설명으로 틀린 것은?

① 이륙중량이 25kg초과이면 안전성 검사와 비행 시 비행승인을 받아야 한다.
② 이륙중량이 25kg이하이면 사업을 하더라도 안정성검사를 받지 않아도 된다.
③ 무게가 약 2kg인 취미, 오락용 드론은 조종자 준수사항을 준수하지 않아도 된다.
④ 이륙중량이 2kg초과이면 개인 취미용으로 활용하더라도 조종자격증명을 취득해야 한다.

해설 무게에 상관없이 조종자 준수사항은 준수해야 한다.

정답 01.④ 02.④ 03.③ 04.② 05.③

06 초경량비행장치 멀티콥터를 소유한 자가 신고 시 누구에게 신고하는가?

① 한국 교통안전공단 드론관리처장
② 국토부 첨단항공과장
③ 국토부 자격과장
④ 지방항공청장

해설 2020년 12월 10일부터 한국교통안전공단 드론관리처에 신고

07 초경량비행장치의 변경신고는 사유발생일로부터 며칠 이내에 신고하여야 하는가?

① 30일　　② 60일
③ 90일　　④ 180일

해설 변경신고는 30일 이내, 말소신고는 15일 이내에 실시한다.

08 다음 중 초경량비행장치 소유자는 용도가 변경되거나 소유자의 성명, 명칭 또는 주소가 변경 되었을 시 신고 기간은?

① 15일　　② 30일
③ 50일　　④ 60일

09 초경량비행장치의 말소신고의 설명 중 틀린 것은?

① 사유 발생일로부터 30일 이내에 신고하여야 한다.
② 비행장치가 멸실된 경우 실시한다.
③ 비행장치의 존재 여부가 2개월 이상 불분명할 경우 실시한다.
④ 비행장치가 외국에 매도된 경우 실시한다.

해설 사유 발생일로부터 15일 이내에 신고하여야 한다.

10 초경량비행장치 소유자의 주소변경 시 신고기간은?

① 15일　　② 30일
③ 60일　　④ 90일

11 초경량비행장치를 멸실하였을 경우 신고기간은?

① 15일　　② 30일
③ 3개월　　④ 6개월

12 초경량비행장치 멀티콥터의 멸실 등의 사유로 말소신고를 할 경우 그 사유가 발생한 날부터 며칠 이내에 한국교통안전공단 이사장에게 말소신고서를 제출하여야 하는가?

① 5일　　② 10일
③ 15일　　④ 30일

해설 변경신고는 30일, 멸실 신고는 15일

13 무인멀티콥터를 소유한 자는 한국교통안전공단 이사장에게 신고하여야 한다. 이때 첨부하여야 할 것이 아닌 것은?

① 장비의 제원 및 성능표
② 소유하고 있음을 증명하는 서류
③ 비행안전을 확보하기 위한 기술상의 기준에 적합함을 증명하는 서류
④ 초경량비행장치의 사진

정답　06.①　07.①　08.②　09.①　10.②　11.①　12.③　13.③

14 한국교통안전공단 이사장에게 기체 신고 시 필요 없는 서류는?

① 초경량비행장치를 소유하거나 사용할 수 있는 권리가 있음을 증명하는 서류
② 초경량비행장치의 제원 및 성능표
③ 초경량비행장치의 사진
④ 초경량비행장치의 제작자

15 국토교통부장관에게 소유신고를 하지 않아도 되는 것은?

① 동력비행장치
② 초경량 헬리콥터
③ 초경량 자이로플레인
④ 계류식 무인비행장치

해설 신고를 필요로 하지 않는 초경량비행장치 : 계류식 무인비행장치 등 9가지이며, 항공안전법 시행령 제24조 참조

16 항공안전법상 신고를 필요로 하지 아니하는 초경량비행장치의 범위가 아닌 것은?

① 동력을 이용하지 아니하는 비행장치
② 낙하산류
③ 무인동력비행장치 중에서 연료의 무게를 제외한 자체무게가 12kg이하인 것
④ 군사 목적으로 사용되지 아니하는 초경량비행장치

해설 군사 목적으로 사용되는 초경량비행장치

17 신고를 하지 않아도 되는 초경량비행장치는?

① 동력비행장치   ② 인력활공기
③ 회전익비행장치   ④ 초경량헬리콥터

18 신고를 필요로 하지 않는 초경량비행장치의 범위가 아닌 것은?

① 길이 7m를 초과하고 연료제외 자체무게가 12kg을 초과하는 무인비행선
② 제작자 등이 판매를 목적으로 제작하였으나 판매되지 아니한 것으로 비행에 사용되지 아니하는 초경량비행장치
③ 연구기관 등이 시험, 조사, 연구 또는 개발을 위해 제작한 초경량비행장치
④ 군사목적으로 사용되는 초경량비행장치

해설 길이 7m 이하이고, 연료제외 자체무게가 12kg 이하 무인비행선은 신고 불필요

19 초경량 비행장치 무인멀티콥터의 등록일련번호 등은 누가 부여하는가?

① 국토교통부장관
② 교통안전공단 이사장
③ 항공협회장
④ 지방항공청장

20 초경량비행장치 무인 멀티콥터의 안전성인증은 어느 기관에서 실시하는가?

① 교통안전공단   ② 지방항공청
③ 항공안전기술원   ④ 국방부

정답 14.④ 15.④ 16.④ 17.② 18.① 19.② 20.③

21 국토교통부령으로 정하는 초경량비행장치를 사용하여 비행하려는 사람은 비행안전을 위한 기술상의 기준에 적합하다는 안전성인증을 받아야 한다. 다음 중 안전성 인증대상이 아닌 것은?

① 무인기구류
② 무인비행장치
③ 회전익비행장치
④ 착륙장치가 없는 동력패러글라이더

해설 안전성인증을 받아야 하는 초경량비행장치: 동력비행장치, 회전익 비행장치, 동력 패러글라이더, 기구류(사람이 탑승하는 것만 해당), 무인비행장치 등

22 초경량비행장치 인증의 종류 중 초도인증 이후 안전성 인증서의 유효기간이 도래하여 새로운 안전성 인증을 받기 위하여 실시하는 인증은 무엇인가?

① 정기인증   ② 초도인증
③ 수시인증   ④ 재 인증

해설 [안정성 인증의 종류]
1. 초도인증: 국내에서 설계·제작하거나 외국에서 국내로 도입한 초경량비행장치의 안전성인증을 받기 위하여 최초로 실시하는 인증
2. 정기인증: 안전성인증의 유효기간 만료일이 도래되어 새로운 안전성인증을 받기 위하여 실시하는 인증
3. 수시인증: 초경량비행장치의 비행안전에 영향을 미치는 대수리 또는 대개조 후 기술기준에 적합한지를 확인하기 위하여 실시하는 인증
4. 재 인증: 초도, 정기 또는 수시인증에서 기술기준에 부적합한 사항에 대하여 정비한 후 다시 실시하는 인증

23 초경량비행장치를 국내에서 설계·제작하거나 외국에서 국내로 도입하여 안전성인증을 받기 위하여 최초로 실시하는 인증은 무엇인가?

① 초도 인증   ② 정기 인증
③ 수시 인증   ④ 재 인증

24 초경량무인비행장치 무인 멀티콥터의 자체 기체중량에 포함되지 않는 것은?

① 기체무게   ② 로터무게
③ 배터리무게   ④ 탑재물

해설 탑재물을 포함하면 이륙중량이 된다.

25 초경량비행장치 무인 멀티콥터의 무게가 25kg을 초과 시 안전성 인증을 받아야 하는데 이때 25kg의 기준은 무엇인가?

① 자체 중량
② 최대 이륙중량
③ 최대 착륙중량
④ 적재물을 제외한 중량

26 초경량비행장치 무인멀티콥터의 지도 조종자 자격증명을 위한 연수신청 기준으로 틀린 것은?

① 나이가 만 14서 이상인 사람
② 나이가 만 18서 이상인 사람
③ 해당 비행장치의 비행경력이 100시간 이상인 사람
④ 단, 유인 자유기구는 비행경력이 70시간 이상인 사람

해설 지도 조종자 자격증명 시험은 만 18세 이상인 사람이다.

정답 21.① 22.① 23.① 24.④ 25.② 26.①

27 초경량비행장치 무인멀티콥터 1종(25kg 초과) 조종자 자격시험에 응시할 수 있는 최소 연령은?

① 만 12세 이상
② 만 13세 이상
③ 만 14세 이상
④ 만 18세 이상

해설
• 1~3종은 만 14세,
• 4종은 만 10세 이상
• **지도 조종자**는 만 18세 이상

28 초경량비행장치 무인멀티콥터 4종(250g 초과 ~ 2kg이하) 조종자 자격시험 온라인 교육에 응시할 수 있는 연령은?

① 만 10세 이상
② 만 12세 이상
③ 만 14세 이상
④ 만 18세 이상

해설 1~3종은 만 14세, 4종은 만 10세

29 초경량비행장치 무인멀티콥터 1종(25kg 초과) 조종자격증명 취득의 설명 중 맞는 것은?

① 자격증명 취득 연령은 만 14세, 교관 조종자격증명은 만 18세 이상이다.
② 자격증명과 교관자격증명 취득 연령은 모두 만 14세 이상이다.
③ 자격증명과 교관자격증명 취득 연령은 모두 만 20세 이상이다.
④ 자격증명 취득 연령은 만 14세, 교관 조종자격증명은 만 25세 이상이다.

30 초경량비행장치 무인멀티콥터 1종(25kg 초과) 조종자격 시험 응시 기준으로 잘못된 것은?

① 무인헬리콥터 조종자증명을 받은 사람이 무인 멀티콥터 조종자증명시험에 응시하는 경우 학과시험 면제
② 나이는 만 14세 이상인 사람
③ 무인 멀티콥터를 조종한 시간이 총 20시간 이상인 사람
④ 무인헬리콥터 조종자 증명을 받은 사람이 무인 멀티콥터를 조종한 시간이 총 20시간 이상인 사람

해설 무인헬리콥터 조종자 증명을 받은 사람이 무인 멀티콥터를 조종한 시간이 총 10시간 이상인 사람

31 초경량비행장치 무인멀티콥터 조종자 전문교육기관 지정기준으로 가장 적절한 것은?

① 비행시간이 100시간 이상인 지도조종자 1명과 비행시간이 150시간 이상인 실기평가 조종자 1명 이상 보유
② 비행시간이 150시간 이상인 지도조종자 2명 이상 보유
③ 비행시간이 100시간 이상인 실기평가 조종자 1명 이상 보유
④ 비행시간이 150시간 이상인 실기평가 조종자 2명 이상 보유

해설 다음 아래의 **전문교관**이 있어야 한다.
가. 비행시간이 100시간 이상인 지도조종자 1명 이상
나. 비행시간이 150시간 이상인 실기평가조종자 1명 이상

정답 27.③ 28.① 29.① 30.④ 31.①

32 초경량비행장치 무인멀티콥터 1종(25kg 초과) 조종자 전문교육기관이 확보해야 할 지도조종자의 최소비행시간은?

① 50시간   ② 100시간
③ 150시간 ④ 200시간

> 해설 비행시간이 100시간 이상인 지도조종자 1명 이상, 150시간 이상인 실기평가 조종자 1명 이상

33 초경량비행장치 무인멀티콥터 조종자 전문교육기관 지정을 위해 교통안전공단 이사장에게 제출할 서류가 아닌 것은?

① 전문교관의 현황
② 교육시설 및 장비의 현황
③ 교육훈련계획 및 교육훈련 규정
④ 보유한 비행장치의 제원

> 해설 제출서류 : 전문교관의 현황, 교육시설 및 장비의 현황, 교육훈련계획 및 교육훈련규정

34 초경량비행장치 무인멀티콥터 조종자 전문교육기관 지정 시의 시설 및 장비 보유 기준으로 틀린 것은?

① 강의실 및 사무실 각 1개 이상
② 이·착륙 시설
③ 훈련용 비행장치 1, 2, 3종 각 1대 이상
④ 훈련용 비행장치 최소 2대 이상

> 해설 훈련용 비행장치는 1, 2, 3종 각 1대 이상 보유하여야 한다.

35 다음 중 전문교육기관 운영 중에서의 비행경력 인정에 관한 사항 중 틀린 것은?

① 1종 비행경력은 25kg 초과 기체로 비행한 경력을 말한다.
② 2종 비행경력 인정 시 1종 기체로 비행한 경력도 포함한다.
③ 2종 비행경력 인정 시 3종 기체로 비행한 경력은 3시간 인정한다.
④ 3종 비행경력 인정 시 2종 기체로 비행한 경력은 포함되지 않는다.

36 무인 멀티콥터의 비행과 관련한 사항 중 틀린 것은?

① 최대 이륙중량 25kg이하 기체는 비행금지구역 및 관제권을 제외한 공역에서 고도 150m미만에서는 비행승인없이 비행이 가능하다.
② 최대 이륙중량 25kg 초과 기체는 전 공역에서 사전 비행승인 후 비행이 가능하다.
③ 초경량비행장치 전용공역에도 사전 비행계획을 제출 후 승인을 받고 비행한다.
④ 최대 이륙중량 상관없이 비행금지구역 및 관제권에서는 사전 비행승인 없이는 비행이 불가하다.

37 초경량비행장치를 이용하여 비행정보구역 내에 비행 시 비행계획을 제출하여야 하는 데 포함사항이 아닌 것은?

① 항공기의 식별부호
② 항공기 탑재 장비
③ 출발비행장 및 출발예정시간
④ 보안 준수사항

정답 32.② 33.④ 34.④ 35.④ 36.③ 37.④

38 초경량비행장치 비행계획승인 신청 시 포함되지 않는 것은?

① 비행경로 및 고도
② 동승자의 소지자격
③ 조종자의 비행경력
④ 비행장치의 종류 및 형식

해설 항공안전법 시행규칙 별지 제122호 서식 비행계획서 참조

39 다음 중 초경량무인비행장치 비행허가 승인에 대한 설명으로 틀린 것은?

① 비행금지구역(P-73, P-61등) 비행허가는 군에 받아야 한다.
② 공역이 두 개 이상 겹칠 때는 우선하는 기관에 허가를 받아야 하다.
③ 군 관제권 지역의 비행허가는 군에서 받아야 한다.
④ 민간 관제권 지역의 비행허가는 국토부의 비행승인을 받아야 한다.

해설 두 기관 모두 받아야 한다.

40 일반적인 비행금지 사항에 대한 설명 중 맞는 것은?

① 서울지역 P-73A/B 구역의 건물 내에서는 야간에도 비행이 가능하다.
② 한적한 시골지역 유원지 상공의 150m이상 고도에서 비행이 가능하다.
③ 초경량비행장치 전용공역에서는 고도 150m이상, 야간에도 비행이 가능하다.
④ 아파트 놀이터나 도로 상공에서는 비행이 가능하다.

해설 ②, ③은 반드시 승인을 받아야 하고, ④번 지역에서 비행 시 조종자 준수사항 위반이 된다.

41 초경량비행장치 멀티콥터의 일반적인 비행 시 비행고도 제한 높이는?

① 50m
② 100m
③ 150m
④ 200m

해설 150m 이상 시 승인을 득하여야 한다.

42 취미활동, 오락용 무인비행장치의 운용에 대한 설명으로 틀린 것은?

① 취미활동, 오락용 무인비행장치 조종자도 조종자 준수사항을 준수하여야 한다.
② 타 비행체와의 충돌방지와 제3자 피해를 위한 안전장치를 강구하여야 한다.
③ 무게가 작고 소형인 취미, 오락용 비행장치도 비행금지구역이나 관제권에서 비행 시 허가를 받아야 한다.
④ 취미활동, 오락용 무인비행장치는 소형이라서 아파트나 도로상공에서 비행이 가능하다.

해설 조종자 준수사항으로 규제하여 불가하다.

정답 38.② 39.② 40.① 41.③ 42.④

43 다음 중 초경량비행장치의 비행 승인기관에 대한 설명 중 틀린 것은?

① 고도 150m이상 비행이 필요한 경우 공역에 관계없이 국토부에 비행계획 승인 요청
② 민간관제권 지역은 국토부에 비행계획 승인 요청
③ 군 관제권 지역은 해당 관제권 관할 부대에 비행계획 승인 요청
④ 비행금지구역 중 원자력 지역은 해당 지역관할 지방항공청에 비행계획 승인 요청

해설 원자력 발전소와 연구소의 A구역은 국방부(합참)에 B구역은 각 지방항공청에 비행계획 승인 요청

44 항공사진촬영은 촬영목적, 용도 및 대상시설, 지역의 보안상 중요도 등을 검토하여 항공촬영허가 여부를 결정한다. 다음 중 항공사진촬영이 금지된 곳이 아닌 곳은 어디인가?

① 국가보안시설 및 군사보안 시설
② 비행장, 군항, 유도탄 기지 등 군사시설
③ 기타 군수산업시설 등 국가안보상 중요한 시설·지역
④ 국립공원

45 초경량비행장치 조종자 준수사항의 금지행위와 관련이 없는 것은?

① 인명이나 재산에 위험을 초래할 우려가 있는 낙하물을 투하하는 행위
② 관제공역, 통제공역, 주의공역에서 비행하는 행위
③ 안개 등으로 인하여 지상목표물을 육안으로 식별할 수 없는 상태에서 비행하는 행위
④ 일몰 후부터 일출 전이라도 날씨가 맑고 밝은 상태에서 비행할 수 있다.

해설 일몰 후부터 일출 전까지의 야간에 비행 금지

46 초경량비행장치 조종자의 준수사항에 어긋나는 것은?

① 항공기 또는 경량 항공기를 육안으로 식별하여 미리 피하여야 한다.
② 해당 무인비행장치를 육안으로 확인할 수 있는 범위 내에서 조종해야 한다.
③ 모든 항공기, 경량항공기 및 동력을 이용하지 아니하는 초경량비행장치에 대하여 우선권을 가지고 비행하여야 한다.
④ 레포츠 사업에 종사하는 초경량비행장치 조종자는 비행전 비행안전사항을 동승자에게 충분히 설명하여야 한다.

해설 모든 항공기, 경량항공기 및 동력을 이용하지 아니하는 초경량비행장치에 대하여 진로를 양보하여야 한다.

47 조종자 준수사항으로 틀린 것은?

① 야간에 비행은 금지되어 있다.
② 사람이 많은 아파트 놀이터 등에서 비행은 가능하다.
③ 음주, 마약을 복용한 상태에서 비행은 금지되어 있다.
④ 사고나 분실에 대비하여 비행장치에 소유자 이름과 연락처를 기재하여야 한다.

정답 43.④ 44.④ 45.④ 46.③ 47.②

48 항공종사자가 업무를 정상적으로 수행할 수 없는 혈중 알코올 농도의 기준은?

① 0.02% 이상   ② 0.03% 이상
③ 0.05% 이상   ④ 0.5% 이상

49 주취 또는 약물복용 판단기준이 아닌 것은?

① 육안판단   ② 소변검사
③ 혈액검사   ④ 알코올 측정검사

50 초경량비행장치를 이용하여 비행 시 유의사항이 아닌 것은?

① 군 방공비상사태 인지 시 즉시 비행을 중지하고 착륙하여야 한다.
② 항공기 부근에는 접근하지 말아야 한다.
③ 유사 초경량비행장치끼리는 가까이 접근이 가능하다.
④ 비행 중 사주경계를 철저히 하여야 한다.

해설 다른 초경량비행장치에 불필요하게 가깝게 접근하지 말아야 한다.

51 초경량비행장치를 이용하여 비행 시 유의사항이 아닌 것은?

① 태풍 및 돌풍 등 악기상 조건하에서는 비행하지 말아야 한다.
② 제원표에 표시된 최대이륙중량을 초과하여 비행하지 말아야 한다.
③ 주변에 지상 장애물이 없는 장소에서 이·착륙하여야 한다.
④ 날씨가 맑은 날이나 보름 달 등으로 시야가 확보되면 야간비행도 하여야 한다.

해설 일몰 후부터 일출 전까지는 시야확보 등 청명하여도 야간비행은 불가하다. 단, 특별비행 허가를 득한 경우는 가능하다.

52 초경량비행장치 운용제한에 관한 설명 중 틀린 것은?

① 인구밀집지역이나 사람이 운집한 장소 상공에서 비행하면 안 된다.
② 인명이나 재산에 위험을 초래할 우려가 있는 낙하 물을 투하하면 안 된다.
③ 보름달이나 인공조명 등이 밝은 곳은 야간에 비행할 수 있다.
④ 안개 등으로 인하여 지상목표물이 육안으로 식별할 수 없는 상태에서 비행하여서는 안 된다.

53 초경량비행장치 운용시간으로 가장 맞는 것은?

① 일출부터 일몰 30분전까지
② 일출 30분전부터 일몰까지
③ 일출 후 30분부터 일몰 30분 전까지
④ 일출부터 일몰까지

54 다음 공역 중 통제공역이 아닌 것은?

① 비행금지 구역
② 비행제한 구역
③ 초경량비행장치 비행제한 구역
④ 군 작전구역

해설 통제공역 : 비행금지 구역, 비행제한 구역, 초경량비행장치 비행제한구역

정답　48.①　49.①　50.③　51.④　52.③　53.④　54.④

55 2017년 후반기 발의된 특별비행승인과 관련된 내용으로 맞지 않는 것은?

① 조건은 야간에 비행하거나 육안으로 확인할 수 없는 범위에서 비행할 경우를 말한다.
② 승인시 제출 포함내용은 무인비행장치의 종류, 형식 및 제원에 관한 서류
③ 승인시 제출 포함내용은 무인비행장치의 조작방법에 관한 서류
④ 특별비행 승인이므로 모든 무인비행장치는 안정성 인증서를 제출하여야 한다.

해설 안전성인증서는 대상에 해당하는 무인비행장치만 제출한다.

56 무인 멀티콥터의 운용시간에 대한 설명으로 맞는 것은?

① 일출부터 일몰까지 가능하다.
② 일출 30분 후부터 일몰 30분 전까지 가능하다.
③ 육안으로 식별이 가능한 밝은 조건이면 야간에도 가능하다.
④ 무인항공 방제 작업 시는 일몰 후에도 가능하다.

해설 외부 환경조건은 고려되지 않고 시간 개념으로 무조건 일출에서 일몰까지이다.

57 다음 공역의 종류 중 통제공역은?

① 초경량비행장치 비행제한 구역
② 훈련구역
③ 군 작전구역
④ 위험구역

해설 **통제구역**은 비행금지구역, 비행제한구역, 초경량비행제한구역이다.

58 통제구역에 해당하는 것은?

① 비행금지구역 ② 위험구역
③ 경계구역 ④ 훈련구역

해설 **통제구역**은 비행금지구역, 비행제한구역, 초경량비행제한구역이다.

59 다음 중 초경량비행장치의 비행 가능한 지역은 어느 것인가?

① CP-16 ② R35
③ P-73A ④ UA-14

해설 CP-16 : P-73 VFR Route Check point 16번 지역, R35는 공수 낙하훈련장, P-73A는 비행금지 구역이다. UA-14는 공주지역의 초경량비행장치 훈련공역이다.

60 다음 중 초경량비행장치의 비행 가능한 지역은 어느 것인가?

① (RK)R-14 ② UFA
③ MOA ④ P65

61 비행금지, 제한구역 등에 대한 설명 중 틀린 것은?

① P-73, P-518, P-61~65 지역은 비행금지구역이다.
② 군/민간 비행장의 관제권은 주변 9.3km 까지의 구역이다
③ 원자력 발전소, 연구소는 주변 약 18.6km 까지의 구역이다.
④ 서울지역 R-75내에서는 비행이 금지되어 있다.

정답 55.④ 56.① 57.① 58.① 59.④ 60.② 61.④

62 R-75 제한구역의 설명 중 가장 적절한 것은?

① 수도권 인구밀집 비행제한구역
② 군 사격장, 공수낙하훈련장
③ 서울지역 비행금지구역
④ 초경량비행장치 전용공역

63 비행금지구역의 통제 관할기관으로 맞지 않는 것은?

① P-73A/B 서울지역 : 수도방위사령부
② P-518 휴전선지역 : 합동참모본부
③ P-61~65 A구역 : 합동참모본부
④ P-61~65 B구역 : 각 군사령부

해설 P-61~65 B구역은 각 지방항공청에서 통제한다.

64 초경량비행장치의 비행안전을 확보하기 위하여 초경량비행장치의 비행활동에 대한 제한이 필요 한 공역은?

① 관제공역 ② 주의공역
③ 훈련공역 ④ 비행제한공역

65 다음 중 공역의 종류 중 통제공역이 아닌 것은?

① 비행금지구역
② 비행제한구역
③ 관제권
④ 초경량비행장치 비행제한구역

해설 관제권은 관제공역이다.

66 다음 중 비행금지구역이 아닌 곳은?

① P-73A/B ② P-518
③ 관제권   ④ P-61

해설 관제권은 관제공역이지 금지구역은 아님. 관할 관제탑(비행장)과 지방항공청에 승인 시 비행가능

67 다음은 무엇에 관한 설명인가?

> 비행장 또는 공항과 그 주변의 공역으로서 항공 교통의 안전을 위하여 국토교통부 장관이 지정, 공고한 공역을 말한다.

① 관제구 ② 관제권
③ 영공   ④ 항공로

68 비행금지구역이 아닌 곳은?

① 서울 강북 청와대 인근지역
② 휴전선 지역
③ 원자력 지역
④ 공항이나 비행장 주변의 관제권

해설 공항이나 비행장 주변의 관제권은 관제공역의 하나이다.

69 비행금지 구역이나 관제권에서 비행 승인을 받고자 할 때 틀린 것은?

① 비행금지구역 P-518 휴전선 지역은 합동참모본부에서 승인을 받는다.
② 원자력 지역 P-61A 구역은 부산지방항공청에서 받는다.
③ 원자력 지역 P-61B 구역은 부산지방항공청에서 받는다.
④ 여수, 무안공항 관제권은 부산지방항공청에서 받는다.

정답 62.① 63.④ 64.④ 65.③ 66.③ 67.② 68.④ 69.②

해설 원전지역 A구역은 합동참모본부, B구역은 각 지방항공청에서 받는다.

70 초경량비행장치 사용자의 준용규정 설명으로 맞지 않는 것은?

① 주류섭취에 관하여 항공종사자와 동일하게 0.02%이상 제한을 적용한다.
② 항공종사자가 아니므로 자동차 운전자 규정인 0.03%이상을 적용한다.
③ 마약류 관리에 관한 법률 제2조제1호에 따른 마약류 사용을 제한한다.
④ 화학물질관리법 제22조제1항에 따른 환각물질의 사용을 제한한다.

해설 항공안전법 제131조 준용규정에 의거 항공안전법 제57조를 준용하여야 한다.

71 다음 중 항공종사자가 아닌 사람은?

① 자가용 조종사
② 부조종사
③ 항공교통관제사
④ 무인항공기 운항관련 업무자

해설 항공안전법 제34조(항공종사자 자격증명)
항공업무에 종사하려는 사람은 국토교통부령으로 정하는 바에 따라 항공종사자 자격증명을 받아야 한다. 다만 "항공업무 중 무인항공기 운항업무는 그러하지 아니하다" 라고 규정하고 있다.

72 초경량비행장치 사고로 분류할 수 없는 것은?

① 초경량비행장치에 의한 사람의 사망, 중상 또는 행방불명
② 초경량비행장치의 덮개나 부분품의 고장
③ 초경량비행장치의 추락, 충돌 또는 화재 발생
④ 초경량비행장치의 위치를 확인할 수 없거나 비행장치에 접근이 불가할 경우

해설 ① 초경량비행장치에 의한 사람의 사망 · 중상 또는 행방불명
③ 초경량비행장치의 추락 · 충돌 또는 화재 발생
④ 초경량비행장치의 위치를 확인할 수 없거나 초경량비행장치에 접근이 불가능한 경우

73 초경량비행장치의 사고 중 항공철도사고조사위원회가 사고의 조사를 하여야 하는 경우가 아닌 것은?

① 차량이 주기된 초경량비행장치를 파손시킨 사고
② 초경량비행장치로 인하여 사람이 중상 또는 사망한 사고
③ 비행 중 발생한 화재사고
④ 비행 중 추락, 충돌 사고

74 사고 발생 시 조치사항으로 틀린 것은?

① 사고 후 기체 등을 사고조사가 쉽게 한 곳에 모아 놓는다.
② 인명사고 시 인명구호를 위해 필요한 조치를 한다.
③ 사고 조사를 위해 기체, 현장을 보존한다.
④ 사고 조사에 도움이 되는 정황 사진 및 동영상 자료를 세부적으로 촬영한다.

해설 사고 발생 시 현장보존은 필수적이다.

정답 70.② 71.④ 72.② 73.① 74.①

75 초경량 비행장치 사고 발생 후 사고조사 담당 기관은 어디인가?

① 국토교통부
② 항공철도 사고 조사위원회
③ 군검찰 및 헌병
④ 검찰 및 경찰

76 사고 발생 시 최초 보고 사항에 포함되지 않는 것은?

① 조종자 및 초경량비행장치 소유자의 성명 또는 명칭
② 사고 발생 지역의 기상상태
③ 초경량비행장치의 종류 및 신고 번호
④ 인적 물적 피해의 개요(간단히)

해설 6하 원칙에 의거 간단히 필수 보고사항을 보고한다.

77 초경량비행장치에 의하여 중사고가 발생한 경우 사고조사를 담당하는 기관은?

① 관할 지방항공청
② 항공교통관제소
③ 교통안전공단
④ 항공 철도사고조사위원회

해설 항공기, 경량 항공기, 초경량 비행장치 등 항공사고 조사는 모두 담당

78 다음 초경량비행장치의 사고 발생 시 최초 보고 사항이 아닌 것은?

① 조종자 및 그 초경량비행장치 소유자 등의 성명 또는 명칭
② 사고가 발생한 일시 및 장소
③ 초경량비행장치의 종류 및 신고번호
④ 사고의 세부적인 원인

해설 최초 보고시는 사고의 개략적인 경위만 보고한다.

79 초경량비행장치를 사용하여 영리 목적을 할 경우 보험에 가입하여야 한다. 그 경우가 아닌 것은?

① 항공기 대여업에서의 사용
② 초경량비행장치 사용 사업에의 사용
③ 초경량비행장치 조종교육에의 사용
④ 초경량비행장치의 판매 시 사용

해설 보험가입의 경우 : 항공기 대여업에서의 사용, 초경량비행장치사용 사업에의 사용, 초경량 비행장치의 조종교육에의 사용

80 다음의 초경량비행장치 중 국토부에서 정하는 보험에 가입하여야 하는 것은?

① 영리 목적으로 사용되는 인력 활공기
② 개인의 취미활동에 사용되는 행글라이더
③ 영리 목적으로 사용되는 동력비행장치
④ 개인의 취미활동에 사용되는 낙하산

해설 보험가입은 영리목적으로 비행하는 동력, 회전익, 패러플레인, 유인자유기구에 적용된다.

81 초경량무인비행장치 비행 시 조종자 준수사항을 따르지 않을 경우 항공안전법에 따라 부과되는 과태료는 얼마인가?

① 100만원   ② 200만원
③ 300만원   ④ 500만원

해설 2022년 12월 8일 이후 300만원 이하 과태료

정답 75.② 76.② 77.④ 78.④ 79.④ 80.③ 81.③

82 초경량무인비행장치의 비행안전을 위한 기술상의 기준에 적합하다는 안전성 인증을 받지 아니하고 비행 시 최대 과태료는 얼마인가?

① 250만원 ② 300만원
③ 400만원 ④ 500만원

83 초경량비행장치로 비행제한구역을 승인을 받지 아니하고 비행 시 벌금은 얼마인가?

① 100만원 ② 200만원
③ 300만원 ④ 500만원

84 위반행위에 대한 과태료 금액이 잘못된 것은?

① 신고번호를 표시하지 않았거나 거짓으로 표시한 경우 100만원이다.
② 말소 신고를 하지 않은 경우 30만원이다.
③ 조종자 증명을 받지 아니하고 비행한 경우 400만원이다.
④ 조종자 준수사항을 위반한 경우 200만원이다.

해설 2022년 12월 8일 이후 300만원 이하 과태료

85 조종자 준수사항을 따르지 않고 비행한 경우의 최대 과태료는?

① 30만원 ② 50만원
③ 100만원 ④ 300만원

해설 2022년 12월 8일 이후 300만원 이하 과태료

86 말소 신고를 하지 않았을 시 최대 과태료는?

① 5만원 ② 15만원
③ 30만원 ④ 50만원

87 다음 과태료의 금액이 가장 적은 위반 행위는?

① 조종자 증명을 받지 않고 비행 시
② 조종자 준수사항을 따르지 않고 비행한 경우
③ 안전성 인증을 받지 않고 비행한 경우
④ 초경량비행장치의 말소신고를 하지 않은 경우

해설 ① 400만원
② 300만원
③ 500만원
④ 30만원

88 다음 중 가장 큰 금액의 위반행위는 무엇인가?

① 신고 표시하지 않거나 허위로 한 경우
② 승인을 받지 않고 비행한 경우
③ 조종자 자격증명 없이 초경량비행장치를 비행한 경우
④ 안전성 인증을 받지 않고 비행한 경우

해설 ① 100만원
② 300만원
③ 400만원
④ 500만원

정답 82.④ 83.④ 84.④ 85.④ 86.③ 87.④ 88.④

89 초경량비행장치 소유자 등은 법에 따른 신고를 하여야 한다. 다음 초경량비행장치 신규신고 사항에 대한 설명 중 옳지 않는 것은?

① 신규 신고서류에는 초경량비행장치를 소유하거나 사용할 수 있는 권리가 있음을 증명하는 서류가 포함된다.
② 신규신고서류에는 초경량비행장치의 제원 및 성능표가 포함된다.
③ 신규신고서류에는 초경량비행장치의 사진(가로 10cm, 세로 15cm의 정면사진) 이 포함된다.
④ 신규신고는 안전성 인증을 받기 전(안전성 인증대상이 아닌 경우, 소유 또는 사용할 권리가 있는 날부터 30일 이내) 한국교통안전공단 이사장에게 제출하여야 한다.

해설 사진은 가로 15cm, 세로 10cm의 측면사진

90 다음 초경량비행장치 신고에 대한 설명중 옳지 않는 것은?

① 초경량비행장치 신고는 초경량비행장치를 소유하거나 사용할 수 있는 권리가 있는 자가 국토교통부장관(한국교통안전공단이사장에게 위임)에게 신고하는 것이다.
② 초경량비행장치 신고는 연료의 무게를 제외한 자체무게가 12kg 이상인 무인동력비행장치가 대상이다..
③ 시험, 조사, 연구개발을 위하여 제작된 초경량비행장치는 신고를 할 필요가 없다.
④ 판매되지 아니한 것으로 비행에 사용되지 아니하는 초경량비행장치는 신고 할 필요가 없다.

해설 2kg 이상으로 변경(2021.1.1)

91 다음 초경량비행장치 안전성 인증에 대한 설명 중 옳지 않는 것은?

① 안전성인증 대상은 국토교통부령으로 정한다.
② 초경량비행장치 중에서 무인비행기도 안전성인증 대상이다.
③ 무인비행장치 안전성인증 대상은 최대 이륙중량이 25kg을 초과하는 것이다.
④ 초경량비행장치 안전성인증기관은 기술원(항공안전기술원)만이 수행한다.

해설 항공안전기술원 이외에 시설기준을 충족하는 기관 또는 단체 중에서 실시 가능

92 멀티콥터의 안전성인증에 대하여 설명 중 틀린 것은?

① 실시하는 이유는 비행안전을 위해서다.
② 설계, 비행계획, 장치 등 모두를 검사한다.
③ 초도, 정기, 재, 수시 인증 등이 있다.
④ 운영규정과 정비규정을 점검한다.

정답 89.③ 90.② 91.④ 92.②

93 초경량비행장치 조종자증명에 대한 설명 중 옳지 않은 것은?

① 초경량비행장치 조종자증명 기준은 국토교통부령으로 정한다.
② 부정한 방법으로 조종자증명을 받은 경우 조종자증명을 취소한다.
③ 효력정지 기간에 초경량비행장치를 비행한 경우 조종자증명을 취소한다.
④ 조종자준수사항 위반의 경우, 2년 이내 기간을 정하여 효력정지를 명할 수 있다.

해설 조종자 준수사항 위반의 경우 1년 이내 기간을 정하여 효력정지

94 다음 무인비행장치 조종자가 준수해야하는 사항으로 옳은 것은?

① 일몰 후부터 일출 전까지의 야간에 비행하는 행위
② 주류 등의 영향으로 조종업무를 정상적으로 수행할 수 없는 상태로 조종하는 행위
③ 비행 중 주류 등을 섭취하거나 사용하는 행위
④ 무인비행장치를 육안으로 확인할 수 있는 범위에서 조종하는 행위

95 다음 중 적법하게 초경량비행장치를 운용한 사람은?

① A씨는 이착륙장을 관리하는 사람과 사전에 협의하여, 비행승인 없이 이착륙장에서 반경 2.5km범위에서 100m 고도로 비행하였다.
② B씨는 비행승인 없이 초경량비행장치 비행제한구역에서 200m고도로 비행하였다.
③ C씨는 비행승인 없이 비행금지구역에서 50m고도로 비행하였다.
④ D씨는 비행승인 없이 관제권이 운용되는 공항으로부터 8.2km 지점에서 100m고도로 비행하였다.

96 다음 중 초경량비행장치의 비행안전을 확보하기 위하여 초경량비행장치의 비행활동에 대한 제한이 필요한 공역은?

① 경계구역
② 초경량비행장치 비행제한구역
③ 훈련구역
④ 정보구역

97 다음 중 관제권에 대한 설명으로 옳지 않는 것은?

① 관제권은 계기비행항공기가 이착륙하는 공항에 설정되는 공역이다.
② 관제권은 하나의 공항에 대해 설정하며, 다수의 공항을 포함할 수 없다.
③ 관제권은 수평적으로 공항중심(ARP)로부터 반경 5NM까지 설정할 수 있다.
④ 관제권은 수직적으로 지표면으로부터 3,000~5,000ft까지 설정할 수 있다.

해설 관제권은 공역이 중복되는 다수의 공항을 포함할 수 있다.

정답 93.④ 94.④ 95.① 96.② 97.②

98 다음 중 최대이륙중량이 15kg인 무인멀티콥터를 비행할 때 비행승인을 받아야 하는 공역이 아닌 것은?

① 관제권
② 비행금지 구역
③ 지표면에서부터 200m 고도
④ 관제권, 비행금지구역이 아닌 150m 미만의 구역

99 다음 무인비행장치 전문교관 등록 취소 사유에 대한 설명 중 옳지 않는 것은?

① 항공안전법에 따른 15일 이상의 행정처분을 받은 경우
② 허위로 작성된 비행경력증명서 등을 확인하지 아니하고 서명 날인한 경우
③ 비행경력증명서 등을 허위로 제출한 경우
④ 실기시험위원으로 지정된 사람이 부정한 방법으로 실기시험을 진행한 경우

해설 법 제125조제2항에 따른 행정처분(효력정지 30일 이하인 경우에는 제외)을 받은 경우

100 다음 무인비행장치 전문교관으로 등록하려는 사람이 제출해야하는 서류에 관한 설명 중 옳지 않은 것은?

① 전문교관 등록신청서
② 비행경력증명서
③ 해당분야 조종교육교관과정 이수 증명서(지도조종자 등록신청자에 한함)
④ 해당분야 실기평가과정 이수증명서(전문교관 등록신청자에 한함)

해설 해당 분야 실기평가과정 이수증명서(실기평가조종자 등록신청자에 한함)

정답 98.④ 99.① 100.④

Section 03 항공사업법

주요 내용
- 초경량비행장치 관련 항공사업법
- 비행장치 사업등록
- 벌칙

01 초경량비행장치 관련 항공사업법

가. 용어의 정의

① **항공사업** : 이 법에 따라 국토교통부장관의 면허, 허가 또는 인가를 받거나 국토교통부장관에게 등록 또는 신고하여 경영하는 사업을 말한다.

② **항공기대여업** : 타인의 수요에 맞추어 유상으로 항공기, 경량항공기 또는 초경량비행장치를 대여(貸與)하는 사업을 말한다.

③ **초경량비행장치사용사업** : 타인의 수요에 맞추어 국토교통부령으로 정하는 초경량비행장치를 사용하여 유상으로 농약살포, 사진촬영 등 국토교통부령으로 정하는 업무를 하는 사업을 말한다.

④ **항공레저스포츠사업** : 타인의 수요에 맞추어 유상으로 다음 각 목의 어느 하나에 해당하는 서비스를 제공하는 사업을 말한다.
  - 항공기(비행선과 활공기에 한정한다), 경량항공기 또는 국토교통부령으로 정하는 초경량비행장치를 사용하여 조종교육, 체험 및 경관조망을 목적으로 사람을 태워 비행하는 서비스
  - 다음 중 어느 하나를 항공레저스포츠를 위하여 대여하여 주는 서비스
    - 활공기 등 국토교통부령으로 정하는 항공기
    - 경량항공기
    - 초경량비행장치

⑤ 경량항공기 또는 초경량비행장치에 대한 정비, 수리 또는 개조서비스

나. 초경량비행장치 사용 사업

1) 정의 [항공사업법 제2조]

초경량비행장치사용 사업이란 타인의 수요에 맞추어 국토교통부령으로 정하는 초경량비행장치를 사용하여 유상으로 농약살포, 사진촬영 등 국토교통부령으로 정하는 업무를 하는 사업을 말한다.

2) 초경량비행장치 사용사업의 범위

① 비료 또는 농약 살포, 씨앗 뿌리기 등 농업 지원
② 사진촬영, 육상·해상 측량 또는 탐사
③ 산림 또는 공원 등의 관측 또는 탐사
④ 조종교육
⑤ 그 밖의 업무로서 다음 각 목의 어느 하나에 해당하지 아니하는 업무
  • 국민의 생명과 재산 등 공공의 안전에 위해를 일으킬 수 있는 업무
  • 국방·보안 등에 관련된 업무로서 국가 안보에 위협을 가져올 수 있는 업무

다. 초경량비행장치 영리 목적 사용금지 [항공사업법 제71조]

누구든지 초경량비행장치를 사용하여 비행하려는 자는 다음 각 호의 어느 하나에 해당하는 경우를 제외하고는 초경량비행장치를 영리목적으로 사용해서는 아니 된다.
① 항공기대여업에 사용하는 경우
② 초경량비행장치사용사업에 사용하는 경우
③ 항공레저스포츠사업에 사용하는 경우

02 비행장치 사업등록

가. 사업등록 방법

1) 초경량비행장치사용사업을 경영하려는 자는 국토교통부령으로 정하는 바에 따라 신청서에 사업계획서와 그 밖에 국토교통부령으로 정하는 서류를 첨부하여 국토교통부장관에게 등록
2) 등록한 사항 중 국토교통부령으로 정하는 사항을 변경하려는 경우에는 국토교통부장관에게 신고

그림 드론 원스탑 민원 포털서비스의 사업 신고서 등록

3) 초경량비행장치사용사업의 등록요건

구 분	기 준
1. 자본금 또는 자산평가액	가. 법인: 납입자본금 3천만원 이상 나. 개인: 자산평가액 3천만원 이상
2. 조종자	1명 이상
3. 장치	초경량비행장치(무인비행장치로 한정한다) 1대 이상
4. 보험(해당 보험에 상응하는 공제를 포함)	제3자 보험에 가입할 것

4) 초경량비행장치사용사업의 등록 신청 : 초경량비행장치 사용사업을 등록하려는 자는 별지 서식(항공사업법 시행규칙 별지 제26호)의 등록신청서(전자문서로 된 신청서를 포함)에 다음의 서류(전자문서를 포함)를 첨부하여 지방항공청장에게 제출

① **사업계획서**
㉮ 사업목적 및 범위
㉯ 초경량비행장치의 안전성 점검 계획 및 사고 대응 매뉴얼 등을 포함한 안전관리대책
㉰ 자본금
㉱ 상호·대표자의 성명과 사업소의 명칭 및 소재지

⑪ 사용시설·설비 및 장비 개요

⑫ 종사자 인력의 개요(반드시 조종자 표시 포함)

⑬ 사업 개시 예정일

② **부동산을 사용할 수 있음을 증명하는 서류**(타인의 부동산을 사용하는 경우만 해당)

③ **자본금 입증서류**(최대이륙중량 25kg 초과 무인비행장치를 사용할 경우에만 제출)

㉮ (법인) 법인등기의 납입자본금 3천만원 이상

㉯ (개인) 예금잔액증명서 등, 자산평가액 4,500만원 이상

④ **조종자**(사업계획서 종사자 인력개요에 명단 기재)

  * 배터리 포함 자체중량 12kg 초과 시 자격증 사본 앞·뒷면 첨부

⑤ **초경량비행장치 신고증명서 사본**(초경량비행장치 1대 이상)

  * 최대이륙중량 25kg 초과 시 항공안전기술원의 안전성인증서 첨부

⑥ **보험가입증서**(기체별 대인 1억5천만원 이상)

⑦ **기타**

㉮ 법인등기부등본 또는 사업자등록증

㉯ 대표 및 등기임원 주민등록번호

㉰ 항공사업법 제9조(면허의 결격사유 등)에 의하여 대표 및 임원에 대한 면허 결격 사유 해당여부 확인을 위해 주민등록번호 필요

㉱ 조종교육은 고정자산이고 상시적으로 운영하는 비행 실습장을 사업장으로 등록하고자 할 경우

  • 부동산 사용권리 증빙서류·안전장비 및 시설 현황 및 사진

  • 실습장 안전관리 대책 등 제출

㉲ 자체 제작한 비행장치인 경우 최대이륙중량을 입증할 수 있는 서류

  • 제작사 매뉴얼, 설계 자료 또는 최대이륙중량 상태에서의 무게 측정 사진

나. 사업등록 기관

관할기관(구역)	내 용	연락처
서울지방항공청 항공안전과 (서울, 인천, 대전, 세종, 경기, 강원, 충북, 충남, 전북)	사업등록	(032)740-2169
부산지방항공청 항공안전과 (부산, 대구, 울산, 광주, 경남, 경북, 전남)	사업등록	(051)974-2148
제주지방항공청 안전운항과 (제주특별자치도)	사업등록	(064)797-1742

03 벌칙 [항공사업법 제78조]

가. 다음 각 호의 어느 하나에 해당하는 자는 **1년 이하의 징역 또는 1천만원 이하의 벌금**에 처한다.

1) 제48조제1항에 따른 등록을 하지 아니하고 초경량비행장치사용사업을 경영한 자
2) 제49조제2항에서 준용하는 제33조에 따른 명의대여 등의 금지를 위반한 초경량비행장치사용사업자

나. 다음 각 호의 어느 하나에 해당하는 자는 **1천만원 이하의 벌금**에 처한다.

제49조제7항에서 준용하는 제39조에 따른 명령을 위반한 초경량비행장치사용사업자

 section OX

1. 초경량비행장치사용사업이란 초경량비행장치를 사용하여 유상으로 농약살포, 사진촬영, 조종교육 등 국토교통부령으로 정하는 업무를 말한다. ○

2. 초경량비행장치 항공사업 등록 시 드론 원스탑 민원 포털 서비스를 이용하여 사업등록을 할 수 있다. ○

Section 04 공항시설법

주요 내용
- 초경량비행장치 관련 공항시설법

01 초경량비행장치 관련 공항시설법

가. 용어의 정의 [공항시설법 제2조]

① **비행장** : 항공기·경량항공기·초경량비행장치의 이륙[이수(離水)를 포함한다. 이하 같다]과 착륙[착수(着水)를 포함한다. 이하 같다]을 위하여 사용되는 육지 또는 수면(水面)의 일정한 구역으로서 대통령령으로 정하는 것을 말한다.

② **비행장시설** : 비행장에 설치된 항공기의 이륙·착륙을 위한 시설과 그 부대시설로서 국토교통부장관이 지정한 시설을 말한다.

③ **활주로** : 항공기 착륙과 이륙을 위하여 국토교통부령으로 정하는 크기로 이루어지는 공항 또는 비행장에 설정된 구역을 말한다.

④ **장애물 제한표면** : 항공기의 안전운항을 위하여 공항 또는 비행장 주변에 장애물(항공기의 안전운항을 방해하는 지형·지물 등을 말한다)의 설치 등이 제한되는 표면으로서 대통령령으로 정하는 구역을 말한다.

⑤ **항행안전시설** : 유선통신, 무선통신, 인공위성, 불빛, 색채 또는 전파(電波)를 이용하여 항공기의 항행을 돕기 위한 시설로서 국토교통부령으로 정하는 시설을 말한다.

⑥ **항공등화** : 불빛, 색채 또는 형상(形象)을 이용하여 항공기의 항행을 돕기 위한 항행안전시설로서 국토교통부령으로 정하는 시설을 말한다.

⑦ **이착륙장** : 비행장 외에 경량항공기 또는 초경량비행장치의 이륙 또는 착륙을 위하여 사용되는 육지 또는 수면의 일정한 구역으로서 대통령령으로 정하는 것을 말한다.

나. 항행안전시설 [공항시설법 시행규칙 제5조, 공항시설법 제6조]

1) 항행안전시설 [공항시설법 시행규칙 제5조]

① **항공등화** : 불빛을 이용하여 항공기의 항행을 돕기 위한 시설
② **항행안전무선시설** : 전파를 이용하여 항공기의 항행을 돕기 위한 시설
③ **항공정보통신시설** : 전기통신을 이용하여 항공교통업무에 필요한 정보를 제공·교환하기 위한 시설

2) 항공등화 [공항시설법 제6조]

① **활주로등(Runway Edge Lights)** : 이륙 또는 착륙하려는 항공기에 활주로를 알려주기 위하여 그 활주로 양측에 설치하는 등화
② **유도로등(Taxiway Edge Lights)** : 지상주행 중인 항공기에 유도로·대기지역 또는 계류장 등의 가장자리를 알려주기 위하여 설치하는 등화
③ **활주로유도등(Runway Leading Lighting Systems)** : 활주로의 진입경로를 알려주기 위하여 진입로를 따라 집단으로 설치하는 등화
④ **풍향등(Illuminated Wind Direction Indicator)** : 항공기에 풍향을 알려주기 위하여 설치하는 등화

다. 항공등화의 설치기준 [공항시설법 시행규칙 별표#14]

1) 항공등화 설치기준제 [36조제2항제1호 관련 기준]

| 항공등화 종류 | 육상비행장 | | | | | 육상 헬기장 | 최소광도 (cd) | 색상 |
| | 비계기 진입 활주로 | 계기진입 활주로 | | | | | | |
		비정밀	카테고리 I	카테고리 II	카테고리 III			
비행장등대	O	O	O	O	O		2,000	흰색, 녹색
활주로등	O	O	O	O	O		10,000	노란색, 흰색
유도로등	O	O	O	O	O		2	파란색
유도로중심선등					O		20	노란색, 녹색
정지선등				O	O		20	붉은색
활주로경계등			O	O	O		30	노란색
풍향등	O	O	O	O	O	O	-	흰색
유도로안내등	O	O	O	O	O		10	붉은색, 노란색 및 흰색

라. 표지등 및 표지 설치대상 구조물 [공항시설법 시행규칙 제28조 1항]

① 장애물이 주간에 별표 14에 따른 중광도 A형태의 표시등을 설치하여 운영되는 구조물 중 그 높이가 지표 또는 수면으로부터 150미터 이하인 구조물에는 표지의 설치를 생략할 수 있다.

→ 따라서 150m 이상이면 설치를 해야 한다.

 section OX

1. 유도로등(Taxiway Edge Lights)은 지상주행 중인 항공기에 유도로·대기지역 또는 계류장 등의 가장자리를 알려주기 위하여 설치하는 등화를 말한다.   ○

2. 표지 등 및 표지 설치대상 구조물의 높이가 150미터 이상이면 설치해야 한다.   ○

출제예상문제

01 다음 중 초경량비행장치 사용사업의 범위가 아닌 경우는?

① 비료 또는 농약살포, 씨앗 뿌리기 등 농업 지원
② 사진촬영, 육상 및 해상측량 또는 탐사
③ 산림 또는 공원 등의 관측 및 탐사
④ 지방 행사시 시범 비행

> **해설** 초경량비행장치 사용사업의 범위
> 1. 비료 또는 농약 살포, 씨앗 뿌리기 등 농업 지원
> 2. 사진촬영, 육상 및 해상 측량 또는 탐사
> 3. 산림 또는 공원 등의 관측 및 탐사
> 4. 조종교육

02 초경량비행장치의 사업범위가 아닌 것은?

① 농약살포　② 항공촬영
③ 산림조사　④ 야간정찰

03 초경량비행장치를 소유하거나 사용할 수 있는 권리가 있는 자는 초경량비행장치를 영리목적으로 사용하여서는 아니 된다. 그러나 국토교통부령으로 정하는 보험 또는 공제에 가입한 경우는 그러하지 않는데 아닌 경우는?

① 항공기 대여업에의 사용
② 항공기 운송사업
③ 초경량비행장치 사용사업에의 사용
④ 항공레저스포츠 사업에의 사용

> **해설** 항공기대여업에의 사용, 초경량비행장치사용사업에의 사용, 항공레저스포츠사업에의 사용

04 항공기의 항행안전을 저해할 우려가 있는 장애물 높이가 지표 또는 수면으로부터 몇 미터 이상이면 항공장애 표시등 및 항공장애 주간표지를 설치하여야 하는가?(단 장애물 제한구역 외에 한 한다.)

① 50미터
② 100미터
③ 150미터
④ 200미터

> **해설** 공항시설법 시행규칙 #9
> - 주야간 150m

05 다음 중 공항시설법상 유도로등의 색은?

① 녹색　② 청색
③ 백색　④ 황색

06 다음 중 항공사업법의 목적이 아닌 것은?

① 대한민국 항공사업의 체계적인 성장기반 마련
② 항공사업의 질서유지
③ 사업주의 편의 향상
④ 국민경제의 발전

> **해설** 대한민국 항공사업의 체계적인 성장과 경쟁력 강화 기반을 마련하는 한편, 항공사업의 질서유지 및 건전한 발전을 도모하고 이용자의 편의를 향상시켜 국민경제의 발전과 공공복리의 증진에 이바지함.

정답　01.④　02.④　03.②　04.③　05.②　06.③

07 다음 중 초경량비행장치 사용사업 등록요건이 아닌 것은?

① 초경량비행장치(무인비행장치 한정) 1대 이상
② 자본금 5,000만원 이상
③ 조종자 1명 이상
④ 제3자 보험가입

해설 자본금 또는 자산평가액이 3,000만원 이상

08 다음 중 초경량비행장치 사용사업의 종류가 아닌 것은?

① 비료 또는 농약 살포, 씨앗뿌리기 등 농업지원
② 사진촬영, 육상해상 측량 또는 탐사
③ 항공운송업
④ 조종교육

해설 항공사업법 시행규칙 제6조 참조

09 다음 중 초경량비행장치 사용사업 변경신고와 관련된 내용이 아닌 것은?

① 자본금 감소 시 신고
② 사유가 발생한 날로부터 15일 이내 신고
③ 대표자 변경시 신고
④ 사업범위 변경 시 신고

해설 변경신고는 사유발생일로부터 30일 이내 신고

10 다음 중 25kg이하인 무인비행장치만을 사용하여 초경량비행장치 사용사업을 하려는 자의 등록요건으로 옳지 않은 것은?

① 개인의 경우 자산평가액 3천만원 이상
② 조종자 1명 이상
③ 초경량비행장치(무인비행장치) 1대 이상
④ 제3자 보험가입

해설 자본금 입증서류는 최대이륙중량 25kg 초과 무인비행장치를 사용할 경우에만 제출

11 다음 중 초경량비행장치 사용사업 등록 결격사유로 옳지 않는 것은?

① 대한민국 국민이 아닌 사람, 외국정부 또는 외국의 공공단체
② 위의 가항의 어느 하나에 해당하는 자가 주식이나 지분의 1/3이상을 소유한 경우
③ 피성년후견인, 피한정후견인 또는 파산선고를 받고 복권되지 아니한 사람
④ 항공안전법을 위반하여 금고이상의 실형을 선고받은 자

해설 주식이나 지분의 1/2이상을 소유한 경우

12 초경량비행장치 사용사업의 등록 시 사업계획서에 들어가는 내용이 아닌 것은?

① 사업목적 및 범위
② 안전관리대책
③ 사업개시 예정일
④ 사업개시 후 3개월 간 운용 재원계획

해설 포함사항 : 사업목적 및 범위, 안전관리대책, 자본금, 상호/대표자의 성명과 사업소 명칭 및 소재지, 사용시설·설비 및 장비의 개요, 종사자 인력의 개요, 사업 개시 예정일 등

정답 07.② 08.③ 09.② 10.① 11.② 12.④

13 다음 중 초경량비행장치 사용사업의 등록 시 사업계획에 포함하는 내용이 아닌 것은?

① 사업수지 계산 증명서류
② 사업 목적 및 범위
③ 초경량비행장치 안전성 점검계획 등 안전관리대책
④ 사용시설 장비, 종사자 인력의 개요

해설 **포함사항** : 사업목적 및 범위, 안전관리대책, 자본금, 상호/대표자의 성명과 사업소 명칭 및 소재지, 사용시설·설비 및 장비의 개요, 종사자 인력의 개요, 사업 개시 예정일 등

정답   13.①

Section 05

Q&A를 통해 알아보는 무인비행장치의 모든 것

주요 내용
- 질의응답식 관련 법규
- 비행정보

01 질의 응답식 관련 법규

가. 비행장치 구매 시 안전비행 절차

구분	완구용 모형비행장치	④종 무인비행장치 (250g초과~2kg)	③종 무인비행장치 (2kg초과~7kg)	②종 무인비행장치 (7kg초과~25kg)	①종 무인비행장치 (25kg초과)	비고
장치 신고	사업 : 신고 비사업 : X	사업 : 신고 비사업 : X	소유자 신고	소유자 신고	소유자 신고	한국교통안전공단 (드론관리처)
사업 등록	사업 시 사업등록	사업 시 사업등록	사업 시 사업등록	사업 시 사업등록	사업 시 사업등록	한국교통안전공단 (드론관리처)
안전성 인증	X	X	X	X	안전성 인증	항공안전기술원
조종자격 증명	X	온라인 교육 (한국교통안전공단 주관)	필기 + 비행경력(6시간)	필기+비행경력(10시간) +실기시험	필기+비행경력(20시간) +실기시험	한국교통안전공단
비행 승인	비행금지구역, 관제권에서 비행하거나 그 밖의 고도 150m이상의 고도에서 비행 시 만 승인				초경량비행장치 전용구역(32개)을 비행시 승인 불필요(기타 승인)	한국교통안전공단 (드론관리처) 국방부
항공 촬영	항공촬영을 하려는 경우 국방부의 별도 허가 필요					국방부
조종자 준수사항	조종자 준수사항에 따라서 비행					

※ 상기 기준은 자체중량 150kg 이하인 무인동력비행장치에 적용
※ 비행제한구역 및 비행금지구역, 관제권, 고도 150m이상에서 비행시는 무게와 상관없이 비행승인
  최대이륙중량 25kg 초과 기체는 상시 승인 필요(단, 초경량비행장치 비행공역에서는 승인없이 가능)
※ 비행금지구역이더라도 초, 중, 고학교 운동장에서는 지도자의 감독아래 교육목적의 고도 20m이내 비행은 가능함.(7kg이하)
※ 조종자격증명 응시 연령 : ④종 무인비행장치는 만 10세 이상, ③~①종은 만 14세 이상

※ 업무별 처리기관 연락처

업무내용	관할지역
장치신고	한국교통안전공단 드론관리처(054-459-7942~8)
사업 신고	한국교통안전공단 드론관리처 (054-459-7942~8)
안전성 인증	항공안전기술원 (032-727-5891)
조종자격 증명	교통안전공단 드론 자격연구센터(031-645-2103, 2104)
비행승인	서울지방항공청 항공운항과 (032-740-2157~8) 부산지방항공청 항공운항과 (051-974-2153) 제주지방항공청 안전운항과 (064-797-1745)
공역 관련	서울지방항공청 관제과 (032-740-2185) 부산지방항공청 항공관제국 (051-974-2206) 제주지방항공청 항공관제과 (064-797-1764)
국방부	콜센터 1577-9090, 대표전화(교환실) 02-748-1111, 수도방위사령부(서울 비행금지구역 허가 관련) 02-524-3413 보안암호정책과(항공촬영 허가 관련) 02-748-2344

※ 지방항공청 관할지역

지방항공청	관할지역
서울지방항공청 관할	서울특별시, 경기도, 인천광역시, 강원도, 대전광역시, 충청남도, 충청북도, 세종특별자치시, 전라북도.
부산지방항공청 관할	부산광역시, 대구광역시, 울산광역시, 광주광역시, 경상남도, 경상북도, 전라남도.
제주지방항공청 관할	제주특별 자치도.

나. 취미용 드론(무인비행장치)은 안전관리 대상이 아닌가요? A x

해설 취미활동으로 드론(무인비행장치)을 이용하는 경우라도 조종자 준수사항은 반드시 지켜야 한다. 이는 타 비행체와의 충돌을 방지하고 무인비행장치 추락으로 인한 지상의 제3자 피해를 예방하기 위한 최소한의 안전장치이기 때문이다. 또한 비행금지구역이나 관제권(공항 주변 반경 9.3km)에서 비행할 경우에도 무게나 비행 목적에 관계없이 허가가 필요하다.

다. 드론(무인비행장치)을 실내에서 비행할 때에도 비행승인을 받아야 되나요?

 X

해설 사방, 천장이 막혀있는 실내 공간에서의 비행은 승인을 필요로 하지 않는다. 또한 적절한 조명장치가 있는 실내 공간이라면 야간에도 가능하다. 다만, 어떠한 경우에도 인명과 재산에 위험을 초래할 우려가 없도록 주의해서 비행해야 한다.

라. 비행허가가 필요한 지역과 허가기관을 알려주세요.

1) 아래 지역은 장치 무게나 비행 목적에 관계없이 드론을 날리기 전 반드시 허가가 필요하다.

2) 전국 관제권 및 비행금지구역 현황은 다음과 같다.

① 지도에 표시된 장소에서 드론을 조종하려면 허가가 필요하다.
② 공역 설정현황은 스마트폰 어플(Ready to fly) 또는 브이월드 홈페이지 (www.vworld.kr)에서 보다 자세히 확인할 수 있다.

③ 비행금지구역 및 제한구역에 대한 허가기관

구 분	관할기관
P-73(서울지역)	수도방위사령부(화력과)
P-518(휴전선지역)	합동참모본부(항공작전과)
P-61~P-65의 A구역	합동참모본부(종심작전과)
P-61~P-65의 B구역	각 관할 지방항공청
R-75(수도권 인구밀집지역)	수도방위사령부 방공작전통제소

※ 비행허가 신청은 비행일로부터 최소 3일 전까지, 드론원스탑 민원서비스(drone.onestop.go.kr)를 통해 신청 가능하다. (국방부는 별도)

마. 내가 비행하려는 장소가 허가가 필요한 곳인지 쉽게 찾아볼 수 있는 방법이 있나요? A O

1) 국토교통부와 (사)한국드론협회가 공동 개발한 스마트폰 어플(명칭: Ready to fly)을 다운받으면 전국 비행금지구역, 관제권 등 공역 현황 및 지역별 기상정보, 일출·일몰시각, 지역별 비행허가 소관기관과 연락처 등을 간편하게 조회할 수 있다.
2) 마켓에서 "readytofly" 또는 "드론협회" 검색·설치 후 이용 가능하다.

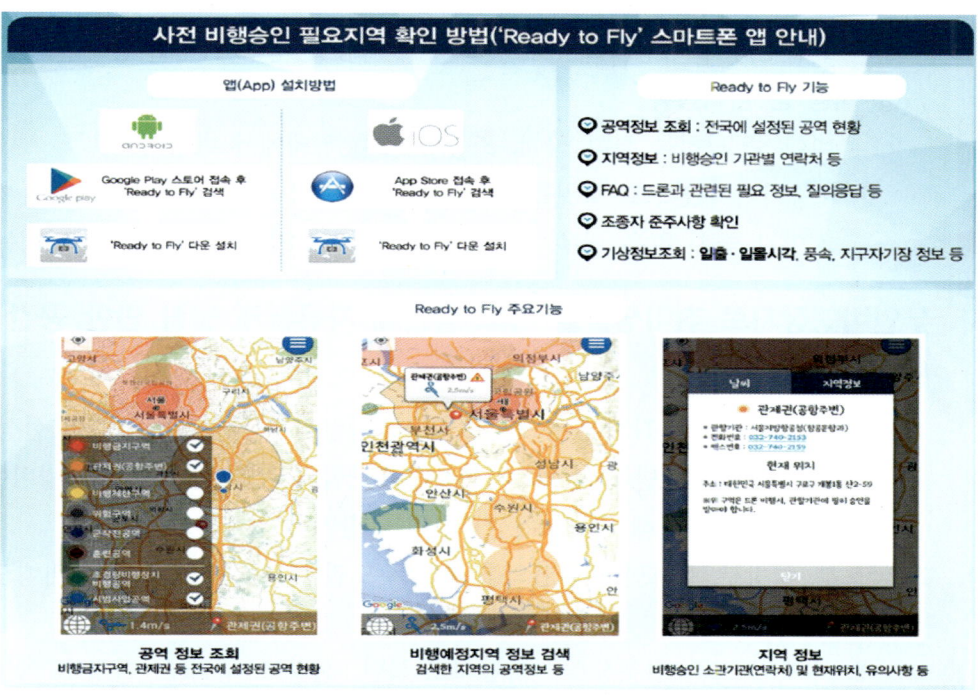

바. 무인비행장치는 마음대로 날릴 수 있다? A X

1) 단순 취미용 무인비행장치라도 모든 조종자가 준수해야 할 안전수칙을 항공안전법에 정하고 있고 조종자는 이를 지켜야 한다. 조종자 준수사항은 비행장치의 무게나 용도와 관계없이 무인비행장치를 조종하는 사람 모두에게 적용된다.
2) 조종자 준수사항을 따르지 않고 비행한 경우 300만원 이하의 과태료가 부과된다.

① **비행금지 시간대** : 야간비행(야간 : 일몰 후부터 일출 전까지)
   ※ 최근 야간에도 특수목적으로 비행 시 사전허가를 득하면 비행 가능하다.

② **비행금지 장소**
   - 비행장으로부터 반경 9.3km 이내인 곳
     → "관제권"이라고 불리는 곳으로 이착륙하는 항공기와 충돌위험 있음.
   - 비행금지구역 (휴전선 인근, 서울도심 상공 일부)
     → 국방, 보안상의 이유로 비행이 금지된 곳.
   - 150m 이상의 고도 → 항공기 비행항로가 설치된 공역임.
   - 인구밀집지역 또는 사람이 많이 모인 곳의 상공(예 : 스포츠 경기장, 각종 페스티벌 등 인파가 많이 모인 곳) → 기체가 떨어질 경우 인명피해 위험이 높음
   ※ 비행금지 장소에서 비행하려는 경우 지방항공청 또는 국방부의 허가 필요
   (타 항공기 비행계획 등과 비교하여 가능할 경우에는 허가)

③ **비행 중 금지행위**
   - 비행 중 낙하물 투하 금지, 조종자 음주 상태에서 비행 금지
   - 조종자가 육안으로 장치를 직접 볼 수 없을 때 비행 금지(예 : 안개 . 황사 등으로 시야가 좋지 않은 경우, 눈으로 직접 볼 수 없는 곳까지 멀리 날리는 경우)

사. 무인비행장치로 취미생활을 하고 싶은데 자유롭게 날릴 만한 공간이 없다.
A X

1) 시화, 양평 등 전국 각지에 총 32개소의 "초경량비행장치 전용공역"이 설정되어 있고, 그 안에서는 허가를 받지 않아도 자유롭게 비행할 수 있다. 참고로, 초경량비행장치 전용공역을 확대하기 위해 관계부처 간 협의를 활발히 진행하고 있다.
2) 국토부, 국방부, 동호단체간 협의를 통해 수도권 내 4곳의 드론 전용 비행장소를 추가 지정한 바 있다.
   ※ 수도권 드론 전용장소 : 가양대교 북단, 신정교, 광나루, 별내 IC 인근
   [비행장 문의 : 한국모형항공협회 ☎ (02)548-1961]

아. 드론으로 사진촬영 하는데도 허가가 필요한가요?

1) 드론으로 사진촬영 하는데 허가가 필요하다. A ○

① 국방부장관은 항공촬영 허가 시 관련 기관 및 업체의 업무를 고려하여 촬영허가 기간을 관공서(최장 3개월), 촬영업체 / 개인(최장 1개월) 이내에서 허가할 수 있다.
② 전국단위 초경량비행장치(드론) 항공촬영 승인은 육군 제 17보병사단(정보참모처)에서 실시하며 보안조치는 해당 책임지역 부대장이 실시한다.
③ 항공사진 촬영신청자는 촬영 4일전(천재지변에 의한 긴급보도 등 부득이한 경우는 제외)까지 인터넷 드론 원스톱(One Stop) 민원처리 시스템(http://www.drone.onestop.go.kr) 의 항공사진 촬영 허가 신청서(붙임 #1)(촬영대상·일시·목적·촬영자 인적사항 등)를 이용하여 신청한다.
④ 항공사진 촬영 허가관련 문의 : 국방부 정보본부 보안암호정책과(02-748-2344)

2) 드론으로 사진촬영 하는데 허가가 필요하지 않다. A X

① 책임부대 부대장은 촬영목적·용도 및 대상시설·지역의 보안상 중요도 등을 검토하여 항공촬영 허가여부를 결정하되, 다음의 ②에 해당되는 시설에 대하여는 항공사진 촬영을 금지한다.

② 항공사진촬영이 금지된 시설
- 국가보안시설 및 군사보안 시설
- 비행장, 군항, 유도탄 기지 등 군사시설
- 기타 군수산업시설 등 국가안보상 중요한 시설·지역

자. 드론(무인비행장치) 조종자로서 야간에 비행하거나 육안으로 확인할 수 없는 범위에서의 비행은 불가능한가요? A X

1) 항공안전법 제129조제5항에 따라 드론(무인비행장치) 조종자로서 야간에 비행하거나 육안으로 확인할 수 없는 범위에서 비행하려는 자는 특별비행승인을 받아 그 승인 범위 내에서 비행이 가능하며, 드론 원스탑 민원서비스(http://www.drone.onestop.go.kr)를 통하여 특별비행승인 신청이 가능하다.

2) 드론 특별비행 승인절차는 다음과 같다.

그림 드론 특별비행 승인절차

차. 항공촬영 허가를 받으면 비행승인을 받지 않아도 됩니까? A X

1) 항공촬영 허가와 비행승인은 별도입니다. (대한민국 전 지역이 항공촬영 승인 대상입니다.) 항공사진 촬영 목적으로 드론(무인비행장치)을 날리려면 먼저 국방부로부터 항공사진 촬영 허가를 받고, 이를 첨부하여 공역별 관할기관에 비행승인을 신청하여 드론 원스탑 민원서비스(http://www.drone.onestop.go.kr)를 통하여 신청이 가능하다.

2) 항공촬영을 위한 비행 시에는 항공촬영 허가와 별도로 국토교통부에 신고하여야 한다. 다만, 비행금지구역을 비행할 경우 항공촬영 신청자는 해당 지역의 공역(空域)관리기관(합참·수방사, 공군 등)의 별도 승인을 얻은 후 국토교통부에 신고하여야 한다.

3) 군사작전 지역 내 비행 및 군 시설 이용이 필요할 경우 사전에 관할 군부대와 협조하여야 한다.

카. 국내에서 무인비행장치로 사업을 할 수 있다? **A** ○

1) 국내 항공법은 무인비행장치를 이용한 사업을 "초경량비행장치 사용사업"으로 구분하고, 비료나 농약살포 등의 농업지원, 사진촬영, 육상·해상의 측량 또는 탐사, 산림·공원의 관측 등의 사업에 사용할 수 있도록 정하고 있다.
2) 무인비행장치로 사용사업을 하기 위해서는 항공법에서 정하는 자본금, 인력, 보험 등 등록요건을 갖추고 지방항공청에 등록하여야 한다. 또한 2kg을 초과하는 무인비행장치로 사용사업을 할 경우는 소속된 조종자가 조종자 증명을 취득하여야 한다.
3) 2014년 7월 15일부터는 개정 항공법이 발효되어, 등록하지 않고 사업을 하다 적발될 경우 1년 이하의 징역 또는 3천만원 이하의 벌금에 처해질 수 있다.

02 비행 정보

가. AIP (Aeronautical Information Publication)
1) 해당 국가에서 비행하기 위해 필요한 항법관련 항공정보간행물
2) 우리나라는 한글과 영어로 된 단행본으로 발간되며, 국내에서 운항되는 모든 민간항공기의 능률적이고 안전한 운항을 위하여 영구성 있는 항공정보를 수록

나. NOTAM (Notice to Airman) : 노탐
1) 항공고시보라고 하며, 항공시설, 업무절차 또는 위험요소의 신설, 운용상태 및 그 변경에 관한 정보를 수록하여 전기통신수단으로 항공종사자들에게 배포하는 공고문
(28일 주기로 발행하여 연간 13회 발행함. 최대 유효기간은 3개월)

다. AIRAC (Aeronautical Information Regulation And Control)
1) 정해진 Cycle에 따라 최신으로 규칙적으로 개정되는 것

라. AIC (Aeronautical Information Circular) : 항공정보회람
1) 위의 AIP나 NOTAM으로 전파될 수 없는 주로 행정사항에 관한 다음의 항공정보를 제공한다.
   ① 법령, 규정, 절차 및 시설 등의 주요한 변경이 장기간 예상되거나 비행기 안전에 영향을 미치는 사항
   ② 기술, 법령 또는 순수한 행정사항에 관한 설명과 조언의 정보 통지
   ③ 매년 새로운 일련번호를 부여하고 최근 유효한 대조표는 일 년에 한 번씩 발행

section OX

1. 드론을 실내에서 비행할 경우 지역과 구역에 따라 동일하게 비행승인을 받아야 한다. — X 실내 미승인
2. 초경량비행장치의 고도 150m의 기준은 지면, 수면, 장애물 기준으로 150m이다. — O
3. R-75(수도권 인구밀집구역)의 비행승인은 지방항공청에서 받는다. — X 수도방위사령부
4. 항공시설, 업무절차 또는 위험요소의 신설, 운용상태 및 그 변경에 관한 정보를 수록하여 전기통신수단으로 항공종사자들에게 배포하는 공고문을 항공고시보라고 한다. — O
5. 항공고시보는 발행 주기가 28일 단위로 연 13회 발행하며, 최대 유효기간은 3개월이다. — O
6. 법령, 규정, 절차 및 시설 등의 주요한 변경이 장기간 예상되거나 비행기 안전에 영향을 미치는 사항으로 기술, 법령 또는 순수한 행정사항에 관한 설명과 조언의 정보 통지하는 것을 항공정보회람이라고 한다. — O

출제예상문제

01 비행장(헬기장 포함) 또는 활주로의 설치, 폐쇄 또는 운용상 중요한 변경, 비행금지구역, 비행제한구역, 위험구역의 설정, 폐지(발효 또는 해제포함) 또는 상태의 변경 등의 정보를 수록하여 항공종사자들에게 배포하는 공고문은?
① AIC ② AIP
③ AIRAC ④ NOTAM

> **해설** • AIC (항공정보회람 ; Aeronautical information contents) : AIP 또는 항공고시보의 발간대상이 아닌 항공정보 공고를 위해 항공정보회람을 발행하며, 절차 또는 시설의 중요한 변경사항을 장기간 사전 통보하는 경우, 설명이나 조언이 필요한 정보 또는 행정적인 특징을 가진 정보 등을 포함하는 간행물
> • AIP (항공정보간행물 ; Aeronautical information Publication) : 비행장의 물리적 특성 및 이와 관련된 시설의 정보, 항공로를 구성하는 항행안전시설의 형식과 위치, 항공교통관리, 통신 및 제공되는 기상업무 그리고 이러한 시설 및 업무와 관련된 기본절차를 포함하는 간행물.
> • AIRAC (항공정보관리절차 ; Aeronautical Information Regulation And Control) : 정해진 Cycle에 따라 최신 규칙적으로 개정되는 것

02 항공시설, 업무, 절차 또는 위험요소의 신설, 운영상태 및 그 변경에 관한 정보를 수록하여 전기통신 수단으로 항공종사자들에게 배포하는 공고문은?
① AIC ② AIP
③ AIRAC ④ NOTAM

03 비행금지구역, 비행제한구역, 위험구역 설정 등의 공역을 제공하는 것은?
① AIC ② AIP
③ AIRAC ④ NOTAM

04 다음 중 법령, 규정, 절차 및 시설 등의 주요한 변경이 장기간 예상되거나 비행기 안전에 영향을 미치는 것의 통지와 기술, 법령 또는 순수한 행정사항에 관한 설명과 조언의 정보를 통지하는 것은 무엇인가?
① 항공고시보(NOTAM)
② 항공정보간행물(AIP)
③ 항공정보 회람(AIC)
④ AIRAC

05 항공고시보(NOTAM)의 최대유효기간은?
① 1개월 ② 3개월
③ 6개월 ④ 12개월

06 항공고시보에 대한 설명으로 가장 올바른 것은?
① 기술, 법령 또는 행정사항에 관한 정보를 고지한다.
② 법령, 규정, 시설 등 주요한 변경이 장기간 항공기 안전에 영향을 미칠 때 제공한다.
③ 해당 국가에서 비행하기 위해 필요한 항법관련 정보 간행물이다.
④ 항공기의 안전운항을 위해 항공 종사자들에게 전기통신수단을 통해 배포하는 공고문이다.

> **해설** ①, ②는 항공정보회람(AIC)에 관한 내용이다. ③은 AIP에 관한 내용이다.

07 설정된 공역을 고지해 주는 것은?
① 관보 ② 일간신문
③ AIP ④ NOTAM

정답 01.④ 02.④ 03.④ 04.③ 05.② 06.④ 07.④

Section 06 기타 관련 법규

■ 주요 내용
- 전파법
- 사생활 침해죄

01 전파법

가. 개요

모든 무인항공기는 비행명령, 비행상태 자료, 영상 등 탑재 임무장비로부터 취득한 자료들을 무선전파를 이용하여 비행체와 지상통제소 상호간 실시간으로 송수신함으로써 원활한 비행을 수행하게 된다. 무선주파수를 잘못 사용할 경우, 혼선으로 인해 단순한 지장을 초래하는 것은 물론이고 추락으로까지 이어질 수 있다. 또한, 타 용도로 분배되어 사용되고 있는 대역의 주파수나 비인가 된 높은 출력의 불법적인 전파사용은 타 사용자들에게 심각한 문제를 유발시킬 수 있으므로 유의해야 할 중요한 사안이다.

따라서, 무선전파의 주파수, 송수신기, 탑재된 장비, 출력 등 제반사용에 관련한 전파 관련 규정을 정확히 인지하고, 반드시 규정에 적합한 장비 및 출력을 사용해야 한다.

나. 전파인증

전파인증이란 원래 스마트폰이나 태블릿 PC 등 이동통신망을 이용하는 모든 휴대기기가 시판되기 전에 정부로부터 거쳐야 하는 인증제도를 말하며, 방송통신기기 인증제도라고도 한다. 전파인증은 방송통신위원회 산하 전파연구소가 담당하며, 단말기업체나 기기 수입업체가 인증을 의뢰하면 1주일 안에 인증이 완료된다. 이러한 인증절차를 밟기에 앞서 해당업체는 40여 개의 민간시험기관으로부터 사전 테스트를 받아 그 결과를 첨부해야 한다. 해외에서 구입한 무선기기를 국내에서 사용하기 위해 등록해야 하는 절차를 전파인증이라 한다.

전파인증을 하는 이유는

① 기간통신망을 외부의 전기 및 기계적 위해로부터 보호하여 사용자의 안전 및 권익을 보호하고,

② 국내의 전파질서를 유지하고 보호하며,

③ 불요 전자파 및 다른 기기나 외부 전파에 의한 통신장애 및 오작동으로부터 보호하기 위해서이다. 전파인증의 면제 대상도 있지만 대부분의 정보, 무선기기 등은 전파인증을 받아야 한다.

몇 년 전부터 급부상하며 등장한 드론 역시 통신 즉, 주파수로 통제되므로 전파인증을 받아야만 한다. 일부 자작 드론이나 해외에서 들어와서 전파인증 없이 판매하거나 사용할 경우 전파법 위반으로 벌금 또는 기소되는 경우가 종종 있다. 따라서 전파인증에 대하여 정확히 이해하고 사전 인증을 받아야 한다.

1) 무인항공기용 주파수 현황

우리나라의 무인기의 주파수 공급은 244.5 → 2,923.5이다.
전체적인 현황은 아래의 표와 같다.

구분	분배 현황	추가 공급	최대 출력	합계
제어용	2400~2483.5MHz		10mW/MHz	총 2,923.5MHz폭
	5030~5091MHz		10W	
		11/12/14/19/29GHz (2,520MHz 폭)	52W	
임무용		5091~5150MHz	1W	
		5650~5725MHz	10mW/MHz	
	5725~5825MHz		10mW/MHz	
		5825~5850MHz	10mW/MHz	
계	244.5MHz 폭	2,679MHz 폭		

2) 무인항공기 주파수 이용 안내

최근 출시되는 대부분의 드론들은 주로 2.4GHz 및 5.8GHz ISM 대역으로 이용이 집중되는 추세이다. 그런데 ISM 대역을 이용하는 비면허 무선기기는 타 무선국에 유해한 간섭을 야기하지 않고, 다른 무선기기로부터의 유해한 간섭을 용인하는 조건으로 사용할 수 있어 법적으로 드론의 안전한 운용을 위한 전파환경 보호를 요청할 수 없다.

또한, 2.4GHz 및 5.8GHz 대역은 국민 대다수가 사용하는 WiFi로도 널리 사용되고 있어, 도심지역에서 드론 운용 또는 다수의 드론을 동시 운용하는 등의 경우에는 드론 – WiFi, 드론 – 드론 간의 전파 혼간섭으로 드론의 추락 등 안전사고가 발생할 우려가 있다.

이에 따라 무인항공기에 비면허 무선기기를 탑재하는 경우 전파 간섭에 의한 안전사고 발생 가능성을 최소화하기 위하여,

- 2.4GHz 대역은 제어용,
- 5.8GHz 대역은 영상전송용으로 사용할 것을 권장한다.

아울러 433.05~434.79MHz 대역은 유럽의 ISM 대역, 902~928MHz 대역은 미주 지역의 ISM 대역으로 국내에서는 ISM 대역에 해당되지 않아 이 주파수 대역을 이용한 무인항공기는 국내에서 운용될 수 없다.

433.05~434.79MHz 대역은 아마추어무선, 타이어 공기압 측정, 902~928MHz 대역은 이동통신(904~915MHz), IoT(917~923.5MHz) 등의 용도로 이용되고 있다.

다만, 기술연구·제품개발·시범사업 등을 위하여 한정된 공간에서 실험용으로 임시 주파수 사용을 희망하는 경우에는 정부의 허가를 받은 후 실험국을 개설, 운용 가능하다.

다. 벌칙

전파법 제84조 1항의 허가를 받지 아니하거나 신고를 하지 아니하고 무선국을 개설 운용한 자는 3년 이하 징역 또는 3천만의 이하의 벌금에 처한다.

02 사생활 침해죄

가. 개요

세계 인권선언 제12조에서는 사생활 침해와 관련해 "어느 누구도 자신의 사생활, 가정, 주거, 통신에 대하여 자의적인 간섭을 받지 않으며, 자신의 명예와 신용에 대하여 공격을 받지 아니한다. 모든 사람은 그러한 간섭과 공격에 대하여 법률의 보호를 받을 권리를 가진다."라고 명시하고 있다.

최근 드론(멀티콥터)에 장착된 카메라를 이용하여 다른 사람을 촬영하여 사생활침해로 고발당하거나 또는 의도와 관계없이 촬영된 경우도 초상권 침해로 고발당하는 경우가 있다. 따라서 촬영용 드론을 운용하는 사람은 모든 경우의 상황이 발생하지 않도록 주의해야 한다.

사생활 침해의 처벌조항은 형법 제35장 제316조의 비밀침해죄로 규정되어 있다. 비밀침해죄는 타인이 공개를 원하지 않는 비밀을 일정한 수단을 이용하여 알아내는 행위로, 개인의 사생활을 침해하는 범죄를 말한다. 보통 단독으로 문제되는 경우는 흔하지 않고 다른 죄목들과 묶어 가중 처벌을 받는 용도로 쓰이는 경우가 많다.

나. 비밀침해죄

1) 관련 법령

> **1. 형법 제35장 제316조**
>
> 제316조(비밀침해)
>
> ① 봉함, 기타 비밀장치한 사람의 편지, 문서 또는 도화를 개봉한 자는 3년 이하의 징역이나 금고 또는 500만원 이하의 벌금에 처한다. 〈개정 1995. 12. 29.〉
>
> ② 봉함, 기타 비밀장치한 사람의 편지, 문서, 도화 또는 전자기록 등 특수매체기록을 기술적 수단을 이용하여 그 내용을 알아낸 자도 제1항의 형과 같다.
> 〈신설 1995. 12. 29.〉
>
> 비밀침해죄는 타인이 공개를 원하지 않는 비밀을 일정한 수단을 이용하여 알아내는 행위로 개인의 사생활을 침해하는 범죄를 말한다.
>
> **2. 성립요건**
>
> 봉함처리 되거나(외부인이 확인하지 못하도록 봉인된 것을 의미) 비밀장치로 처리된 문서나 전자기록 등을 개봉하거나 기술적 수단을 이용하여 탐지하는 경우 그 비밀침해에 '고의'가 있는 경우라면 비밀침해죄가 성립된다. 여기에는 기술적 수단 즉, 촬영용 드론을 이용하여 탐지하는 경우도 포함될 수 있다.
>
> **3. 사생활침해죄의 처벌**
>
> 사생활침해죄가 성립할 경우 3년 이하의 징역이나 금고 또는 500만 원이하의 벌금에 처해지게 된다.

03 정보통신망법

드론의 사용과 정보통신망 이용 촉진 및 정보보호 등에 관한 법률은 직접적인 관계가 없지만 드론 카메라로 불특정 다수를 대상으로 사생활을 침해할 수 있는 영상 및 사진 등을 촬영하고 이를 인터넷 웹 사이트나 SNS에 유포하는 경우에는 정보통신법을 위반할 수가 있다.

> **정보통신망법 제44조(정보통신망에서의 권리보호)**
>
> ① 이용자는 사생활 침해 또는 명예훼손 등 타인의 권리를 침해하는 정보를 정보통신망에 유통시켜서는 아니 된다.

04 성폭력범죄의 처벌 등에 관한 특례법 제14조 (카메라 등을 이용한 촬영)

드론으로 촬영한 영상 중 타인의 신체를 동의 없이 촬영한 경우와 그 촬영한 결과물을 유포하는 경우에 성폭력범죄의 처벌 등에 관한 특례법을 위반할 가능성이 있다.

> **성폭력범죄의 처벌 등에 관한 특례법 제14조(카메라 등을 이용한 촬영)**
>
> ① 카메라나 그 밖에 이와 유사한 기능을 갖춘 기계장치를 이용하여 성적 욕망 또는 수치심을 유발할 수 있는 사람의 신체를 촬영대상자의 의사에 반하여 촬영한 자는 5년 이하의 징역 또는 3천만원 이하의 벌금에 처한다.
>
> ② 제1항에 따른 촬영물 또는 복제물(복제물의 복제물을 포함한다)을 반포, 판매, 임대, 제공 또는 공공연하게 전시, 상영한 자 또는 제1항의 촬영이 당시에는 촬영대상자의 의사에 반하지 아니한 경우에도 사후에 그 촬영물 또는 복제물을 촬영대상자의 의사에 반하여 반포 등을 한 자는 5년 이하의 징역 또는 3천만원 이하의 벌금에 처한다." 라고 명시하고 있다.

핵심 요점 노트

Top Secret Note

1. 초경량비행장치의 개념

- 1종 무인비행장치 멀티콥터 조종 자격은 최대 이륙중량 25kg 초과된 비행장치에 적용되며 필기시험 + 비행경력 20시간 + 실기시험에 합격하여야 한다.
- 초경량비행장치 중 무인동력비행장치는 무인비행기, 무인헬리콥터, 무인멀티콥터가 있다.
- 무인비행장치 중 무인동력비행장치(멀티콥터 포함)는 연료의 중량을 제외한 자체중량이 150kg이하이다.
- 통상 드론이라고 칭하는 것을 국제민간항공기구(ICAO)에서는 RPAS(Remotedly Piloted Aircraft System)이라고 한다.

2. 항공안전법

■ **무인비행장치의 기준**

비행절차		최대이륙중량 기준					담당기관
		250g이하	250g초과 2kg이하	2kg초과 7kg이하	7kg초과 25kg이하	25kg초과	
장치 신고	비사업	×	×	○	○	○	한국교통안전공단
	사업	○	○	○	○	○	
사업등록		○	○	○	○	○	지방항공청
안전성인증		×	×	×	×	○	항공안전기술원
조종자증명		×	○(4종)	○(3종)	○(2종)	○(1종)	한국교통안전공단
비행승인		△	△	△	△	○	지방항공청 또는 국방부
항공사진촬영		○	○	○	○	○	국방부
비행		조종자 준수사항에 따라 비행(조종자 준수사항은 본문 참조)					

* 위의 기준은 자체중량 150kg 이하인 무인동력비행장치에 적용
* 비행제한구역 및 비행금지구역, 관제권, 고도 150m 이상비행시에는 무게의 상관없이 승인필요
  최대이륙중량 25kg 초과 기체는 상시 승인 필요(단 초경량비행장치 비행공역에서는 불필요)

- **신고방법** : 한국교통안전공단에서 실시하며, 드론 One-Stop 민원 서비스 이용
  신고서류 : 권리증명서류(영수증 등), 제원 및 성능표, 측면사진(15cm×10cm)
  신고번호 표기 : 신고번호가 잘 보일 수 있도록 드론 기체에 적정한 방법으로 표기
  변경신고 30일 이내, 말소(멸실) 신고 15일 이내 실시
- **안전성 인증** : 항공안전기술원, 25kg 초과 기체 모두 실시, 초도/정기/수시/재인증 있음
- **조종자 자격증명** : 한국교통안전공단 드론자격센터

구분	온라인교육	비행 경력	학과시험	실기평가
1종	×	1종 기체를 조종한 시간 20시간(2종 자격 취득자 5시간, 3종 자격 취득자 3시간 이내에서 인정)	○ (과목, 범위, 난이도 동일)	○
2종		1종 또는 2종 기체를 조종한 시간 10시간 (3종 자격 취득자 3시간 이내에서 인정)		○
3종		1종 또는 2종 또는 3종 기체를 조종한 시간 6시간		×
4종	○	×	○(온라인 수료시험)	×

※ 연령 : 1, 2, 3종은 만 14세 이상, 4종은 만 10세 이상

Top Secret Note

- **전문교육기관 지정 조건**
  - 1, 2, 3종 교육이 모두 가능하여야 하며, 교육 가능한 모든 기체를 보유하여야 함.
  - 강의실 및 사무실 각 1개 이상, 이/착륙 시설, 훈련용 비행장치 1대 이상
  - 교육과목, 시간, 평가 방법 등 교육훈련 규정 등의 자격 구비 후 실사에 합격 시 지정
- **공역**
  - 관제공역 : 관제권(31개소, 비행장 중심 9.3km), 관제구
  - 통제공역 : 안전, 국방상 그 밖의 이유로 항공기의 비행을 금지하는 공역.
    - 비행금지구역 : 서울 강북지역(P-73A/B), 휴전선지역(P-518), 원전지역(P-61~P-65)
    - 비행제한구역 : 항공사격, 대공사격 등 지역, 특이지역은 R-75(수도권 인구밀집구역)
    - 초경량비행장치 비행제한구역 : 초경량비행장치 전용구역(32개소)을 제외한 우리나라 전 지역
  - 주의공역 : 훈련구역, 군 작전구역, 위험구역, 경계구역
- **서울 강북지역(P-73A/B)** : A구역은 중심반경 2NM, B구역은 중심반경 4.5NM
  - 통제(비행승인) : 수도방위 사령부
  * R-75 비행제한구역(수도권 인구밀집구역) : 통제는 수도방위사령부
- **휴전선 일대(P-518)** : 통제(비행승인)은 합동참모본주
- **원전지역** : A지역 : 3.7km(대전 연구소는 1.86km), B지역 : 18.6km.
  - 고리(P-61), 월성(P-62), 영광(P-63), 울진(P-64), 대전(P-65)
  - 통제(비행승인) : A구역(합동참모본부), B구역(관할 지방항공청)
- **초경량비행장치 공역**(UA 또는 UFA라 칭함) : 우리나라 32개소 지정
  - 비행승인 없이 가능(야간, 고도 초고 시 승인)
  * 서울지역 : 가양대교, 신정비행장, 광나루 비행장, 별내IC지역 특별 가능지역
- **전문교육기관의 학과 및 비행경력확보 기준**

구분	학과교육	모의비행	실기교육		
			계	교관동반	단독
1종	20시간 항공법규 2H 항공기상 2H 항공역학 5H 비행운용 11H	20H	20H	8H	12H
2종		10H	10	4H	6H
3종		6H	6H	2H	4H

- **비행**
  - 이륙중량 25kg초과의 무인비행장치는 초경량비행장치 전용공역(UA)을 제외한 전 공역에서 사전 비행승인 후 비행이 가능하다.(* 25kg이하 기체는 일반 공역에서 비행승인 불필요)
  - 이륙중량 25kg이하의 무인비행장치는 금지구역, 제한구역, 관제권이 아닌 지역으로서 고도 150m이하에서는 승인없이 비행이 가능하다.
  - 또한, 비행금지구역 및 관제권에서는 사전 비행승인 없이는 비행이 불가하다.
  - 초경량비행장치 전용공역(UA)에서는 비행승인 없이 비행이 가능하다.
  - 방법 : 드론 원스탑 민원 포털 서비스 이용(특별 비행승인 방법 포함)

Top Secret Note

- **항공사진촬영** : 드론 원스탑 민원 포털 서비스 이용
- 항공사진촬영은 촬영목적용도 및 대상시설지역의 보안상 중요도 등을 검토하여 항공촬영 허가여부를 결정하되, 아래에 해당되는 시설에 대하여는 항공사진 촬영을 금지한다.
- 항공사진촬영이 금지 된 시설
    · 국가보안시설 및 군사보안 시설
    · 비행장, 군항, 유도탄 기지 등 군사시설
    · 기타 군수산업시설 등 국가안보상 중요한 시설·지역
- **조종자 준수사항**(금지행위, 항공안전법 제310조)
- 인명이나 재산에 위험을 초래할 우려가 있는 낙하물을 투하(投下)하는 행위
- 주거지역, 상업지역 등 인구가 밀집된 지역이나 그 밖에 사람이 많이 모인 장소의 상공에서 인명 또는 재산에 위험을 초래할 우려가 있는 방법으로 비행하는 행위
- 관제공역·통제공역·주의공역에서 비행하는 행위.
- 안개 등으로 인하여 지상목표물을 육안으로 식별할 수 없는 상태에서 비행하는 행위
- 비행시정 및 구름으로부터의 거리기준을 위반하여 비행하는 행위.
- 일몰 후부터 일출 전까지의 야간에 비행하는 행위.(특별 비행허가를 받은 경우는 제외)
- 주류, 마약류 영향으로 업무를 정상적으로 수행할 수 없는 상태에서 조종하는 행위
- 그 밖에 비정상적인 방법으로 비행하는 행위
- 타 항공기나 초경량비행장치를 육안으로 식별하여 미리 피할 수 있도록 주의하여 비행하고 진로를 양보, 육안으로 확인할 수 있는 범위에서 조종해야 한다.
- **특별 비행승인** : 드론 원스탑 민원 포털 서비스 이용
- 야간에 비행하거나 육안으로 확인할 수 없는 범위에서 비행
- **사고**
- 보고 : 사고 유발자(조종자), 조종자 불가 시 소유자
- 사고 발생 시 조치사항
    · 인명구호를 위해 신속히 필요한 조치를 취할 것.
    · 사고 조사를 위해 기체, 현장을 보존할 것.
    · 사고 조사에 도움이 될 수 있는 정황 및 장비 상태에 대한 사진 및 동영상 자료를 세부적으로 촬영할 것.
- 사고 시 필수 신고기관 : 관할 지방항공청, 항공철도사고조사위원회
- **보험** : 항공사업법 제70조 및 자동차손해배상 보장법 시행령 제3조에 따라 기체별 가입
- 초경량비행장치를 초경량비행장치사용사업, 항공기대여업 및 항공레저스포츠사업에 사용하려는 자
- 국토교통부령으로 정하는 초경량비행장치를 소유한 국가, 지방자치단체
- 영리목적으로 사용되는 드론

Top Secret Note

■ 과태료 주요 사항

위반행위	과태료 금액		
	1차위반	2차위반	3차이상 위반
음주, 약물 등을 하고 비행한 자	3년 이하 징역, 3,000만원 이하 벌금		
기체 신고, 변경, 말소하지 않고 비행한 자	50만원	250만원	500만원 이하 또는 6개월 징역
안전성검사 받지 않은 기체를 조종자 증명 없이 비행한자	1년 이하 징역, 1,000만원 이하		
안정성 인증 검사 없이 비행한 경우	250만원	375만원	500만원 이하
조종자 증명 없이 비행한 경우	150만원	225만원	300만원 이하
고도, 관제, 통제, 주의 공역 비행 위반	50만원	75만원	100만원 이하
조종자 준수사항 위반	100만원	150만원	200만원
승인 받지 않고 야간비행 한 경우	100만원	150만원	200만원
업무보고 서류 허위보고	250만원	375만원	500만원

3. 항공사업법

■ 초경량비행장치 사용사업의 범위
- 비료 또는 농약 살포, 씨앗 뿌리기 등 농업 지원
- 사진촬영, 육상·해상 측량 또는 탐사
- 산림 또는 공원 등의 관측 또는 탐사
- 조종교육

■ 사업등록은 드론 원스탑 민원포털 서비스의 사업등록 신고서 등록 란을 이용한다.
■ 등록을 하지 아니하고 초경량비행장치 사용사업을 경영한 자는 1년 이하 징역 또는 1,000만원의 벌금

4. 공항시설법

■ 항행안전시설은 유선통신, 무선통신, 인공위성, 불빛, 색채 또는 전파(電波)를 이용하여 항공기의 항행을 돕기 위한 시설로서 국토교통부령으로 정하는 시설이다.
■ 유도로 등(Taxiway Edge Lights)은 지상주행 중인 항공기에 유도로·대기지역 또는 계류장 등의 가장자리를 알려주기 위하여 설치하는 등화이다. 유도로 등의 색상은 청색이다.
■ 표지등 및 표지 설치 대상 구조물의 높이가 150m이상이면 표지를 설치해야 한다.

5. 무인비행장치

■ 드론을 실내에서 비행 시는 비행승인없이 비행이 가능하다.
실내에서의 비행은 야간에도 가능하다.
■ 항공촬영 시 촬영허가와 비행승인은 별개이므로 각각 승인을 받아야 한다.
■ 항공고시보(NOTAM : Notice to Airman)는 항공시설, 업무절차 또는 위험요소의 신설, 운용상태 및 그 변경에 관한 정보를 수록하여 전기통신수단으로 항공종사자들에게 배포하는 공고문이다.
*항공고시보는 발행 주기가 28일 단위로 연 13회 발행하며, 최대 유효기간은 3개월이다.
■ 항공정보회람(AIC : Aeronautical Information Circular)은 법령, 규정, 절차 및 시설 등의 주요한 변경이 장기간 예상되거나 비행기 안전에 영향을 미치는 사항으로 기술, 법령 또는 순수한 행정사항에 관한 설명과 조언의 정보 통지하는 것이다.

실전대비
초경량비행장치조종자자격시험

제1회 초경량비행장치조종자격시험

01 무인멀티콥터의 조종기를 장기간 사용하지 않을 경우 일반적인 관리요령이 아닌 것은?
① 보관온도에 상관없이 보관한다.
② 서늘한 곳에 장소 보관한다.
③ 배터리를 분리해서 보관한다.
④ 케이스에 보관한다.

02 무인멀티콥터 비행 중 조종기의 배터리 경고음이 울렸을 때 취해야 할 행동은?
① 당황하지 말고 기체를 안전한 장소로 이동하여 착륙시켜 배터리를 교환한다.
② 경고음이 꺼질 때까지 기다려본다.
③ 재빨리 송신기의 배터리를 예비 배터리로 교환한다.
④ 기체를 원거리로 이동시켜 제자리 비행으로 대기한다.

03 국제민간항공기구(ICAO)에서 공식용어로 사용하는 무인항공기 용어는?
① Drone ② UAV
③ RPV ④ RPAS

04 리튬폴리머(LI-Po) 배터리 취급에 대한 설명으로 올바른 것은?
① 폭발위험이나 화재 위험이 적어 충격에 잘 견딘다.
② 50℃ 이상의 환경에서 사용될 경우 효율이 높아진다.
③ 수중에 장비가 추락했을 경우에는 배터리를 잘 닦아서 사용한다.
④ -10℃ 이하로 사용될 경우 영구히 손상되어 사용불가 상태가 될 수 있다.

05 비행교육 후 평가의 원칙으로 적절하지 않는 것은?
① 평가자는 적법한 자격이 없어도 평가할 수 있다.
② 평가 방법은 표준화 되어야 한다.
③ 평가 목적이 이해되어야 한다.
④ 구체적인 평가 결과를 산출한다.

06 무인항공 시스템에서 비행체와 지상통제 시스템을 연결시켜 주어 지상에서 비행체를 통제 가능하도록 만들어 주는 장치는 무엇인가?
① 비행체 ② 탑재 임무장비
③ 데이터링크 ④ 지상통제장비

07 무인항공방제 작업 시 조종자, 신호자, 보조자의 설명으로 부적합한 것은?
① 비행에 관한 최종 판단은 작업 허가자가 한다.
② 신호자는 장애물 유무와 방제 끝부분 도착여부를 조종자에게 알려준다.
③ 보조자는 살포하는 약제, 연료 포장 안내 등을 해 준다.
④ 조종자와 신호자는 모두 유자격자로서 교대로 조종작업을 수행하는 것이 안전하다.

08 무인비행장치 운용에 따라 조종자가 작성할 문서가 아닌 것은?

① 비행훈련기록부
② 비행체 비행기록부
③ 조종사 비행기록부
④ 장비 정비 기록부

09 비행교관의 심리적 지도 기법 설명으로 타당하지 않은 것은?

① 교관의 입장에서 인간적으로 접근하여 대화를 통해 해결책을 강구
② 노련한 심리학자가 되어 학생의 근심, 불안, 긴장 등을 해소
③ 경쟁 심리를 자극하지 않고 잠재적 장점을 표출
④ 잘못에 대한 질책은 여러 번 반복한다.

10 무인항공 방제작업에 필요한 개인 안전장구로 거리가 먼 것은?

① 헬멧
② 마스크
③ 풍향풍속계
④ 위생장갑

11 비행방향의 반대방향인 공기흐름의 속도 방향과 Airfoil의 시위선이 만드는 사이각을 말하며, 양력, 항력 및 피치 모멘트에 가장 큰 영향을 주는 것은?

① 상반각
② 받음각
③ 붙임각
④ 후퇴각

12 지면효과에 대한 설명으로 맞는 것은?

① 공기흐름 패턴과 함께 지표면의 간섭의 결과이다.
② 날개에 대한 증가된 유해항력으로 공기흐름 패턴에서 변형된 결과이다.
③ 날개에 대한 공기흐름 패턴의 방해결과이다.
④ 지표면과 날개 사이를 흐르는 공기 흐름이 빨라져 유해항력이 증가함으로써 발생하는 현상이다.

13 항공기나 무인비행장치에 작용하는 힘의 방향이 맞는 것은?

① 양력, 무게, 추력, 항력
② 양력, 중력, 무게, 추력
③ 양력, 무게, 동력, 마찰
④ 양력, 마찰, 추력, 항력

14 양력의 발생원리 설명 중 틀린 것은?

① 정체점에서 발생된 높은 압력의 파장에 의해 분리된 공기는 후연에서 다시 만난다.
② Airfoil 상부에서는 곡선율과 취부각(붙임각)으로 공기의 이동거리가 길다.
③ Airfoil 하부에서는 곡선율과 취부각(붙임각)으로 공기의 이동거리가 짧다.
④ 모든 물체는 공기의 압력(정압)이 낮은 곳에서 높은 곳으로 이동한다.

15 회전익 비행장치의 특성이 아닌 것은?

① 제자리, 측/후방 비행이 가능하다.
② 엔진 정지시 자동활동이 가능하다.
③ 동적으로 불안하다.
④ 최저 속도를 제한한다.

16 항공기에 작용하는 세 개의 축이 교차되는 곳은 어디인가?

① 무게 중심
② 압력 중심
③ 가로축의 중간지점
④ 세로축의 중간지점

17 베르누이 정리에 대한 바른 설명은?

① 정압이 일정하다.
② 동압이 일정하다.
③ 전압이 일정하다.
④ 동압과 전압의 합이 일정하다.

18 멀티콥터의 이동방향이 아닌 것은?

① 전진　　② 후진
③ 회전　　④ 배면

19 쿼드 X형 멀티콥터가 전진비행 시 모터(로터포함)의 회전속도 변화 중 맞는 것은?

① 앞의 두 개가 빨리 회전한다.
② 뒤의 두 개가 빨리 회전한다.
③ 좌측의 두 개가 빨리 회전한다.
④ 우측의 두 개가 빨리 회전한다.

20 안정성에 관하여 연결한 것 중 틀린 것은?

① 가로 안정성 – rolling
② 세로 안정성 – pitching
③ 방향 안정성 – yawing
④ 방향 안정성 – rolling & yawing

21 다음 중 기상 7대 요소는 무엇인가?

① 기압, 전선, 기온, 습도, 구름, 강수, 바람
② 기압, 기온, 습도, 구름, 강수, 바람, 시정
③ 해수면, 전선, 기온, 난기류, 시정, 바람, 습도
④ 기압, 기온, 대기, 안정성, 해수면, 바람, 시정

22 운량의 구분 시 하늘의 상태가 5/8~7/8인 경우를 무엇이라 하는가?

① Sky Clear(SKC/CLR)
② Scattered(SCT)
③ Broken(BKN)
④ Overcast(OVC)

23 다음 중 열량에 대한 내용으로 맞는 것은?

① 물질의 온도가 증가함에 따라 열에너지를 흡수할 수 있는 양
② 물질 10g의 온도를 10℃ 올리는데 요구되는 열
③ 온도계로 측정한 온도
④ 물질의 하위 상태로 변화시키는 데 요구되는 열 에너지

24 해수면의 기온과 표준기압은?

① 15℃와 29.92 inch.Hg
② 15℃와 29.92 inch.mb
③ 15°F와 29.92 inch.Hg
④ 15°F와 29.92 inch.mb

25 지구의 기상에서 일어나는 변화의 가장 근본적인 원인은?

① 해수면의 온도 상승
② 구름의 량
③ 지구 표면에 받아들이는 태양 에너지의 변화
④ 구름의 대이동

26 산바람과 골바람에 대한 설명 중 맞는 것은?

① 산악지역에서 낮에 형성되는 바람은 골바람으로 산 아래에서 산 위(정상)로 부는 바람이다.
② 산바람은 산 정상부분으로 불고 골바람은 산 정상에서 아래로 부는 바람이다.
③ 산바람과 골바람 모두 산의 경사 정도에 따라 가열되는 정도에 따른 바람이다.
④ 산바람은 낮에 그리고 골바람은 밤에 형성된다.

27 "한랭기단의 찬 공기가 온난기단의 따뜻한 공기 쪽으로 파고 들 때 형성되며 전선 부근에 소나기나 뇌우, 우박 등 궂은 날씨를 동반하는 전선"을 무슨 전선인가?

① 한랭전선   ② 온난전선
③ 정체전선   ④ 패색전선

28 습윤하고 온난한 공기가 한랭한 육지나 수면으로 이동해 오면 하층부터 냉각되어 공기속의 수증기가 응결되어 생기는 안개로 바다에서 주로 발생하는 안개는?

① 활승안개   ② 이류안개
③ 증기안개   ④ 복사안개

29 대기 중에서 가장 많은 기체는 무엇인가?

① 산소   ② 질소
③ 이산화탄소 ④ 수소

30 다음 중 초경량비행장치 사용사업의 범위가 아닌 경우는?

① 비료 또는 농약살포, 씨앗 뿌리기 등 농업지원
② 사진촬영, 육상 및 해상측량 또는 탐사
③ 산림 또는 공원 등의 관측 및 탐사
④ 지방 행사시 시범 비행

31 다음은 무슨 구름인가?

① 권층운   ② 고층운
③ 난층운   ④ 층적운

32 초경량비행장치의 용어 설명으로 틀린 것은?

① 초경량비행장치의 종류에는 동력비행장치, 행글라이더, 패러글라이더, 기구류 및 무인비행장치 등
② 무인동력 비행장치는 연료의 중량을 제외한 자체 중량이 120kg 이하인 무인비행기, 무인헬리콥터 또는 무인멀티콥터
③ 회전익 비행장치에는 초경량 자이로플레인, 초경량 헬리콥터 등이 있다.
④ 무인비행선은 연료의 중량을 제외한 자체 중량이 180kg이하이고, 길이가 20m 이하인 무인비행선

33 다음 중 공항시설법상 유도로 등의 색은?

① 녹색   ② 청색
③ 백색   ④ 황색

34 초경량비행장치 조종자 준수사항의 금지 행위와 관련이 없는 것은?

① 인명이나 재산에 위험을 초래할 우려가 있는 낙하물 투하행위 금지
② 관제공역, 통제공역, 주의공역에서 비행행위 금지
③ 안개 등으로 지상목표물을 육안으로 식별할 수 없는 상태에서 비행행위 금지
④ 일몰 후부터 일출 전이라도 날씨가 맑고 밝은 상태에서는 비행 할 수 있다.

35 초경량비행장치의 말소신고의 설명 중 틀린 것은?

① 사유 발생일로부터 30일 이내에 신고하여야 한다.
② 비행장치가 멸실된 경우 실시한다.
③ 비행장치의 존재 여부가 2개월 이상 불분명할 경우 실시한다.
④ 비행장치가 외국에 매도된 경우 실시한다.

36 초경량비행장치 인증의 종류 중 초도인증 이후 안전성 인증서의 유효기간이 도래하여 새로운 안전성 인증을 받기 위하여 실시하는 인증은 무엇인가?

① 정기인증　② 초도인증
③ 수시인증　④ 재 인증

37 무인멀티콥터의 비행과 관련한 사항 중 틀린 것은?

① 최대 이륙중량 25kg이하 기체는 비행금지구역 및 관제권을 제외한 공역에서 고도 150m이하에서는 비행승인없이 비행이 가능하다.
② 최대 이륙중량 25kg 초과 기체는 전 공역에서 사전 비행승인 후 비행이 가능하다.
③ 초경량비행장치 전용공역에도 사전 비행계획을 제출 후 승인을 받고 비행한다.
④ 최대 이륙중량 상관없이 비행금지구역 및 관제권에서는 사전 비행승인 없이는 비행이 불가하다.

38 항공종사자가 업무를 정상적으로 수행할 수 없는 혈중 알코올농도의 기준은?

① 0.02% 이상　② 0.03% 이상
③ 0.05% 이상　④ 0.5% 이상

39 초경량비행장치의 사고 중 항공철도사고조사위원회가 사고의 조사를 하여야 하는 경우가 아닌 것은?

① 차량이 주기된 초경량비행장치를 파손 시킨 사고
② 초경량비행장치로 인하여 사람이 중상 또는 사망한 사고
③ 비행 중 발생한 화재사고
④ 비행 중 추락, 충돌 사고

40 무인멀티콥터의 등록일련번호는 누가 부여하는가?

① 항공안전기술원장
② 교통안전공단 이사장
③ 항공협회장
④ 지방항공청장

제2회 초경량비행장치 조종자격시험

01 다음 중 공항시설법상 유도로 등의 색은?
① 녹색   ② 청색
③ 백색   ④ 황색

02 항공기에 작용하는 힘에 대한 설명 중 틀린 것은?
① 양력의 크기는 속도의 제곱에 비례한다.
② 항력은 비행기의 받음각에 따라 변한다.
③ 추력은 비행기의 받음각에 따라 변하지 않는다.
④ 중력은 속도에 비례한다.

03 회전익비행장치의 유동력침하가 발생될 수 있는 비행조건이 아닌 것은?
① 깊은 각(300feet per minute)으로 접근 시
② 배풍접근 시
③ 지면효과 밖에서 호버링을 하는 동안 일정한 고도를 유지하지 않을 때
④ 편대비행 접근 시

04 항공기의 항행안전을 저해할 우려가 있는 장애물 높이가 지표 또는 수면으로부터 몇 미터 이상이면 항공장애 표시등 및 항공장애 주간표지를 설치하여야 하는가?(단 장애물 제한구역 외에 한한다.)
① 50미터   ② 100미터
③ 150미터   ④ 200미터

05 국토교통부령으로 정하는 초경량비행장치를 사용하여 비행하려는 사람은 비행안전을 위한 기술상의 기준에 적합하다는 안전성인증을 받아야 한다. 다음 중 안전성 인증대상이 아닌 것은?
① 무인기구류
② 무인비행장치
③ 회전익비행장치
④ 착륙장치가 없는 동력패러글라이더

06 메인 블레이드의 밸런스 측정 방법 중 옳지 않은 것은?
① 메인 블레이드 각각의 무게가 일치 하는지 측정한다.
② 메인 블레이드 각각의 중심(C.G)이 일치 하는지 측정한다.
③ 양손에 들어보아 가벼운 쪽에 밸런싱 테입을 감아 준다.
④ 양쪽 블레이드의 드래그 홀에 축을 끼워 앞전이 일치하는지 측정한다.

07 회전익무인비행장치의 기체 및 조종기의 배터리 점검사항 중 틀린 것은?
① 조종기에 있는 배터리 연결단자의 헐거워지거나 접촉불량 여부를 점검한다.
② 기체의 배선과 배터리와의 고정 볼트의 고정 상태를 점검한다.
③ 배터리가 부풀어 오른 것을 사용하여도 문제없다.
④ 기체 배터리와 배선의 연결부위의 부식을 점검한다.

08 초경량비행장치 비행계획승인 신청 시 포함되지 않는 것은?

① 비행경로 및 고도
② 동승자의 소지자격
③ 조종자의 비행경력
④ 비행장치의 종류 및 형식

09 자동제어기술의 발달에 따른 항공사고 원인이 될 수 없는 것이 아닌 것은?

① 불충분한 사전학습
② 기술의 진보에 따른 빠른 즉각적 반응
③ 새로운 자동화 장치의 새로운 오류
④ 자동화의 발달과 인간의 숙달 시간차

10 회전익비행장치가 제자리 비행 상태로부터 전진비행으로 바뀌는 과도적인 상태는?

① 횡단류 효과   ② 전이 비행
③ 자동 회전   ④ 지면 효과

11 무인멀티콥터의 조종기를 장기간 사용하지 않을 경우 일반적인 관리요령이 아닌 것은?

① 보관온도에 상관없이 보관한다.
② 서늘한 곳에 장소 보관한다.
③ 배터리를 분리해서 보관한다.
④ 케이스에 보관한다.

12 현재의 지상기온이 31℃ 일 때 3,000피트 상공의 기온은?(단 조건은 ISA 조건이다.)

① 25℃   ② 37℃
③ 29℃   ④ 34℃

13 난기류(Turbulence)를 발생하는 주요인이 아닌 것은?

① 안정된 대기상태
② 바람의 흐름에 대한 장애물
③ 대형 항공기에서 발생하는 후류의 영향
④ 기류의 수직 대류현상

14 동력비행장치는 자체 중량이 몇 킬로그램 이하 이어야 하는가?

① 70킬로그램   ② 100킬로그램
③ 115킬로그램   ④ 250킬로그램

15 국토교통부장관에게 소유신고를 하지 않아도 되는 것은?

① 동력비행장치
② 초경량 헬리콥터
③ 초경량 자이로플레인
④ 계류식 무인비행장치

16 항공시설, 업무, 절차 또는 위험요소의 신설, 운영상태 및 그 변경에 관한 정보를 수록하여 전기통신 수단으로 항공종사자들에게 배포하는 공고문은?

① AIC   ② AIP
③ AIRAC   ④ NOTAM

17 안개가 발생하기 적합한 조건이 아닌 것은?

① 대기의 성층이 안정할 것
② 냉각작용이 있을 것
③ 강한 난류가 존재할 것
④ 바람이 없을 것

18 다음 중 기압에 대한 설명으로 틀린 것은?

① 일반적으로 고기압권에서는 날씨가 맑고 저기압권에서는 날씨가 흐린 경향을 보인다.
② 북반구 고기압 지역에서 공기흐름은 시계 방향으로 회전하면서 확산된다.
③ 등압선의 간격이 클수록 바람이 약하다.
④ 해수면 기압 또는 동일한 기압대를 형성하는 지역을 따라서 그은 선을 등고선이라 한다.

19 초경량비행장치 멀티콥터의 멸실 등의 사유로 말소신고를 할 경우 그 사유가 발생한 날부터 며칠 이내에 한국교통안전공단 이사장에게 말소신고서를 제출하여야 하는가?

① 5일
② 10일
③ 15일
④ 30일

20 비행 중 조종기의 배터리 경고음이 울렸을 때 취해야 할 행동은?

① 즉시 기체를 착륙시키고 엔진 시동을 정지 시킨다.
② 경고음이 꺼질 때까지 기다려본다.
③ 재빨리 송신기의 배터리를 예비 배터리로 교환한다.
④ 기체를 원거리로 이동시켜 제자리 비행으로 대기한다.

21 초경량비행장치 무인멀티콥터 1, 2, 3종 조종 자격증명 시험에 응시할 수 있는 최소 연령은?

① 만 12세 이상
② 만 13세 이상
③ 만 14세 이상
④ 만 18세 이상

22 바람에 대한 설명으로 틀린 것은?

① 풍속의 단위는 m/s, Knot 등을 사용한다.
② 풍향은 지리학상의 진북을 기준으로 한다.
③ 풍속은 공기가 이동한 거리와 이에 소요되는 시간의 비(比)이다.
④ 바람은 기압이 낮은 곳에서 높은 곳으로 흘러가는 공기의 흐름이다.

23 회전익무인비행장치의 비행 준비사항으로 적절하지 않은 것은?

① 기체크기
② 기체 배터리 상태
③ 조종기 배터리 상태
④ 조종사의 건강상태

24 회전익 무인비행장치의 조종사가 비행 중 주의해야 하는 사항이 아닌 것은?

① 휴식장소
② 착륙장의 부유물
③ 비행지역의 장애물
④ 조종사주변의 차량접근

25 항공안전법에서 정한 용어의 정의가 맞는 것은?

① 관제구라 함은 평균해수면으로부터 500미터 이상 높이의 공역으로서 항공교통의 통제를 위하여 지정된 공역을 말한다.
② 항공등화라 함은 전파, 불빛, 색채 등으로 항공기 항행을 돕기 위한 시설을 말한다.
③ 관제권이라 함은 비행장 및 그 주변의 공역으로서 항공교통의 안전을 위하여 지정된 공역을 말한다.
④ 항행안전시설이라 함은 전파에 의해서만 항공기 항행을 돕기 위한 시설을 말한다.

26 전동식 멀티콥터의 기체 구성품과 거리가 먼 것은?

① 프로펠러　② 모터와 변속기
③ 자동비행장치　④ 클러치

27 다음 연료 여과기에 대한 설명 중 가장 타당한 것은?

① 연료 탱크 안에 고여 있는 물이나 침전물을 외부로 빼내는 역할을 한다.
② 외부 공기를 기화된 연료와 혼합하여 실린더 입구로 공급한다.
③ 엔진 사용 전에 흡입구에 연료를 공급한다.
④ 연료가 엔진에 도달하기 전에 연료의 습기나 이물질을 제거한다.

28 초경량비행장치 무인 멀티콥터 조종자 전문교육기관이 확보해야 할 지도조종자의 최소비행시간은?

① 50시간　② 100시간
③ 150시간　④ 200시간

29 항공종사자가 업무를 정상적으로 수행할 수 없는 혈중 알코올 농도의 기준은?

① 0.02% 이상　② 0.03% 이상
③ 0.05% 이상　④ 0.5% 이상

30 비행장치 또는 항공기에 작용하는 힘의 방향으로 맞는 것은?

① 양력, 마찰, 추력, 항력
② 양력, 중력, 무게, 추력
③ 양력, 무게, 동력, 마찰
④ 양력, 무게, 추력, 항력

31 주로 봄과 가을에 이동성 고기압과 함께 동진해 와서 따뜻하고 건조한 일기를 나타내는 기단은?

① 오호츠크해기단　② 양쯔강기단
③ 북태평양기단　④ 적도기단

32 공기밀도에 관한 설명으로 틀린 것은?

① 온도가 높아질수록 공기밀도도 증가한다.
② 일반적으로 공기밀도는 하층보다 상층이 낮다.
③ 수증기가 많이 포함될수록 공기밀도는 감소한다.
④ 국제표준대기(ISA)의 밀도는 건조공기로 가정했을 때의 밀도이다.

33 다음이 설명하는 용어는?

> 날개꼴의 임의 지점에 중심을 잡고 받음각의 변화를 주면 기수를 들리고 내리는 피칭모멘트가 발생하는데 이 모멘트의 값이 받음각에 관계없이 일정한 지점을 말한다.

① 압력중심(Center of Pressure)
② 공력중심(Aerodynamic Center)
③ 무게중심(Center of Gravity)
④ 평균공력시위(Mean Aerodynamic Chord)

34 초경량비행장치에 의하여 중사고가 발생한 경우 사고조사를 담당하는 기관은?

① 관할 지방항공청
② 항공교통관제소
③ 교통안전공단
④ 항공 철도사고조사위원회

35 다음 중 무인회전익비행장치가 고정익형 무인비행기와 비행특성이 가장 다른 점은?

① 우선회비행 ② 정지비행
③ 좌선회비행 ④ 전진비행

36 항공기 날개의 상하부를 흐르는 공기의 압력차에 의해 발생하는 압력의 원리는?

① 작용-반작용의 법칙
② 가속도의 법칙
③ 베르누이의 정리
④ 관성의 법칙

37 구름의 형성 요인 중 가장 관련이 없는 것은?

① 냉각(Cooling)
② 수증기(Water vapor)
③ 온난전선(Warm front)
④ 응결핵(Condensation nuclei)

38 다음 중 무인회전익 비행장치에 사용되는 엔진으로 가정 부적합한 것은?

① 왕복엔진   ② 로터리엔진
③ 터보팬 엔진 ④ 가솔린 엔진

39 비행 후 기체 점검 사항 중 옳지 않은 것은?

① 동력계통 부위의 볼트 조임상태 등을 점검하고 조치한다.
② 메인 블레이드, 테일 블레이드의 결합상태, 파손 등을 점검한다.
③ 남은 연료가 있을 경우 호버링 비행하여 모두 소모시킨다.
④ 송수신기의 배터리 잔량을 확인하여 부족 시 충전한다.

40 착빙(Icing)에 대한 설명 중 틀린 것은?

① 양력과 무게를 증가시켜 추진력을 감소시키고 항력은 증가시킨다.
② 거친 착빙도 항공기 날개의 공기 역학에 심각한 영향을 줄 수 있다.
③ 착빙은 날개뿐만 아니라 Carburetor, Pitot관 등에도 발생한다.
④ 습한 공기가 기체 표면에 부딪치면서 결빙이 발생하는 현상이다.

제3회 초경량비행장치 조종자격시험

01 리튬폴리머 배터리 사용상의 설명으로 적절한 것은?
① 비행 후 배터리 충전은 상온까지 온도가 내려간 상태에서 실시한다.
② 수명이 다 된 배터리는 그냥 쓰레기들과 같이 버린다.
③ 여행 시 배터리는 화물로 가방에 넣어서 운반이 가능하다.
④ 가급적 전도성이 좋은 금속 탁자 등에 두어 보관한다.

02 무인비행장치 탑재임무장비(Payload)로 볼 수 없는 것은?
① 주간(EO) 카메라
② 데이터링크 장비
③ 적외선(FLIR) 감시카메라
④ 통신중계 장비

03 무인항공 시스템의 지상지원장비로 볼 수 없는 것은?
① 발전기　　　　② 비행체
③ 비행체 운반차량　④ 정비지원 차량

04 드론에 대한 설명으로 틀린 것은?
① 드론은 대형 무인항공기와 소형 무인항공기를 모두 포함하는 개념이다.
② 일반적으로 우리나라에서는 일정 무게이하의 소형 무인항공기를 지칭한다.
③ 우리나라 항공안전법은 150kg 이하 무인항공기를 무인비행장치로 분류하고 있다.
④ 우리나라 항공안전법에 무인멀티콥터는 동력비행장치로 분류하고 있다.

05 비행 교관의 기본 구비자질로서 타당하지 않은 것은?
① 교육생에 대한 수용 자세: 교육생의 잘못된 습관이나 조작, 문제점을 지적하기 전에 그 교육생의 특성을 먼저 파악해야 한다.
② 외모 및 습관 : 교관으로서 청결하고 단정한 외모와 침착하고 정상적인 비행 조작을 해야 한다.
③ 전문적 언어 : 전문적인 언어를 많이 사용하여 교육생들의 신뢰를 얻어야 한다.
④ 화술 능력 구비 : 교관으로서 학과과목이나 조종을 교육시킬 때 적절하고 융통성 있는 화술 능력을 구비해야 한다.

06 비행 준비 및 학과교육 단계에서 교육 요령으로 부적절한 것은?
① 교관이 먼저 비행 원리에 정통하고 적용하라.
② 시뮬레이션 교육을 최소화 시켜라
③ 안전 교육을 철저히 시켜라
④ 교육 기록부 기록 철저

07 무인항공방제 작업간 조종자/작업자의 안전 준비 사항이 아닌 것은?

① 헬멧의 착용
② 보안경, 마스크 착용
③ 메인로터가 완전히 정지하기까지는, 무의적인 접근을 하지 않을 것
④ 옷은 짧은 소매를 입는다.

08 비상절차 단계의 교육훈련 내용으로 맞지 않는 것은?

① 각 경고등 점등 시 의미 및 조치사항
② GPS 수신 불량에 대한 프로그램 이용 실습
③ 통신 두절로 인한 Return Home 기능 필요시 시범식 교육
④ 제어 시스템 에러 사항에 대한 일회 설명 실시

09 다음의 초경량비행장치 중 국토부에서 정하는 보험에 가입하여야 하는 것은?

① 영리 목적으로 사용되는 인력 활공기
② 개인의 취미활동에 사용되는 행글라이더
③ 영리 목적으로 사용되는 동력비행장치
④ 개인의 취미활동에 사용되는 낙하산

10 비행교관이 범하기 쉬운 과오가 아닌 것은?

① 자기 고유의 기술은, 자기만의 것으로 소유하고 잘난 체 하려는 태도
② 교육생이 잘못된 조작에 대해 교관의 부드러운 조작 수정
③ 감정에 의해서 표출되는 언어 표현의 사용
④ 교육생의 과오에 대해서 필요 이상의 자기감정을 억제

11 멀티콥터가 제자리 비행을 하다가 이동시키면 계속 정지상태를 유지하려는 것은 뉴턴의 운동법칙 중 무슨 법칙인가 ?

① 가속도의 법칙
② 관성의 법칙
③ 작용반작용의 법칙
④ 등가속도의 법칙

12 블레이드가 회전할 때 공기와 마찰하면서 발생하는 항력은 무슨 항력인가?

① 유도항력　② 유해항력
③ 형상항력　④ 총항력

13 총 무게가 30kg인 비행장치가 45도 경사로 동 고도로 선회할 때 총 하중계수는 얼마인가?

① 35kg　② 40kg
③ 45kg　④ 50kg

14 영각(받음각)에 대한 설명 중 틀린 것은?

① Airfoil의 익현선과 합력 상대풍의 사이 각
② 취부각(붙임각)의 변화 없이도 변화될 수 있다.
③ 양력과 항력의 크기를 결정하는 중요한 요소
④ 영각(받음각)이 커지면 양력이 작아지고 영각이 작아지면 양력이 커진다.

15 고유의 안정성이란 무엇을 의미 하는가?

① 이착륙 성능이 좋다.
② 실속이 되기 어렵다.
③ 스핀이 되지 않는다.
④ 조종이 보다 용이하다.

16 회전익 비행장치의 유동력 침하가 발생될 수 있는 비행조건이 아닌 것은?

① 깊은 각(300feet per minute)으로 접근 시
② 배풍 접근 시
③ 지면효과 밖에서 호버링을 하는 동안 일정한 고도를 유지하지 않을 때
④ 편대비행 접근 시

17 날개의 상하부를 흐르는 공기의 압력차에 의해 발생하는 압력의 원리는?

① 작용-반작용의 법칙
② 가속도의 법칙
③ 베르누이의 정리
④ 관성의 법칙

18 항력과 속도와의 관계 설명 중 틀린 것은?

① 항력은 속도제곱에 반비례한다.
② 유해항력은 거의 모든 항력을 포함하고 있어 저속 시 작고, 고속 시 크다.
③ 형상항력은 블레이드가 회전할 때 발생하는 마찰성 저항이므로 속도가 증가하면 점차 증가한다.
④ 유도항력은 하강풍인 유도기류에 의해 발생하므로 저속과 제자리 비행 시 가장 크며, 속도가 증가할수록 감소한다.

19 지면효과에 대한 설명 중 가장 옳은 것은?

① 지면효과에 의해 회전날개 후류의 속도는 급격하게 증가되고 압력은 감소한다.
② 동일 엔진일 경우 지면효과가 나타나는 낮은 고도에서 더 많은 무게를 지탱할 수 있다.
③ 지면효과는 양력 감소현상을 초래하기는 하지만 항공기의 진동을 감소시키는 등 긍정적인 면도 있다.
④ 지면효과는 양력의 급격한 감소현상과 같은 헬리콥터의 비행성에 항상 불리한 영향을 미친다.

20 무인동력비행장치의 수직 이, 착륙비행을 위하여 어떤 조종장치를 조작하는가?

① 스로틀
② 피치
③ 롤
④ 요우

21 다음 지역 중 우리나라 평균해수면 높이를 0m로 선정하여 평균해수면의 기준이 되는 지역은?

① 영일만
② 순천만
③ 인천만
④ 강화만

22 물질 1g의 온도를 1℃ 올리는데 요구되는 열은?

① 잠열
② 열량
③ 비열
④ 현열

23 대부분의 기상이 발생하는 대기의 층은?

① 대류권
② 성층권
③ 중간권
④ 열권

24 바람이 존재하는 근본적인 원인은?

① 기압차이
② 고도차이
③ 공기밀도 차이
④ 자전과 공전현상

25 대기 중의 수증기의 양을 나타내는 것은?

① 습도
② 기온
③ 밀도
④ 기압

26 구름과 안개의 구분 시 발생 높이의 기준은?

① 구름의 발생이 AGL 50ft 이상 시 구름, 50ft이하에서 발생 시 안개
② 구름의 발생이 AGL 70ft 이상 시 구름, 70ft이하에서 발생 시 안개
③ 구름의 발생이 AGL 90ft 이상 시 구름, 90ft이하에서 발생 시 안개
④ 구름의 발생이 AGL 120ft 이상 시 구름, 120ft이하에서 발생 시 안개

27 강수 발생률을 강화시키는 것은?

① 난한 하강기류 ② 수직활동
③ 상승기류   ④ 수평활동

28 습한 공기가 산 경사면을 타고 상승하면서 팽창함에 따라 공기가 노점이하로 단열냉각되면서 발생하며, 주로 산악지대에서 관찰되고 구름의 존재에 관계없이 형성되는 안개는?

① 활승안개 ② 이류안개
③ 증기안개 ④ 복사안개

29 1기압에 대한 설명 중 틀린 것은?

① 폭 1㎠, 높이 76㎝의 수은주 기둥
② 폭 1㎠, 높이 1,000km의 공기기둥
③ 760mmHg = 29.92inHg
④ 1015mbar = 1.015bar

30 구름의 형성조건이 아닌 것은?

① 풍부한 수증기
② 냉각작용
③ 응결핵
④ 시정

31 초경량비행장치를 멸실하였을 경우 신고 기간은?

① 15일   ② 30일
③ 3개월   ④ 6개월

32 초경량무인비행장치의 비행안전을 위한 기술상의 기준에 적합하다는 안전성 인증을 받지 아니하고 비행 시 최대 과태료는 얼마인가?

① 250만원 ② 300만원
③ 400만원 ④ 500만원

33 다음 중 초경량비행장치의 비행 가능한 지역은 어느 것인가?

① (RK)R-1 ② UFA
③ MOA   ④ P65

34 비행장(헬기장 포함) 또는 활주로의 설치, 폐쇄 또는 운용상 중요한 변경, 비행금지구역, 비행제한구역, 위험구역의 설정, 폐지(발효 또는 해제포함) 또는 상태의 변경 등의 정보를 수록하여 항공종사자들에게 배포하는 공고문은?

① AIC   ② AIP
③ AIRAC ④ NOTAM

35 초경량비행장치 멀티콥터를 소유한 자가 신고 시 누구에게 신고하는가?

① 한국 교통안전공단 드론관리처장
② 국토부 첨단항공과장
③ 국토부 자격과장
④ 지방항공청장

36 초경량비행장치 운용제한에 관한 설명 중 틀린 것은?

① 인구밀집지역이나 사람이 운집한 장소 상공에서 비행하면 안 된다.
② 인명이나 재산에 위험을 초래할 우려가 있는 낙하 물을 투하하면 안 된다.
③ 보름달이나 인공조명 등이 밝은 곳은 야간에 비행할 수 있다.
④ 안개 등으로 인하여 지상목표물이 육안으로 식별할 수 없는 상태에서 비행하여서는 안 된다.

37 다음 중 초경량무인비행장치 비행허가 승인에 대한 설명으로 틀린 것은?

① 비행금지구역(P-73, P-61등) 비행 허가는 군에 받아야 한다.
② 공역이 두 개 이상 겹칠 때는 우선하는 기관에 허가를 받아야 하다.
③ 군 관제권 지역의 비행허가는 군에서 받아야 한다.
④ 민간 관제권 지역의 비행허가는 국토부의 비행승인을 받아야 한다.

38 조종자격증명(1, 2, 3종) 및 교관조종자격 취득의 설명 중 맞는 것은?

① 자격증명 취득 연령은 만 14세, 지도조종 자격증명은 만 18세 이상이다.
② 자격증명과 교관자격증명 취득 연령은 모두 만 14세 이상이다.
③ 자격증명과 교관자격증명 취득 연령은 모두 만 20세 이상이다.
④ 자격증명 취득 연령은 만 14세, 교관조종 자격증명은 만 25세 이상이다.

39 다음 중 회전익 비행장치로 구성된 것은?

> 가. 무인비행기
> 나. 동력비행장치
> 다. 초경량헬리콥터
> 라. 초경량 자이로플랜
> 마. 행글라이더
> 바. 무인비행선

① 가, 나   ② 나, 다
③ 다, 라   ④ 라, 마

40 다음 중 안전관리제도에 대한 설명으로 틀린 것은?

① 이륙중량이 25kg초과이면 안전성 검사와 비행 시 비행승인을 받아야 한다.
② 이륙중량이 25kg이하이면 사업을 하더라도 안정성검사를 받지 않아도 된다.
③ 무게가 약 2kg인 취미, 오락용 드론은 조종자 준수사항을 준수하지 않아도 된다.
④ 이륙중량이 2kg초과이면 개인 취미용으로 활용하더라도 조종자격증명을 취득해야 한다.

제4회 초경량비행장치 조종자격시험

01 무인멀티콥터에서 비행 간에 열이 발생하는 부분으로서 비행 후 필히 점검을 해야 할 부분이 아닌 것은?

① 프로펠러(또는 로터)
② 비행제어장치(FCS)
③ 모터
④ 변속기

02 GPS 장치의 구성으로 볼 수 없는 것은?

① 안테나
② 변속기
③ 신호선
④ 수신기

03 위성항법시스템(GNSS) 대한 설명으로 옳은 것은?

① GPS는 미국에서 개발 및 운용하고 있으며 전세계에 20개의 위성이 있다.
② GLONASS는 유럽에서 운용하는 것으로 24개의 위성이 구축되어 있다.
③ 중국은 독자 위성항법시스템이 없다.
④ 위성신호의 오차는 통상 10m이상이며 이를 보정하기 위한 SBAS 시스템은 정지궤도위성을 이용한다.

04 지자기센서의 보정(Calibration)이 필요한 시기로 옳은 것은?

① 비행체를 처음 수령하여 시험비행을 한 후 다음날 다시 비행할 때
② 10km 이상 이격된 지역에서 비행을 할 경우
③ 비행체가 GPS모드에서 고도를 잘 잡지 못할 경우
④ 전진비행 시 좌측으로 바람과 상관없이 벗어나는 경우

05 현재 무인멀티콥터의 기술적 해결 과제로 볼 수 없는 것은?

① 장시간 비행을 위한 동력 시스템
② 비행체 구성품의 내구성 확보
③ 농업 방제장치 개발
④ 비행제어시스템 신뢰성 개선

06 무인항공방제 간 사고의 주된 요인으로 볼 수 없는 것은?

① 방제 전날 사전 답사를 하지 않았다.
② 숙달된 조종자로서 신호수를 배치하지 않는다.
③ 주 조종자가 교대 없이 혼자서 방제작업을 진행한다.
④ 비행 시작 전에 조종자가 장애물 유무를 육안 확인한다.

07 무인항공 방제작업의 살포비행 조종방법으로 옳지 않은 것은?

① 멀티콥터 중량이 큰 15리터 모델과 20리터 모델로 살포할 때 3m 이상의 고도로 비행한다.
② 작물의 상태와 종류에 따라 비행고도를 다르게 적용한다.
③ 비행고도는 기종과 비행체 중량에 따라서 다르게 적용한다.
④ 살포 폭은 비행고도와 상관이 없이 일정하다.

08 현재의 무인멀티콥터의 활용분야로 볼 수 없는 것은?

① 인원 운송 사업
② 항공촬영 분야 사업
③ 항공방제사업
④ 공간정보 활용

09 무인멀티콥터 비행의 위험관리 사항으로 부적절한 것은?

① 비행장치(지상장비의 상태, 충전기 등)
② 환경(기상상태, 주위 장애물 등)
③ 조종자(건강상태, 음주, 피로, 불안 등)
④ 비행(비행목적, 계획, 긴급도, 위험도)

10 교육생에 대한 교관의 학습 지원 요령으로 부적절한 것은?

① 학생의 특성과 상관없이 표준화된 한 가지 교수 방법 적용
② 정확한 표준 조작 요구
③ 긍정적인 면을 강조
④ 교관이 먼저 비행원리에 정통하고 적용한다.

11 수평 직전비행을 하다가 상승비행으로 전환 시 받음각(영각)이 증가하면 양력은 어떻게 변화하는가?

① 순간적으로 감소한다.
② 순간적으로 증가한다.
③ 변화가 없다.
④ 지속적으로 감소한다.

12 실속에 대한 설명 중 틀린 것은?

① 실속은 무게, 하중계수, 비행속도, 밀도 고도와 관계없이 일정한 받음각 속에서 발생한다.
② 실속의 직접적인 원인은 과도한 취부각 때문이다.
③ 임계 받음각을 초과할 수 있는 경우는 고속비행, 저속비행, 깊은 선회비행이다.
④ 날개의 윗면을 흐르는 공기 흐름이 조기에 분리되어 형성된 와류가 확산되어 더 이상 양력을 발생하지 못할 때 발생한다.

13 멀티콥터나 무인회전익비행장치의 착륙 조작 시 지면에 근접 시 힘이 증가되고 착륙 조작이 어려워지는 것은 어떤 현상 때문인가?

① 지면효과를 받기 때문
② 전이성향 때문
③ 양력불균형 때문
④ 횡단류효과 때문

14 멀티콥터의 이동비행 시 속도가 증가될 때 통상 나타나는 현상은?

① 고도가 올라간다.
② 고도가 내려간다.
③ 기수가 좌로 돌아간다.
④ 기수가 우로 돌아간다.

15 무인동력비행장치의 전, 후진비행을 위하여 어떤 조종장치를 조작하는가?

① 스로틀   ② 피치
③ 롤   ④ 요우

16 멀티콥터 암의 한쪽 끝에 모터와 로터를 장착하여 운용할 때 반대쪽에 작용하는 힘의 법칙은 무엇인가?

① 관성의 법칙
② 가속도의 법칙
③ 작용과 반작용의 법칙
④ 연속의 법칙

17 유도기류의 설명 중 맞는 것은?

① 취부각(붙임각)이 "0"일 때 Airfoil을 지나는 기류는 상, 하로 흐른다.
② 취부각의 증가로 영각(받음각)이 증가하면 공기는 위로 가속하게 된다.
③ 공기가 로터 블레이드의 움직임에 의해 변화된 하강기류를 말한다.
④ 유도기류 속도는 취부각이 증가하면 감소한다.

18 베르누이 정리에 의한 압력과 속도와의 관계는?

① 압력 증가, 속도 증가
② 압력 증가, 속도 감소
③ 압력 증가, 속도 일정
④ 압력 감소, 속도 일정

19 블레이드가 공기를 지날 때 표면마찰(점성마찰)로 인해 발생하는 마찰성 저항으로 마찰항력이라고도 하는 항력은?

① 유도항력   ② 유해항력
③ 형상항력   ④ 총항력

20 다음 중 날개의 받음각에 대한 설명이다. 틀린 것은?

① 기체의 중심선과 날개의 시위선이 이루는 각이다.
② 공기흐름의 속도방향과 날개 골의 시위선이 이루는 각이다.
③ 받음각이 증가하면 일정한 각까지 양력과 항력이 증가한다.
④ 비행 중 받음각은 변할 수 있다.

21 국제 구름 기준에 의한 구름을 잘 구분한 것은 어느 것인가?

① 높이에 따른 상층운, 중층운, 하층운, 수직으로 발달한 구름
② 층운, 적운, 난운, 권운
③ 층운, 적란운, 권운
④ 운량에 따라 작은 구름, 중간 구름, 큰 구름 그리고 수직으로 발달한 구름

22 안개의 시정조건은?

① 1마일 이하로 제한
② 5마일 이하로 제한
③ 7마일 이하로 제한
④ 10마일 이하로 제한

23 이슬비란 무엇인가?

① 빗방울 크기가 직경 0.5mm 이하일 때
② 빗방울 크기가 직경 0.7mm 이하일 때
③ 빗방울 크기가 직경 0.9mm 이하일 때
④ 빗방울 크기가 직경 1mm 이하일 때

24 다음 중 고기압이나 저기압 시스템의 설명에 관하여 맞는 것은?
① 고기압 지역 또는 마루에서 공기는 올라간다.
② 고기압 지역 또는 마루에서 공기는 내려간다.
③ 저기압 지역 또는 골에서 공기는 정체한다.
④ 저기압 지역 도는 골에서 공기는 내려간다.

25 이류안개가 가장 많이 발생하는 지역은 어디인가?
① 산 경사지
② 해안지역
③ 수평 내륙지역
④ 산간 내륙지역

26 항공정기기상 보고에서 바람 방향, 즉 풍향의 기준은 무엇인가?
① 자북
② 진북
③ 도북
④ 자북과 도북

27 우리나라에 영향을 미치는 기단 중 초여름 장마기에 해양성 한대 기단으로 불연속선의 장마전선을 이루어 영향을 미치는 기단은?
① 시베리아 기단
② 양쯔강 기단
③ 오호츠크 기단
④ 북태평양 기단

28 해륙풍과 산곡풍에 대한 설명 중 잘못 연결된 것은?
① 낮에 바다에서 육지로 공기가 이동하는 것을 해풍이라 한다.
② 밤에 육지에서 바다로 공기가 이동하는 것을 육풍이라 한다.
③ 낮에 골짜기에서 산 정상으로 공기가 이동하는 것을 곡풍이라 한다.
④ 밤에 산 정상에서 산 아래로 공기가 이동하는 것을 곡풍이라 한다.

29 다음 중 안개에 관한 설명 중 틀린 것은?
① 적당한 바람만 있으면 높은 층으로 발달해 간다.
② 공중에 떠돌아다니는 작은 물방울 집단으로 지표면 가까이에서 발생한다.
③ 수평가시거리가 3km이하가 되었을 때 안개라고 한다.
④ 공기가 냉각되고 포화상태에 도달하고 응결하기 위한 핵이 필요하다.

30 짧은 거리 내에서 순간적으로 풍향과 풍속이 급변하는 현상으로 뇌우, 전선, 깔때기 형태의 바람, 산악파 등에 의해 형성되는 것은?
① 윈드시어   ② 돌풍
③ 회오리바람   ④ 토네이도

31 다음 중 초경량비행장치의 기준이 잘 못된 것은?
① 동력비행장치는 1인석에 115kg이하
② 행글라이더 및 패러글라이더는 중량 70kg 이하
③ 무인동력비행장치는 연료 제외 자체중량 115kg이하
④ 무인비행선은 연료 제외 자체중량 180kg 이하

32 조종자 준수사항으로 틀린 것은?
① 야간에 비행은 금지되어 있다.
② 사람이 많은 아파트 놀이터 등에서 비행은 가능하다.
③ 음주, 마약을 복용한 상태에서 비행은 금지되어 있다.
④ 사고나 분실에 대비하여 비행장치에 소유자 이름과 연락처를 기재하여야 한다.

33 초경량비행장치 무인 멀티콥터 조종자 전문교육기관 지정을 위해 교통안전공단 이사장에게 제출할 서류가 아닌 것은?
① 전문교관의 현황
② 교육시설 및 장비의 현황
③ 교육훈련계획 및 교육훈련 규정
④ 보유한 비행장치의 제원

34 초경량비행장치의 변경신고는 사유발생일로부터 며칠 이내에 신고하여야 하는가?
① 30일   ② 60일
③ 90일   ④ 180일

35 초경량비행장치 운용시간으로 가장 맞는 것은?
① 일출부터 일몰 30분전까지
② 일출 30분전부터 일몰까지
③ 일출 후 30분부터 일몰 30분 전까지
④ 일출부터 일몰까지

36 사고 발생 시 최초 보고 사항에 포함되지 않는 것은?
① 조종자 및 초경량비행장치 소유자의 성명 또는 명칭
② 사고 발생 지역의 기상상태
③ 초경량비행장치의 종류 및 신고 번호
④ 인적 물적 피해의 개요(간단히)

37 다음 중 초경량비행장치의 비행 가능한 지역은 어느 것인가?
① CP-16   ② R35
③ P-73A   ④ UA-14

38 초경량무인비행장치 비행 시 조종자 준수사항을 위반할 경우 항공안전법에 따라 부과되는 최대 과태료는 얼마인가?
① 100만원   ② 200만원
③ 300만원   ④ 500만원

39 항공고시보(NOTAM)의 최대 유효기간은?
① 1개월   ② 3개월
③ 6개월   ④ 12개월

40 다음 공역 중 통제공역이 아닌 것은?
① 비행금지 구역
② 비행제한 구역
③ 초경량비행장치 비행제한 구역
④ 군 작전구역

제5회 초경량비행장치 조종자격시험

01 전동 무인멀티콥터의 필수 구성품으로 볼 수 없는 것은?

① 로터
② 비행제어장치(FCS)
③ 모터와 변속
④ 냉각펌프

02 비행제어 시스템의 내부 구성품으로 볼 수 없는 것은?

① ESC ② IMU
③ PMU ④ GPS

03 무인멀티콥터 조종기에 사용에 대한 설명으로 바른 것은?

① 모드 1 조종기는 고도 조종 스틱이 좌측에 있다.
② 모드 2 조종기는 우측 스틱으로 전후좌우를 모두 조종할 수 있다.
③ 비행모드는 자세제어모드와 수동모드로 구성된다.
④ 조종기 배터리 전압은 보통 6VDC 이하로 사용한다.

04 산업용 무인멀티콥터의 일반적인 비행 전 점검 순서로 맞게 된 것은?

① 로터 → 모터 → 변속기 → 붐/암 → 본체 → 착륙장치 → 임무장비
② 변속기 → 붐/암 → 로터 → 모터 → 본체 → 착륙장치 → 임무장비
③ 임무장비 → 로터 → 모터 → 변속기 → 붐/암 → 착륙장치 → 본체
④ 임무장비 → 로터 → 변속기 → 모터 → 붐/암 → 본체 → 착륙장치

05 비행제어시스템에서 자세제어와 직접 관련이 있는 센서와 장치가 아닌 것은?

① 가속도센서
② 자이로센서
③ IMU
④ 모터

06 위성항법시스템(GNSS)의 설명으로 틀린 것은?

① 위성항법시스템에는 GPS, GLONASS, Galileo, Beidou 등이 있다.
② 우리나라에서는 GLONASS는 사용하지 않는다.
③ 위성신호별로 빛의 속도와 시간을 이용해 거리를 산출한다.
④ 삼각진법을 이용하여 위치를 계산한다.

07 농업용 무인멀티콥터로 방제작업을 할 때 조종자의 준비사항으로 볼 수 없는 것은?

① 헬멧의 착용
② 보안경 및 마스크 착용
③ 시원한 짧은 소매 복장
④ 양방향 무전기

08 무인항공 방제작업의 살포비행 조종방법으로 옳은 것은?

① 비행고도는 항상 3m 이내로 한정하여 비행한다.
② 비행고도와 작물의 상태와는 상관이 없다.
③ 비행고도는 기종과 비행체 중량에 따라서 다르게 적용한다.
④ 살포 폭은 비행고도와 상관이 없이 일정하다.

09 무인멀티콥터를 이용한 항공촬영 작업의 진행 절차로서 부적절한 것은?

① 작업을 위해서 비행체를 신고하고 보험을 가입하였다.
② 초경량비행장치 사용사업등록을 실시했다.
③ 국방부 촬영허가는 연중 한번만 받고 작업을 진행했다.
④ 작업 1주 전에 지방항공청에 비행 승인 신청을 하였다.

10 비행교관의 자질로서 적절한 것은?

① 비행기량이 뛰어난 것을 과시하는 시범 행위
② 전문지식은 필요한 부분만 부분적으로 숙지한다.
③ 문제점을 지적하기 전에 교육생의 특성을 먼저 파악한다.
④ 교관의 자기감정을 숨김없이 표출한다.

11 블레이드에 대한 설명 중 틀린 것은?

① 익근의 꼬임각이 익단의 꼬임각보다 작게 한다.
② 길이에 따라 익근의 속도는 느리고 익단의 속도는 빠르게 회전한다.
③ 익근의 꼬임각이 익단의 꼬임각보다 크게 한다.
④ 익근과 익단의 꼬임각이 서로 다른 이유는 양력의 불균형을 해소하기 위함이다.

12 세로 안정성과 관계있는 운동은 무엇인가?

① Yawing
② Rolling
③ Pitching
④ Rolling & Yawing

13 베르누이 정리에 대한 바른 설명은?

① 베르누이 정리는 밀도와는 무관하다.
② 유체의 속도가 증가하면 정압이 감소한다.
③ 위치 에너지의 변화에 의한 압력이 동압이다.
④ 정상 흐름에서 정압과 동압의 합은 일정하지 않다.

14 지면효과를 받을 때의 설명 중 잘못된 것은?

① 받음 각이 증가한다.
② 항력의 크기가 증가한다.
③ 양력의 크기가 증가한다.
④ 같은 출력으로 많은 무게를 지탱할 수 있다.

15 다음 중 무인회전익비행장치가 고정익형 무인비행기와 비행특성이 가장 다른 점은?

① 우선회 비행
② 제자리 비행
③ 좌선회 비행
④ 전진비행

16 상대풍의 설명 중 틀린 것은?

① Airfoil에 상대적인 공기의 흐름이다.
② Airfoil의 움직임에 의해 상대풍의 방향은 변하게 된다.
③ Airfoil의 방향에 따라 상대풍의 방향도 달라지게 된다.
④ Airfoil이 위로 이동하면 상대풍은 위로 향하게 된다.

17 비행장치에 작용하는 4가지의 힘이 균형을 이룰 때는 언제인가?

① 가속중일 때
② 지상에 정지 상태에 있을 때
③ 등속 수평 비행 시
④ 상승을 시작할 때

18 실속에 대한 설명 중 틀린 것은?

① 실속의 직접적인 원인은 과도한 받음각이다.
② 실속은 무게, 하중계수, 비행속도 또는 밀도고도에 관계없이 항상 다른 받음각에서 발생한다.
③ 임계 받음각을 초과할 수 있는 경우는 고속비행, 저속비행, 깊은 선회비행 등이다.
④ 선회비행 시 원심력과 무게의 조화에 의해 부과된 하중들이 상호 균형을 이루기 위한 추가적인 양력이 필요하다.

19 토크작용은 어떤 운동법칙에 해당되는가?

① 관성의 법칙
② 가속도의 법칙
③ 작용과 반작용의 법칙
④ 연속의 법칙

20 무인헬리콥터와 멀티콥터의 양력발생원리 중 맞는 것은?

① 멀티콥터 : 고정 피치
② 멀티콥터 : 변동 피치
③ 헬리콥터 : 고정 피치
④ 헬리콥터 : 고정 및 변동 피치

21 다음 구름의 종류 중 비가 내리는 구름은?

① Ac   ② Ns
③ St   ④ Sc

22 안정대기 상태란 무엇인가?

① 불안정한 시정
② 지속적 강수
③ 불안정 난류
④ 안정된 기류

23 뇌우 형성조건이 아닌 것은?

① 대기의 불안정
② 풍부한 수증기
③ 강한 상승기류
④ 강한 하강기류

24 다음 중 해풍에 대하여 설명한 것 중 가장 적절한 것은?

① 여름철 해상에서 육지 방향으로 부는 바람
② 낮에 해상에서 육지 방향으로 부는 바람
③ 낮에 육지에서 바다로 부는 바람
④ 밤에 해상에서 육지 방향으로 부는 바람

25 다음 중 착빙에 관한 설명 중 틀린 것은?
① 착빙은 지표면의 기온이 추운 겨울철에만 발생하며 조심하면 된다.
② 항공기의 이륙을 어렵게 하거나 불가능하게도 할 수 있다.
③ 양력을 감소시킨다.
④ 마찰을 일으켜 항력을 증가시킨다.

26 바람을 느끼고 나뭇잎이 흔들리기 시작할 때의 풍속은 어느 정도인가?
① 0.3~1.5m/sec
② 1.6~3.3m/sec
③ 3.4~5.4m/sec
④ 5.5~7.9m/sec

27 푄 현상의 발생조건이 아닌 것은?
① 지형적 상승현상
② 습한 공기
③ 건조하고 습윤단열기온감률
④ 강한 기압경도력

28 다음 중 항공기 양력발생에 영향을 미치지 않는 것은?
① 기온   ② 습도
③ 뇌우   ④ 바람

29 가열된 공기와 냉각된 공기의 수직순환 형태를 무엇이라고 하는가?
① 복사   ② 전도
③ 대류   ④ 이류

30 태풍의 세력이 약해져서 소멸되기 직전 또는 소멸되어 무엇으로 변하는가?
① 열대성 고기압   ② 열대성 저기압
③ 열대성 폭풍   ④ 편서풍

31 항공안전법상 신고를 필요로 하지 아니하는 초경량비행장치의 범위가 아닌 것은?
① 동력을 이용하지 아니하는 비행장치
② 낙하산류
③ 무인멀티콥터 중에서 연료의 무게를 제외한 자체 무게가 2kg 이하인 것
④ 군사 목적으로 사용되지 아니하는 초경량비행장치

32 초경량비행장치 무인 멀티콥터 조종자 전문 교육기관의 구비 조건이 아닌 것은 무엇인가?
① 격납고
② 강의실 1개 이상
③ 사무실 1개 이상
④ 이·착륙공간

33 초경량비행장치 사고로 분류할 수 없는 것은?
① 초경량비행장치에 의한 사람의 사망, 중상 또는 행방불명
② 초경량비행장치의 덮개나 부분품의 고장
③ 초경량비행장치의 추락, 충돌 또는 화재 발생
④ 초경량비행장치의 위치를 확인할 수 없거나 비행장치에 접근이 불가할 경우

34 초경량비행장치를 이용하여 비행 시 유의사항이 아닌 것은?
① 군 방공비상사태 인지 시 즉시 비행을 중지하고 착륙하여야 한다.
② 항공기 부근에는 접근하지 말아야 한다.
③ 유사 초경량비행장치끼리는 가까이 접근이 가능하다.
④ 비행 중 사주경계를 철저히 하여야 한다.

35 초경량비행장치를 이용하여 비행정보구역 내에 비행 시 비행계획을 제출하여야 하는데 포함사항이 아닌 것은?

① 항공기의 식별부호
② 항공기 탑재 장비
③ 출발비행장 및 출발예정시간
④ 보안 준수사항

36 다음 중 법령, 규정, 절차 및 시설 등의 주요한 변경이 장기간 예상되거나 비행기 안전에 영향을 미치는 것의 통지와 기술, 법령 또는 순수한 행정사항에 관한 설명과 조언의 정보를 통지하는 것은 무엇인가?

① 항공고시보(NOTAM)
② 항공정보간행물(AIP)
③ 항공정보 회람(AIC)
④ AIRAC

37 항공사진촬영은 촬영목적, 용도 및 대상시설, 지역의 보안상 중요도 등을 검토하여 항공촬영허가 여부를 결정한다. 다음 중 항공사진촬영이 금지된 곳이 아닌 곳은 어디인가?

① 국가보안시설 및 군사보안 시설
② 비행장, 군항, 유도탄 기지 등 군사시설
③ 기타 군수산업시설 등 국가안보상 중요한 시설·지역
④ 국립공원

38 비행금지, 제한구역 등에 대한 설명 중 틀린 것은?

① P-73, P-518, P-61~65 지역은 비행금지구역이다.
② 군/민간 비행장의 관제권은 주변 9.3km 까지의 구역이다.
③ 원자력 발전소, 연구소는 주변 18.6km까지의 구역이다.
④ 서울지역 R-75내에서는 비행이 금지되어 있다.

39 위반행위에 대한 과태료 금액이 잘못된 것은?

① 신고번호를 표시하지 않았거나 거짓으로 표시한 경우 1차 위반은 50만원이다.
② 말소 신고를 하지 않은 경우 1차 위반은 15만원이다.
③ 조종자 증명을 받지 아니하고 비행한 경우 1차 위반은 200만원이다.
④ 조종자 준수사항을 위반한 경우 1차 위반은 50만원이다.

40 초경량비행장치를 이용하여 비행 시 유의사항이 아닌 것은?

① 태풍 및 돌풍 등 악기상 조건하에서는 비행하지 말아야 한다.
② 제원표에 표시된 최대이륙중량을 초과하여 비행하지 말아야 한다.
③ 주변에 지상 장애물이 없는 장소에서 이·착륙하여야 한다.
④ 날씨가 맑은 날이나 보름 달 등으로 시야가 확보되면 야간비행도 하여야 한다.

제6회 초경량비행장치 조종자격시험

01 다음 중 멀티콥터 운용간 비상상황 발생 시 최우선적으로 조치하여야 할 사항은?
① 주위에 큰 소리로 알린다.
② 애티튜드 모드로 전환하여 조종시도
③ 안전하게 착륙 또는 신속하게 추락시킨다.
④ 조종기 전원을 차단한다.

02 로터(프로펠러)의 피치에 대한 설명 중 맞는 것은?
① 로터(프로펠러)의 1회전 시 진행하는 거리
② 로터(프로펠러)의 1회전 시 진행하는 방향
③ 로터(프로펠러)의 1회전 시 진행하는 속도
④ 로터(프로펠러)의 1회전 시 발생하는 바람의 양

03 다음 중 국토부장관이 지정고시한 공역의 종류 중 '항공기의 조종사가 비행 시 특별한 주의·경계·식별 등이 필요한 공역' 무엇인가?
① 주의공역   ② 관제공역
③ 통제공역   ④ 비 관제공역

04 초경량비행장치 무인멀티콥터 1, 2, 3종 조종자 자격시험에 응시할 수 있는 최소 연령은?
① 만 11세 이상   ② 만 12세 이상
③ 만 14세 이상   ④ 만 17세 이상

05 다음 중 무인멀티콥터에 사용되는 배터리의 종류가 아닌 것은?
① NICd   ② LiPo
③ NIMH   ④ NiCh

06 뉴턴의 운동 법칙 중 토크(Torque)현상과 관계있는 것은?
① 작용·반작용 법칙   ② 관성의 법칙
③ 가속도의 법칙   ④ 베르누이의 법칙

07 다음 중 비행 후 기체 점검사항 중 적절하지 않은 사항은?
① 동력부위의 결속상태 및 부착부의 점검 및 재조임
② 빠른 점검을 위해 엔진 등 고온부위에 물을 뿌려 냉각
③ 송·수신기 등 컨트롤 계통의 정상동작 확인 점검 실시
④ 연료잔량 점검 및 주유, 수신기 배터리 점검 및 충전

08 항공법에 명시된 비행과 관련한 '초경량비행장치사고'에 속하지 않는 것은?
① 초경량비행장치의 추락, 충돌 또는 화재 발생의 경우
② 초경량비행장치의 위치를 확인할 수 없거나 초경량비행장치에 접근이 불가능한 경우
③ 차량이 주기장에 주기된 초경량비행장치를 파손시킨 경우
④ 초경량비행장치에 의한 사람의 사망·중상 또는 행방불명된 경우

09 다음 중 무인비행장치의 비상램프 점등 시 조치로서 옳지 않은 것은?

① GPS 에러 경고 - 비행자세 모드로 전환하여 즉시 비상착륙을 실시한다.
② 통신 두절 경고 - 사전 설정된 RH 내용을 확인하고 그에 따라 대비한다.
③ 배터리 저전압 경고 - 비행을 중지하고 착륙하여 배터리를 교체한다.
④ IMU 센서 경고 - 자세모드로 전환하여 비상착륙을 실시한다.

10 다음 중 무인멀티콥터 이착륙지로 적절치 않은 장소는?

① 사람이나 차량이 이동이 적은 곳
② 장애물이나 바람에 날려갈 물건이 없는 곳
③ 송전탑, 고압선 등이 없는 평지
④ 장애물이 없는 경사진 곳

11 다음 중 조종장치 거리 테스트 방법 중 올바른 것은?

① 기체 옆에서 작동테스트를 한다.
② 조종장치의 레인지 테스트 모드에서 기체와 30m이상 떨어진 상태에서 정상 작동 상태를 확인한다.
③ 조종장치의 일반모드에서 기체와 100m 이상 떨어져서 정상작동 여부를 확인한다.
④ 거리 테스트는 반드시 이륙하여 정상작동 여부를 확인한다.

12 사고발생시 조치사항이 아닌 것은?

① 사고조사를 위해 기체, 현장을 보존할 것
② 인명구호를 위해 신속히 필요한 조치를 취할 것
③ 사고발생 사실을 항공철도사고조사위원회로 신속히 신고할 것
④ 사고조사를 위해 조종자가 미리 손상된 기체를 살펴보고 항공철도사고조사위원회에 보고한다.

13 무인멀티콥터 롤 스틱을 우측으로 하여 우측으로 이동할 때에 맞는 것은?

① 우측에 위치한 로터가 빨리 회전하고 좌측에 위치한 로터가 늦게 회전한다.
② 좌측에 위치한 로터가 빨리 회전하고 우측에 위치한 로터가 늦게 회전한다.
③ 반시계방향으로 회전하는 로터가 빨리 회전하고 시계방향으로 회전하는 로터가 늦게 회전한다.
④ 시계방향으로 회전하는 로터가 빨리 회전하고 반시계방향으로 회전하는 로터가 늦게 회전한다.

14 무인멀티콥터를 소유한 사람은 신고사항에 변경이 있는 경우 이를 누구에게 신고하는가?

① 지방항공청장
② 한국공항공사 사장
③ 한국교통안전공단 이사장
④ 대한민국항공회 총재

15 다음 중 우 시정에 대한 내용 중 틀린 것은?

① 항공기상 분야에서는 국제적으로 최단 시정(minimum visibility)이 쓰이고 있다.
② 우리나라, 일본, 미국 등 일부 나라에서는 우 시정(Prevailing Visibility)을 사용하고 있다.
③ 우시정이란 방향에따라보이는시정이다를때가장큰값으로부터 그 값이 차지하는 부분의 각도를 더해서 합친 각도의 합계가 180도 이상이 될 때의 가장 낮은 시정 값을 말한다.
④ 공항면적의 60% 이상에서 보이는 "거리의 최저치"를 말하는 것이다.

16 외부로부터 항공기에 작용하는 힘을 외력이라고 한다. 다음 중 외력과 가장 거리가 먼 것은?

① 항력
② 양력
③ 중력
④ 압축력

17 항공고시보(NOTAM)의 최대 유효 기간은?

① 1개월
② 3개월
③ 6개월
④ 12개월

18 무인멀티콥터의 비행 및 비행 후 조종기 관리요령 중 틀린 것은?

① 조종기는 일일 1회만 점검하면 된다.
② 매 비행 전, 후로 조종기의 정상작동 여부를 확인한다.
③ 휴식을 위해 기체에서 멀어질 경우 조종사는 조종기를 휴대한다.
④ 비행 후에는 조종기 외부의 손상이나, 스위치의 파손이 있는지 확인한다.

19 공기흐름 방향에 관계없이 모든 방향으로 동등하게 작용하는 압력은?

① 정압
② 동압
③ 벤츄리 압력
④ 전압의 양에 정압을 감한 값

20 왕복엔진에서 윤활유의 역할이 아닌 것은?

① 윤활작용
② 냉각작용
③ 기밀작용
④ 방빙작용

21 항공기에 작용하는 4가지의 힘에 대한 설명 중 틀린 것은?

① 양력은 공기의 흐름이 날개 또는 로터 표면을 따라 흐를 때 위로 작용하는 힘을 말한다.
② 항력이란 에어포일이 상대풍과 반대방향으로 작용하는 항공역학적인 힘으로 항공기 전방이동방향의 반대방향으로 작용하는 힘을 말한다.
③ 추력이란 회전익에서 로터, 고정익에서 터보제트엔진 등에 의해서 생성되는 항공역학적인 힘을 말한다.
④ 중력이란 항공기의 무게를 말하며 항공기가 부양할 수 있는 힘을 말한다.

22 다음 항공기상에 대한 설명 중 틀린 것은?

① 시정은 대기의 혼탁도를 나타내는 척도이다.
② 항공기상은 항공기의 안전하고 경제적인 운항에 관계있는 기상상태를 의미한다.
③ 기압은 대기의 압력을 의미하며 대기권에서는 고도가 높아질수록 증가한다.
④ 지표면에 대한 공기의 수평방향 상대운동을 바람이라고 한다.

23 다음 대기에 대한 설명 중 맞는 것은?

① 대기권은 고도 1,100 미터 정도이다.
② 고도계는 대기의 압력(정압)을 감지하여 지시한다.
③ 대기 압력이 낮아지면 엔진의 출력은 증가한다.
④ 대류권내에서 고도가 증가하면 대기 압력은 증가한다.

24 난기류(Turbulence)의 등급을 구분하는 설명 중 틀린 것은?

① 약한(Light) 난기류 : 약간의 불규칙적인 고도와 자세의 변화를 초래하나 자세 및 속도 변화 없이 조종 가능하다.
② 극심한(Extreme) 난기류 : 항공기가 급격히 튀어 오르고 조종 불가능한 상태이며 기체의 구조적 손상을 초래할 수 있다.
③ 보통(Moderate) 난기류 : 상당한 동요를 느끼고 고도와 자세의 변화를 초래하며 조종이 순간적으로 불가능한 상태 이다.
④ 심한(Severe) 난기류 : 고도와 자세의 급격한 변화를 초래하고 속도가 많이 변하며 순간적으로 항공기 조종이 불가능한 상태이다.

25 로터(프로펠러) 피치의 설명으로 올바른 것은?

① 로터(프로펠러)의 직경을 의미한다.
② 로터(프로펠러)의 무게를 의미한다.
③ 로터(프로펠러)가 1회전했을 때 진행한 기하학적 거리를 의미한다.
④ 로터(프로펠러)의 인장강도를 의미한다.

26 무인멀티콥터의 기체 및 조종기의 배터리 점검사항 중 틀린 것은?

① 조종기에 있는 배터리 연결단자의 부식을 점검한다.
② 기체 배터리와 배선의 연결부위의 부식을 점검한다.
③ 배터리가 부풀어 오른 것을 사용하여도 문제없다.
④ 기체의 배선과 배터리와의 고정 볼트의 고정상태를 점검한다.

27 비행 전 점검 시 모터에 대한 내용으로 적합하지 않은 것은?

① 윤활유 주입상태
② 고정상태, 유격점검
③ 베어링 상태
④ 이물질 부착 여부

28 다음 중 무인멀티콥터의 운영이 올바른 것은?

① 건물, 도로, 교량, 철도, 경기장, 공연장, 인파위의 상공
② 개장중인 해수욕장, 수영장, 보트장 상공.
③ 우주전파 이상으로 GPS 수신 상태가 불량할 때
④ 철골건물, 철골구조물, 조립식건물, 광산, 철판 위, 선박이나 차량위에서 운영하지 않음

29 기압을 나타내는 단위가 아닌 것은?

① lbs
② hPa
③ Millbar(mb)
④ mm mercury(mm.Hg)

30 무풍, 맑은 하늘, 상대습도가 높은 조건에서 낮고 평평한 지형에서 주로 아침에 발생하는 안개는?

① 증기안개(Steam fog)
② 활승안개(Upslope fog)
③ 복사안개(Radiation fog)
④ 이류안개(Advection fog)

31 태양에너지가 지표면을 불규칙하게 가열하여 발생한 기압차로 인한 공기의 수평 이동현상을 무엇이라 하는가?

① 바람　　② 안개
③ 구름　　④ 수직대류

32 고기압(High pressure)에 대한 설명으로 틀린 것은?(단 북반구에 한 한다.)

① 바람은 시계 방향으로 발산한다.
② 중심 부근에는 상승 기류가 있다.
③ 주위보다 기압이 높으면 고기압이다.
④ 고기압 접근 시에는 대체로 맑은 날씨를 보인다.

33 초경량비행장치 비행계획승인 신청 시 포함되지 않는 것은?

① 비행경로 및 고도
② 동승자의 소지자격
③ 조종자의 비행경력
④ 비행장치의 종류 및 형식

34 베르누이 정리에 대한 설명 중 틀린 것은?

① 정압은 속도가 증가함에 따라 감소한다.
② 유관 내부에서 정압과 동압의 합은 일정하다.
③ 유관 내부의 유체속도와 압력과의 관계를 설명한다.
④ 유관 내부에서 동압이 높으면 아울러 정압도 높다.

35 다음 중 비행 전 절차에 있어서 올바르지 않은 행동은?

① 조종장치 검사를 실시하였다.
② 배터리 충전상태 검사를 실시하였다.
③ 시동을 걸어 호버링 상태로 이상유무를 확인하였다.
④ 조종장치 거리 테스트를 실시하였다.

36 항공법에서 정하는 항공종사자로 볼 수 없는 것은?

① 항공교통관제사
② 자가용 조종사
③ 운항관리사
④ 초경량비행장치조종자

37 다음 중 모터의 설명 중 맞는 것은?

① BLDC 모터는 브러쉬가 있는 모터를 의미한다.
② DC 모터는 BLDC모터보다 수명이 길다.
③ BLDC모터는 변속기가 필요없다.
④ DC 모터는 영구적으로 사용하지 못한다는 단점이 있다.

38 온난전선의 특징이 아닌 것은?

① 하층에 층운형 구름을 형성한다.
② 온난전선 통과 시 시정은 불량하고 이슬비가 내린다.
③ 기압은 온난전선 접근 시 감소하고 통과 시 급상승 한다.
④ 하층 Wind shear는 온난전선의 전방에서 6시간 이상 지속되기도 한다.

39 다음 중 무인멀티콥터의 운영 장소로 적당한 곳은?

① 전파 혼잡지역, 송수신안테나 주변
② 석유, 화학, 가스, 화약 공업지대 또는 저장소 인근
③ 발전소, 송전소, 변전소, 송전선, 배전선 인근
④ 지자계 센서에 영향을 받지 않는 개활지

40 무인멀티콥터 신고번호의 표시방법, 표시장소, 크기 등 필요한 사항은 누가 결정하는가?

① 지방항공청장
② 행정자치부장관
③ 항공교통관제스장
④ 한국교통안전공단이사장

제7회 초경량비행장치 조종자격시험

01 다음 중 멀티콥터 운용 간 비상상황 발생 시 최우선적으로 조치하여야 할 사항은?

① 주위에 큰 소리로 알린다.
② 자세 모드로 전환하여 조종을 시도한다.
③ 안전하게 착륙 또는 신속하게 추락시킨다.
④ 조종기 전원을 차단한다.

02 다음 배터리의 종류 중 2차 전지가 아닌 것은?

① 리튬 폴리머(Li-Po) 배터리
② 알카라인 전지
③ 니켈 수소(Ni-MH) 배터리
④ 니켈카드뮴(Ni-Cd) 배터리

03 리튬 폴리머 배터리 보관 시 주의사항이 아닌 것은?

① 더운 날씨에 차량에 보관하면 폭발의 위험이 있어 적합한 온도에 보관하여야 한다.
② 배터리를 낙하, 충격, 파손 또는 인위적으로 합선 시키지 말아야 한다.
③ 손상된 배터리나 전력 수준이 50% 이상인 상태에서 배송하지 말아야 한다.
④ 추운 겨울철 배터리를 잘 보관하기 위해 화로나 전열기 등 뜨거운 장소에 보관한다.

04 비행성능에 영향을 주는 요소들로써 틀리게 설명한 것은?

① 공기밀도가 낮아지면 엔진출력이 나빠지고 로터 효율도 떨어진다.
② 습도가 높으면 밀도가 낮은 것 보다 엔진 성능 및 이, 착륙 성능이 더 나빠진다.
③ 습도가 높으면 공기밀도가 낮아져 양력발생이 증가된다.
④ 무게가 증가하면 이, 착륙 시 활주거리가 길어지고 실속속도도 증가한다.

05 다음의 무인항공기 용어 중 국제민간항공기구(ICAO)에서 공식용어로 사용하는 것은?

① Drone   ② UAV
③ UAS   ④ RPAS

06 다음 중 무인멀티콥터의 기수를 제어하는 부품은?

① GPS
② 지자계 센서
③ 레이저 지시기
④ 항법보조장비

07 다음 중 멀티콥터의 조종기 테스트 중 올바른 것은?
① 기체 바로 옆에서 테스트 한다.
② 기체와 30m떨어져서 레인지 모드로 테스트한다.
③ 기체와 100m 떨어져서 일반모드로 테스트 한다.
④ 기체를 이륙시켜 조종기를 테스트한다.

08 조종자 교육 시 논평(Criticize)을 실시하는 목적은?
① 잘못을 직접적으로 질책하기 위함
② 지도조종자의 권위와 품위를 유지하기 위함
③ 주변의 타 교육생에게 경각심을 주기 위함
④ 문제점을 발굴하여 발전을 도모하기 위함

09 다음 중 직원들의 스트레스 해소 방안으로 옳지 않은 것은?
① 정기적인 신체검사
② 직무평가 도입
③ 정기적인 워크숍
④ 적성에 따른 직무 재배치

10 다음 중 멀티콥터 CG의 위치는?
① 동체의 중앙부분
② 배터리 장착부분
③ 로터의 중앙부분
④ GPS안테나 부분

11 다음 중 멀티콥터의 자세를 잡기 위해 로터의 속도를 조절하는 장치는 무엇인가?
① ESC(변속기)   ② GPS
③ 자이로 센서   ④ 가속도 센서

12 다음 중 피로(Fatigue)에 대한 설명 중 옳은 것은 무엇인가?
① 큰 하중으로 파괴될 때의 현상
② 반복하중에 의한 파괴 현상
③ 구조 설계를 위한 한계
④ 반복하중에 의한 재료의 저항력 감소현상

13 회전익 항공기에서 실속이 일어나는 가장 큰 원인은 무엇인가?
① 불안정한 대기로 인해 항공기의 안정과 조종, 계기, 장비가 정상작동하지 않아서
② 속도가 너무 적어서
③ 영각이 임계각을 초과하여서
④ 엔진의 출력이 너무 부족해서

14 다음 중 항공기나 드론을 공중으로 부양시키는 항공역학적인 힘은 무엇인가?
① 중력   ② 양력
③ 항력   ④ 추력

15 다음 중 무인멀티콥터가 이륙 시 필요한 장치가 아닌 것은?
① 모터   ② 변속기
③ 배터리   ④ GPS

16 다음 중 항공기가 공중에서 등속수평비행 시 조건으로 맞는 것은?
① 양력 = 항력, 추력 = 중력
② 양력 = 중력, 추력 = 항력
③ 추력 〉 항력, 양력 = 중력
④ 추력 = 항력, 양력 〈 중력

17 다음 중 항공기의 Wing let(윙렛)을 설치하는 목적은 무엇인가?

① 형상항력 감소
② 유도항력 감소
③ 간섭항력 감소
④ 마찰항력 감소

18 다음 항력의 종류 중 초경량비행장치에서 발생하지 않는 것은 무엇인가?

① 유도항력　② 마찰항력
③ 유해항력　④ 조파항력

19 날개 이론에서 양력에 관한 설명 중 맞는 것은?

① 양력은 날개의 시위선 방향의 수직 아래 방향으로 작용한다.
② 양력은 날개의 시위선 방향의 수직 위 방향으로 작용한다.
③ 양력은 날개의 상대풍이 흐르는 방향의 수직 아래방향으로 작용한다.
④ 양력은 날개의 상대풍이 흐르는 방향의 수직 위 방향으로 작용한다.

20 다음 중 벡터량이 아닌 것은 무엇인가?

① 가속도　② 속도
③ 양력　　④ 질량

21 구름의 높이를 운고라고 한다. 이때 운고의 측정방법이 가장 올바른 것은?

① 관측소에서의 압력의 높이
② 관측소의 평균 해수면 높이
③ 관측소 지표면으로부터 측정하는 구름의 하단 높이까지
④ 관측소 지표면으로부터 측정하는 구름의 가운데 높이까지

22 공기의 온도가 올라가면 기압이 낮아지는데 그 이유는?

① 가열된 공기의 무게가 무겁기 때문이다.
② 가열된 공기의 무게가 가볍기 때문이다.
③ 가열된 공기는 유동성이 있기 때문이다.
④ 가열된 공기는 유동성이 없기 때문이다.

23 항공정기기상보고(METAR)보고에서 바람의 방향 기준은 무엇인가?

① 자북
② 진북
③ 도북
④ 자북과 진북 둘 다 가능하다.

24 다음의 기상현상에 대한 설명 중 틀린 것은?

① 일반적으로 고기압권에서는 날씨가 맑고 저기압권에서는 흐린 경향이 있다.
② 일기도의 등압선 간격이 넓은 지역은 강한 바람이 분다.
③ 북반구 고기압지역에서 공기 흐름은 시계 방향으로 회전하면서 확산된다.
④ 해수면 기압 또는 동일한 기압대를 형성하는 지역을 따라서 그은 선을 등압선이라 한다.

25 이슬, 안개 또는 구름이 형성될 수 있는 조건은?

① 수증기가 응축될 때
② 수증기가 존재할 때
③ 기온과 노점이 같을 때
④ 수증기가 없을 때

26 한랭전선의 특징이 아닌 것은 무엇인가?
① 따뜻한 기단위에 형성된다.
② 적운형 구름
③ 온난전선에 비해 이동 속도가 빠르다.
④ 좁은 지역에 소나기나 우박이 내린다.

27 낮에 산 사면이 햇빛을 받아 온도가 상승하여 산 사면을 타고 올라가는 바람을 무엇이라고 하는가?
① 산풍 ② 곡풍
③ 육풍 ④ 해무

28 다음 중 풍속의 단위가 아닌 것은?
① m/s ② kph
③ knot ④ mile

29 따뜻한 해수면 위를 덮고 있던 기단이 차가운 해면으로 이동했을 때 발생하는 안개는?
① 활승안개 ② 복사안개
③ 증기안개 ④ 바다안개

30 바람을 일으키는 근본원인은 무엇인가?
① 지구의 자전과 공전
② 공기량의 증가
③ 많은 습도
④ 태양복사열의 불균형

31 신고를 하지 않아도 되는 초경량비행장치는 어느 것인가?
① 초경량헬리콥터
② 자이로 플레인
③ 동력비행장치
④ 인력활공기

32 항공기의 비행 시 조종사의 특별한 주의, 경계, 식별 등이 필요한 공역은 어디인가?
① 관제공역 ② 통제공역
③ 주의공역 ④ 비관제공역

33 다음 중 항공장애등 설치 기준 높이는?
① 300ft(AGL)
② 500ft(AGL)
③ 300ft(MSL)
④ 500ft(MSL)

34 초경량비행장치를 운용하다 사고가 발생하면 신속히 보고하여야 한다. 최초 보고 시 포함할 내용이 아닌 것은?
① 초경량비행장치의 소유자 및 명칭
② 사고 발생 일시 및 장소
③ 사고의 정확한 원인분석결과
④ 초경량비행장치의 종류 및 신고번호

35 자격증명 취득 후 활용간 자격증명 취소사유가 아닌 경우는 언제인가?
① 항공법을 위반하여 벌금이상의 형을 선고받은 경우
② 고의 또는 중대한 과실이 있는 경우
③ 조종자 준수사항을 위반하였을 경우
④ 자격증을 분실한 후 1년이 지나도록 분실신고를 하지 않은 경우

36 비행장 및 그 주변의 공역으로서 항공교통의 안전을 위하여 지정된 공역은?
① 관제구 ② 관제권
③ 항공로 ④ 특수공역

37 초경량비행장치 무인멀티콥터 1, 2, 3종 조종 자격시험에 응시할 수 있는 최소 연령은?

① 만 12세   ② 만 13세
③ 만 14세   ④ 만 18세

38 다음 중 초경량비행장치가 아닌 것은?

① 동력비행장치
② 행글라이더
③ 동력 패러슈트
④ 동력 패러글라이더

39 무인멀티콥터를 소유한 사람은 신고사항에 변경이 있는 경우 이를 누구에게 신고하는가?

① 지방항공청장
② 한국공항공사 사장
③ 한국교통안전공단 이사장
④ 대한민국항공회 총재

40 항공법에서 정하는 항공종사자로 볼 수 없는 것은?

① 항공교통관제사
② 자가용 조종사
③ 운항관리사
④ 초경량비행장치조종자

제8회 초경량비행장치 조종자격시험

01 다음 중 배터리를 탈착(분리)할 때의 설명으로 맞는 것은?

① +극을 먼저 떼어낸다.
② −극을 먼저 떼어낸다.
③ 아무거나 무방하다.
④ 동시에 떼어낸다.

02 다음 중 항공기에 복합소재를 사용하는 가장 주된 이유는?

① 금속보다 저렴하기 때문
② 금속보다 오래 견디기 때문
③ 금속보다 가볍기 때문
④ 열에 강하기 때문

03 다음 중 무인비행장치 운용에 따라 조종자가 직접 작성한 문서가 아닌 것은?

① 비행훈련 기록부
② 항공기 이력부
③ 조종자 비행기록부
④ 정기검사 정비기록부

04 다음 중 왕복엔진에서 윤활유의 역할이 아닌 것은?

① 기밀
② 윤활
③ 냉각
④ 방빙

05 멀티콥터 비행 중 떨림현상을 감지했을 때 조치사항으로 맞는 것은?

① rpm을 낮추고 낮은 고도로 비행한다.
② 비행을 중지하고 로터 및 모터의 파손 그리고 조임쇠와 볼트의 잠김상태를 확인한다.
③ 기체의 무게를 줄여본다
④ 비행을 중지하고 잠시 쉬었다가 다시 비행해 본다.

06 다음 중 배터리를 보관 시 적절한 방법이 아닌 것은?

① 완충해서 보관한다.
② 상온 15도~28도 온도에서 보관한다.
③ 밀폐된 가방에 보관한다.
④ 화로나 전열기 등 뜨거운 곳에 보관하지 않는다.

07 다음 중 멀티콥터 동체의 좌, 우 흔들림을 잡아주는 센서는?

① 자이로 센서
② 지자계 센서
③ 기압센서
④ GPS

08 다음 중 4행정 왕복엔진의 행정순서로 올바른 것은 어느 것인가?

① 배기 – 폭발 – 압축 – 흡입
② 흡입 – 압축 – 폭발 – 배기
③ 배기 – 흡입 – 압축 – 폭발
④ 흡입 – 폭발 – 압축 – 배기

09 최근 멀티콥터에서 가장 많이 사용하고 있는 동력장치는?

① 전기모터　　② 가솔린 엔진
③ 로터리 엔진　④ 터보 엔진

10 다음 중 멀티콥터 비행에 관한 설명 중 옳지 않은 것은?

① 지구 자기장 교란지수가 5이상일 경우 비행을 자제하는 것이 좋다.
② 기체시동, 비행 등 기체와의 안전거리는 5m정도 이격하여 운용한다.
③ 방제용 멀티콥터의 경우 5m/sec이하에서 운용한다.
④ 운용고도는 AGL 150m이하에서 운용한다.

11 다음 중 무인비행장치의 비상램프 점등 시 조치로서 옳지 않은 것은?

① GPS 에러 경고 – 비행자세 모드로 전환하여 즉시 비상착륙을 실시한다.
② 통신 두절 경고 – 사전 설정된 RH 내용을 확인하고 그에 따라 대비한다.
③ 배터리 저전압 경고 – 비행을 중지하고 착륙하여 배터리를 교체한다.
④ IMU 센서 경고 – 자세모드로 전환하여 비상착륙을 실시한다.

12 로터(프로펠러) 피치의 설명으로 올바른 것은?

① 로터(프로펠러)의 직경을 의미한다.
② 로터(프로펠러)의 무게를 의미한다.
③ 로터(프로펠러)가 1회전했을 때 진행한 기하학적 거리를 의미한다.
④ 로터(프로펠러)의 인장강도를 의미한다.

13 다음 중 베르누이 정리 조건끼리 묶은 것은 어느 것인가?

① 비압축성, 비유동성, 무점성
② 압축성, 유동성, 점성
③ 비압축성, 유동성, 무점성
④ 압축성, 비유동성, 점성

14 뉴턴의 운동 법칙 중 토크(Torque)현상과 관계있는 것은?

① 작용 · 반작용 법칙
② 관성의 법칙
③ 가속도의 법칙
④ 베르누이의 법칙

15 공기흐름 방향에 관계없이 모든 방향으로 동등하게 작용하는 압력은?

① 정압
② 동압
③ 벤츄리 압력
④ 전압의 양에 정압을 감한 값

16 베르누이 정리에 대한 설명 중 틀린 것은?

① 정압은 속도가 증가함에 따라 감소한다.
② 유관 내부에서 정압과 동압의 합은 일정하다.
③ 유관 내부의 유체속도와 압력과의 관계를 설명한다.
④ 유관 내부에서 동압이 높으면 아울러 정압도 높다.

17 다음 중 비행장치에 작용하는 힘의 방향(양력, 항력, 중력, 추력)과 속도와의 관계 설명 중 틀린 것은?

① 항력은 속도의 제곱에 비례한다.
② 양력은 받음각이 증가하면 증가한다.
③ 중력은 속도에 비례한다.
④ 추력은 받음각의 상관없다.

18 무인 멀티콥터가 이륙할 때 필요 없는 장치는 무엇인가?

① 모터　　② 변속기
③ 배터리　④ GPS

19 헥사콥터의 로터 하나가 비행 중에 회전수가 감소될 경우 발생할 수 있는 현상으로 가장 가능성이 높은 것은?

① 전진을 시작한다.
② 상승을 시작한다.
③ 진동이 발생한다.
④ 요잉현상을 발생하면 서 추락한다.

20 다음은 날개의 공기흐름 중 기류 박리에 대한 설명으로 틀린 것은?

① 날개 표면에 흐르는 기류가 날개의 표면과 공기입자 간의 마찰력으로 인해 표면으로부터 떨어져 나가는 현상을 말한다.
② 날개의 표면과 공기입자 간의 마찰력으로 공기 속도가 감소하여 정체구역이 형성된다.
③ 경계층 밖의 기류는 정체점을 넘어서게 되고 경계층이 표면에 박리되게 된다.
④ 기류 박리는 양력과 항력을 급격히 증가시킨다.

21 다음 중 착빙의 종류가 아닌 것은?

① 이슬 착빙
② 맑은 착빙
③ 거친 착빙
④ 서리 착빙

22 다음 중 항공기의 이륙성능과 대기 압력의 관계를 설명한 것이다. 올바른 것은? (단, 대기 압력의 조건은 동일하다고 가정한다.)

① 대기 압력이 높아지면 공기밀도 증가, 양력증가, 이륙거리 증가
② 대기 압력이 높아지면 공기밀도 증가, 양력감소, 이륙거리 증가
③ 대기 압력이 높아지면 공기밀도 증가, 양력증가, 이륙거리 감소
④ 대기 압력이 높아지면 공기밀도 증가, 양력감소, 이륙거리 감소

23 다음 중 백색이며, 얇고 부드럽다고, 수증기가 0℃이하로 물체에 승화 되는 착빙은 어느 것 인가?

① 맑은 착빙(Clear icing)
② 거친 착빙(Rime icing)
③ 서리 착빙(Frost icing)
④ 혼합 착빙(Mixed icing)

24 다음 대기에 대한 설명 중 맞는 것은?
① 대기권은 고도 1,100 미터 정도이다.
② 고도계는 대기의 압력(정압)을 감지하여 지시한다.
③ 대기 압력이 낮아지면 엔진의 출력은 증가한다.
④ 대류권내에서 고도가 증가하면 대기 압력은 증가한다.

25 무풍, 맑은 하늘, 상대습도가 높은 조건에서 낮고 평평한 지형에서 주로 아침에 발생하는 안개는?
① 증기안개(Steam fog)
② 활승안개(Upslope fog)
③ 복사안개(Radiation fog)
④ 이류안개(Advection fog)

26 태양에너지가 지표면을 불규칙하게 가열하여 발생한 기압차로 인한 공기의 수평 이동현상을 무엇이라 하는가?
① 바람   ② 안개
③ 구름   ④ 수직대류

27 고기압(High pressure)에 대한 설명으로 틀린 것은?(단 북반구에 한한다.)
① 바람은 시계 방향으로 발산한다.
② 중심 부근에는 상승 기류가 있다.
③ 주위보다 기압이 높으면 고기압이다.
④ 고기압 접근 시에는 대체로 맑은 날씨를 보인다.

28 온난전선의 특징이 아닌 것은?
① 하층에 층운형 구름을 형성한다.
② 온난전선 통과 시 시정은 불량하고 이슬비가 내린다.
③ 기압은 온난전선 접근 시 감소하고 통과 시 급상승 한다.
④ 하층 Wind shear는 온난전선의 전방에서 6시간 이상 지속되기도 한다.

29 항공기의 이륙 시 비행거리를 가장 길게 영향을 미치는 바람은?
① 배풍
② 정풍
③ 측풍
④ 바람과 관계없다.

30 다음 구름의 종류 중 하층운(2km 미만) 구름이 아닌 것은?
① 층적운   ② 층운
③ 난층운   ④ 권층운

31 다음 공역의 종류 중 통제공역은?
① 초경량비행장치 비행제한 구역
② 훈련구역
③ 군 작전구역
④ 위험구역

32 다음 중 무인멀티콥터 소유자는 용도가 변경되거나 소유자의 성명, 명칭 또는 주소가 변경 되었을 시 신고 기간은?
① 15일   ② 30일
③ 50일   ④ 60일

33 항공시설, 업무, 절차 또는 위험요소의 신설, 운영상태 및 그 변경에 관한 정보를 수록하여 전기통신 수단으로 항공종사자들에게 배포하는 공고문은?
① AIC   ② AIP
③ AIRAC   ④ NOTAM

34 우리나라 항공안전법의 목적으로 틀린 것은?

① 항공기, 경량항공기 또는 초경량비행장치가 안전하게 항행하기 위한 방법을 정한다.
② 국민의 생명과 재산을 보호한다.
③ 항공기술 발전에 이바지한다.
④ 국제 민간항공기구에 대응한 국내 항공산업을 보호한다.

35 다음 과태료의 금액이 가장 작은 위반 행위는?

① 조종자 증명을 받지 않고 비행 시
② 조종자 준수사항을 따르지 않고 비행한 경우
③ 안전성 인증을 받지 않고 비행한 경우
④ 초경량비행장치의 말소신고를 하지 않은 경우

36 다음 중 초경량비행장치의 비행 승인기관에 대한 설명 중 틀린 것은?

① 고도 150m이상 비행이 필요한 경우 공역에 관계없이 국토부에 비행계획 승인 요청
② 민간관제권 지역은 국토부에 비행계획 승인 요청
③ 군 관제권 지역은 국방부에 비행계획 승인 요청
④ 비행금지구역 중 원자력 지역은 해당 지역관할 지방항공청에 비행계획 승인 요청

37 일반적인 비행금지 사항에 대한 설명 중 맞는 것은?

① 서울지역 P-73A/B 구역의 건물 내에서는 야간에도 비행이 가능하다.
② 한적한 시골지역 유원지 상공의 150m이상 고도에서 비행이 가능하다.
③ 초경량비행장치 전용공역에서는 고도 150m이상, 야간에도 비행이 가능하다.
④ 아파트 놀이터나 도로 상공에서는 비행이 가능하다.

38 초경량비행장치에 의하여 중사고가 발생한 경우 사고조사를 담당하는 기관은?

① 관할 지방항공청
② 항공교통관제소
③ 교통안전공단
④ 철도 항공사고조사위원회

39 국토교통부장관에게 소유신고를 하지 않아도 되는 것은?

① 동력비행장치
② 초경량 헬리콥터
③ 초경량 자이로플레인
④ 계류식 무인비행장치

40 초경량비행장치 무인멀티콥터의 안전성인증은 어느 기관에서 실시하는가?

① 교통안전공단
② 지방항공청
③ 항공안전기술원
④ 국방부

제9회 초경량비행장치 조종자격시험

01 프로펠러의 Balance가 맞지 않을 때 가장 우선적으로 나타나는 현상은?
① 진동이 나타난다.
② 모터가 비 정상적으로 회전한다.
③ 회전이 되지 않는다.
④ LED 경고등이 점등된다.

02 모터 발열의 원인이 되지 않는 것은?
① 조종사가 조종기의 트림선을 맞추지 못한 경우
② 탑재 중량이 무거운 경우
③ 높은 고도에서 장시간 비행한 경우
④ 착륙 직후

03 브러쉬리스 DC 모터의 특징으로 올바른 것은?
① 모터에 흐르는 전류를 제어하는 컨트롤러가 불필요하다.
② 브러시나 정류자와 같은 부품을 가진다.
③ 기계적 접촉부가 적어 유지보수가 용이함
④ 정기적으로 브러시를 교체해야 한다.

04 무인기의 인적 에러에 의한 사고비율은 유인기와 비교할 때 상대적으로 낮은 것으로 나타났다. 그 이유로 적절한 것은?
① 유인기와 비교할 때 무인기는 자동화율이 낮기 때문이다.
② 유인기에 비해 무인기는 인간 개입의 필요성이 적기 때문이다
③ 무인기는 아직까지 기계적 신뢰성이 낮기 때문이다.
④ 설계개념상 File-Safe 개념의 시스템 이중설계 적용이 미흡하기 때문이다.

05 긴급 상황에서 인간의 반응 차이와 무관한 것은?
① 자신감   ② 보수
③ 경험과 기량   ④ 사고 피해정도

06 지도조종자가 교육생의 조종을 논평하는 이유로 올바른 것은?
① 교육생의 의견에 반론하기 위해서
② 자신의 비행경험을 이야기하며 공유하기 위하여
③ 교육생의 조종 실수를 지적하기 위하여
④ 서로 대화하며 문제점을 찾기 위하여

07 가속도 센서 설명으로 맞는 것을 고르시오?
① 기압을 측정하는 센서
② 온도를 측정하는 센서
③ 기울기와 가속을 측정하는 센서
④ 각속도를 측정하는 센서

08 시동 시 기체가 심하게 진동할 때 생각할 수 있는 트러블로서 가장 가능성이 높은 것은 어느 것인가?
① 배터리가 과 충전되었다.
② GPS 신호를 수신하지 않고 있다.
③ 수신기와 송신기가 올바르게 접속되어 있지 않다.
④ 블레이드에 파손이 있다.

09 브러쉬리스 모터에 사용되는 전자변속기

(ESC)에 대한 설명으로 옳은 것은?

① 모터의 회전수를 제어하기 위해서 사용
② 모터의 온도를 제어하기 위해 사용
③ 모터의 무게를 제어하기 위해 사용
④ 모터를 냉각하기 위해 사용

10 리튬폴리머(LiPo) 배터리에 대한 설명으로 옳지 않는 것은?

① 충전 시 셀 밸런싱을 통한 셀 간 전압관리 필요
② 강한 충격에 노출되거나 외형이 손상되었을 경우 안전을 위해 완전방전 후 폐기
③ 배터리 수명을 늘리기 위해 급속충전과 급속방전 필요
④ 장기간 보관 시 완전충전 상태가 아닌 50~70% 충전상태로 보관

11 무인멀티콥터의 비행특성이 아닌 것은?

① 수직이착륙　　② 정지비행
③ 초음속 비행　　④ 횡진비행

12 비행체 구조의 크기나 모양에 의해 발생되는 저항은?

① 마찰항력　　② 유해항력
③ 유도항력　　④ 형상항력

13 측풍착륙(Cross wind Landing)의 종류가 아닌 것은?

① 크랩착륙
② 사이드슬립착륙
③ 디크랩착륙
④ 포워드슬립착륙

14 다음은 비행 중 세로축으로 뱅크시킨 기체에 나타난 현상이다. 맞는 것은 무엇인가?

① 뱅크시킨 기체는 엔진 또는 모터가 회전하는 한 속도와 관성이 있으므로 선회를 지속한다.
② 뱅크시킨 기체는 모터가 회전하는 한 속도와 관성이 있으므로 직진한다.
③ 합력의 방향이 아래를 향함으로 기수가 내려간다.
④ 뱅크를 주더라도 상반각으로 인해 복원한다.

15 비행장치의 착륙거리를 짧게 하는 방법 중 틀린 것은?

① 착륙무게를 가볍게 한다.
② 접지속도를 작게 한다.
③ 배풍으로 착륙한다.
④ 항력을 크게 한다.

16 동력장치의 출력과 비행고도의 관계를 설명한 것으로 적절하지 않는 설명은?

① 과급기가 없는 피스톤 엔진은 고도가 높아짐에 따라 출력이 급격히 감소한다.
② 엔진의 출력이 고도에 따라 변화하는 주된 이유는 공기의 밀도 변화이다.
③ 전기 동력이 사용되는 고정피치 프로펠러 비행기는 고도가 높아지더라도 추력의 변화가 없다.
④ 가스터빈 엔진을 장착한 항공기도 고도가 높아질수록 출력이 낮아진다.

17 '실속'의 설명으로 맞는 것을 고르시오?

① 기체를 급격히 감속한 것
② 지상에서 주행 중인 기체를 정지한 것
③ 날개가 임계각을 초과하여 양력을 상실함
④ 대기 속도계의 고장으로 속도를 알 수 없게 된 것

18 기체에 작용하는 힘에 대한 설명 중 비행 중 기체에 작용하는 힘이 아닌 것은?

① 기체 속도에 따라 무게 중심에 기준으로 상승하는 힘을 양력이라 한다.
② 기체의 양력을 방해하는 힘을 중력이라 한다.
③ 항력을 이기고 전진하는 힘을 추력이라 한다.
④ 기체에 작용하는 힘은 CG 포인트보다는 추력이 우선한다.

19 무인비행장치에 작용하는 4가지 힘에 대한 설명 중 맞는 것을 고르시오?

① 추력(Thrust), 양력(Lift), 항력(Drag), 무게(Weight)
② 추력, 양력, 무게, 하중
③ 추력(Thrust), 모멘트(Moment), 항력(Drag), 중력(Weight)
④ 비틀림력(Torque), 양력(Lift), 항력(Drag), 중력(Weigh)

20 기체의 기울기를 감지하고 비행을 안정화하는 장치는 무엇인가?

① 강착장치 ② 추력장치
③ 자세제어장치 ④ 전압안정화장치

21 기압의 정의는 무엇인가?

① 단위체적당 공기의 무게가 작용하는 힘
② 단위체적당 공기의 질량이 작용하는 힘
③ 단위면적당 공기가 누르는 힘
④ 단위체적당 공기가 누르는 힘

22 비행방향을 10°로 나타냈을 때의 의미는 무엇인가?

① 진북을 기준으로 반올림하여 2단위로 표현
② 진북을 기준으로 반올림하여 3단위로 표현
③ 자북을 기준으로 반올림하여 2단위로 표현
④ 자북을 기준으로 반올림하여 3단위로 표현

23 구름의 발생 원인이 아닌 것은?

① 수증기 ② 응결핵
③ 온난전선 ④ 냉기

24 복사안개의 발생 조건이 아닌 것은?

① 습도가 높음 ② 안개
③ 기온이 낮음 ④ 지면 온도가 높음

25 착빙의 효과가 아닌 것은?

① 양력 감소 ② 실속속도 감소
③ 항력 증가 ④ 추력 감소

26 풍향이 남쪽일 경우에 비행기를 이륙시키기 위해 최적의 이륙방향은?

① 북쪽에서 남향으로 이륙
② 서쪽에서 동향으로 이륙
③ 동쪽에서 서향으로 이륙
④ 남쪽에서 북향으로 이륙

27 다음 기압고도계 설정 방식에 대한 설명 중 옳지 않은 것은?

① 관제에 사용되는 전이고도 설정 기준은 대한민국은 18,000ft, 미국은 14,000ft임
② QNH : 관제탑에서 제공하는 고도압력으로 조종사가 항공기의 기압고도계를 맞추는 방식
③ QNE : 조종사가 항공기의 고도계를 표준대기압(29.92in-Hg 또는 1013.25mb)에 맞추는 방식
④ QFE : 활주로 표고나 착지지점 고도를 표시하도록 기압고도계를 현지기압으로 맞추는 방식

28 다음 구름의 분류에 대한 설명 중 옳지 않는 것은?
① 구름은 상층운, 중층운, 하층운, 수직운으로 분류하며 운형은 10종류가 있다.
② 상층운은 운저고도가 보통 6km이상으로 권운, 권적운, 권층운이 있다.
③ 중층운은 중위도 지방 기준 구름높이가 2~6km이고 고적운, 고층운이 있다.
④ 하층운은 운저고도가 보통 2km이하이며 적운, 적란운이 있다.

29 다음 바람 용어에 대한 설명 중 옳지 않는 것은?
① 풍향은 바람이 불어오는 방향을 말한다.
② 풍속은 공기가 이동한 거리와 이에 소요된 시간의 비이다.
③ 바람속도는 스칼라 양인 풍속과 같은 개념이다.
④ 바람시어는 바람 진행방향에 대해 수직 또는 수평방향의 풍속 변화이다.

30 국제민간항공협약 부속서의 항공기상 특보의 종류가 아닌 것은?
① SIGMET 정보
② AIRMET 정보
③ 뇌우경보(Thunderstorm Warning)
④ 공항경보(Aerodrome Warning)

31 멀티콥터의 안전성인증에 대하여 설명 중 틀린 것은?
① 실시하는 이유는 비행안전을 위해서다.
② 설계, 비행계획, 장치 등 모두를 검사한다.
③ 초도, 정기, 재, 수시 인증 등이 있다.
④ 운영규정과 정비규정을 점검한다.

32 설정된 공역을 고지해 주는 것은?
① 관보   ② 일간신문
③ AIP   ④ NOTAM

33 다음 초경량비행장치에 대한 설명 중 옳지 않은 것은?
① 초경량비행장치는 공기의 반작용으로 뜰 수 있는 장치를 말한다.
② 초경량비행장치는 대통령령(시행령)으로 기준을 정한다.
③ 초경량비행장치에는 무인비행장치가 포함된다.
④ 초경량비행장치 중 무인동력비행장치는 자체중량이 150kg이하이다.

34 다음 항공안전법 독적에 대한 설명 중 옳지 않는 것은?
① 항공안전법은 국제민간항공협약 및 같은 부속서에서 채택된 표준과 권고되는 방식을 따른다.
② 항공안전법은 항공기, 경량항공기, 초경량비행장치로 구분 안전사항을 규정한다.
③ 항공안전법은 효율적인 항행을 위한 방법에 대한 사항을 규정한다.
④ 항공안전법은 항공안전을 책임지는 국가의 권리와 항공사업자 및 항공종사자 등의 의무에 대한 사항을 규정한다.

35 다음 항공안전법에서 정하고 있는 사항에 대한 설명 중 옳지 않은 것은?
① 항공기 등록에 관한 사항
② 항공기 기술기준 및 형식증명에 관한 사항
③ 항공종사자에 관한 사항
④ 항행안전시설 안전에 관한 사항

36 항공안전법의 적용 및 적용특례에 대한 설명 중 옳지 않는 것은?

① 민간항공기는 항공안전법 전체를 적용
② 군용항공기와 관련 항공업무에 종사하는 사람은 항공안전법 미적용
③ 세관업무 항공기와 관련 항공업무에 종사하는 사람은 항공안전법 적용
④ 경찰업무 항공기는 공중충돌 등 항공기 사고예방을 위한 사항만 적용

37 다음 초경량비행장치 신고에 대한 설명중 옳지 않는 것은?

① 초경량비행장치 신고는 초경량비행장치를 소유하거나 사용할 수 있는 권리가 있는 자가 국토교통부장관(한국교통안전공단 이사장에게 위임)에게 신고하는 것이다.
② 초경량비행장치 신고는 연료의 무게를 제외한 자체무게가 12kg 이상인 무인동력비행장치가 대상이다.
③ 시험, 조사, 연구개발을 위하여 제작된 초경량비행장치는 신고를 할 필요가 없다.
④ 판매되지 아니한 것으로 비행에 사용되지 아니하는 초경량비행장치는 신고 할 필요가 없다.

38 다음 초경량비행장치 안전성 인증에 대한 설명 중 옳지 않는 것은?

① 안전성인증 대상은 국토교통부령으로 정한다.
② 초경량비행장치 중에서 무인비행기도 안전성인증 대상이다.
③ 무인비행장치 안전성인증 대상은 최대이륙중량이 25kg을 초과하는 것이다.
④ 초경량비행장치 안전성인증기관은 기술원(항공안전기술원)만이 수행한다.

39 초경량비행장치 조종자증명에 대한 설명 중 옳지 않은 것은?

① 초경량비행장치 조종자증명 기준은 국토교통부령으로 정한다.
② 부정한 방법으로 조종자증명을 받은 경우 조종자증명을 취소한다.
③ 효력정지 기간에 초경량비행장치를 비행한 경우 조종자증명을 취소한다.
④ 조종자준수사항 위반의 경우, 2년 이내 기간을 정하여 효력정지를 명할 수 있다.

40 다음 무인비행장치 조종자가 준수해야 하는 사항으로 옳은 것은?

① 일몰 후부터 일출 전까지 의 야간에 비행하는 행위
② 주류 등의 영향으로 조종업무를 정상적으로 수행할 수 없는 상태로 조종하는 행위
③ 비행 중 주류 등을 섭취하거나 사용하는 행위
④ 무인비행장치를 육안으로 확인할 수 있는 범위에서 조종하는 행위

제10회 초경량비행장치 조종자격시험

01 다음 중 무인멀티콥터의 비행전 시스템 점검으로 적절치 않은 것은?

① 기체 외관, 동력계통, 조종계통 등의 동작 점검을 수행한다.
② 배터리는 1달 전에 미리 충전하여 준비한다.
③ 프로펠러의 장착상태와 청결상태를 점검한다.
④ 조종기 스위치, 안테나, 외관, 배터리 충전상태를 확인한다.

02 다음 중 무인멀티콥터의 운영 장소로 적당한 곳은?

① 전파 혼잡지역, 송수신안테나 주변
② 석유, 화학, 가스, 화약 공업지대 또는 저장소 인근
③ 발전소, 송전소, 변전소, 송전선, 배전선 인근
④ 지자계센서에 영향을 받지 않는 개활지

03 초경량비행장치를 사용하여 비행제한공역을 비행하고자 하는 경우 비행계획승인신청서는 누구에게 제출하여야 하는가?

① 지방항공청장
② 항공교통센터장
③ 공군작전사령관
④ 공역관리위원회 위원장

04 무인 멀티콥터(25kg 이하)의 일반적인 지역에서 비행 가능 고도의 기준은?

① 150m   ② 200m
③ 300m   ④ 500m

05 일반적인 윤활유의 기능으로 가장 적합하지 않은 것은?

① 윤활작용   ② 냉각작용
③ 기밀작용   ④ 방빙작용

06 다음 중 기압에 대한 설명으로 틀린 것은?

① 등압선의 간격이 클수록 바람이 약하다.
② 북반구 고기압 지역에서 공기흐름은 시계방향으로 회전하면서 확산된다.
③ 일반적으로 고기압권에서는 날씨가 맑고 저기압권에서는 날씨가 흐린 경향을 보인다.
④ 해수면 기압 또는 동일한 기압대를 형성하는 지역을 따라서 연결한 선을 등고선이라 한다.

07 다음 중 무인멀티콥터의 비행 특성으로 틀린 것은?

① 전진비행   ② 후진비행
③ 회전비행   ④ 배면비행

08 다음 중 무인멀티콥터의 위치를 파악하기 위하여 사용되는 부품은?

① 지자계센서(Magnetometer/Compass)
② 위성수신기(GPS Antenna)
③ 온도센서(Thermometer)
④ 회전속도계(Tachometer)

09 무인멀티콥터의 비행 전 일반적인 조종기 점검사항이 아닌 것은?

① 조종기의 트림 위치를 정확히 한다.
② 배터리의 충전상태
③ 각 스위치의 위치상태
④ 조종기 외부 손상상태

10 초경량비행장치 무인멀티콥터를 소유한 사람은 누구에게 신고하는가?

① 지방항공청장
② 한국공항공사 사장
③ 한국교통안전공단 이사장
④ 대한민국 항공회 회장

11 벡터량에 해당되지 않는 것은?

① 속도 ② 가속도
③ 양력 ④ 질량

12 다음 중 대류권에 대한 설명 중 가장 올바른 것은?

① 평균 높이는 약 50km높이이다.
② 지표면 근처에서 발생하는 모든 기상현상이 활발하다.
③ 제트기류, 청천난기류를 일으키는 기상현상이 존재한다.
④ 기온변화가 거의 없고 평균 높이는 약 30km 높이이다.

13 무인멀티콥터의 기체 및 조종기의 배터리 점검사항 중 틀린 것은?

① 조종기에 있는 배터리 연결단자의 부식을 점검한다.
② 기체 배터리와 배선의 연결부위의 부식을 점검한다.
③ 배터리가 부풀어 오른 것을 먼저 사용한다.
④ 기체의 배선과 배터리와의 고정볼트의 고정상태를 점검한다.

14 다음 중 초경량비행장치 중 동력비행장치는 자체중량이 몇kg이하인가?

① 180kg ② 150kg
③ 115kg ④ 70kg

15 무인멀티콥터의 프로펠러의 역할 중 틀린 것은?

① 기체 상승, 하강을 위한 추력제어
② 기체 전후, 좌우 균형제어
③ 기체 전진 속도제어
④ 기체 진동제어

16 다음 중 초경량비행장치 유형이 아닌 것은?

① 자체중량이 115kg 이하인 단좌 동력비행장치
② 자체중량이 115kg 이하인 단좌 회전익비행장치
③ 자체중량이 115kg 이하인 단좌 초경량 자이로플레인
④ 자체중량이 150kg 초과인 무인비행장치

17 초경량비행장치를 소유한 사람은 소유자의 성명 및 주소가 변경된 경우에 변경일로부터 며칠 이내에 그 사실을 신고하여야 하는가?

① 7일　　② 10일
③ 15일　　④ 30일

18 국토교통부령으로 정하는 준수사항을 따르지 않고 초경량비행장치를 이용하여 비행한 사람은 1차 위반 시 과태료 금액 기준은 얼마인가?

① 5만원　　② 20만원
③ 50만원　　④ 150만원

19 다음 중 무인멀티콥터의 모터 발열 현상과 무관한 경우는?

① 탑재 중량이 너무 많다.
② 높은 대기 온도에서 장시간 운용
③ 지상에 착륙 정지 직후
④ 조종기 조종면 트림이 부정확하다.

20 쿼드형 멀티곱터가 우측으로 진행하고 있을 때 프로펠러 움직임은?

① 좌측에 위치한 2개의 프로펠러가 빨리 회전한다.
② 우측에 위치한 2개의 프로펠러가 빨리 회전한다.
③ 앞에 위치한 2개의 프로펠러가 빨리 회전한다.
④ 뒤에 위치한 2개의 프로펠러가 빨리 회전한다.

21 다음 중 한랭전선지역에서 바람에 대한 설명 중 맞는 것은?

① 통과전에는 풍속이 감소한다.
② 통과 후에는 풍속이 증가한다.
③ 통과 시 돌풍이 분다.
④ 통가 시 바람이 감소한다.

22 운량의 구분 시 하늘의 상태가 3/8 ~ 4/8인 경우는 무엇이라 하는가?

① CLR　　② OVC
③ BKN　　④ SCT

23 국토교통부령으로 정하는 초경량비행장치의 범위에 대한 설명으로 옳은 것은?

① 페러글라이더는 자체 중량이 100킬로그램 이하 이어야 한다.
② 무인동력비행장치는 연료를 제외한 자체 중량이 150킬르그램 이하 이어야 한다.
③ 기체의 성질 온도차 등을 이용하는 계류식기구는 초경량비행장치에 해당되지 않는다.
④ 동력비행장치는 좌석이 2개인 비행장치로서 자체 중량이 115킬로그램 이하 이어야 한다.

24 다음 중 무인멀티콥터의 기수방향 유지에 사용되는 부품은?

① 지자계센서(Magnetometer/Compass)
② 온도센서(Thermometer)
③ 기압센서(Barometer)
④ 레이저센서(Lidar Sensor)

25 착빙(Icing)의 영향에 대한 설명으로 틀린 것은?

① 양력의 감소　　② 항력의 증가
③ 추력의 감소　　④ 실속속도의 감사

26 모터에 대한 비행 전 점검 내용으로 틀린 것은?

① 윤활유 주입 상태
② 고정상태, 유격 점검
③ 베어링 상태
④ 이물질 부착 여부

27 바람의 근본적 발생 원인으로 가장 옳은 것은?

① 지구의 회전   ② 공기량의 변화
③ 공기 중의 습도 ④ 기압경도력의 차이

28 날개의 받음각(Angle of attack)에 대한 설명으로 옳은 것은?

① 에어포일(Airfoil)의 시위선(Chord line)과 캠버가 이루는 각이다.
② 에어포일(Airfoil)의 시위선(Chord line)과 상대풍이 이루는 각이다.
③ 에어포일(Airfoil)의 시위선(Chord line)과 추력선이 이루는 각이다.
④ 에어포일(Airfoil)의 시위선(Chord line)과 동체 기준선이 이루는 각이다.

29 공기밀도가 높으면 단위 시간당 부딪치는 공기 입자수가 (   )하므로 등압은 (   ). (   )속에 들어 갈 말은?

① 증가, 크다.   ② 증가, 작다.
③ 감소, 크다.   ④ 감소, 작다.

30 다음 중 안전성인증 유효기간이 도래하여 새로운 안전성 인증을 받기 위해 실시하는 인증은?

① 초도인증   ② 수시인증
③ 재인증   ④ 정기인증

31 다음 중 프로펠러에 대한 설명으로 틀린 것은?

① 프로펠러 피치는 기하학적 피치를 말한다.
② 프로펠러 깃 뿌리에서는 깃 각이 작고 깃 끝으로 갈수록 각이 커진다.
③ 무인멀티콥터 프로펠러 설계 시 최대 효율은 호버링을 기준으로 한다.
④ 프로펠러에 작용하는 힘은 인장력, 굽힘력, 비틀림력이다.

32 항공안전법에서 정의하는 초경량비행장치의 범위에 속하지 않는 것은?

① 활공기   ② 무인비행선
③ 유인자유기구 ④ 회전익비행장치

33 다음 중 리튬폴리머 배터리에 대한 설명 중 틀린 것은?

① 보관전압은 4.2V로 완충하여 보관한다.
② 사용 직전에는 상온(15~25℃)에 두는 것이 좋다.
③ 상온(15~25℃)에서 밀폐된 전용가방에 보관하여야 한다.
④ 충격을 가하면 화재위험이 있으므로 충격을 가하지 말아야 한다.

34 다음 중 항공기에 작용하는 외력과 가장 거리가 먼 것은?

① 양력   ② 압축력
③ 항력   ④ 추력

35 다음 안개의 종류 중 낮고 평평한 지형에서 주로 아침에 발생하는 안개는?

① 활승안개   ② 증기안개
③ 복사안개   ④ 이류안개

36 공기밀도에 관한 설명으로 틀린 것은?

① 온도가 높아질수록 공기밀도도 증가한다.
② 일반적으로 공기밀도는 하층보다 상층이 낮다.
③ 수증기가 많이 포함될수록 공기밀도는 감소한다.
④ 국제표준대기(ISA)의 밀도는 건조공기로 가정했을 때의 밀도이다.

37 비행장 또는 공항지역과 그 주변공역으로서 항공교통의 안전을 위하여 국토교통부장관이 지정, 고시한 공역으로 ARP로부터 9.3km이내 지역은?

① 관제권　　② 관제구
③ 항공로　　④ 관제공역

38 무인멀티콥터 러더 스틱을 우측으로 하여 기수방향을 우측으로 전환할 때에 대한 설명으로 옳은 것은?

① 반시계방향으로 회전하는 프로펠러가 빨리 회전하고 시계방향으로 회전하는 프로펠러가 늦게 회전한다.
② 시계방향으로 회전하는 프로펠러가 빨리 회전하고 반시계방향으로 회전하는 프로펠러가 늦게 회전한다.
③ 우측에 위치한 프로펠러가 빨리 회전하고 좌측에 위치한 프로펠러가 늦게 회전한다.
④ 좌측에 위치한 프로펠러가 빨리 회전하고 우측에 위치한 프로펠러가 늦게 회전한다.

39 스트레스 대처를 위한 조직관리 방안 중 거리가 먼 것은?

① 자기인식 증대
② 직무평가 도입
③ 정기적 신체검사
④ 상하간 의사소통의 개방

40 무인비행장치 비행 후 취해야할 행동 중 바르지 않는 사항은?

① 시동을 끄고 즉시 안전지대로 기체를 옮긴다.
② 송신기 스위치를 먼저 꺼서 불필요한 전파 발신을 중지한다.
③ 수신기의 전원을 끈다.
④ 엔진열이 식을 때 까지는 동력부위 등 고온부위에 점검을 하지 않는다.

정답 및 해설

제1회 초경량비행장치 조종자격시험

01. ①
조종기는 배터리를 분리해서 케이스에 넣어서 상온에 보관한다.

02. ①
배터리 경고음 설정은 통상 예비를 고려하여 설정하므로, 경고음이 울리면 당황하지 않고 안전한 착륙지역으로 이동시켜 착륙시킨다.

03. ④
RPAS : Remotely Piloted Aircraft System(s)의 약자이다.

04. ④
리튬폴리머 배터리는 폭발의 위험이 있고, 충격에 약하다. 고온에서 사용할 경우 폭발할 수 있고, 효율이 높아지지는 않는다. 수중에 추락한 경우 배터리는 가급적 교환하도록 한다.

05. ①
평가자는 적법한 자격(평가교관)이 있어야 한다.

06. ③
무인항공기 데이터링크(데이터통신시스템)는 비행체에 ADT(Airborne Data Terminal), 지상에 GDT(Ground Data Terminal)가 구성되어 무선으로 원결 데이터 통신을 실시한다.

07. ①
비행 실시의 최종적인 판단은 조종자가 한다.

08. ④

09. ④

10. ③
개인 안전장구는 비행과 살포 약제로부터 자신을 보호하기 위한 장구류 들이다.

11. ②
비행방향의 반대방향인 공기흐름의 속도방향과 Airfoil의 시위선이 만드는 사이각을 말하며, 양력, 항력 및 피칭 모멘트에 가장 큰 영향을 주는 인자이다.

12. ①
지면효과란 지면에 근접하여 운용 시 로터 하강풍이 지면과의 충돌로 양력 발생효율이 증대되는 현상이다.

13. ①
양력, 무게 = 중력, 추력 = 추진력, 항력

14. ④
모든 물체는 공기의 압력이 높은 곳에서 낮은 곳으로 이동한다.

15. ④
제자리 비행가능, 측방 및 후진비행가능, 수직 이착륙 가능, 엔진정지 시 자동 활공 가능, 최대속도제한, 동적 불안정 등이다.

16. ①
공중에서 움직이는 비행체(=항공기)는 힘의 균형을 이루는 균형점 즉 무게의 중심점이 있으며, 모든 비행체(=항공기)는 무게 중심점(CG)을 통과하는 축이 형성된다.

17. ③

18. ④

19. ②

20. ④

21. ②

22. ③
구름의 양을 나타내는 용어로서 하늘을 8등분한다고 하여 옥타(Octa) 분류법이라고도 하는데 다음과 같이 말한다. (Sky) clear는 0/8~1/8, scattered는 1/8~5/8 이하, broken은 5/8~7/8이하, overcast는 8/8일 때

23. ①

24. ①

25. ③

26. ①

27. ①

28. ②

29. ②

30. ④
   초경량비행장치 사용사업의 범위
   1. 비료 또는 농약 살포, 씨앗 뿌리기 등 농업 지원
   2. 사진촬영, 육상 및 해상 측량 또는 탐사
   3. 산림 또는 공원 등의 관측 및 탐사
   4. 조종교육

31. ③

32. ②
   무인동력 비행장치는 연료의 중량을 제외한 자체 중량이 150kg 이하인 무인비행기, 무인헬리콥터 또는 무인 멀티콥터를 말한다.

33. ②
   유도로 등이란 지상 주행 중인 항공기에 유도로, 대기지역 또는 계류장 등의 가장자리를 알려주기 위하여 설치하는 등으로 청색이다.

34. ④
   일몰 후부터 일출 전까지의 야간에 비행금지

35. ①
   사유 발생일로부터 15일 이내에 신고하여야 한다.

36. ①
   [안정성 인증의 종류]
   1. **초도인증** : 국내에서 설계·제작하거나 외국에서 국내로 도입한 초경량비행장치의 안전성인증을 받기 위하여 최초로 실시하는 인증
   2. **정기인증** : 안전성인증의 유효기간 만료일이 도래되어 새로운 안전성인증을 받기 위하여 실시하는 인증
   3. **수시인증** : 초경량비행장치의 비행안전에 영향을 미치는 대수리 또는 대개조 후 기술기준에 적합한지를 확인하기 위하여 실시하는 인증
   4. **재 인증** : 초도, 정기 또는 수시인증에서 기술기준에 부적합한 사항에 대하여 정비한 후 다시 실시하는 인증

37. ③
38. ①
39. ①
40. ②

제2회 초경량비행장치 조종자격시험

01. ②
   유도로 등이란 지상 주행 중인 항공기에 유도로, 대기지역 또는 계류장 등의 가장자리를 알려주기 위하여 설치하는 등으로 청색이다.

02. ④
   중력이 무거우면 속도는 줄어든다.

03. ③

04. ③
   공항시설법 시행규칙 #9 - 주야간 150미터 이하는 생략 가능

05. ①
   안전성 인증을 받아야하는 초경량비행장치 : 동력비행장치, 회전익 비행장치, 동력 패러글라이더, 기구류(사람이 탑승하는 것만 해당된다), 무인비행장치.

06. ③
   손으로만 들어봐서는 테이프 감을 정도의 무게 차이를 알 수 없다.

07. ③
   부풀어 오른 배터리는 사용해서는 안된다.

08. ②
   항공안전법 시행규칙 별지 제122호 서식 비행계획서 참조

09. ②
   기술 진보에 따라 상황에 대한 더 빠른 반응은 시스템의 성능을 향상시키는 요인이다.

10. ②
   전이양력 : 회전익 계통의 효율증대로 얻어지는 부가적인 양력으로 제자리 비행에서 전진비행으로 전환 시 나타난다.

11. ①
   리튬폴리머 배터리는 저온에서 보관할 경우 성능이 저하되며, 고온에서 보관할 경우 폭발의 위험이 있다.

12. ①
   일반적으로 고도가 증가하면 기온이 감소하는데 1,000ft당 약 2°C의 감소한다.

13. ①
난기류 발생의 주 원인 : 대류성 기류, 바람의 흐름에 대한 장애물, 비행난기류, 전단풍 등

14. ③
- **동력비행장치** : 115kg이하,
- **인력활공기** : 70kg이하,
- **무인동력비행장치** : 150kg이하,
- **무인 비행선** : 180kg이하

15. ④
신고를 필요로 하지 않는 초경량비행장치 : 계류식 무인비행장치 등 9가지이며, 항공안전법 시행령 제24조 참조]

16. ④
NOTAM(Notice to Airman) : 항공고시보라고 함.
- AIP(Aeronautical Information Publication) : 해당 국가에서 비행하기 위해 필요한 항법관련 정보로 항공정보간행물.
- AIRAC(Aeronautical Information Regulation And Control) : 정해진 Cycle에 따라 최신으로 규칙적으로 개정되는 것

17. ③
- **안개의 발생조건** : 공기 중 수증기 다량 함유, 공기가 노점온도 이하로 냉각, 공기 중에 응결핵 많아야 하고, 공기 속으로 많은 수증기 유입, 바람이 약하고 상공에 기온이 역전.
- **안개의 사라질 조건** : 지표면이 따뜻해져 지표면 부근의 기온역전, 지표면 부근 바람이 강해져 난류에 의한 수직 방향으로 상승 시, 공기가 사면을 따라 하강하여 기온이 올라감에 따라 입자가 증발 시, 신선하고 무거운 공기가 안개 구역으로 유입되어 안개가 상승하거나 차가운 공기가 건조하여 안개가 증발 할 때 등

18. ④
등고선이 아니라 등압선이라 한다.

19. ③
변경신고는 30일, 멸실 신고는 15일

20. ①
송신기 배터리 경고음이 울리면 가급적 빨리 복귀시켜 엔진을 정지 후 조종기 배터리를 교체한다.

21. ③
조종자 자격시험은 14세, 지도 조종자는 18세

22. ④
기압이 높은 곳에서 낮은 곳으로 이동하는 특성이 있다.

23. ①
비행 전에 비행체, 조종기를 점검하고, 조종자의 건강이나 심리적인 상태도 확인해야한다.

24. ①

25. ③
- **관제구** : 지표면 또는 수면으로부터 200m이상 높이의 공역으로서 항공교통의 안전을 위하여 지정한 공역.
- **항공등화** : 불빛을 이용하여 항공기의 항행을 돕기 위한 항행안전시설
- **항행안전시설** : 유선통신, 무선통신, 불빛, 색채 또는 형상을 이용하여 항공기의 항행을 돕기 위한 시설

26. ④

27. ④
① 배출밸브, ② 혼합기(캬브레터)

28. ②
비행시간이 100시간 이상인 지도조종자 1명 이상, 150시간 이상인 실기평가 조종자 1명 이상

29. ①
항공안전법 제57조 ⑤항

30. ④

31. ②

32. ①
온도가 높으면 공기밀도가 희박하여 감소한다.

33. ②
- **압력중심** : 에어포일 표면에 작용하는 분포된 압력이 힘으로 한 점에 집중적으로 작용한다고 가정할 때 이 힘의 작용점 모든 항공역학적 힘들이 집중되는 에어포일의 익현선상의 점.
- **공력중심** : 에어포일의 피칭 모멘트의 값이 받음각이 변하여도 변하지 않는 기준점.
- **무게중심** : 중력에 의한 알짜 토크가 0인 점.
- **평균공력시위** : 실제 날개 꼴과 같은 동일한 항공역학적 특성을 갖는 가상 날개 끝

34. ④
항공기, 경량 항공기, 초경량 비행장치 등 중대 항공사고 조사는 모두 담당

35. ②
    회전익의 가장 큰 장점이자 차이점은 정지비행 즉 제자리비행(Hovering)이 가능한 것이다.
36. ③
    베르누이가 정리한 법칙으로 "정압과 동압을 합한 값은 그 흐름 속도가 변하더라도 언제나 일정하다"고 했다.
37. ③
    구름의 발생 조건 : 풍부한 수증기, 응결핵, 냉각작용
38. ③
    회전익 무인항공기가 대형일 경우에는 터보 샤프트 엔진이 가능할 수 있다.
39. ③
    장기 보관일 경우에는 연료를 비워둘 필요가 있으나, 그럴 경우라도 비행으로 소모시킬 필요는 없다.
40. ①
    양력 감소, 무게 증가, 추력 감소 그리고 항력 증가

제3회 초경량비행장치 조종자격시험

01. ①
    ② 완전히 방전시킨 수 특별히 정해진 재활용 박스에 버린다.
    ③ 여행 시 비행기 화물로는 운송할 수 없으며, 기내 화물로 2개까지 보유 가능하다.
    ④ 가급적 전도성이 좋은 금속 탁자 등에 두어서는 안 된다.
02. ②
    탑재 임무장비(Payload) 종류는 무수히 많이 개발되고 있다.
    - **주간 관측용 카메라** : TV 카메라, 전자광학(EO)카메라 등
    - **주야간 관측용 감지기** : 전방감시 적외선 감지기(FLIR:Forward Looking Infra-redsystem), 적외선 라인 스캐너(IRLS:Infra-red Line Scanner) 등
    - **전천후 레이저 관측 시스템** : SAR, 해안 감시레이더, 거리 측정 레이더 등
    - **공중 중계 장비**(Airborne Data Relay system) : 공중 중계 무인항공기에 탑재된다.
    - **각종 통신 중계 장비**
    - **공중 이동 표적 지시기** : 표적기로 사용되는 무인항공기에 탑재된다.
    - **지뢰 탐지 장비**
    - **각 종 전자전 장비** : ESM, ECM
03. ② 비행체는 기본 장비에 속한다.
04. ④
    무인멀티콥터는 무인동력비행장치로 분류하고 있음
05. ③
    알맞은 언어 : 교관다운 언어를 사용하여 교육생들이 믿고 따를 수 있는 교관이 되도록 노력해야 한다.
06. ②
    시뮬레이션 교육을 철저히 시켜야 실기에서도 적응이 빠르다.
07. ④
    방제작업 시는 긴 소매 옷을 착용하는 것이 좋다.
    ① 헬멧의 착용
    ② 보안경, 마스크 착용
    ③ 메인로터가 완전히 정지하기까지는, 무의식적인 접근을 하지 않을 것
    ④ 옷은 긴소매를 입고, 단추를 확실히 잠근다.

08. ④

[비상 절차 단계 교육 내용]
(1) 각 경고등 점등 시 의미 및 조치사항교범을 통한 숙지, 구두/학과 평가 시 반드시 포함하여 평가 실시
(2) **GPS 수신 불량** : 프로그램을 이용한 실습 교육 실시
(3) **통신 두절로 인한 Return Home 기능** : 지상에서 통신 두절 시 나타나는 경고등 및 현상 시범, 필요 시 시범식 교육 실시
(4) **제어 시스템 에러 사항** : 급조작, 과적 등의 현상을 교육 중 반복 설명하면서, 부드러운 조작이 되도록 교육한다.

09. ③
보험가입은 영리목적으로 비행하는 동력, 회전익, 패러플레인, 유인자유기구, 무인비행장치에 적용

10. ②
[비행 교관이 범하기 쉬운 과오] 본문 참고

11. ②
- **제1법칙(관성의 법칙)** : 외부의 힘에 의한 변화에 저항하는 힘에 관한 법칙
- **제2법칙(가속도의 법칙)** : 가속도의 법칙이란 물체가 어떤 힘을 받게 되면, 그 물체는 힘의 방향으로 가속되려는 성질
- **제3법칙(작용반작용의 법칙)** : 모든 작용은 힘의 크기가 같고 방향이 반대인 반작용을 수반한다는 법칙

12. ③
- **유도항력** : 헬리콥터가 양력을 발생함으로써 나타나는 유도기류에 의한 항력
- **유해항력** : 전체 항력에서 메인로터에 작용하는 항력을 뺀 나머지 항력
- **형상항력** : 유해항력의 일종으로 회전익 항공기에서만 발생하며 블레이드가 회전할 때 공기와 마찰하면서 발생하는 마찰성 항력

13. ③
60도 경사는 2배, 45도 경사는 1.5배의 총 하중계수를 갖는다.

14. ④
영각(받음각)이란 Airfoil의 익현선과 합력 상대풍의 사이 각, 영각은 공기역학적인 각이므로 취부각(붙임각)의 변화 없이도 변화될 수 있다. 또한 영각은 Airfoil에 의해서 발생되는 양력과 항력의 크기를 결정하는 중요한 요소. 영각이 커지면 양력이 커지고, 그만큼 항력은 감소하는 상관관계가 형성된다.

15. ④
안정성 : 항공기가 일정한 비행 상태를 계속해서 유지할 수 있는 정도를 말한다.

16. ③
유도기류란 공기가 로터 블레이드의 움직임에 의해 변화된 하강기류이다.

17. ③
베르누이가 정리한 법칙으로 "정압과 동압을 합한 값은 그 흐름 속도가 변하더라도 언제나 일정하다"고 했다.

18. ①
항력은 속도제곱에 비례한다. 즉, 속도가 많아지면 항력도 커진다.

19. ②

20. ① **피치** – 전, 후진, **에이러론** – 좌, 우 이동, **요우** – 좌, 우 선회

21. ③
인천만의 평균 해수면의 높이를 '0m'로 선정하였고, 실제 높이를 확인하기 위하여 인천 인하대학교 구내에 수준원점의 높이를 26.6871m로 지정하여 활용하고 있다.

22. ③
① **잠열** : 물질의 상위 상태로 변화시키는데 요구되는 열 에너지
② **열량** : 물질의 온도가 증가함에 따라 열에너지를 흡수할 수 있는 양
③ **비열** : 물질 1g의 온도를 1℃ 올리는데 요구되는 열
④ **현열** : 일반적으로 온도계에 의해서 측정된 온도

23. ①
지구 표면으로부터 형성된 공기의 층으로 높이는 대략적으로 10~15km 정도이고, 평균 높이는 약 12km이다. 또한 대부분의 기상이 발생하는 대기층이다.

24. ①
바람의 근본원인은 지표면에서 발생하는 불균형적인 가열에 의해 발생한 기압차이며, 바람은 고기압 지역에서 저기압 지역으로 흐르는 공기 군의 흐름에 의해 발생한다.

25. ①
습도는 대기 중에 함유된 수증기의 양을 나타내는 척도이다.

26. ①

27. ③
강한 상승기류가 존재하는 적운에서는 폭우, 우박 등을 형성한다.

28. ①
29. ④
30. ④
31. ①
32. ④
33. ②
34. ④
- AIC(항공정보회람 ; Aeronautical information contents) AIP 또는 항공고시보의 발간대상이 아닌 항공정보 공고를 위해 항공정보회람을 발행하며, 절차 또는 시설의 중요한 변경사항을 장기간 사전 통보하는 경우, 설명이나 조언이 필요한 정보 또는 행정적인 특징을 가진 정보 등을 포함하는 간행물
- AIP(항공정보간행물 ; Aeronautical information Publication) 비행장의 물리적 특성 및 이와 관련된 시설의 정보, 항공로를 구성하는 항행안전시설의 형식과 위치, 항공교통관리, 통신 및 제공되는 기상업무 그리고 이러한 시설 및 업무와 관련된 기본 절차를 포함하는 간행물.
- AIRAC (항공정보관리절차 ; Aeronautical Information Regulation And Control) 정해진 Cycle에 따라 최신 규칙적으로 개정되는 것

35. ①
2020년 12월 10일부터 한국교통안전공단 드론관리처에 신고

36. ③
37. ②
38. ① 지도조종자 자격증명은 만 18세이다. (20.3.1~)
39. ③
40. ③
무게에 상관없이 조종자 준수사항은 준수해야 한다.

제 4 회 초경량비행장치 조종자격시험

01. ①
프로펠러에서는 열이 발생하지 않는다. 발열이 되는 부분들은 냉각 수단이 강구되어 있어야 한다. 변속기의 경우 방열판 형태로 제작되고, 모터의 경우 선회 시 바람을 배출하는 구조로 제작된다. 이 경우 모터의 방향에 유의하여 사용해야한다.

02. ②
GPS 구성품은 안테나, 수신기, 신호연결선 등으로 구성된다.

03. ④
① 미국은 약 30개의 위성이 현재 사용 중이다.
② GLONASS는 러시아에서 운용하는 위성항법시스템이다.
③ 중국은 Beidou 시스템을 운용중이다.

04. ④
① 시험비행 시 보정을 한 후 매일 다시 할 필요는 없다.
② 약 60~70km이상 벗어나는 경우 다시 보정을 해 주는 것이 좋다.
③ 지자기센서는 고도와는 무관함. GPS 모드에서 고도를 잘 유지하지 못한다면 GPS상의 어떠한 요인으로 오차가 커지거나 고도 처리를 잘 못하고 있는 것으로, 이 경우 자세모드로 비행하는 것이 좋다.

05. ③
06. ④
07. ④
① 비행고도는 2~5m 정도로 상황에 따라 변경 적용한다.
② 비행고도와 작물의 상태에 맞춰 비행해야한다. 가령 같은 논이라도 모내기 후 얼마 안 지난 경우, 일화기, 이화기, 이삭프는 시기 등은 비행 고도와 속도를 다르게 적용해야한다.
③ 비행고도는 기체의 중량과 비행체 로터 크기, 로터 수에 따라 바람의 세기가 다르므로 고도도 다르게 적용해야한다.
④ 살포 폭은 비행고도가 높으면 넓어지고, 고도가 낮으면 폭은 줄어들게 된다. 비행체가 큰 경우 고도가 낮으면 작물의 손상을 초래할 수 있다.

08. ①
향후 유인드론이 활성화 될 것으로 예상되나, 현재는 인원수송을 위해서는 항공기급으로 감항인증 등을 받는 기체여야 한다.

09. ①
10. ①
11. ②
양력의 증·감은 영각(받음각)의 증·감에 따라 변화한다.

12. ②
13. ①
14. ②
15. ②
- 스로틀 – 이, 착륙
- 에이러론 – 좌, 우 이동
- 요우 – 좌, 우 선회

16. ③
17. ③
유도기류란 공기가 로터 블레이드의 움직임에 의해 변화된 하강기류를 뜻한다. 취부각(붙임각)이 "0"일 때 Airfoil을 지나는 기류는 그대로 평행하게 흐른다. 그러나 취부각 증가로 영각(받음각)이 증가되면 공기는 아래로 가속하게 된다. 유도기류 속도는 취부각이 증가할수록 증가하게 된다.

18. ②
19. ③
20. ①
21. ①
국제적으로 통일된 구름의 분류는 상층운, 중층운, 하층운, 수직운이다.

22. ①
안개는 지표면 근처에서 발생, 형성되고 시정을 1마일 이하로 제한한다.

23. ①
24. ②
25. ②
26. ②
27. ③
28. ④
29. ③
30. ①

31. ③
무인동력비행장치는 연료 제외 자체중량 150kg임

32. ②
33. ④
제출 서류
전문교관의 현황, 교육시설 및 장비의 현황, 교육훈련계획 및 교육훈련규정

34. ①
35. ④
36. ②
6하 원칙에 의거 간단히 필수 보고사항을 보고한다.

37. ④
CP-16 : P-73 VFR Route Check point 16번 지역, R35는 공수 낙하훈련장, P-73A는 비행금지 구역이다. UA-14는 공주지역의 초경량비행장치 훈련공역이다.

38. ③
39. ②
40. ④
통제공역 : 비행금지 구역, 비행제한 구역, 초경량비행장치 비행제한구역

제5회 초경량비행장치 조종자격시험

01. ④
냉각펌프는 수냉식 엔진이 장착된 비행체에 필요하다. 전동 무인멀티콥터에는 발열을 위한 방열판 형태의 부품들이 주로 장착되며, 필요에 따라 냉각팬이 장착되어 있는 경우도 있다.

02. ①
FCS 구성품은 FCC, IMU, PMU, GPS 등이며, ESC는 모터와 연결되는 구성품이다.

03. ②
① 모드 1 조종기는 고도 조종 스틱이 우측에 있다.
③ 비행모드는 자세제어모드, 위치제어모드(GPS 모드) 그리고 필요시 수동모드로 구성된다.
④ 조종기 배터리 전압은 보통 6VDC 이상으로 사용한다.

04. ①
산업용 무인멀티콥터는 일반적으로 비행체의 첫 번째 암에서 마지막 암까지 한 바퀴 돌면서 점검을 하게 되는데, 조종기 전원 on → FCS 전원 인가 → 각 암의 프로펠러/모터/변속기/암 점검 → 본체 → 착륙장치 → 임무장비 점검 → 메인 배터리 연결 순으로 점검하면 원활하게 빠짐없는 점검을 할 수 있다.

05. ④
자세제어는 가속도센서와 자이로센서에 의해 측정된 자세와 각속도값을 받은 제어장치는 자세 보정 및 조종하기 위한 신호를 변속기에 보낸다.

06. ②
많은 시스템들이 현재 GPS와 GLONASS를 동시에 사용하고 있다.

07. ③
방제작업 간에는 긴 소매 복장을 착용한다.

08. ③
① 비행고도는 2~5m 정도로 상황에 따라 변경 적용한다.
② 비행고도와 작물의 상태에 맞춰 비행해야 한다. 가령 같은 논이라도 모내기 후 얼마 안 지난 경우, 일화기, 이화기, 이삭패는 시기 등은 비행 고도와 속도를 다르게 적용해야 한다.
③ 비행고도는 기체의 중량과 비행체 로터 크기, 로터 수에 따라 바람의 세기가 다르므로 고도도 다르게 적용해야한다.
④ 살포 폭은 비행고도가 높으면 넓어지고, 고도가 낮으면 폭은 줄어들게 된다. 비행체가 큰 경우 고도가 낮으면 작물의 손상을 초래할 수 있다.

09. ③
항공촬영 작업의 경우 매번 국방부에 촬영허가 신청을 하여야 한다.

10. ③

11. ①

12. ③

13. ②

14. ②

15. ②

16. ④
Airfoil이 위로 이동하면 상대풍도 아래로 향하게 된다.

17. ③
공중에서 4가지의 힘이 균형을 이루면 등가속도 비행 상태가 된다.

18. ②
실속은 무게, 하중계수, 비행속도 또는 밀도고도에 관계없이 항상 같은 받음각에서 실속이 발생한다.

19. ③
회전하는 물체 즉 로터가 시계반대방향으로 회전할 때 이에 대한 반작용으로 기체는 시계방향으로 회전하려는 성질을 토크작용라고 한다.

20. ①

21. ②
① Ac : 고적운 ② Ns : 난층운
③ St : 층운   ④ Sc : 층적운

22. ④

23. ④

24. ②

25. ①

26. ②

27. ④
지형적 상승, 습한 공기의 이동, 건조단열 기온감률 및 습윤단열 기온감률

28. ③

29. ③

30. ②

31. ④
32. ①
    다음 각 목의 전문교관이 있어야 한다.
    가. 비행시간이 100시간 이상인 지도조종자 1명 이상
    나. 비행시간이 150시간 이상인 실기평가조종자 1명 이상
33. ②
    가. 초경량비행장치에 의한 사람의 사망·중상 또는 행방불명
    나. 초경량비행장치의 추락·충돌 또는 화재 발생
    다. 초경량비행장치의 위치를 확인할 수 없거나 초경량비행장치에 접근이 불가능한 경우
34. ③
    다른 초경량비행장치에 불필요하게 가깝게 접근하지 말아야 한다.
35. ④
36. ③
37. ④
38. ④
39. ④
40. ④
    일몰 후부터 일출 전까지는 시야확보 등 청명하여도 야간비행은 불가하다.

제6회 초경량비행장치 조종자격시험

01. ①
02. ①
03. ①
04. ③
05. ④

일반적으로 드론에 사용 가능한 배터리 : NiCd(니켈 카드늄), LiPo(리튬 폴리머), NiMH(니켈 메탈수소)로서 각 배터리의 특성은 다음과 같다.
1. NiCd: 긴 수명, 폭넓은 동작 온도를 가지면서 가격이 저렴. 전압(1.2V).
2. NiMH: 중금속을 사용하지 않아 친환경적이고, 높은 용량을 가지면서 메모리효과는 작음. 전압(1.2V).
3. Li-Ion: 가볍고, 친환경적이며, 메모리 효과가 없고 에너지 밀도가 가장 높음. 전압(3.7V 혹은 3.8V)

06. ①   07. ②
08. ③   09. ①
10. ④   11. ②
12. ④   13. ②
14. ③
15. ④
    적어도 공항 면적의 50%이상에서 보이는 "거리의 최저치"를 말하는 것
16. ④
17. ②
18. ①
19. ①
- **정압**(Static Pressure) : 유체 속에 잠겨 있는 어느 한 지점에서는 상/하, 좌/우 방향에 관계없이 일정하게 작용하는 압력을 말한다.
- **동압**(Dynamic Pressure) : 유체가 흐를 때 유체는 속도를 가지게 되며 이로 인해 유체는 운동에너지를 가지게 된다. 즉 유체의 운동에너지를 압력으로 전환했을 때의 압력을 말한다.

20. ④
    방빙작용은 착빙이 되지 않도록 예방하는 장치 즉 과냉각 수적이 얼어붙지 않도록 열을 가하여 것을 말한다.

21. ④
22. ③
    대기권에서 기압은 고도가 올라 갈수록 낮아진다.
23. ②
24. ③
    난기류(난류)의 종류에는 약한 난류, 심한 난류, 극심한 난류가 있다.
25. ③
26. ③
27. ①
28. ④
29. ①
    ① lbs : 파운드(무게)
    ② hPa : 헬토파스칼
    ③ Millbar(mb) : 밀리바
    ④ mm mercury(mm.Hg) : 밀리 헥토그램
30. ③
31. ①
32. ②
    고기압 지역의 기류현상은 하강기류이다. 그러므로 하늘에 아무것도 없어서 맑다.
    반대로 저기압 지역의 기류현상은 상승기류이다.
33. ②
34. ④
35. ③
36. ④
    항공종사자
    ① 항공안전법 제34조제1항에 따른 항공종사자 자격증명을 받은 사람.
    ② 제34조(항공종사자 자격증명 등) 항공업무에 종사하려는 사람은 국토교통부령으로 정하는 바에 따라 국토교통부장관으로부터 항공종사자 자격증명(이하 "자격증명"이라 한다)을 받아야 한다. 다만, 항공업무 중 무인항공기의 운항 업무인 경우에는 그러하지 아니하다.
37. ④
38. ③
39. ④
40. ④

제7회 초경량비행장치 조종자격시험

01. ①	02. ②
03. ④	04. ③
05. ④	06. ②
07. ②	08. ④
09. ②	10. ①
11. ①	12. ④
13. ③	14. ②
15. ④	

GPS는 위도, 경도, 고도를 가르쳐 준다.

16. ②
17. ②
18. ④
    조파항력은 초음속 흐름에서 공기의 압축성 효과로 생기는 충격파에 의해 발생하는 항력을 말한다.
19. ④
20. ④
    스칼라량은 크기만 가지고, 벡터량은 크기와 방향을 갖는다.

21. ③	22. ②
23. ②	24. ②
25. ①	26. ①
27. ②	28. ④
29. ④	30. ④
31. ④	32. ③
33. ②	34. ③
35. ④	36. ②
37. ③	38. ③
39. ③	40. ④

제 8 회 초경량비행장치 조종자격시험

01. ②
02. ③
03. ④
04. ④
05. ②
06. ①
07. ①
08. ②
09. ①
10. ②
11. ①
12. ③
13. ①
14. ①
15. ①
16. ④
17. ③
   중력은 속도에 반비례한다. 즉 무게가 증가하면 속도는 상대적으로 줄어든다.
18. ④
   GPS는 비행간 위치를 조절해 주는 장치이다.
19. ④
   요잉 : 기수의 좌, 우 운동
20. ④
   기류 박리는 양력을 파괴시키고 항력은 급격히 증가시킨다.
21. ①
22. ③
23. ③
24. ②
25. ③
26. ①
27. ②
28. ③
   기압은 온난 전선통과 전에는 감소하고, 통과 후에는 거의 일정하다.
29. ①
   배풍(뒷 바람)을 받을 시 이륙거리가 늘어난다.
30. ④
   권층운은 상층운에 포함된다.
31. ①
   통제구역은 비행금지구역, 비행제한구역, 초경량비행제한구역이다.
32. ②
33. ④
34. ④
35. ④
36. ④
   원자력 발전소와 연구소의 A구역은 국방부(합참)에 B구역은 각 지방항공청에 비행계획 승인 요청
37. ①
   ②, ③은 반드시 승인을 받아야 하고, ④번 지역에서 비행 시 조종자 준수사항 위반이 된다.
38. ④
   항공기, 경량 항공기, 초경량 비행장치 등 항공사고 조사는 모두 담당
39. ④
   신고를 필요로 하지 않는 초경량비행장치 : 계류식 무인비행장치 등 9가지이며, 항공안전법 시행령 제24조 참조
40. ③

제 9 회 초경량비행장치 조종자격시험

01. ①
02. ①
03. ③
04. ①
05. ②
06. ④
07. ③
08. ④
09. ①
10. ③
   급속충전은 배터리 수명을 단축시킨다.
11. ③
12. ②
13. ④
   측풍 접근 및 착륙 기법에는 크랩 방법과 윙로 방법을 중심으로 ① 크랩, ② 윙로(사이드슬립), ③ 플래어 중 디크랩, ④ 크랩-윙로 등과 같이 4가지 기법이 있다.
14. ①
15. ③
16. ③
17. ③
18. ④
19. ①
20. ③
21. ③
22. ②
   풍향은 진북기준 10° 단위로 반올림한 3단위 숫자로 표기해야 하며, 바로 뒤에 풍속을 표기해야 한다. 풍속의 단위는 knot 또는 초당 m로 한다.
   예) 24008KT
23. ③
24. ③
25. ②
26. ①
27. ④
   QFE는 활주로 공식표고 위에 착지한 항공기의 기압 고도계의 눈금을 고도 '0'으로 하는 고도계 수정치
28. ④
   하층운의 구름은 층적운, 층운, 난층운이 있다. 적운, 적란운은 수직운에 속함.
29. ③
   바람의 속도는 벡터 량의 개념이다.(속력은 스칼라량이다.)
30. ③
   SIGMET 정보, AIRMET 정보, 공항경보(Aerodrome Warning), 윈드시어경보(Wind Shear Warnings and Alerts)
31. ②
32. ④
33. ②
   국토교통부령으로 정하는 기준임.
34. ②
   이 법은 「국제민간항공협약」 및 같은 협약의 부속서에서 채택된 표준과 권고되는 방식에 따라 항공기, 경량항공기 또는 초경량비행장치의 안전하고 효율적인 항행을 위한 방법과 국가, 항공사업자 및 항공종사자 등의 의무 등에 관한 사항을 규정함을 목적으로 한다.
35. ④
   항행안전시설 안전에 관한 사항은 공항시설법 시행규칙의 사항
36. ③
   ① 군용항공기와 이에 관련된 항공업무에 종사하는 사람에 대해서는 이 법을 적용하지 아니한다. ② 세관업무 또는 경찰업무에 사용하는 항공기와 이에 관련된 항공업무에 종사하는 사람에 대하여는 이 법을 적용하지 아니한다. 다만, 공중 충돌 등 항공기 사고의 예방을 위하여 제51조, 제67조, 제68조제5호, 제79조 및 제84조제1항을 적용한다.
37. ②
   2kg 이상으로 변경(2021.1.1)
38. ④
   항공안전기술원 이외에 시설기준을 충족하는 기관 또는 단체 중에서 실시가능
39. ④
   조종자 준수사항 위반의 경우 1년 이내 기간을 정하여 효력정지
40. ④

제10회 초경량비행장치 조종자격시험

01. ②
02. ④
03. ①
　　실제 원스톱서비스를 통해서 신청을 하지만, 처리 담당자는 지방항공청 담당자가 처리함.
04. ① / 05. ④ / 06. ④ / 07. ④
08. ② / 09. ① / 10. ③ / 11. ④
12. ② / 13. ③ / 14. ③ / 15. ④
16. ④ / 17. ④ / 18. ④ / 19. ④
20. ① / 21. ③ / 22. ④ / 23. ②
24. ① / 25. ④ / 26. ① / 27. ④
28. ② / 29. ① / 30. ④ / 31. ④
32. ① / 33. ① / 34. ② / 35. ③
36. ① / 37. ① / 38. ① / 39. ②
40. ②

Addendum

부록

Section 1. 실기 표준 훈련장
Section 2. 실기시험 영역과 평가 기준
Section 3. 세부 실기 훈련방법
Section 4. 구술평가 예상문제

Section 01 실기 표준 훈련장

01 실기 표준 훈련장

▶ **TS드론날자**

Youtube 채널 : https://www.youtube.com/channel/ UC46q7ckdrKxiSL5I7HOySTw
무인헬리콥터 및 무인멀티콥터 2,3종 실기시험 영상자료가 게시되어 있으니 실기시험 응시에 참고해주시기 바랍니다.
- 3종 실기시험은 '경과조치자'에 한하여 적용됩니다.

드론관리처
▶ Youtube

Section 02 실기시험 영역과 평가 기준

01 1종 조종 자격증명

영역	항목	평가기준
비행전 절차	비행 전 점검	제작사에서 제공된 점검리스트에 따라 점검할 수 있을 것
	기체의 시동	정상적으로 비행장치의 시동을 걸 수 있을 것
	이륙전 점검	이륙 전 점검을 정상적으로 수행할 수 있을 것(이륙 전 점검이 필요한 비행장치만 해당)
이륙 및 공중 조작	이륙 비행	① 이륙 위치에서 이륙하여 스키드 기준 고도(3~5m)까지 상승 후 호버링 　(기준고도 설정 후 모든 기동은 설정한 고도와 동일하게 유지) ② 호버링중 에일러론, 엘리베이터, 러더 이상 유무 점검 ③ 세부 기준 　• 이륙 시 기체 쏠림이 없을 것　• 수직 상승할 것 　• 상승 속도가 너무 느리거나 빠르지 않고 일정할 것 　• 기수 방향을 유지할 것 　• 측풍 시 기체의 자세 및 위치를 유지할 수 있을 것
	공중 정지 비행 (호버링)	① 호버링 위치(A지점)로 이동하여 기준 고도에서 5초 이상 호버링 ② 기수를 좌측(우측)으로 90도 돌려 5초 이상 호버링 ③ 기수를 우측(좌측)으로 180도 돌려 5초 이상 호버링 ④ 기수가 전방을 향하도록 좌측(우측)으로 90도 돌려 호버링 ⑤ 세부 기준 　• 고도 변화 없을 것(상하 0.5m까지 인정) 　• 기수 전방, 좌측, 우측 호버링시 위치 이탈 없을 것 　　(무인멀티·헬리콥터 중심축 기준 반경 1m까지 인정)
	직진 및 후진 수평 비행	① A지점에서 E지점까지 40m 전진 후 3~5초 동안 호버링 ② A지점까지 후진 비행 ③ 세부 기준 　• 고도 변화 없을 것(상하 0.5m까지 인정) 　• 경로이탈 없을 것(무인멀티&헬리콥터 중심축 기준 좌우 1m까지 인정) 　• 속도를 일정하게 유지할 것(지나치게 빠르거나 느린 속도, 기동중 정지 등이 없을 것) 　• E지점을 초과하지 않을 것(5m까지 인정)　• 기수 방향이 전방을 유지할 것
	삼각 비행	① A지점에서 B지점(D지점)까지 수평 비행 후 5초 이상 호버링 ② A지점(호버링 고도+수직 7.5m)까지 45도 대각선 방향으로 상승하여 5초 이상 호버링 ③ D지점(B지점)의 호버링 고도까지 45도 대각선 방향으로 하강하여 5초 이상 호버링 ④ A지점으로 수평 비행하여 복귀 후 5초 이상 호버링 ⑤ 세부 기준 　• 경로 및 위치 이탈이 없을 것(무인멀티&헬리콥터 중심축기준 1m까지 인정) 　• 속도를 일정하게 유지할 것(지나치게 빠르거나 느린 속도, 기동중 정지 등이 없을 것)

영역	항목	평가기준
이륙 및 공중 조작	원주 비행 (리더턴)	① 최초 이륙지점으로 이동하여 기수를 좌(우)로 90도 돌려 5초 이상 호버링 후 반경 7.5m(A지점 기준)로 원주비행(B → C → D → 이륙지점 또는 D → C → B → 이륙지점 순서로 진행되며 각 지점을 반드시 통과해야 함) ② 이륙 장소에 도착하여 5초 이상 호버링 후 기수 방향을 전방으로 돌려 5초 이상 호버링 ③ 세부 기준 • 고도 변화 없을 것(상하 0.5m까지 인정) • 경로이탈 없을 것(무인멀티&헬리콥터 중심축 기준 1m까지 인정) • 속도를 일정하게 유지할 것(지나치게 빠르거나 느린 속도, 기동중 정지 등이 없을 것 • 진행방향과 기수 방향 일치 및 유지 　(이륙지점 호버링 방향을 기준으로 B, D지점 90도, C지점 180도) • 기동중 과도한 에일러론 조작이 없을 것
	비상조작	① 기준 고도에서 2m 상승 후 호버링 ② 실기위원의 "비상" 구호에 따라 일반 기동 보다 1.5배 이상 빠르게 비상 착륙장으로 하강한 후 비상 착륙장 기준 고도 1m이내에서 잠시 정지하여 위치 수정 후 즉시 착륙 ③ 세부 기준 • 하강시 스로틀을 조작하여 하강을 멈추거나 고도 상승시(착륙직전 제외) • 직선 경로(최단 경로)로 이동할 것 • 착륙 전 일시 정지시 고도는 비상 착륙장 기준 1m까지 인정 • 정지 후 신속하게 착륙할 것 • 랜딩 기어를 기준으로 비상 착륙장의 이탈이 없을 것
착륙 조작	정상 접근 및 착륙 (자세모드)	① 비상 착륙장에서 이륙하여 기준 고도로 상승 후 5초 이상 호버링 ② 최초 이륙 지점까지 수평 비행하여 5초 이상 호버링 후 착륙 ③ 세부 기준 • 기수 방향 유지　• 수평 비행시 고도변화 없을 것(상하 0.5m까지 인정) • 경로 이탈이 없을 것 (무인멀티&헬리콥터 중심축 기준 1m까지 인정) • 속도를 일정하게 유지할 것 　(지나치게 빠르거나 느린 속도, 기동중 정지 등이 없을 것) • 착륙 직전 위치 수정 1회 이내 가능 • 무인멀티콥터 중심축을 기준으로 착륙장의 이탈이 없을 것
	측풍 접근 및 착륙	(기준 고도까지 이륙 후 기수 방향 변화없이 D지점(B지점)으로 직선경로(최단경로)로 이동) ① 기수를 바람 방향(D지점 우측, B지점 좌측을 가정)으로 90도 돌려 5초 이상 호버링 ② 기수 방향의 변화없이 이륙지점까지 직선경로(최단경로)로 수평 비행하여 5초 이상 호버링 후 착륙 ③ 세부 기준 • 수평비행시 고도 변화 없을 것(상하 0.5m까지 인정) • 경로 이탈이 없을 것(무인멀티콥터 중심축 기준 1m까지 인정) • 속도를 일정하게 유지할 것 　(지나치게 빠르거나 느린 속도, 기동 중 정지 등이 없을 것) • 착륙 직전 위치 수정 1회 이내 가능 • 무인멀티콥터 중심축을 기준으로 착륙장의 이탈이 없을 것
비행 후 점검	비행 후 점검	착륙 후 점검 절차 및 항목에 따라 점검 실시
	비행 기록	로그북 등에 비행 기록을 정확하게 기재할 수 있을 것
종합 능력	계획성	실기시험 항목 전체에 대한 종합적인 기량을 평가
	판단력	
	규칙의 준수	
	조작의 원활성	
	안전거리 유지	

02 2종 조종 자격증명

영 역	항 목	평 가 기 준
비행 전 절차	비행 전 점검	제작사에서 제공된 점검리스트에 따라 점검할 수 있을 것
	기체의 시동	정상적으로 비행장치의 시동을 걸 수 있을 것
	이륙전 점검	이륙전 점검을 정상적으로 수행할 수 있을 것 *이륙전 점검이 필요한 비행장치만 해당
이륙 및 공중 조작	이륙비행	① 이륙위치에서 이륙하여 스키드 기준 고도(3~5m) 까지 상승 후 5초 이상 호버링 　* 기준고도 설정 후 모든 기동은 설정한 고도와 동일하게 유지 ② 호버링 중 에일러론, 엘리베이터, 러더 이상 유무 점검 ③ 세부기준 　• 이륙 시 기체쏠림이 없을 것　• 수직상승할 것 　• 상승속도가 너무 느리거나 빠르지 않고 일정할 것 　• 기수방향을 유지할 것 　• 측풍시 기체의 자세 및 위치를 유지할 수 있을 것
	직진 및 후진 수평비행	① 이륙위치에서 C지점에서 전진 후 5초 동안 호버링 ② A지점까지 후진비행 후 5초 이상 호버링 ③ 세부기준 　• 고도변화 없을 것(상하 0.5m까지 인정)　• 경로이탈 없을 것 　　(무인멀티콥터 메인로터 중심축 기준 좌우 1m까지 인정) 　• 속도를 일정하게 유지할 것(지나치게 빠르거나 느린 속도, 기동중 정지 등이 없을 것) 　• C지점에 못 미치거나 초과하지 않을 것 (1m까지 인정) 　• 기수 방향이 전방을 유지할 것
	삼각비행	① A지점에서 B지점(D지점)까지 수평 비행 후 5초 이상 호버링 ② A지점(호버링 고도+수직 7.5m)까지 45도 대각선 방향으로 상승하여 5초 이상 호버링 ③ D지점(B지점)의 호버링 고도까지 45도 대각선 방향으로 하강하여 5초 이상 호버링 ④ A지점으로 수평비행하여 복귀 후 5초 이상 호버링 ⑤ 세부기준 　• 경로 및 위치 이탈이 없을 것(무인멀티콥터 중심축기준 1m까지 인정) 　• 속도를 일정하게 유지할 것 　　(지나치게 빠르거나 느린속도, 기동중 정지 등이 없을 것)
	마름모비행	① 최초 이륙지점으로 이동하여 기수를 전방으로 유지한 채 5초 이상 호버링 ② 기수를 전방으로 유지한 채 B → C → D → 최초 이륙지점 또는 D → C → B → 최초 이륙지점 순서로 진행 　* 각 지점을 반드시 통과해야 함. ③ 최초 이륙장소에 도착하여 5초 이상 호버링 ④ 세부 기준 　• 고도변화 없을 것(상하 0.5m까지 인정) 　• 경로이탈 없을 것(무인멀티콥터 중심축 기준 1m까지 인정) 　• 속도를 일정하게 유지할 것(지나치게 빠르거나 느린 속도, 기동중 정지 등이 없을 것) 　• 기수방향 전방으로 유지

영역	항목	평가 기준
착륙 조작	측풍접근 및 착륙	(B지점 또는 D지점으로 이동) ① 기수를 바람방향(D지점 우측, B지점 좌측을 가정)으로 90도 돌려 5초 이상 호버링 ② 기수방향의 변화 없이 이륙지점까지 직선경로(최단경로)로 수평 비행하여 5초 이상 호버링 후 착륙 ③ 세부 기준 • 수평비행시 고도변화 없을 것(상하 0.5m까지 인정) • 경로이탈이 없을 것(무인멀티콥터 중심축 기준 1m까지 인정) • 속도를 일정하게 유지할 것 (지나치게 빠르거나 느린 속도, 기동중 정지 등이 없을 것) • 착륙직전 위치 수정 1회 이내 가능 • 무인멀티콥터 중심축을 기준으로 착륙장의 이탈이 없을 것
비행 후 점검	비행 후 점검	착륙 후 점검 절차 및 항목에 따라 점검 실시
	비행기록	로그북 등에 비행 기록을 정확하게 기재 할 수 있을 것
종합 능력	계획성	실기시험 항목 전체에 대한 종합적인 기량을 평가
	판단력	
	규칙의 준수	
	조작의 원활성	
	안전거리 유지	

03 3종 조종 자격증명

※ 통제된 비행방법 없으나 2021년 경과 조치자 시험 시 적용하였던 평가 기준을 소개한다.

영역	항목	평가 기준
비행 전 절차	비행 전 점검	제작사에서 제공된 점검리스트에 따라 점검할 수 있을 것
	기체의 시동	정상적으로 비행장치의 시동을 걸 수 있을 것
	이륙전 점검	이륙전 점검을 정상적으로 수행할 수 있을 것 *이륙전 점검이 필요한 비행장치만 해당

이륙 및 공중조작	이륙비행	가. 이륙위치에서 이륙하여 스키드 기준 고도(3~5m) 까지 상승 후 호버링
		  * 기준고도 설정 후 모든 기동은 설정한 고도와 동일하게 유지
		나. 호버링중 에일러론, 엘리베이터, 러더 이상유무 점검
		다. 세부기준
		  • 이륙시 기체쏠림이 없을 것
		  • 수직상승할 것
		  • 상승속도가 너무 느리거나 빠르지 않고 일정할 것
		  • 기수방향을 유지할 것
		  • 측풍시 기체의 자세 및 위치를 유지할 수 있을 것

	직진 및 후진 수평 비행	(호버링 위치로 이동)
		가. A지점에서 E지점까지 40m 전진 후 3~5초 동안 호버링
		나. A지점까지 후진비행 후 5초 이상 호버링
		다. 세부기준
		  • 고도변화 없을 것(상하 0.5m까지 인정)
		  • 경로이탈 없을 것
		  (무인멀티콥터 메인로터 중심축 기준 좌우 1m까지 인정)
		  • 속도를 일정하게 유지할 것(지나치게 빠르거나 느린속도, 기동중 정지 등이 없을 것)
		  • E지점을 초과하지 않을 것 (5m까지 인정)
		  • 기수 방향이 전방을 유지할 것

	삼각비행	가. A지점에서 B지점(D지점)까지 수평 비행 후 5초 이상 호버링
		나. A지점(호버링 고도+수직 7.5m)까지 45도 대각선 방향으로 상승하여 5초 이상 호버링
		다. D지점(B지점)의 호버링 고도까지 45도 대각선 방향으로 하강하여 5초 이상 호버링
		라. A지점으로 수평비행하여 복귀 후 5초 이상 호버링
		마. 이착륙장으로 이동하여 5초 이상 호버링 후 착륙
		바. 세부기준
		  • 경로 및 위치 이탈이 없을 것(무인멀티콥터 중심축기준 1m까지 인정)
		  • 속도를 일정하게 유지할 것(지나치게 빠르거나 느린속도, 기동중 정지 등이 없을 것)

비행 후 점검	비행 후 점검	착륙 후 점검 절차 및 항목에 따라 점검 실시
	비행기록	로그북 등에 비행 기록을 정확하게 기재 할 수 있을 것
종합 능력	계획성	실기시험 항목 전체에 대한 종합적인 기량을 평가
	판단력	
	규칙의 준수	
	조작의 원활성	
	안전거리 유지	

Section 03 세부 실기 훈련방법

※ 1종 조종자격 훈련 및 시험을 기준으로 설명하고,
2종은 해당 기동방법에서 추가하여 설명함.

01 비행계획 및 비행 전 점검

가. 비행 전 점검

평가기준

제작사에서 제공된 점검리스트에 따라 점검할 수 있을 것

주요 감점 기준

구술평가와 병행하여 기체 부품의 명칭과 제원 평가
① 정상적인 절차를 준수할 것
② 기체의 각 부분의 명칭과 점검 시 좋고 나쁨을 판정할 수 있을 것
③ 기체와 비행장의 전반적인 안전사항을 판단할 수 있을 것

점검 방법 (순서)

1. 비행준비	조종기와 배터리를 가지고 입장
2. 배터리 장착	기체에 배터리 장착
3. 조종기전원 ON	조종기 배터리 전압 확인
4. 비행 전 점검	기체 점검 사항(로터, 모터, 변속기, 암, 스키드, 메인프레임)
5. 메인 배터리 연결	메인 배터리 연결 : FC-변속기-모터 순으로 전원 인가
6. FC 상태확인	FC 상태확인 : LED 색상, 점등횟수 확인
7. 조종사 위치로	조종사 위치로 : 조종기 가지고 조종석 위치로 이동
8. 비행장 공역 및 안전점검	비행장 또는 비행지역의 공역 및 안전점검 (좌측, 전방, 우측, 후방/시계 000m 확보/풍향, 풍속/GPS 작동)

※ 멀티콥터의 기종에 따라 점검방법은 상이할 수 있음.

1 비행 전 점검 구호

순서	구 호	내 용
1	비행 준비	조종기와 배터리 케이스를 들고 비행장 입장
2	배터리 장착	기체에 메인 배터리 장착
3	조종기 ON (조종기 전압 *V 이상 무)	조종기의 토글스위치, 스로틀 및 안테나 방향 점검 후 전원 스위치 ON, 전압 확인
4	비행 전 기체점검 (이상 무)	로터 → 모터 → 암 → 스키드 → 메인프레임 → FC BOX 이상유무 확인
5	배터리 체크 (*셀, 전체전압 *V 이상 무)	배터리 체커를 이용하여 배터리의 충전상태, 셀(Cell)의 균형 등 전반적인 배터리 상태 점검을 실시
6	메인 배터리 연결	1. 수신기 또는 FC 연결 후 2. 변속기 순서로 전원 연결 연결순서는 반드시 -(음극/검정) 다음 +(양극/빨강)
7	FC LED 확인 (이상 무)	기체로부터 1m 이상 뒤로 물러나 LED 색상과 점등 횟수의 정상 확인
8	조종사 위치로	기체와 배터리 케이스를 들고 조종석 위치로 이동
9	비행 전 공역확인	1. 좌측( ), 전방( ), 우측( ), 후방(이상무) 2. 시계 : 약 300m이상 확보로 문제없음. 3. 풍향(남풍) 풍속(2m/sec) 4. GPS 수신 상태(정상 이상무)

2 비행 체크 리스트

기체번호		조종사 성명		비행목적	교육 ☐
					평가 ☐
시작 전 운용시간	:	종료 후 운용시간	:	금일 운용시간	

No.	구호	내용	확인 비행전	확인 비형후	이상 내용
1	비행준비	조종사 몸 상태, 안전모, 비행장, 기체, 조종기, 배터리, 확인	ok ☐	ok ☐	
2	배터리 장착	기체 무게 중심 배분 위치에 정확하게 장착, 배선 (균열, 단선) 확인	ok ☐	ok ☐	
3	조종기 ON	토글스위치, 시스템 상태 및 전압 확인	ok ☐	ok ☐	
4	비행 전 기체 점검	로터: 고정상태 확인	ok ☐	ok ☐	
		로터: 상,하,좌,우 유격확인	ok ☐	ok ☐	
		로터: 이물질, 균열, 뒤틀림, 파손, 도색상태 확인	ok ☐	ok ☐	
		모터: 이물질 여부, 마찰 여부 확인	ok ☐	ok ☐	
		모터: 로터를 한 바퀴 회전시켜서 마찰 여부 확인(정방향)	ok ☐	ok ☐	
		모터: 부하 여부(타는냄새, 고열) 확인	ok ☐	ok ☐	
		변속기: 방열판 이물질 및 고정 여부 확인	ok ☐	ok ☐	
		변속기: 부하 여부(타는 냄새, 고열) 확인	ok ☐	ok ☐	
		암: 장착상태, 균열, 파손, 마모 확인	ok ☐	ok ☐	
		스키드: 장착상태, 균열, 파손, 마모 확인	ok ☐	ok ☐	
		메인프레임: 균열 및 파손 여부 볼트 풀림 확인	ok ☐	ok ☐	
		FC Box: GPS안테나 배선상태 (단선 여부, 고정상태) 확인	ok ☐	ok ☐	
		FC Box: 수신기 안테나 배선상태 (단선 여부, 고정상태) 확인	ok ☐	ok ☐	
5	배터리 체크	LiPo 배터리 셀(cell) 개별 전압, 균형 확인	ok ☐	ok ☐	
6	메인 배터리 연결	배선 및 커넥터 상태(단선, 고정상태) 확인	ok ☐	ok ☐	
		전류 공급의 원활 여부 확인	ok ☐	ok ☐	
7	FC LED 확인	FC 시스템 정상 작동 확인	ok ☐	ok ☐	
8	배선정리	진동 발생 시 단선 가능 부분 제거	ok ☐	ok ☐	

No.	비행 전 안전 점검	확인	비고
1	비행장에 사람, 장애물, 안전거리 15m확보 등 위험요소는 없습니까?	ok ☐	
2	기상상태와 풍향, 풍속을 파악했습니까?	ok ☐	
3	FC(GPS)는 정상작동하고 있습니까?	ok ☐	
4	현재 비행할 지역에 비행승인은 받으셨습니까?	ok ☐	
5	지금장소가 이착륙 장소로 적절합니까?	ok ☐	
6	안전모등 안전장구를 착용했으며 조종사의 몸 상태는 정상입니까?	ok ☐	

3 세부 점검 방법

1 비행 준비

1) 점검 위치로 이동 시 조종기 휴대방법

스로틀을 엄지손가락으로 0% 고정한 다음 옆구리에 안정적으로 고정 휴대한다. (조종기의 종류에 따라서 스로틀 위치가 중앙에 위치 되는 것은 다를 수 있다)

2) 조종기와 배터리 박스 위치

가급적 기체와 조종기의 전반적인 상태를 파악하기 쉬운 위치(기체의 좌측 후방)에서 비행준비를 시작한다. (기체 점검 간 즉시 조종기를 확인할 수 있는 근거리에 둔다)

2 배터리 장착

배터리 장착 위치는 기종별로 다르다. 장착 시 중요한 요소는 무게 균형을 맞추어 장착하여야 한다.

3 조종기 전원 ON

조종기 전원을 ON 시킨 후에는 조종기 화면을 통하여 조종기 배터리 Voltage를 측정한다. 통상의 조종기 배터리의 정상범위는 3.7V~12.4V 정도이며 3.6V 이하이면 교체한다.

4 비행 전 점검

1) 로터(Rotor) 부분

로터의 소재는 주로 탄소섬유(Carbon) 또는 나무 등이다. 크랙(crack) 발생 유무를 집중 점검하며, 크랙이 진행되고 있을 경우 육안으로만 점검하기 어렵기 때문에 손으로 로터의 상/하부면이 매끄러운지, 거칠거나 깨진 부위가 없는지 세부적으로 점검한다. 또한, 동시에 공기 흐름을 방해하는 이물질 유, 무를 점검한다.

이동/보관 시 간편하게 만든 접이식(Folding) 로터가 있다. 이 로터의 경우 각 블레이드(Blade)와 중심 허브(Hub)의 고정상태/볼트 긴장도에 따라 진동이 발생하며, 심한 경우 사고로 이어질 수 있다. 따라서 각 블레이드(Blade)와 중심 허브(Hub)의 고정상태/볼트 조임상태 등을 잘 점검하여야 한다.

사용자 정비

접이식 로터의 적절한 긴장도는 한쪽 블레이드(Blade)를 손가락으로 회전시켰을 때 모터가 따라 오는 정도가 적절한 긴장도이다. 만약, 모터는 가만히 있고 블레이드(Blade)만 움직일 경우 긴장 도가 매우 느슨한 경우이기 때문에 좀 더 조여 준다.

사진과 같이 블레이드(Blade)와 볼트 사이의 흰색 마크를 해주어 육안으로 볼트 및 긴장도를 쉽게 파악할 수 있다.

2) 모터(Motor) 부분

모터의 회전 방향과 회전반대 방향을 한 바퀴 이상 회전시키며 모터의 베어링 상태, 결합 상태, 수평균형, 유격으로 인한 진동이 발생하지 않는지 점검한다. 이상 시 모터는 갈리는 소리와 느낌 또는 특정 위치에서 튕기는 느낌이 든다.

모터를 점검할 때에는 육안으로 모터 내부 이물질 확인, 손으로 직접 모터를 정/역회전 시키며, 모터의 베어링/균형 고정 상태를 확인한다.

◀베어링 와셔가 갈린 모터 내부와 ▲ 브러시리스 모터 분해 모습

3) 변속기

변속기 냉각에 영향을 주는 요인이 없는지, 방수가 가능한지(상황에 따라), 신호선 및 +, - 단자가 손상 또는 부식되지 않았는지 점검한다.

방수가 되지 않는 변속기 냉각 시스템에 물이 흘러 들어가 비행 중 화재 발생 변속기 사례

변속기는 강제공랭식 구조로 기체의 메인프레임 또는 모터 아래, 붐대 옆면에 위치한다.

4) 암

비행 시 가장 많은 진동과 비틀림이 발생하는 부분이다. 이동 중 충격, 과적 비행, 하드랜딩 등 외부 요인에 의해 크랙(crack)이 발생할 수 있다. 계속 비행이 진행될 경우 비행 중 붐이 부러지는 사고 위험이 있을 수 있어 주의 깊게 점검해야 한다. 붐이 정상일 경우 매끈한 형태를 가지지만 크랙(crack)이 발생한 부분은 외부 표면이 거칠게 일어난다. 손으로 붐의 크랙(crack) 발생 유/무와 기타 부품의 볼트/너트 조임 상태 및 전반적인 상태를 점검한다.

▲ 충격을 받아 정상적이지 않는 붐

5) 스키드 또는 랜딩기어

이동 중 충격, 과적 비행, 하드랜딩 등 외부 요인에 의해 스키드가 비틀리거나 크랙(crack)이 발생할 수 있다. 손으로 스키드를 점검하며 크랙(crack) 유무, 유격, 비틀림, 충격 완화 상태를 점검한다.

비정상적으로 휘어진 스키드 ▶

6) 메인 프레임

메인 프레임에는 대부분 메인 배터리와 FC가 위치하고 있다. 메인 배터리의 경우 기체 무게중심에 안정적인 최적의 위치에 장착되었는지, 고정이 잘 되었는지 점검한다. 또한, 장착된 FC의 고정상태, 임무 탑재 장비와 기타 장치의 볼트/너트 조임 상태를 점검한다.

5 메인 배터리 연결

메인 배터리 연결은 주 전원의 연결이므로 FC, 변속기, 모터, 탑재 임무 장치 각각에 전원이 인가된다.

6 FC LED 상태표시등 상태(색상, 점등 횟수의 의미)

※ 기종 및 종류에 따라 다양하며 해 기종과 종류의 매뉴얼을 참조하라.

7 조종자 조종 위치로 이동

비행장치로부터 조종 위치로 이동한다. 이동 시 배터리 박스 등 비행장치 주변에 장애요소가 없도록 한다.

8 **비행 전 공역확인 : 아래 사항을 확인하고 복창한다.**

비행장치로부터 조종 위치로 이동한다. 이동 시 배터리 박스 등 비행장치 주변에 장애요소가 없도록 한다.

1) **비행장(비행공역) 경계** : 좌측, 우측, 전방, 후방 "이상무!" 호창
2) **풍향, 풍속 확인**

   비행장 내 설치된 풍향지시기(Wind Sock)을 보고 호창한다.
   멀티콥터 운용 시에는 8방위를 적용할 수 있다.

Windsock 각도	풍속
0°	0m/sec
15~20°	1m/sec
30~40°	2m/sec
50~60°	3m/sec
70~80°	4m/sec
50°	5m/sec

3) GPS 수신 상태 확인

핵심 TIP

❶ 배터리 이동 시 외부 충격에 대한 보호를 위해 하드케이스에 담아 이동을 권장한다.
❷ 기체를 제어하는 조종기 또는 FC에 경고음이 울리거나, LED 색상이 정상이 아닐 경우 전원을 재부팅 하여 해결한다. 재부팅을 할 경우 전원 분리 후 일정 시간(약 10초)이 지난 후에 재부팅 시켜준다.

핵심 TIP

❸ 조종기 전원 인가 시 주의할 점

1) 안테나의 방향이 올바른지 확인한다.

조종기 안테나는 지향성이 있다. 따라서 안테나 옆면이 전파의 강도가 가장 강하고 출력이 최대이다. 가능한 안테나의 끝이 기체(수신기)를 향하지 않도록 주의한다.

비행 중에는 절대로 안테나를 손으로 잡거나 금속 전도성이 있는 것을 부착하지 않는다. 또한, 이동 시 안테나 부분을 잡고 이동하거나 당기지 않는다. 안테나가 단선되어 조종 불능이 될 위험이 있다.

[전원 스위치를 켜는 경우]
송신기(조종기)의 전원 스위치를 켠 다음. → 수신기 측(기체) 전원 스위치를 켠다.

[전원 스위치를 끄는 경우]
수신기 측(기체) 전원 스위치를 끈 다음. → 송신기(기체)의 전원 스위치를 끈다.

2) 스로틀과 토글스위치가 정위치(0%) 또는 OFF인지 확인한다.

⊙ 토글 스위치 OFF를 확인하는 이유

▲ 방제기체
비행준비 과정에서 농약 분사 장치가 작동하여 조종사가 농약에 노출될 위험이 있다.

▲ 촬영기체
비행준비 과정에서 스키드를 접어주는 리트 랙터(Retractor)가 작동하여 기체가 전복될 위험이 있다.

핵심 TIP

3) 조종기 배터리의 전압을 확인한다.

4) 전원 인가 순서가 조종기(송신기) 다음 기체 FC(수신기)인 이유는?
: 무선장치의 전파혼선 및 안정을 위해 송신기 후 수신기 순서로 전원을 인가한다.

❹ **GPS 수신감도가 불량할 경우 조치방법?**
: 기체(비행장치)를 보다 안전한 곳(주변 시설의 간섭이 없는 곳)으로 이동한다.

❺ **조종기의 시동이 걸리지 않거나 꺼지지 않을 경우 조치방법?**
: 조종기의 트림을 점검한다. (트림위치가 "0" 값인지 확인)

* T1(전/후방 Pitch), T2(좌/우 Roll), T3(상/하 스로틀), T4(좌/우 Yaw)

❻ **조종기와 기체 FC의 바인딩이 끊겼을 경우 조치방법?**
: 조종기/수신기 간의 제작사, 호환성, 연결방식 등을 점검 후 바인딩을 시도한다.

나. 기체의 시동/이륙 전 점검

평가기준

정상적인 순서에 의하여 비행장치의 시동을 걸 수 있을 것.
이륙 전 점검을 정상적으로 수행할 것(필요한 해당 비행장치만 실시)

주요 감점 기준

① 시동 시 구조물, 지면 상태, 다른 비행장치, 사람 및 장애물의 안전을 판단할 것
② 기체의 시동 후 아이들 상태를 유지할 수 있을 것
③ 이륙 전 점검을 통해 기체상태의 좋고 나쁨을 판단할 수 있을 것

조종기 잡는 방법

1. 조종기 아랫면을 배꼽 부분에 살며시 붙여준다.(어깨와 팔이 편안한 위치)
2. 엄지가 스틱의 모든 영역에서 조작이 원활하도록 위치한다.
3. 엄지손가락 끝마디의 2/5지점에 스틱을 올려둔다.

시동 방법 (순서)

CSC(Combination Sticks Command)
1. 스틱을 CS 네 가지 모션 중 한 가지를 충족시켜 주어 모터 구동
2. 모터 회전 후 스로틀 스틱을 10% 이상(아이들 상태)유지한다.

이륙전 기체 반응 점검 (이륙 후 호버링 상태)

1. 전	기체의 전방으로 기울어짐과 스틱의 정상 작동여부
2. 후	기체의 후방으로 기울어짐과 스틱의 정상 작동여부
3. 좌	기체의 좌측으로 기울어짐과 스틱의 정상 작동여부
4. 우	기체의 우측으로 기울어짐과 스틱의 정상 작동여부
5. 좌 Yaw	기축의 좌로 틀어지는 여부와 스틱의 정상 작동여부
6. 우 Yaw	기축의 우로 틀어지는 여부와 스틱의 정상 작동여부

※ 이륙 전 기체 반응점검은 해당 기체만 실시

1 세부방법

1 조종기 잡는 방법

1. 조종기 아랫면을 배꼽 아래에 살며시 붙여준다. (어깨와 팔이 편안한 위치)
2. 엄지가 스틱의 모든 영역에서 조작이 원활하도록 위치한다.
3. 엄지손가락 끝 마디의 2/5지점에 스틱을 올려둔다.

2 시동방법

모터를 구동하기 위해서는 조종기 스틱으로 특정 모션을 만족시켜야 하는데, 이것을 CSC (Combination Sticks Command)라고 한다. 대표적인 모션의 종류에는 네 가지가 있다.

3 이륙 전 점검을 하는 가장 큰 목적은?

기체의 전방 방향 확인, 조종기와 FC의 채널 확인(스로틀, 요, 피치, 롤), 로터의 정상 장착 확인(하강풍 확인), 해당 모터의 RPM 증가 시각, 청각 확인하기 위함이다.

4 멀티콥터의 다양한 Mix Type

이륙 전 점검 시 (1)~(6) 조작은 한 가지씩 개별로 점검

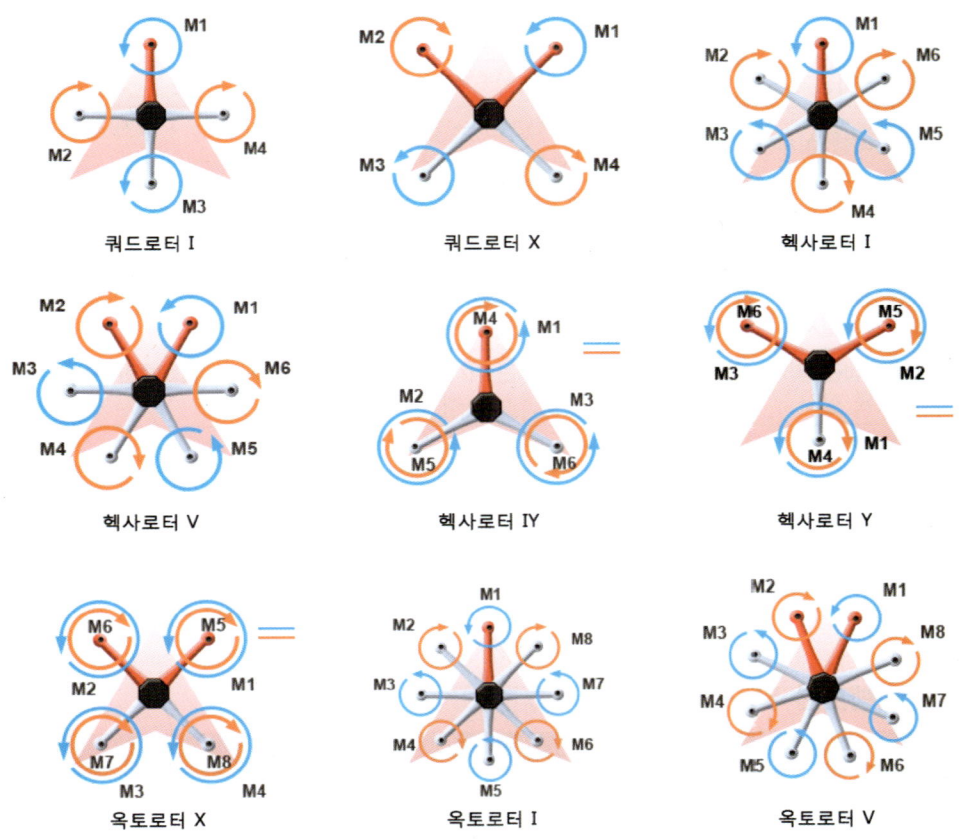

쿼드로터 I / 쿼드로터 X / 헥사로터 I
헥사로터 V / 헥사로터 IY / 헥사로터 Y
옥토로터 X / 옥토로터 I / 옥토로터 V

(1) 전방피치(Pitch) : 후방 모터의 RPM 증가 확인
(2) 후방피치(Pitch) : 전방 모터의 RPM 증가 확인
(3) 좌측 롤(Roll) : 우측 모터의 RPM 증가 확인
(4) 우측 롤(Roll) : 좌측 모터의 RPM 증가 확인
(5) 좌 요우(Yaw) : 시계방향(CW) 모터의 RPM 증가 확인
(6) 우 요우(Yaw) : 반시계방향(CCW) 모터의 RPM 증가 확인

※ FC와 조종기의 종류에 따라 지상에서 시동 후 이륙 전 점검이 불가능하거나 불필요한 기종이 있으니 해당 매뉴얼에 따라 점검을 실시한다.

※ 이륙에서 비행종료 시 까지 구호 및 패턴 비행순서

1 패턴비행 구호

가. 1종 비행훈련 및 시험

평가관/교관	내 용
이륙	시동 → 이륙 → 이륙 후 반응점검(전, 후, 좌, 우, 좌 러더, 우 러더) "이상무" → 정지
호버링 위치로	호버링 위치로 → 정지(5초)
정지 호버링 실시	좌(우)측면 호버링 → 정지(5초) → 우(좌)측면 호버링 → 정지(5초) → 정렬 → 정지(5초)
직/후진비행 실시	직진 → 정지(3~5초) → 후진 → 정지(5초)
삼각비행 실시	좌(우)로이동 → 정지(5초) → 우(좌)로 상승 → 정지(5초) → 우(좌)로 하강 → 정지(5초) → 호버링 위치로 → 정지(5초)
원주비행 실시	원주비행 위치로 → 준비(기수 전환)(5초) → 실시 → 정지(5초) → 정렬(5초)
비상조작 실시	2미터 고도상승 호버링 → **비상(실기위원 또는 교관)** → 착륙
정상접근 및 착륙 실시	자세 모드 변경 → **변경확인** → 시동 → 이륙 → 정지(5초) → 착륙장 위치로 → 정지(5초) → 착륙 → GPS 모드 변경 → **변경확인**
측풍접근 및 착륙 실시	시동 → 이륙 → 측풍접근 위치로(최단 경로로) → 정지 → 우(좌)측면 호버링 → 정지(5초) → 측풍접근 → 정지(5초) → 착륙
비행 종료	00분 00초 → 비행 완료

※ 정지 구호 후 3초 또는 5초간 정지 호버링을 하여야 하며 이후 다음 동작을 한다.(참고로 정지 시 모든 위치에서 5초간 정지 하는 것이 아니라 위의 표시 위치에서만 5초 동안 정지하면 된다. 직진 후 50m 지점에서는 3~5초간 정지한다. 참조 : 실기시험평가 기준)
※ 비행모드 변경 후에는 해당하는 모드의 FC LED 색상이 3회 이상 정상 점등되는지 반드시 확인 후 변경 확인 구호를 한다.

나. 2종 비행훈련 및 시험

평가관/교관	내 용
이륙	시동 → 이륙 → 이륙 후 스키드 기준 고도 3~5m 상승 후 **5초 호버링** 호버링 중 (전, 후, 좌, 우, 좌 러더, 우 러더) **"이상무"** 점검
직/후진비행 실시	이륙위치에서 C지점까지 직진 후 → 정지(5초) → 후진(A지점까지) → 정지 후(5초)
삼각비행 실시	좌(우)로이동 → 정지(5초) → 우(좌)로 상승 → 정지(5초) → 우(좌)로 하강 → 정지(5초) → 호버링 위치로 → 정지(5초)
마름모비행 실시	최초 이륙지점으로 이동하여 기수를 전방으로 유지한 채 정지(5초) → 이후 기수를 전방으로 유지한 채 B → C → D → 최초 이륙지점 또는 D → C → B → 최초 이륙지점 순서로 진행(각 지점 반드시 통과) → 최초 이륙지점에 도착하여 정지(5초)
측풍접근 및 착륙 실시	(B지점 또는 D지점으로 이동) 측풍접근 위치로 이동한 후 → 우(좌)측면으로 돌려서 → 정지(5초) → 기수의 변화없이 이륙지점까지 수평비행 후 → 정지(5초) → 착륙
비행 종료	00분 00초 → 비행 완료

2 패턴 비행순서

가. 1종 비행훈련 및 시험

나. 2종 비행훈련 및 시험

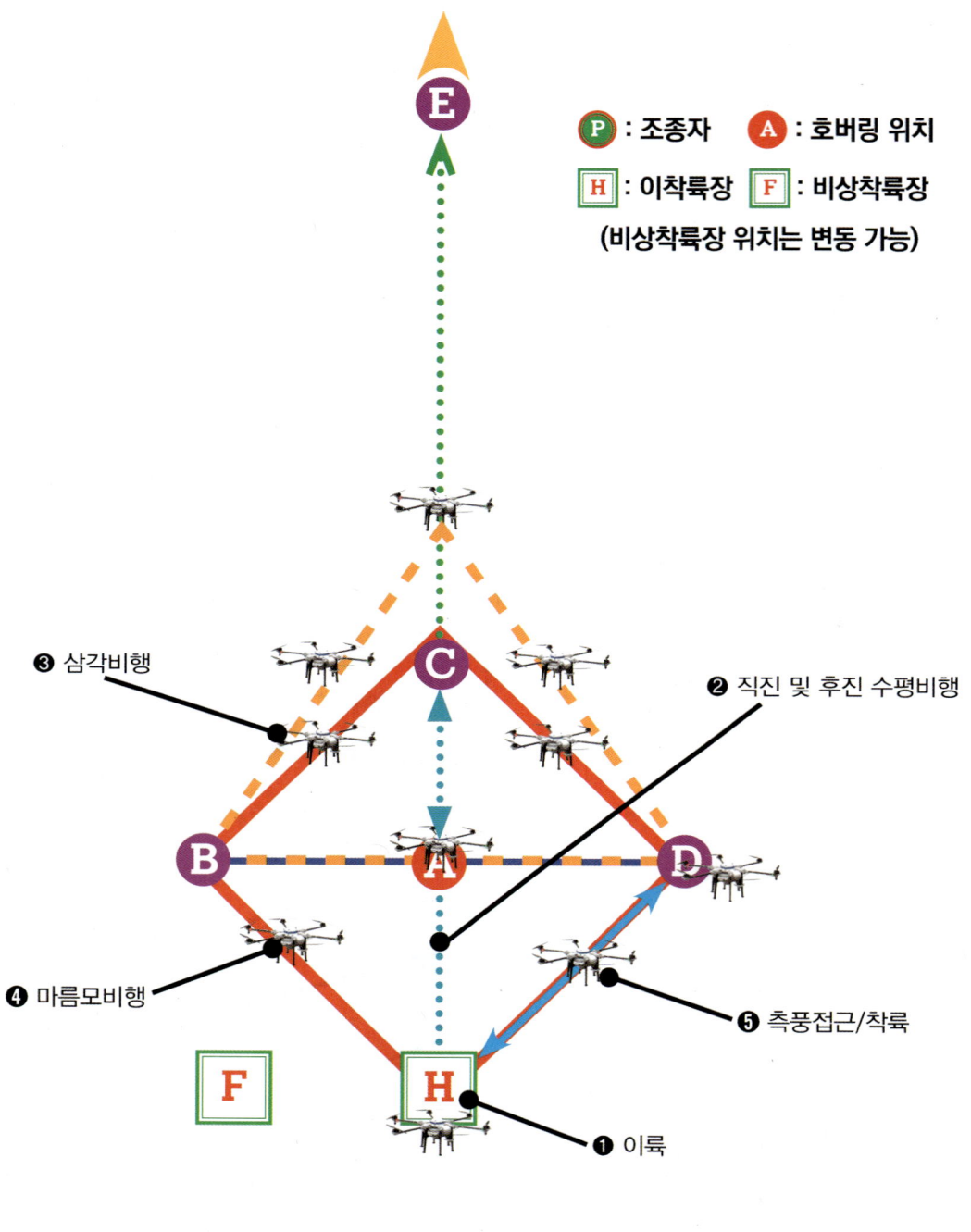

02 이륙비행 [1, 2종 동일]

평가기준

① 이륙 위치에서 이륙하여 스키드 기준 고도(3~5m)까지 상승 후 호버링
   (기준 고도 설정 후 모든 기동은 설정한 고도와 동일하게 유지)
② 호버링 중 요우, 피치, 롤 이상 유무 점검
③ 세부 기준
- 이륙 시 기체 쏠림이 없이 수직 상승할 것
- 상승 속도가 너무 느리거나 빠르지 않고 일정하고, 기수 방향을 유지할 것
- 측풍 시 기체의 자세 및 위치를 유지할 수 있을 것

주요 감점 기준

① 원활하게 이륙 후 수직으로 지정된 고도까지 상승할 것
② 이륙을 위하여 유연하게 출력을 증가할 것
③ 이륙과 상승을 하는 동안 측풍 수정과 방향유지, 수직 상승이 되도 록 할 것

이륙 방법

1. 스토틀을 지속적으로 지그시 올린다.
2. 이륙 위치에서 기준 고도까지 상승한다.
3. 상승 간 기수가 좌, 우로 돌아가지 않도록 유의한다.
4. 일정한 상승 속도 유지한다.
5. 기준 고도 3~5m에 도달하면 정지한다.
   한번 정한 고도는 모든 비행에서 일정하게 유지한다.
6. 이륙이 완료된 후 이륙 후 점검을 실시한다.

▶ 이륙 후 점검이 끝난 후
   ⊙ 호버링 위치로 이동
   - 전진 피치를 가하여 일정한 속도로 호버링 위치로 이동한다.
   - 고도의 상승 및 강하가 되지 않게 스로틀에 일정한 압을 유지한다.

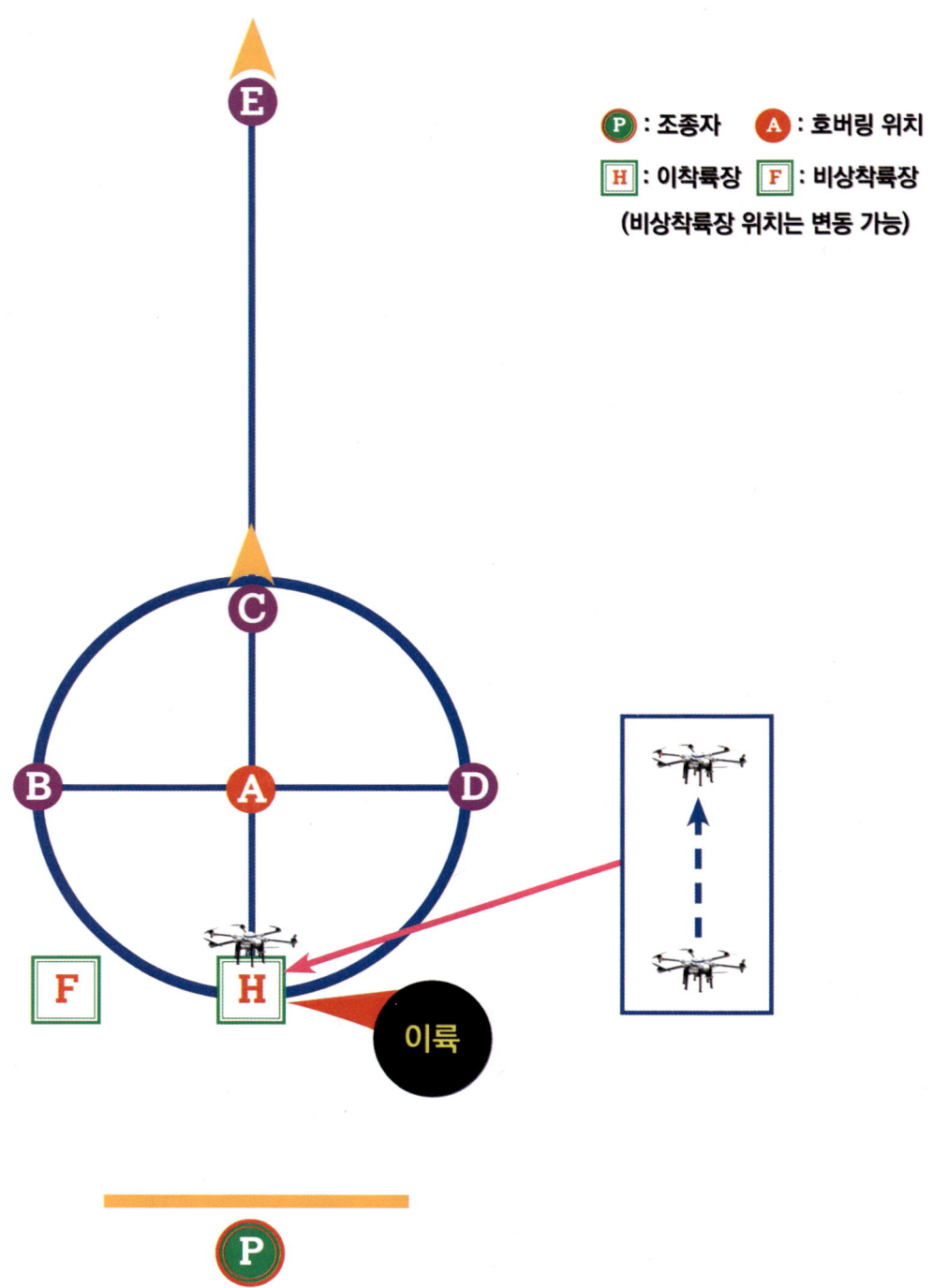

■ Warning & Caution(경고 및 주의)
※ 이륙 후 점검 시 최초 착륙장의 정사각형(2m×2m) 안에서 이탈하지 않도록 주의하며, 약 50cm씩 부드럽게 조작한다.

1 세부 조종방법

1. 훈련장의 안전사항, 풍향, 풍속, 기체, GPS 수신감도 등을 최종 판단하여 이륙을 결심하면 스로틀을 부드럽고 안정되게 상승하여 이륙한다.

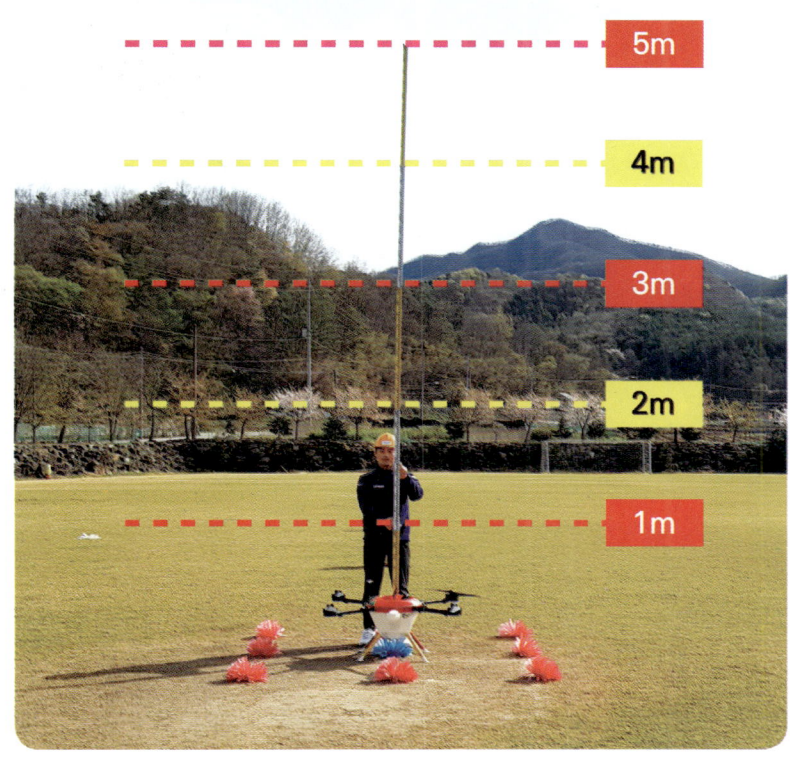

실기시험 평가 기준고도는 3~5m이다.

2. 이륙 후 기준 고도에 도달하면 천천히 정지한다. (기준 고도는 3~5m 중에서 조종자가 결정한다. *필자는 비행고도를 3.5m로 정한다)

핵심 TIP

1. 3.5m로 비행고도를 정했으면 모든 비행 고도를 3.5m로 유지해야 한다.
2. 고도를 쉽게 파악하는 방법은 비행장 배경 지형지물을 참고하여 기체 자세를 유지한다. 예를 들어 착륙장에서 3.5m 고도의 배경은 "전방 전봇대 꼭지점에 스키드" 이러한 방식으로 참고한다.
3. 통상 훈련장 및 실기 시험장의 라바콘의 높이를 기준으로 고도파악 방법도 있다. 약 1m높이의 라바콘이 설치된 경우 3m의 경우 3개 높이 기준, 3.5m의 경우 3+1/2개의 높이를 기준하면 된다. 아울러 50m지점에서의 고도 역시 조종자 위치에서 보이는 라바콘의 크기를 고려하여 높이를 고려하면 된다.

3. 이륙 후 점검이 끝나면 착륙장 위치(H)에서 호버링 위치(A)로 7.5m 전진한다. 착륙장에서 이륙했을 때, 기체 그림자 위치를 파악하여 참고하면 호버링 위치(A)로 이동 시 기체의 이동 거리를 쉽게 파악할 수 있다.

[착륙장에서 고도 3.5m 비행 시 지면에 나타나는 기체 그림자(빨강색 원)]

03 공중 조작

가. 공중정지비행(호버링) [1종]

평가기준
① 호버링 위치(A 지점)로 이동하여 기준 고도에서 5초 이상 호버링
② 기수를 좌측(우측)으로 90도 돌려 5초 이상 호버링
③ 기수를 우측(좌측)으로 180도 돌려 5초 이상 호버링
④ 기수가 전방을 향하도록 좌측(우측)으로 90도 돌려 호버링

주요 감점 기준
① 고도 변화 없을 것(상하 0.5m까지 인정)
② 기수 전방, 좌측, 우측 호버링시 위치 이탈 없을 것
　 (무인멀티콥터 중심축 기준 반경 1m까지 인정)
③ Yaw 조작이 일정하게, 끊기지 않도록 할 것.

정지 호버링 조종 방법

1. 좌 Yaw를 부드럽게 조작하여 기체를 90° 회전시켜 좌측면이 되도록 한다. (pitch와 roll을 적절하게 조종하여 기체의 이탈을 방지하여 준다) 좌측면 상태에서 5초간 대기한다.

2. 우 Yaw를 부드럽게 조작하여 기체를 180° 회전하여 우측면이 되게 한다. (동일하게 pitch와 roll을 적절하게 조종하여 기체의 좌, 우 이탈을 방지한다) 우측면 상태에서 5초간 대기한다.

3. 좌 Yaw를 부드럽게 조작하여 기체를 정 방향으로 정렬한다.

4. Yaw 키를 이용하여 좌, 우로 선회 시 기체의 자세 변화를 빨리 파악하여 pitch와 roll 키의 대응을 신속히 하여야 기체의 중심 이탈을 최소화할 수 있다.

1 세부 조종방법

1. **"좌측면 호버링"** 이라 복창하고, **좌 Yaw 90°** 조작하여 회전한다.

2. **"우측면 호버링"** 이라 복창하고, **우 Yaw 180°** 조작하여 회전한다.

3. **"정렬"** 이라 복창하고, **좌 Yaw 90°** 조작하여 정자세로 회전한다.

핵심 TIP

Yaw를 조작하여 회전할 때는 속도를 천천히, 일정하게 유지되도록 한다. Yaw의 비행원리는 작용/반작용 원리를 이용한다.
(좌 Yaw = 시계방향(CW) RPM 증가 / 우 Yaw = 반시계방향(CCW) RPM 증가의 변화가 있다)
따라서 Yaw를 급격하게 과조작하면 멀티콥터의 전체적인 RPM의 불균형이 발생하여 고도침하 또는 상승이 될 수 있다.

핵심 TIP

1. 실기시험에서 공중 정지 호버링을 못하여 탈락되는 경우가 많이 발생하고 있다. 비행체 성능이 좋아지다 보니 조종교육보다는 기체의 보조성능에 의존하는 경우가 많다. 예를 들어 기본 센서 외의 고도, 초음파 센서 등을 장착하여 사용하고 있다. 하지만 실기시험 시에는 부가 장치의 사용 즉 거리, 고도 등의 구간 설정을 통제하고 있다. 따라서 조종교육을 충실히 하여야 한다. (고도 자동유지 장비는 시험 시 절대 불리함을 알아야 한다.)
2. 제자리 선회 비행 시 중심으로부터 벗어나는 것을 반드시 조종으로 유지시켜야 한다.

아래의 비행훈련을 통해 측면비행 감각 및 조종법을 숙달한다.
※ 훈련방법
 1. 좌측면 자세에서 B 위치-D 위치 수평이동(전/후진) 비행
 2. 우측면 자세에서 B 위치-D 위치 수평이동(전/후진) 비행

3. 좌 Yaw를 조작하여 좌선회 비행(360°)를 기동하며, Pitch와 Roll을 조종하여 호버링 위치(A)로 찾아온다.
4. 우 Yaw를 조작하여 좌선회 비행(360°)를 기동하며, Pitch와 Roll을 조종하여 호버링 위치(A)로 찾아온다.

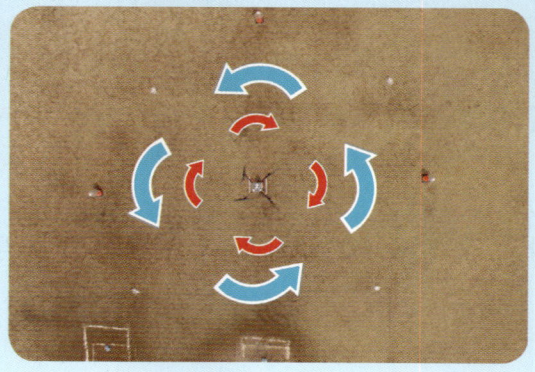

나. 직진 및 후진 수평비행 [1, 2종]

평가기준

① 1종 : A지점에서 E지점까지 50m 전진 후 3~5초 동안 호버링
   2종 : 이착륙장 상공에서 C지점까지 전진 후 5초 동안 호버링
② A지점까지 후진 비행 후 5초 이상 호버링

주요 감점 기준

① 고도 변화 없으며(상하 0.5m까지 인정) 경로 이탈이 없을 것
   (무인멀티콥터 중심축 기준 좌우 1m까지 인정)
② 속도를 일정하게 유지할 것
   (지나치게 빠르거나 느린 속도, 기동 중 정지 등이 없을 것)
③ 1종 : E지점을 초과하지 않고(5m까지 인정), 기수 방향이 전방을 유지할 것
   2종 : C지점에 못 미치거나 초과하지 않을 것(1m까지 인정)

직진 및 후진 수평비행 조종 방법

1. 전진 Pitch를 조작하여 일정한 속도로 전진한다.
2. 좌, 우측으로 벗어나지 않도록 유의하며, 속도파악에 유념한다. 속도가 많을 시 고도가 떨어질 수 있다. 맑은 날은 비행체의 그림자를 보면서 속도감을 파악할 수 있다.
3. 1종 : 50m 지점(E)에서 상공에서 정지한다.
   2종 : C지점 상공에서 정지한다.
4. 후진 Pitch를 조작하여 직진할 때와 동일하게 일정한 속도로 후진한다.
5. 1종 : C 지점 상공을 통과할 시 속도를 천천히 줄여 호버링 지점에서 유연하게 정지한다.
   2종 : A지점에서 유연하게 정지한 후 호버링한다.

■ 1종 직진 및 후진 수평비행

■ 2종 직진 및 후진 수평비행

1 세부 조정방법

1. 전방 Pitch를 일정하게 조작하여 일정한 속도로 직진한다.

> (1) GPS 오차범위로 인해 기체가 좌 또는 우로 흐를 경우, Roll을 Pitch와 섞어주어 직진한다.

호버링 위치

5m 직진

25m 직진

50m위치-정지

(2) 기체가 멀어질수록 고도가 낮아지는 느낌이 들어야 한다. 기체 배경으로 보이는 지형지물을 참고하여 고도를 파악하면 현재 고도를 쉽게 알 수 있다.

기체는 3.5m 기준 고도에서 직/후진 비행(노란선)을 한다. 하지만, 조종자 시선과 기체 간의 고도차이 때문에 직진할수록 고도가 낮아지고, 후진할수록 고도가 높아지는 착시현상이 발생한다. 이러한 착시현상은 조종자 시선과 기체가 동일한 높이일 경우는 발생하지 않고, 기체 고도가 높을 경우에는 점차 낮아져 보이고, 기체 고도가 낮으면, 점점 높아져 보이게 된다.

(3) 20m 지점에서 고도침하가 발생할 경우 스로틀을 조작하여 기준 비행고도를 유지한다.

(4) 급격한 직/후진 비행 시 기체 고도가 떨어지는 이유?
  ① 하버링을 하면서 동고도를 유지하는 것은 결국 현재 고도에서 양력(상방향 힘 + 전방이동 힘의 합력)과 중력이 균형이 이루고 있기 때문이다. 전진을 하기 위해 스로틀의 보상이 없이(동일한 에너지) 기수만 전방으로 기울이면 상방향 힘은 감소하고, 전방 이동하는 전방이동 힘은 상방향 힘이 감소하는 것만큼 커지게 된다. 결국 전방으로 이동하면 그만큼 고도를 유지하는 힘인 양력이 감소하여 고도가 침하하는 현상이 생기고, 이 때 고도를 유지하기 위해서는 스로틀을 올려주어야 한다.
  ② 고도침하 시 스로틀을 올리면 고도가 상승하는 동시에 멀티콥터 모든 모터의 RPM이 증가하여 전/후 이동속도가 함께 증가하기 때문에 이를 참고하여 스로틀과 피치(Pitch)를 조작해야 한다.

2. 1종은 50m 지점(E), 2종은 C지점에 도착하면 정지한다.

※ 초보자의 경우 시각으로만 거리감을 판단하기에 매우 어려움이 크다. 그래서 몇 가지 방법을 참고하면 거리감 파악에 도움이 된다.
① 기체의 그림자를 확인해라. (그림자와 50m 지점의 일치 여부를 확인)
② 기체가 충분히 멀어져서 작게 보인다면 오른손 Pitch에 집중해서 서서히 직진속도를 줄여 접근한다.
④ 전진 비행시 줄어든 양력은 50m도달하여 정지비행을 하게 되면, 이번엔 반대로 양력의 발생이 증가하여 상승하는 현상이 나타난다.

3. 후진 시 후방 Pitch를 조작하여 일정한 속도로 후진한다.

※ 고도변화가 크게 변화되고, 좌, 우로 이탈되지 않도록 주의한다.

다. 삼각비행 [1, 2종]

평가기준
① A 지점에서 B 지점(D 지점)까지 수평 비행 후 5초 이상 호버링
② A 지점(호버링 고도+수직 7.5m)까지 45도 대각선 방향으로 상승하여 5초 이상 호버링
③ D 지점(B 지점)의 호버링 고도까지 45도 대각선 방향으로 하강하여 5초 이상 호버링
④ A 지점으로 수평 비행하여 복귀 후 5초 이상 호버링

주요 감점 기준
① 경로 및 위치 이탈이 없을 것 (무인멀티콥터 중심축 기준 1m까지 인정)
② 속도를 일정하게 유지할 것(지나치게 빠르거나 느린 속도, 기동 중 정지 등이 없을 것)
③ 중심지점의 고도(약 11m)를 준수할 것

삼각 비행 조종 방법

1. A 지점에서 B 지점으로 좌측 Roll을 이용하여 좌(우)로 이동한다.
2. 현재 비행고도로부터 7.5m 상승한 약 11m 상공으로 우(좌)로 상승하여 이동한다.
3. A 지점의 11m 상공에서 정지한다.
4. D 지점으로 우(좌)로 하강한다.
5. 호버링 위치로 좌(우) Roll를 조작하여 이동한다.

1 세부 조종방법

※ 우로 상승/하강하는 삼각비행을 기준으로 작성하였다.
  (좌로 상승/하강하는 삼각비행 방법은 반대로 적용하면 된다)

1. A 지점에서 B 지점으로 좌측 Roll을 이용하여 좌로 이동한다.

> 1. 모든 이동 시 기체가 이동하기 전에 눈으로 먼저 B 지점을 확인 후 기체를 이동한다.
> 2. 좌로 천천히 이동하며 Roll 조작 감도에 집중한다.
> 3. B와 D 지점의 정확한 위치는 조종석에서 바라본 위치와 차이가 있다.

※ B 지점에서 기체가 라바콘 보다 좌측으로 약 20cm 벗어난 느낌, D 지점에서 기체가 라바콘 보다 우측으로 약 20cm 벗어난 느낌이 들어야 정확한 위치이다.

B지점

D지점

4. 중간 A 지점의 11m 고도를 쉽게 찾는 방법은 손 또는 팬을 이용한다.
: B 위치에서 A 위치를 지나 D 위치 중간지점을 약 11m(노란색 화살표)로 정하고 수직으로 세워서 11m 상공을 눈으로 익혀두어 삼각비행에 참고한다.

2. 상승 스로틀과 우측 Roll을 동시에 조작하여 A 지점의 11m 고도까지 우로 상승한다.

1. 우로 상승 시 스로틀을 먼저, 그다음 우측 Roll을 조작한다. 스로틀과 Roll 조작양은 약(스로틀 : Roll) = (2 : 1) 비율로 조작한다.
2. 중간 A 지점 도착 1m 전, (스로틀 : Roll) = (1 : 0.5) 비율로 Pitch 조작을 서서히 줄여서 정확하게 중심에 정지한다.

[대표적인 삼각비행 오류 4유형]

3. 하강 스로틀과 우측 Roll을 조작하여 D 지점으로 우로 하강한다.

> 1. 우로 하강 시 우측 Roll을 먼저, 그다음 하강 스로틀을 조작한다. 스로틀과 Roll 조작 양은 약 (스로틀 : Roll) = (2 : 1) 비율로 조작한다.
> 2. 기체의 궤도가 이등변 삼각형이 되도록 한다.

라. 원주비행 [1종]

평가기준

① 최초 이륙지점으로 이동하여 기수를 좌(우)로 90도 돌려 5초간 호버링 후 반경 7.5m(A 지점 기준)로 원주비행(B → C → D → 이륙지점 또는 D → C → B → 이륙지점 순서로 진행되며 각 지점을 반드시 통과해야 함)
② 이륙 장소에 도착하여 5초간 호버링 후 기수 방향을 전방으로 돌려 호버링

주요 감점 기준

① 고도 변화 없을 것(상하 0.5m까지 인정)
② 경로 이탈 없을 것(무인멀티콥터 중심축 기준 1m까지 인정)
③ 속도를 일정하게 유지할 것(지나치게 빠르거나 느린 속도, 기동 중 정지 등이 없을 것)
④ 진행방향과 기수방향 일치 및 유지(이륙지점 호버링 방향을 기준으로 B, D 지점 90°, C 지점 180°)
⑤ 기동 중 과도한 롤 조작이 없을 것
⑥ 조종석으로부터 기체까지의 안전거리(15m)를 유지할 것
⑦ 기수를 정자세로 정렬할 때 착륙장을 이탈하지 않을 것

원주비행 조종 방법

1. 착륙장 위치에서 좌 Yaw를 조작하여 좌측면 자세로 준비한다.
2. 전방 Pitch와 우측 Yaw를 일정하게 조작하여 B~C~D 지점을 돌아 착륙장으로 돌아온다.
3. 착륙장에서 우 Yaw를 조작하여 기수를 정자세로 정렬한다.

※ **원주비행의 기본원리**
콤파스의 중심을 A 위치에 두고 출발지점에서 B-C-D-도착지까지 일정한 요우의 양과 일정한 전방 피치의 양을 적용시키면 정확한 원주비행이 된다. 그러나 사람의 손으로 조작하므로 그 양을 항상 일정하게 유지할 수 없으므로 변화하는 상황에 따라 가·감된 조종 조작을 하여야 한다. 이것이 원주비행의 기술이다.

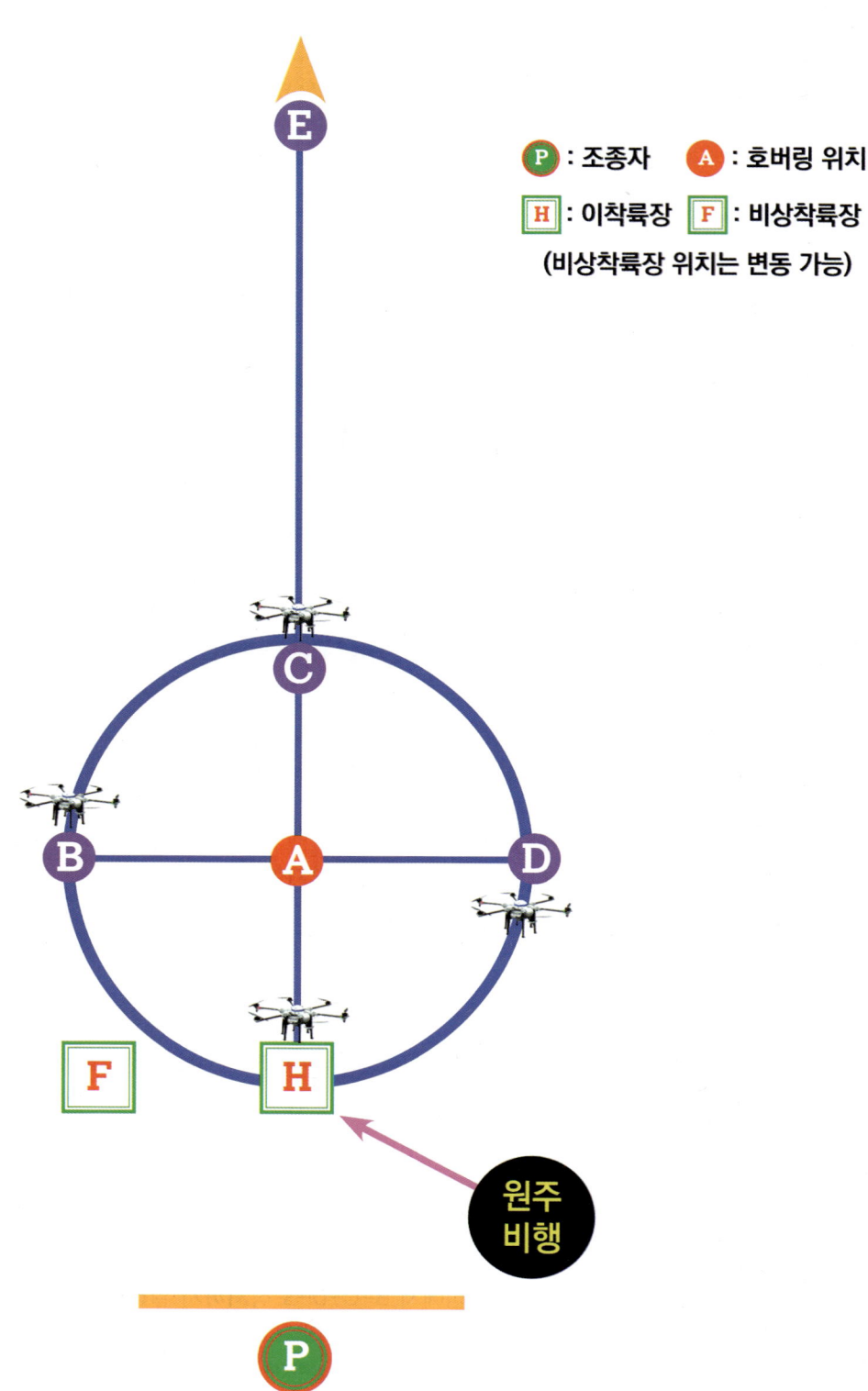

1 세부 조종방법

※ 원주비행의 방향을 시계방향 기준으로 작성하였다. (반시계방향을 기준으로 할 시는 반대로 적용한다)

1. 착륙장 위치에서 좌 Yaw를 90도 조작하여 좌측면 자세를 만든다.
2. 전방 Pitch와 우 Yaw를 조작하여 B 지점으로 이동한다.

> (전방 Pitch : 우 Yaw) = 약 (1.2 : 0.8) 비율로 조작한다.

3. 각 지점별 B 지점(정자세), C 지점(우측면), D 지점(대면), 착륙장(좌측면)이 되도록 Yaw 턴을 조작한다.

> 1. 대부분 원주비행에 많은 부담을 가지고 마지막 단계인 D 지점에서 착륙장으로 들어오는 4구역에 집중하게 된다. 하지만, 원주비행의 핵심은 시작인 착륙장에서 B 지점까지의 1구역이 가장 중요하다. 1구역에 집중하여 전방 Pitch와 우 Yaw 조작을 충분히 반복 숙달하도록 한다. 전방 Pitch를 기준으로 전진속도를 천천히 유지하고 우 Yaw를 조절해서 다음 지점까지 도착한다. 만약 바깥으로 벗어나거나(Yaw를 전보다 더 조작하도록 수정) 중심으로 감겨질 경우(Yaw를 전보다 덜 조작하도록 수정) Yaw를 조절한다.
> 2. 바람이나 GPS 오차 등 외부요인에 의해 기체가 벗어나 Yaw 조작으로 원주가 어려울 경우 아주 미세한 양으로 Roll을 조작하여 정해진 원 상공으로 비행시킨다.
> 3. 원주비행의 이해를 위해 비행장의 비행궤도를 조종자가 직접 걸어보는 것을 추천한다. "내가 기체에 타고 있다"라고 생각하고 반지름 7.5m 원을 팔을 뻗어 그려본다.
> 4. 조작 시 좌우 붐대가 항상 중심점을 지시하도록 하고, 전진방향으로 밀어 적정한 속도가 되면 그 다음부터는 요우로 기수 방향을 조절한다. 그 후 한 바퀴 전체를 생각하지 말고 바로 다음 지점만 보면서 기수 방향을 맞춰 조종하는 방법도 좋은 방법이다.

4. 착륙장에 다시 돌아오는 과정에서 기체가 안전거리(15m)를 침범하지 않도록 주의한다.

> 1. 착륙장 도착 1m 전부터 전방 Pitch 속도를 천천히 줄여준다.
> 2. 훈련 시 착륙장의 상단에 기체가 도착하도록 연습한다.

5. 착륙장에서 좌측면 자세로 도착 후 우측 Yaw를 조작하여 정자세로 정렬한다.

> Yaw 턴을 조작하면서 기준 고도와 착륙장에서 벗어나지 않도록 스로틀, Pitch, Roll을 동시에 조작한다. (원주비행은 스로틀, Pitch, Roll을 조화롭게 동시 조작을 해야 한다. 즉 3가지의 키를 동시에 조작한다고 하여 "3타 일치된 조작"이라고 할 수 있다)

마. 마름모 비행 [2종]

평가기준
① 최초 이륙지점으로 이동하여 기수를 전방으로 유지한 채 5초 이상 호버링
② 기수를 전방으로 유지한 채 B → C → D → 최초 이륙지점 또는 D → C → B → 최초 이륙지점 순서로 진행
  * 각 지점을 반드시 통과해야 함
③ 최초 이륙장소에 도착하여 5초 이상 호버링

주요 감점 기준
① 고도변화 없을 것(상하 0.5m까지 인정)
② 경로이탈 없을 것(무인멀티콥터 중심축기준 1m까지 인정)
③ 속도를 일정하게 유지할 것(지나치게 빠르거나 느린속도, 기동중 정지 등이 없을 것)
④ 기수방향 전방으로 유지

마름모 비행 조종 방법

1. 출발점(H, 이착륙장) 상공으로 이동하여 기수를 전방으로 유지한다.
2. 기수를 전방으로 유지한 채 B → C → D → 최초 이륙지점 또는 D → C → B → 최초 이륙지점 순서로 이동한다.
3. 각 지점을 반드시 통과하도록 하며, 좌/우측으로 방향이 벗어나지 않도록 유의하고, 속도조절에 유념한다.
4. 이륙지점(H, 이착륙장) 상공에서 유연하게 정지한다.

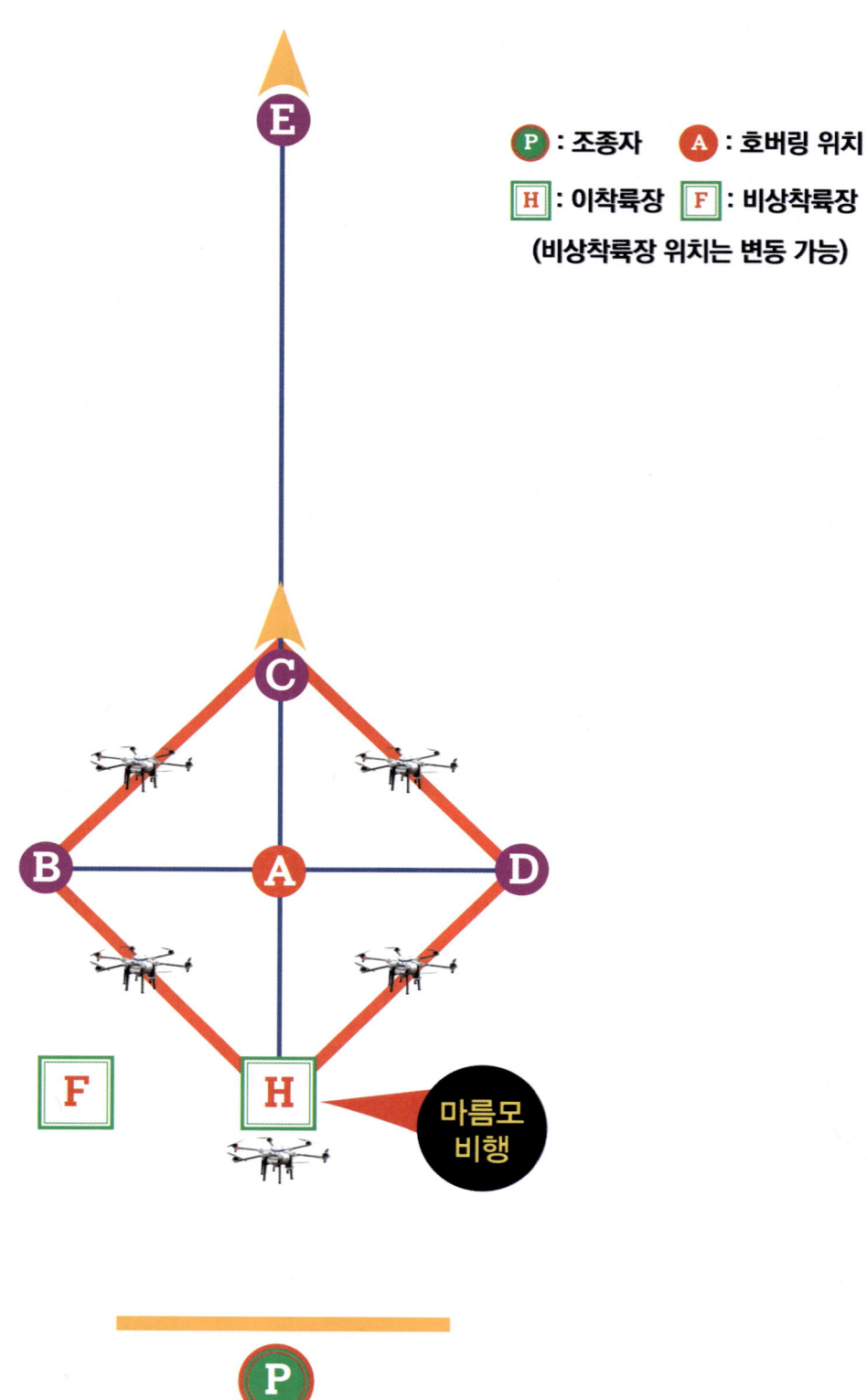

1 세부 조종방법

1. 출발점(H, 이착륙장) 상공으로 이동하여 기수를 전방으로 유지한다.

2. 기수를 전방으로 유지한 채 B → C → D → 최초 이륙지점 또는 D → C → B → 최초 이륙지점 순서로 Roll과 Pitch를 조작하여 좌(우) 전방, 우(좌)전방, 우(좌)후방, 좌(우)후방 대각선 방향으로 일정한 속도를 유지하여 이동한다.

> 기체가 정확히 대각선 방향으로 이동하도록 Roll과 Pitch를 적당하게 섞어 조종한다.
> 짧은 거리이동으로 각 포인트에서 정지를 위해 속도를 줄여야 한다.

① 출발을 위한 이착륙장 상공 이동

② 이착륙장 상공에서 9시 지점으로 이동

③ 9시 지점에서 12시 지점으로 이동

④ 12시 지점에서 3시 지점으로 이동

⑤ 3시 지점에서 이착륙장 상공으로 이동   ⑥ 이착륙장 상공 도착 / 정지

3. 기수를 정확히 유지한 채로 B(또는 D) - C - D(또는 B)지점을 정확히 통과한다.
4. 이륙지점(H, 이착륙장) 상공에서 유연하게 정지한 후 5초 이상 호버링한다.

마. 비상조작[1종]

> **평가기준**
> ① 기준 고도에서 2m 상승 후 호버링
> ② 실기위원의 "비상" 구호에 따라 일반 기동보다 1.5배 이상 빠르게 비상 착륙장으로 하강한 후 비상 착륙장 기준 고도 1m 이내에서 잠시 정지하여 위치 수정 후 즉시 착륙

> **주요 감점 기준**
> ① 하강 시 스로틀을 조작하여 하강을 멈추거나 고도 상승 시(착륙 직전 제외)
> ② 직선 경로(최단 경로)로 이동할 것
> ③ 착륙 전 일시 정지 시 고도는 비상 착륙장 기준 1m까지 인정
> ④ 정지 후 신속하게 착륙할 것
> ⑤ 랜딩 기어를 기준으로 비상 착륙장의 이탈이 없을 것
> ⑥ 조종석으로부터 기체까지의 안전거리(15m)를 유지할 것
> ⑦ 착륙조작 시 Yaw 조작이 섞이지 않도록 할 것(기수 방향 유지)

비상 조작 조종 방법

1. 착륙장 위치에서 전방 스로틀을 조작하여 "2m 고도상승"한다.
2. 고도가 기준 고도 3.5m에서 5.5m가 되면 스로틀을 조작하여 고도를 유지한다.
3. 5.5m 고도가 유지된 직후 비상착륙장으로 "비상"하면서 좌(우) Roll 조작과 스로틀을 하강을 조작한다.
4. 지면으로부터 1m 고도에서 스로틀을 받쳐주어 하강 속도를 잠시 줄여준다.
5. 지체하지 않고 확보된 비상착륙장에 착륙한다.
6. 시동이 완전히 꺼질 때까지 스로틀 0%를 유지한다.

1 세부 조종방법

좌측 비상착륙장으로 착륙하는 방법을 작성하였다. (우측 비상착륙장으로 착륙 시는 반대로 적용한다)

1. 착륙장 위치에서 상승 스로틀을 힘 있게 조작하여 빠른 속도로 "2m 고도상승" 한다.

> 비상착륙장으로 착륙 시 이탈을 최소화하기 위해 착륙장의 중심에서 고도상승이 되도록 중심을 유지한다.

2. 고도가 기준 고도 3.5m에서 5.5m가 되면 스로틀을 조작하여 고도를 유지한다.

> 고도유지와 동시에 비상착륙장을 빠르게 확인한다.

3. 5.5m 고도가 유지된 직후 실기위원의 "비상" 구호에 따라 비상착륙장으로 "비상"이라고 복창하면서 좌 Roll과 하강 스로틀을 조작한다. 이때, 좌 Roll을 먼저 조작하되 천천히 일정하도록 유지하고, 하강 스로틀은 과감하게 조작하여 일반 기동보다 1.5배 속도로 하강한다.

4. 비상착륙장의 약 1m 고도에서 상승 스로틀을 받쳐주어 하강 속도를 잠시 줄여주었다가 수직 하강하여 착륙한다. (만약 위치를 이탈하였다면 신속히 이동하여 수직 하강한다)

> 1. 기체가 비상착륙장을 벗어나지 않도록 비상착륙장의 중심위치로 약 1m 고도에서 Pitch와 Roll을 조작한다.
> 2. 1m 고도에서는 스로틀을 계속 사용하는 것이 아니다. 잠시 하강 속도를 줄여주어 스키드가 비상착륙장 안에 모두 들어가도록 착륙한다.

5. 착륙 후 로터가 모두 정지할 때까지 스로틀 0%를 유지한다. (즉 시동이 정지되어야 한다)

04 착륙조작

가. 정상 접근 및 착륙(자세모드)[1종]

평가기준
① 비상 착륙장에서 이륙하여 기준 고도로 상승 후 5초간 호버링
② 최초 이륙 지점까지 수평 비행하여 5초 이상 호버링 후 착륙한다.

주요 감점 기준
① 기수 방향 유지하고, 수평 비행 시 고도변화 없을 것(상하 0.5m까지 인정)
② 경로 이탈이 없을 것(무인멀티콥터 중심축 기준 1m까지 인정)
③ 속도를 일정하게 유지할 것(지나치게 빠르거나 느린 속도, 기동 중 정지 등이 없을 것)
④ 착륙 직전 위치 수정 1회 이내 가능
⑤ 무인멀티콥터 중심축을 기준으로 착륙장의 이탈이 없을 것
⑥ 조종석으로부터 기체까지의 안전거리(15m)를 유지할 것
⑦ 접근과 착륙 동안 유연하고 시기적절한 올바른 조종간을 사용할 것

정상 접근 및 착륙(자세모드) 조종 방법

1. 비행모드를 GPS에서 자세(Atti) 모드로 토글스위치를 조작하여 변경한다.
2. CSC를 조작하여 시동 후 기준 고도까지 이륙한다.
3. 착륙장 위치로 우(좌)측 Roll을 조작하여 이동한다.
4. 착륙장 상공에서 정지 후 하강 스로틀을 조작하여 착륙한다.
5. 시동이 완전히 꺼질 때까지 스로틀 0%를 유지한다.

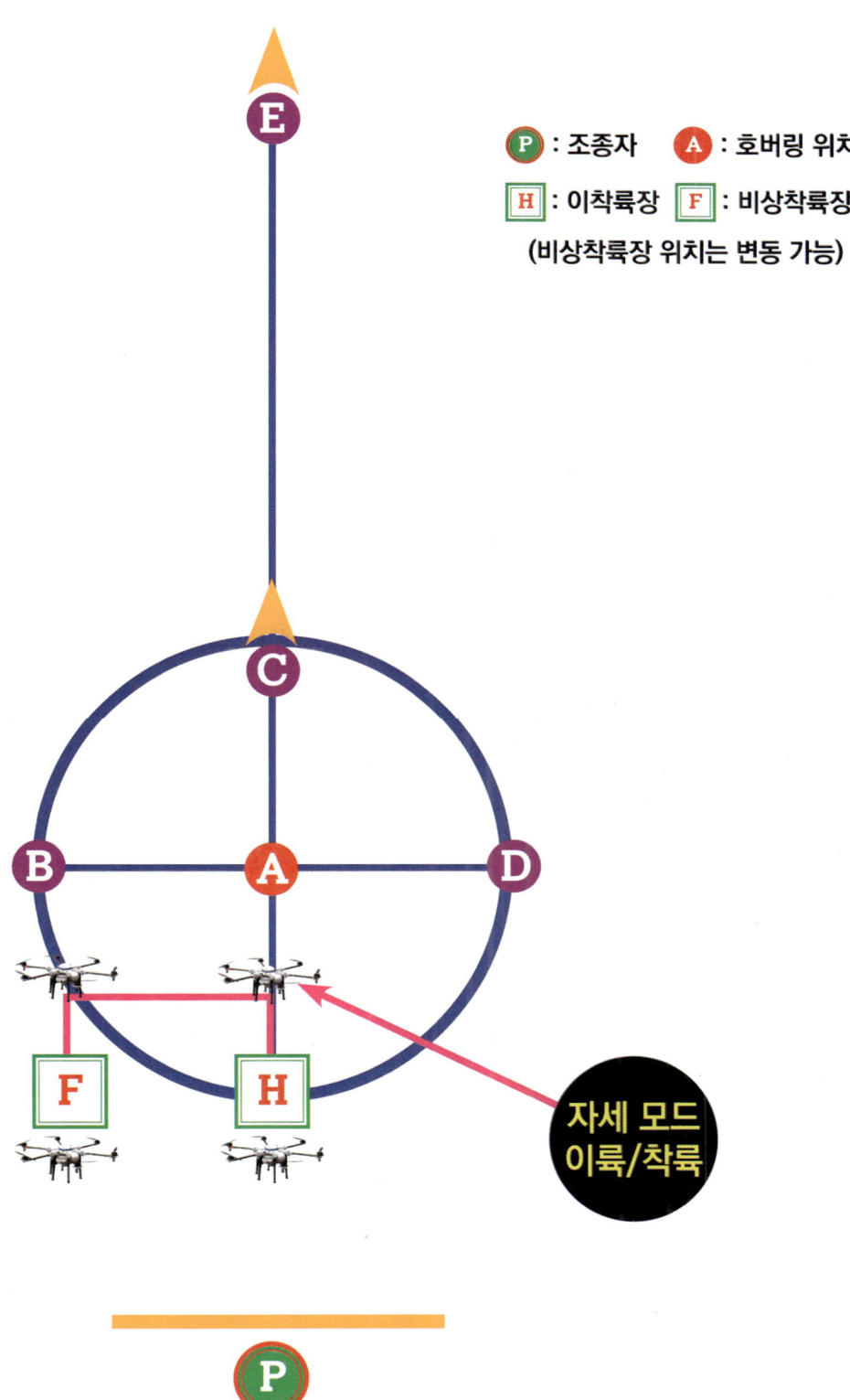

1 세부 조종방법

1. 비행모드를 GPS에서 자세(Atti)모드로 토글스위치를 조작하여 변경한다.

   > FC의 제조사마다 GPS 모드와 자세(Atti) 모드의 LED 색상, 점등횟수가 다르다. 본인이 운용하는 FC의 LED를 파악하여 비행모드 변경을 확인한다.

2. CSC를 조작하여 시동 후 기준 고도까지 이륙한다.

   > 자세(Atti) 모드에서 이륙 시 착륙장의 지면이 고르지 못하거나 바람에 의해 사선으로 이륙하며 착륙장을 이탈할 수 있다. 수직으로 이륙하도록 Pitch와 Roll을 조작하며 일정한 속도로 이륙하여 기준 고도 3.5m에서 정지한다.

3. 착륙장 위치로 우측 Roll을 조작하여 이동한다.

   > 1. 착륙장 위치로 접근 시 기체가 안전거리(15m)를 침범하지 않도록 주의한다.
   > 2. 기체가 착륙장 1m 전에 접근하면 반대 방향인 좌 Roll을 조작하여 우로 이동속도를 서서히 줄여준다.

4. 착륙장 상공에서 정지 후 하강 스로틀을 조작하여 착륙한다.

   > 하강 속도를 천천히 조작하여 기체가 착륙장에서 벗어나지 않도록, 사선 착륙을 하지 않도록 Pitch와 Roll을 조작한다. 자세(Atti) 모드 비행이 미숙할 경우 시뮬레이션 호버링 연습을 충분히 한다. 시뮬레이션은 일정 구역을 설정하고 기체 또는 그림자가 일정 구역을 벗어나지 않도록 호버링하는 조작을 연습한다. 정자세, 좌측면, 우측면, 대면 자세를 번갈아 가며 반복 숙달한다.

나. 측풍 접근 및 착륙(자세모드) [1, 2종]

평가기준

① **1종** : 기준 고도까지 이륙 후 기수 방향 변화 없이 D 지점(B 지점)으로 직선 경로(최단경로)로 이동

2종 : B지점 또는 D지점으로 이동

② 기수를 바람 방향(D 지점 우측, B 지점 좌측을 가정)으로 90도 돌려 5초간 호버링

③ 기수 방향의 변화 없이 이륙지점까지 직선 경로(최단경로)로 수평 비행하여 5초간 호버링 후 착륙

주요 감점 기준

① 수평비행 시 고도 변화 없을 것 (상하 0.5m까지 인정)
② 경로 이탈이 없을 것(무인멀티콥터 중심축 기준 1m까지 인정)
③ 속도를 일정하게 유지할 것(지나치게 빠르거나 느린 속도, 기동 중 정지 등이 없을 것)
④ 착륙 직전 위치 수정 1회 이내 가능
⑤ 무인멀티콥터 중심축을 기준으로 착륙장의 이탈이 없을 것
⑥ 조종석으로부터 기체까지의 안전거리(15m)를 유지할 것
⑦ 접근과 착륙 동안 유연하고 시기적절한 올바른 조종간을 사용할 것

측풍 접근 및 착륙 조종 방법

1. **1종** : GPS 모드로 비행모드 전환 후 이륙하여 기준 고도 3.5m에서 정지한다.
   2종 : 마름모 비행 종료 후 이착륙장 상공에서 정지한다.
2. 착륙장에서 D 위치로 전방 Pitch와 우측 Roll을 조작하여 대각방향으로 "측풍접근 위치로" 이동한다.
3. D 위치로 도착 후 우측 Yaw를 90도 조작하여 기체를 우측면 자세로 만든다.
4. D 위치로에서(우측면 자세) 착륙장위치로 "측풍접근"을 후방 Pitch와 우측 Roll을 조작하여 실시한다.
5. 착륙장 도착 후 스로틀을 줄여주어 안정적인 속도로 착륙장 안에 착륙한다.
6. 시동이 완전히 꺼질 때까지 스로틀 0%를 유지한다.

1 세부 조종방법

1. **1종** : GPS 모드로 비행모드 전환 후 이륙하여 기준 고도 3.5m에서 정지한다.
   2종 : B지점 또는 D지점으로 이동한다.
2. 착륙장에서 D 위치로 전방 Pitch와 우측 Roll을 조작하여 대각방향으로 "측풍접근 위치로" 이동한다.

> D 위치로 접근 시 직선이 되도록 조작한다.

3. D 위치로 도착 후 우측 Yaw를 90도 조작하여 기체를 우측면 자세로 만든다.
4. D 위치로에서(우측면 자세) 착륙장위치로 "측풍접근"을 후방 Pitch와 우측 Roll을 조작하여 실시한다.

> 1. 착륙장 위치로 접근 시 직선이 되도록 조작하며, 기체가 안전거리(15m)를 침범하지 않도록 주의한다.
> 2. 착륙장 도착 1m 전 후방 Pitch 조작을 줄여주고 Yaw를 미세하게 조작하여 완벽한 우측면 자세가 되도록 조작한다.
> 3. 하강 속도를 천천히 조작하여 기체가 착륙장에서 벗어나지 않도록, 사선 착륙을 하지 않도록 Pitch와 Roll을 조작한다.

[측풍접근 시 기체의 이동이 계단 모양의 지그재그 형태, 곡선 형태가 되지 않도록 주의한다.]

05 비행 후 점검

가. 비행 후 점검

1 비행 후 점검 시 호창사항

순서	구 호	내 용
①	비행 후 점검 위치로	조종기와 배터리 케이스를 들고 비행장 입장
②	메인배터리 분리	기체에 연결된 메인 배터리 분리
③	FC 배터리 분리	기체에 연결된 FC 배터리 분리
④	체커 분리	배터리에 연결된 체커 분리
⑤	조종기 OFF	조종기 전원 OFF
⑥	비행 후 점검	로터, 모터, 붐, 스키드, 메인프레임, FC Box의 이상유무 확인. "이상무" "이상무"
⑦	메인 배터리 탈착	기체에 장착된 배터리를 제거하여 배터리 하드 케이스에 넣기
⑧	조종사 퇴장	조종기와 배터리 들고 비행장 밖으로 퇴장
⑨	비행 기록	비행기록 일지에 날짜, 시간, 위치, 목적, 조종자, 서명, 교관서명 기록

2 비행 기록

1. 비행기록부 작성 방법

　　[양식]

초경량비행장치 비행 기록부

기종 :　　　　　　　　　　　　　　　　　　　　　　신고번호 :

월/일	이륙		착륙		비행시간	누적 비행시간	비행목적	특이사항	조종자	확인	확인관
	시각	장소	시각	장소							
/	:		:								
/	:		:								
/	:		:								
/	:		:								
/	:		:								
/	:		:								

[작성예시]

초경량비행장치 비행 기록부

❶ 기종 :   ❷ 신고번호 :

❸ 월/일	❹ 이륙		❺ 착륙		❻ 비행시간	❼ 누적 비행시간	❽ 비행목적	❾ 특이사항	❿ 조종자	⓫ 확인	⓬ 확인관
	시각	장소	시각	장소							
2/9	09:00	신원리	09:25	신원리	0.4	132.4	교육비행	(삼각비행)	홍길동	서명	교관
/	:		:								

1. **기종** : 초경량비행장치 신고증명서의 형식명을 기록한다.
2. **신고번호** : 초경량비행장치 신고증명서의 신고번호를 기록한다.
3. **월/일** : 비행을 실시한 월/일을 기록한다.
4. **이륙시각, 장소** : 비행을 시작한 시간 및 장소를 기록한다.
   ※ 비행시작 시간은 기체에 전원을 인가한 순간의 시간을 의미한다. 비행장소는 비행이 허가된 공역 인지 반드시 확인 후 비행을 실시한다.
5. **착륙시각, 장소** : 비행을 종료한 시간 및 장소를 기록한다.
   ※ 비행종료 시간은 기체에 전원을 분리한 순간의 시간을 의미한다. 비행장소는 비행이 허가된 공역 인지 반드시 확인 후 비행을 실시한다.
6. **비행시간** : 비행한 시간을 계산하여 기록한다.

분(min)	시간(hr)	기 록
10	0.17	0.1
11	0.18	0.1
12	0.20	0.2
13	0.22	0.2
14	0.23	0.2
15	0.25	0.2
16	0.27	0.2
17	0.28	0.2
18	0.30	0.3
19	0.32	0.3
20	0.33	0.3

분(min)	시간(hr)	기 록
21	0.35	0.3
22	0.37	0.3
23	0.38	0.3
24	0.40	0.4
25	0.42	0.4
26	0.43	0.4
27	0.45	0.4
28	0.47	0.4
29	0.48	0.4
30	0.50	0.5

7. **누적 비행시간** : 기체 출고 후 또는 정비 후 누적된 총 비행시간을 의미한다. 현재 비행 한 시간을 더 하여 기록한다.
   ※ 기체 자체에 아워미터(Hourmeter)가 장착된 경우 장치가 표시한 시간을 기록한다.
8. **비행목적** : 비행의 목적에 대해 구체적으로 기록한다.
   ※ 교육, 방제, 촬영, 탐색, 측량, 배송, 연구 등 다양한 비행목적이 있다.
9. **특이사항** : 비행에 대한 세부사항 또는 특이점에 대해 자세히 기록한다.
10. **조종사** : 비행을 실시한 조종사 성명을 기록한다.
11. **확인** : 비행을 실시한 조종사의 서명을 기록한다.
12. **확인관** : 해당 비행의 확인/감독 담당자의 서명을 기록한다.
    ※ 교육비행의 경우 교관 조종사의 서명을 기록한다.

Section 04 구술평가 예상문제

기 체

01 무인멀티콥터와 무인헬리콥터의 차이점을 설명하세요.

- **무인헬리콥터** : 스와시플레이트를 이용하여 로터의 피치를 조절하여 양력과 방향을 조종함.
- **무인멀티콥터** : 변속기로 각각의 모터의 속도를 조절하여 양력과 방향을 조종함.

02 기체 제원 중 로터에 대한 질문입니다. 21*7이라 표기 되었습니다. 숫자 7은 무엇을 의미하나요?

직경 21inch 로터가 360도 회전 하였을 때 기체가 비행하는 거리. 단위는 inch입니다.

03 평가 기체에 사용하고 있는 배터리 종류는 무엇이며 셀당 정격전압은 얼마입니까?

리튬폴리머 배터리, 3.7V

04 무인멀티콥터에 장착되어 동력으로 사용되는 모터의 설정은 비행 목적, 성능에 중요한 역할을 합니다. 모터의 제원은 크기, 적정 전압, 사용 가능 프로펠러 사이즈, kV값 등으로 표시되는데 그 중 kV값이란 무엇입니까?

모터에 1Volt의 전압을 공급했을 때 1분당 회전수(RPM)를 표시한 것입니다.

05 평가 기체의 대각선 축간 거리는 얼마입니까?

기체에 따라 다름. [예] 1,380mm

06 비행제어장치(FC)는 몇 가지 센서들과 제어 컴퓨터로 구성됩니다. 그 중 지자계센서(Compass)는 어떤 역할을 합니까?

FC가 인지하는 논리적 방향과 기체의 물리적 방향은 일치하여야 하므로 지구의 자북 방향을 감지하여 이를 기준으로 기체의 물리적 방향(전/후)을 설정하게끔 합니다.

07	지자계 센서가 고장, 지자계 교란 등의 이유로 오작동 한다면 비행 중인 기체에는 어떤 상황이 발생합니까?	FC가 기체의 방향을 제대로 인지하지 못하게 되므로 조종자의 방향 제어와 상관없이 엉뚱한 방향으로 비행하는 위험한 상황이 발생할 수 있습니다.
08	무인멀티콥터 실기평가 비행은 GPS모드로 합니다. 다만, '정상접근 및 착륙'은 Atti모드로 비행합니다. GPS모드와 Atti모드는 어떤 차이가 있습니까?	GPS모드에서는 FC가 기체의 위치를 인지하여 이를 유지하려 하나, Atti모드에서는 GPS 수신안테나를 끄기(Off) 때문에 기체의 위치를 유지하지 못합니다.
09	이 기체에 장착된 변속기(ESC)의 기능은 무엇입니까?	ESC는 각 모터의 회전속도를 조절해 줍니다.
10	이 기체에 장착된 관성측정장치(IMU)의 구성과 기능은 무엇입니까?	IMU에는 자이로스코프와 가속도센서 두 가지가 3축으로 구성되어 있어서, 기체의 자세와 각속도를 측정하는 역할만 수행함. 지자계센서는 별도 장착되거나, GPS안테나에 장착되는 경우가 많음.
11	각종 센서의 종류 및 기능에 대하여 설명해주세요	• **자이로 센서** : 기체(비행체)의 자세(수평) 측정 • **가속도 센서** : 기체(비행체)의 자세변화 속도 측정 • **지자기 센서** : 기체(비행체)의 방향 측정 • **기압센서** : 기체(비행체)의 고도 측정 • **GPS센서** : 기체(비행체)의 위치 측정
12	BLDC모터의 특성?	ㄱ. 브러시로 인한 마모와 회전소음이 줄어든다. ㄴ. 반영구적이며 유지보수가 필요없다. ㄷ. 고속회전에 문제가 없다. ㄹ. 모터의 소형화와 경량화가 가능하다. ㅁ. 브러시가 없기 때문에 별도로 ESC가 필요하다. ㅂ. DC모터에 비해 제어가 복잡하다.
13	LED표시기가 보여주는 내용 중 3가지를 말하시오	ㄱ. 조종기 및 배터리 연결 상태, ㄴ. GPS수신 상태,　　ㄷ. 홈 포인트 인식, ㄹ. 비행모드 표시,　　ㅁ. 저전압 경고, ㅂ. 지자기 캘리브레이션 상태 ㅅ. 오류 표시

14	드론을 운용 하는데 중요한 것 중 하나는 배터리 관리입니다. 수명이 다 된 배터리 폐기 방법 중 대표적인 것은?	소금물에 2~3일 담가 두었다 폐기함.
15	리튬폴리머 배터리 장기간 보관시 방법?	70% 정도로 방전된 상태로 서늘한 곳에 보관
16	대부분의 무인멀티콥터는 배터리를 동력 전원으로 사용합니다. 비행 시작 전에는 당연히 만 충전되어 있는지를 확인하고 비행 합니다. 비행이 지속되면 배터리는 점점 소모되고 한계치 이상 소모되면 동력 전원이 상실되어 추락합니다. 그러지 않기 위하여 조종자는 배터리가 안전 한계치까지 소모된 것을 인지하여야 하는데 어떻게 알 수 있나요?	대부분의 무인멀티콥터 기체 후면에 FC 상태를 색깔로 표시하는 LED가 장착되어 있어, 배터리 저전압 경고가 점등되는 것을 육안으로 확인합니다. LED 경고등 색은 기종에 따라 다릅니다.
17	배터리 사용 시 주의사항을 설명하시오.	매 비행 시마다 완전히 충전하여 사용한다. 정해진 모델의 충전기를 사용하며 타 모델장비와 혼용해서는 안 된다. 저 전력 경고가 점등될 경우 즉시 복귀 및 착륙 시켜야 한다.
18	평가 기체의 메인배터리[리튬폴리머 배터리(Lipo)]는 100% 완충 시 전체 충전전압은 몇 볼트(V)입니까?	셀당 기준 전압이 3.7V이고 만충 시 4.2V, 따라서 6셀 배터리는 4.2 × 6 = 25.2V, 12셀 배터리는 4.2 × 12 = 50.4V
19	평가 기체의 메인배터리[리튬폴리머 배터리(Lipo)]의 용량은 어떻게 됩니까?	10,000mAh, 12,000mAh, 14,000mAh, 16,000mAh, 20,000mAh 등 중에 해당되는 것을 선택하여 답변
20	자체 중량은 배터리를 포함하나요?	포함한다.
21	평가 기체의 배터리에 표시된 것은 무엇을 뜻합니까? (10,000 mAh, 20C, 22.2V, 6S 등)	ㄱ. mAh는 배터리의 용량을 의미합니다. ㄴ. C는 방전률을 의미합니다. ㄷ. 22.2V는 이 배터리의 정격전압을 의미합니다. ㄹ. 6S는 이 배터리가 6개의 셀로 이루어져 있단 의미입니다.

22	평가 기체의 FC의 종류(회사, 제품이름)는 무엇입니까?	DJI의 A3, A3-ag, N3, N3-ag, 픽스호크, TTA사의 E6 등이 있습니다.
23	기타 평가 기체의 제원은?	자체 중량 , 이륙 중량 , 배터리 규격

조종자

01	본인이 응시하는 무인멀티콥터 자격증명은 몇 살 이상이 되어야 응시할 수 있나요?	만14세 이상이면 응시가 가능합니다.
02	안전성 인증대상 기체, 인증기관, 인증의 종류는 무엇입니까?	최대이륙중량기준 25kg 초과기체는 항공안전기술원에서 안전성인증을 받아야 하며 초도인증, 정기인증, 수시인증, 재 인증의 종류가 있으며 격년(2년) 인증을 받아야 한다.
03	안전성 인증을 받지 않고 비행한 경우 과태료?	•1차 250만원, •2차 375만원, •3차 이상 500만원 이하
04	안전성 인증 인증유효 기간은?	2년
05	드론을 운용하다 사람을 다치게 하는 사고를 유발 시 조치 절차?	1. 인명구호를 위해 응급조치(초과시 119요청), 2. 현장보존 및 현장사진/동영상 촬영 3. 필수신고기관 : 관할지방항공청, 항공철도사고조사위원회
06	조종자 증명을 받지 않고 비행한 경우 과태료?	•1차 150만원, •2차 225만원, •3차 이상 300만원 이하
07	음주를 제외한 조종자 준수사항 위반시 최대 과태료는?	200만원
08	조종사 준수사항?	ㄱ. 낙하물 투하금지 ㄴ. 인구밀집지역 비행금지 ㄷ. 일몰 후부터 일출 전까지 야간비행금지 ㄹ. 비행중 주류나 환각물질을 흡입하고 비행금지 ㅁ. 육안으로 확인할 수 있는 범위에서 비행(가시권내 비행)

09	자격증 명칭은?	초경량 비행장치 무인멀티콥터 조종자 자격
10	조종자 음주 수치기준?	혈중 알코올 농도 0.02%이상
11	초경량 비행 장치의 소유자 변경되었을 때 변경 신고는 며칠 이내 하여야 하는가?	30일 이내 (말소 및 멸실 신고는 15일)
12	음주비행 시 최대벌금과 행정처분과 혈중 알코올농도는 무엇입니까?	3년 이하 징역 또는 3000만원 벌금, 0.02%
13	조종자 증명 취소 사유는?	- 거짓이나 부정한 방법으로 자격을 취득한 자 - 항공안전법을 위반하여 벌금이상 형을 받은 경우 - 사고로 인명, 재산 피해 발생시킨 경우 - 음주 비행 경우(혈중 알코올 농도 0.02% 이상) - 조종자 준수사항 위반한 경우
14	비행경력증명서를 조종자와 지도조종자가 협의 하에 부정한 방법으로 발행한 경우, 형사처벌은?	ㄱ. 조종자는 자격증취소와 2년 응시자격 박탈 ㄴ. 지도조종자는 지도조종자 등록취소 및 2년간 지도조종자 응시자격 박탈
15	초경량비행장치 무인멀티콥터 조종자증명을 취득의무가 있는 자는?	- 1종 : 총중량 25kg초과 기체운용자 - 2종 : 총중량 7kg초과 25kg이하 기체운용자 - 3종 : 총중량 2kg초과 7kg이하 기체운용자 - 4종 : 총중량 250g초과 2kg이하 기체운용자
16	Hour Meter 계산법으로 0.1시간은 몇 분입니까?	6분

공역

01 비행계획 승인신청서를 제출하는 기관은?

지방항공청장

02 항공 촬영 시 승인을 얻어야 하는 기관은?

국방부

03 초경량비행장치제한구역은 어디입니까?(*대부분 잘 모름)

우리나라 전 지역이 초경량비행장치 제한구역입니다, 예외지역은 초경량비행장치 전용공역(32지역)입니다. 다만 제한구역이지만 무게가 25kg이하 기체는 금지구역 등 승인이 필요한 지역이 아니면 승인없이 비행할 수 있습니다.(따라서 25kg초과 기체는 전 지역에서 승인이 필요하며, 25kg이하 기체는 승인없이 비행이 가능함.)

04 비행금지구역

안전, 국방상 그밖의 이유로 항공기의 비행을 금지하는 공역
- ㄱ. P518(휴전선 인근지역)
- ㄴ. P73(청와대를 포함한 서울 강북지역)
- ㄷ. P61(부산, 고리 원자력발전소)
- ㄹ. P62(경주, 월성 원자력발전소)
- ㅁ. P63(영광, 한빛원자력발전소)
- ㅂ. P64(울진, 한울원자력발전소)
- ㅅ. P65(대전, 원자력연구소)

05 비행제한공역이란?

항공사격, 대공사격 등으로 인한 위험으로부터 항공기의 안전을 보호 하거나 그 밖의 이유로 비행허가를 받지 않은 항공기의 비행을 제한하는 공역

06 관제권이란 무엇입니까?

비행장 또는 공항과 그 주변 공역으로서 항공교통의 안전을 위하여 국토교통부장관이 지정, 공고한 공역으로 거리 기준은 비행장 참조점(대부분 중앙)으로부터 5NM(9.3km)입니다.

07 50m가 되는 건물 옥상에서 멀티콥터를 이륙 후 주변 촬영 시 항공안전법 상 무인멀티콥터를 비행 하실 때 운영 하실 수 있는 최대 고도는 몇 m입니까?

200미터입니다. [조종자 위치가 아닌 드론 위치가 기준이 됨(구조물 기준반경 150m)]

| 08 | 원전주변 몇 km 이내에서 비행을 하면 안되는가? | 18.6km |

| 09 | 초경량비행장치가 허가 없이 비행 가능한 고도는? | 관제권 또는 비행금지구역이 아닌 곳에서 150m(458ft)미만의 고도에서 비행 가능
* 통상 500ft라고 하는데 500ft는 고도위반임
  (1ft=30.48cm로 150×30.48=457.2m) |

| 10 | 비행승인이 요구되는 지역에서 항공촬영을 해야 할 경우에 어떻게 하시겠습니까? | ㄱ. 해당 공역의 관할부처(지방항공청, 국방부등)에 사전비행승인을 받아야 하며
ㄴ. 비행승인과는 별도로 국방부로부터 항공촬영 허가를 받아야 합니다.
ㄷ. 경로는 droneonestop 민원포털 서비스 |

| 11 | 인명사고시 연락을 취해야 하는 곳? | 119(인명 구호), 지방항공청, 항공철도사고조사위원회 |

| 12 | 비행 중 유인기 접근시 행동요령? | 유인기 조종사가 공중에 떠 있는 무인기를 발견하는 것은 거의 불가능하여 우선권을 유인기에 두고 있음. 따라서, 유인기의 진로에 방해되지 않도록 신속히 회피 및 착륙시킨다. |

| 13 | 비행하는 현장소의 가장 위험한 요소는 무엇이라고 보나요? | 고압선, 고속도로, 아파트, 항공기의 경로 등을 인지할 수 있어야 한다. |

| 14 | 기체 신고는 어디에 하나요? | 초경량비행장치 무인 멀티콥터는 droneonestop 민원포털 서비스에 접수하면 교통안전공단 드론관리처에 접수됩니다. |

| 15 | 만약 비행허가를 받아야 하는 지역에서 비행을 하고자 할 경우 비행계획 승인 신청은 어디에 하나요? | droneonestop 민원포털 서비스에 접수하고 승인이 된 후 비행 시작 전 관할 지방항공청에 비행보고 후 진행합니다. |

| 16 | 비행하고자 하는 곳 이 군 관할일 경우 비행허가는 어디에 하나요? | 해당 군부대 허가우선 |

| 17 | (공항이 가까울 경우)금일 시험을 치르는 장소에서 제일 가까운 관제권은 어디인가요? | 인천국제공항, 김포공항, 성남공항, 수원공항, 오산공항 등 |

18 비행금지, 비행제한, 관제권, 군작전구역 등에서 비행 또는 항공촬영, 방제를 할 경우 허가절차는?

촬영을 할 경우 droneonestop 민원포털 서비스를 통해 국방부에 항공촬영 승인을 받아야하고 지방항공청에 비행계획승인을 제출해야합니다. 카메라가 달려있지 않고 단순 비행일 경우 비행계획승인만 받으면 됩니다.

19 이 지역에서 비행을 하려할 경우 비행시 주의하여야 할 사항들을 3가지만 답해주세요.

송전탑과 같은 장애물 주의, 인명피해 주의, 이착륙장 확보, 비행 전 비행경로 수립 등

20 지방항공청별 관할지역은?

-서울지방항공청, 부산지방항공청, 제주지방항공청 등 3개
1) 서울지방항공청 : 소백산맥 이북지역(서울, 경기, 인천, 강원, 대전, 충남, 충북, 세종, 전북)
2) 부산지방항공청 : 소백산맥 이남지역(부산, 대구, 울산, 광주, 경남, 경북, 전남)
3) 제주지방항공청 : 제주

21 비행승인 신청 서류?

조종사증명서, 안정성 신고필증, 운영자 매뉴얼, 비행계획서, 비행기록부

22 NOTAM(노탐)?

항공시설, 업무, 절차 또는 위험요소의 신설, 운영상태 및 그 변경에 관한 정보를 수록하여 전기통신 수단으로 항공종사자들에게 배포하는 공고문 또는 비행장(헬기장 포함)
또는 활주로의 설치, 폐쇄 또는 운용상 중요한 변경, 비행금지구역, 비행제한구역, 위험구역의 설정, 폐지(발효 또는 해제포함) 또는 상태의 변경 등의 정보를 수록하여 항공종사자들에게 배포하는 공고문
※ 28일 주기로 발행하며, 최대 유효기간은 3개월임.

23 최대이륙중량 25kg를 초과하는 기체로 비행시 비행승인여부와 비행고도에 대해 말해 보세요.

고도 150m 미만으로 비행하더라도 비행승인없이 비행 불가

24 최대이륙중량과 상관없이 사전비행승인없이 비행이 불가한 구역을 말해 보세요.

비행금지(제한)구역 및 관제(군·민간)권

일반 지식

01 무인멀티콥터는 다수의 프로펠러가 회전하여 비행합니다. 프로펠러들의 회전 방향은 시계방향(CW), 반시계방향(CCW)으로 서로 엇갈려 회전합니다. 그렇게 회전하게 끔 하는 이유는 무엇입니까?

뉴턴의 운동법칙 중 작용·반작용의 법칙에 의해 프로펠러 회전방향의 반대방향으로 토크가 발생하기 때문에 그것을 상쇄하기 위함입니다.

02 무인멀티콥터의 동력 모터/프로펠러들은 중력의 반대방향 즉, 지면에 수직방향으로 장착, 고정되어 있습니다. 정비 불량, 파손 등의 이유로 비행 중 다수의 모터 마운트 중 한 개가 수직방향과 다르게 비틀어져 버리면 기체는 어떤 변화가 생깁니까?

심하게 비틀어지면 FC, 조종자의 제어가 불가능하여 추락합니다. 그렇지 않고 조금 비틀어지면 스로틀만의 상승/하강 조작 시 기체가 회전합니다.

03 무인멀티콥터는 동력 모터 회전수의 증감을 FC의 신호를 받는 전자변속기(ESC)가 제어하여 비행하는 회전 제어 방식입니다. 조종자가 기체를 전진시키고자 전진 조작을 하면 기체의 모터/프로펠러들의 회전이 어떻게 제어되어 전진 비행을 하게 됩니까?

기체의 전면부 프로펠러의 회전은 조금 줄이고, 후면부 프로펠러의 회전을 늘려 기체는 앞쪽으로 기울어 전진 비행하게 됩니다.

04 호버링시 조종기의 러더를 좌측으로 돌렸을 때(기수 전환) 각 플롭의 RPM의 변화를 설명해 주세요.

우측으로 도는 플롭(C.W)의 RPM이 빨라지고 좌측으로 도는 플롭(C.C.W)은 우측으로 도는 플롭RPM만큼 감소합니다.
(고도 유지) - 작용반작용의 원리, 토크상쇄

05 멀티콥터의 비행원리 중, 상하좌우 조종을 위해 로터 추력이 조절되는 방법을 설명해주세요.

ㄱ. **상승 및 하강** : 전모터가 추력이 크면 상승·감소하면 하강
ㄴ. **전후진** : 앞쪽 2개의 모터가 뒤쪽 2개의 모터 모두 다 추력이 약하면 전진 그 반대면 후진
ㄷ. **좌, 우 수평비행** : 좌측 2개의 추력을 높이면 우측으로, 그 반대면 좌측으로
ㄹ. **좌, 우 회전비행** : 좌로 회전하는 경우 시계방향 cw모터의 회전속도 올리고, 우로 회전시는 반시계방향(ccw)모터의 회전수 증가시킨다.

06	멀티콥터에서 프로펠러가 CW(시계방향)과 CCW(반시계방향)방향으로 회전하게 하는 이유는 무엇입니까?	토크를 상쇄하여 기체가 안정된 자세를 잡기 위해서 입니다(작용과 반작용의 원리).
07	멀티콥터에서의 토크와 반토크 현상을 설명하시오?	모터와 로터가 회전하면 작용 반작용의 법칙에 의해 기체는 모터의 회전방향과 반대방향으로 돌아가려는 힘이 발생하는데 이것을 토크라 하고, 이 토크를 상쇄시켜 안정된 비행을 하도록 멀티콥터에서 서로 이웃한 모터끼리 반대방향으로 회전하도록 만들어 토크를 상쇄시키는 힘을 반토크라 함.
08	무인멀티콥터 중 프로펠러(모터)가 6개 인 것을 헥사콥터하고 합니다. 비행 중 고장 등의 원인으로 6개의 프로펠러(모터)중 한 개가 정지하면 기체에는 어떤 변화가 생깁니까?	전체 로터 간의 추력 균형이 깨져서 토크 또는 반토크 방향으로 기체가 회전하게 됨. 비행제어시스템에서는 이런 경우 자동착륙이 되도록 설정하는 경우가 많아 좀 지나면 기체 고도가 강하하면서 착륙을 시도하게 됨.
09	무인멀티콥터는 수동 비행의 경우 무선 조종기(송신기)의 조종 신호를 무선 전파 신호로 수신하여 조종됩니다. 전파혼신, 송신기의 고장/전원 Off 등의 이유로 조종 신호를 발신하지 못하는 일이 발생하면 어떤 상황이 발생합니까? - 대부분 사용하고 있는 DJI FC 기준	FC의 페일세이프(Fail-Safe)기능이 작동되어 비행전에 설정에 따라, 현 위치에서 호버링 상태를 유지하거나, 최초 시동을 걸고 이륙했던 지점으로 자동복귀하여 착륙합니다.
10	무인멀티콥터의 동력 전원으로 각각의 전압이 25.2V이고 용량이 16000mAh인 LiPo 배터리 2개를 직렬 연결하여 사용한다면 기체의 공급되는 전압은 몇 볼트이며 용량은 얼마이며, 병렬 연결하여 사용한다면 전압, 용량은 얼마 입니까?	직렬 연결의 경우 전압은 50.4V이고, 용량은 16000mAh입니다. 병렬 연결한다면 전압은 25.2V, 용량은 32000mAh입니다.
11	악기상의 종류에는 어떤 것이 있는가?	강수, 번개, 안개, 강풍 등등

12 비상절차란?

큰소리로 주변에 대피명령을 내리고 GPS수신에 문제가 있을 시에는 에티모드(자세제어모드)로 변환 후 안전한 장소에 착륙 후 기체를 점검한다.

13 비행 중 엔진 정지나 화재발생시 등 행동요령?

주변에 비상 상황 전파, 신속히 안전한 곳에 착륙한 후 주변의 소화기나 농업용수로 화재 진압

14 비행 중 GPS 교란으로 인하여 RC SIGNAL LOST시 취하여야 대응 방법은?

Altitude(자세모드)로 변환하여 안전한 장소에 착륙한다.

15 항공기나 드론에 작용하는 힘의 방향 4가지는?

추력(Thrust), 양력(Lift), 항력(Drag), 중력(Weight)

16 멀티콥터에서 양력은 어느 부위에서 어떻게 발생되는가?

1. 양력은 날개 즉 로터의 상부와 하부공기의 압력차를 말함. 여기서 압력은 정압의 차이임.
2. 정압의 차이는 로터의 상부와 하부를 타고 흐르는 공기의 속도차에 의한 것으로 전압(전체압력=동압+정압)은 항상 일정하기 때문에, 속도가 빠를수록 동압이 커지고 반면 정압이 줄어듦 - 베르누이의 정리
3. 속도차이는 로터가 피치각(영각)이 커지면서 상부와 하부의 거리차로 인해 발생함.

17 조종모드에는 주로 Mode1과 Mode2가 있는데 두 모드의 차이점을 말해주세요.

ㄱ. Mode1조종기는 엘리베이터의 위치가 좌측에 있고 스로틀 위치가 우측에 있습니다.
ㄴ. Mode2조종기는 스로틀위치가 좌측에 있고 엘리베이터 위치가 우측에 있습니다.

18 기체의 자체중량과 최대이륙중량의 차이점은 무엇인가?

- **자체중량** : 연료의 무게를 제외한 순수 기체의 무게를 뜻하며, 멀티콥터에서 BAT는 포함하여 무게를 계산한다.
- **최대이륙중량** : 적재량을 포함하여 이륙 시의 총 무게로서 방재용은 방재 물량을 최대로 적재하였을 시이고 촬영용 등 기타는 촬영용 카메라를 장착하여 이륙 시의 무게이다.

19 멀티콥터의 로터 개수에 따른 명칭은?

ㄱ. 4개 : 쿼드콥터(Quad-Copter)
ㄴ. 6개 : 헥사콥터(Hexa-Copter)
ㄷ. 8개 : 옥토콥터(Octo-Copter)
ㄹ. 12개 : 도데카(Dodeca)

20	항공기 운동의 3개축은?	ㄱ. **피칭**(pitching) : 항공기의 가로축을 기준으로 한 기수의 상하운동(Y축) ㄴ. **롤링**(rolling) : 항공기의 세로축을 기준으로 한 좌우운동(X축) ㄷ. **요잉**(yawing) : 항공기의 수직축을 기준으로 한 기수의 좌우운동(Z축)
21	초경량 비행장치 비행할 수 없는 기상조건은?	ㄱ. 눈, 비 많이 오는 기상 조건 ㄴ. 번개 치는 기상 조전 ㄷ. 안개가 많아 시야확보 어려운 기상 조건 ㄹ. 강풍이 심하게 부는 기상 조건
22	초경량 비행장치란?	자중 150kg 이하의 모든 비행체
23	지면효과 현상이란?	지면 가까이에서 기체와 지면사이에 공기가 압축되어 부양력을 증가시키는 현상
24	배터리 정격전압이란?	전기기계기구 등의 정상적인 동작을 유지시키기 위해 공급해 주어야 하는 기준 전압

이 륙

01	이륙 중 비정상적인 상황 발생시 조치요령?	해당 기종별 비상절차 사항을 확인하고 해당하는 조치를 취한다. 평시에 조종자들은 해당 기종의 이상 상황에 대한 비상절차를 숙지하여야 함.
02	이륙 시(쿼드콥터 기준) 하나의 콥터가 회전속도가 느려 이륙이 되지 않을 시 조치사항은?	즉시 시동을 정지하고 점검을 한 후 재시동 후 비행을 한다.

Q & A
류영기 ryuleo@naver.com
박장환 legend@droneac.org

※ 이 책의 내용에 관한 질문은 위 주소로 문의해 주십시오.
　질문요지는 이 책에 수록된 내용에 한합니다.
　전화로 질문에 답할 수 없음을 이해해주시기 바랍니다.

2026
패스 드론조종자격시험
무인멀티콥터 필기 & 실기

개정증보판 인쇄 | 2026년 1월 05일
개정증보판 발행 | 2026년 1월 15일

지 은 이 | 류영기 · 박장환
발 행 인 | 김길현
발 행 처 | (주) 골든벨
등   록 | 제 1987-000018호
I S B N | 979-11-5806-434-1
가   격 | 28,000원

이 책을 만든 사람들
㉾04316 서울특별시 용산구 원효로 245(원효로1가 53-1) 골든벨 빌딩 6F
• TEL : 도서 주문 및 발송 02-713-4135 / 회계 경리 02-713-4137
　　　편집 및 디자인 070-8854-3656 / 해외 오퍼 및 광고 02-713-7453
• FAX : 02-718-5510　• http : // www.gbbook.co.kr　• E-mail : 7134135@ naver.com

본 도서의 내용(텍스트, 도해, 도표, 이미지 등)은 저작권자의 사전 서면 승인 없이 아래와 같은 행위는 금지되며, 위반 시 「저작권법」 제125조(손해배상의 청구) 및 관련 조항에 따라 민·형사상 책임을 질 수 있습니다.
① 개인 학습 목적을 넘어 도서의 전부 또는 일부를 무단 복제·배포하는 행위
② 학교·학원·공공기관·기업·단체 등에서 영리 또는 비영리 목적을 불문하고 허락 없이 복제·전송·배포하는 행위
③ 전자책, PDF, 스캔본, 사진 촬영본, 클라우드 공유, 온라인 커뮤니티 게시, SNS 업로드, 파일 공유 서비스 등을 통한 무단 이용
④ 기타 디지털 복제·전송 수단(USB, 디스크, 서버 저장, 스트리밍 등)을 이용한 무단 사용

※ 파본은 구입하신 서점에서 교환해 드립니다.